高职高专“十四五”推荐教材
高等职业教育土建类专业“互联网+”数字化创新教材

钢结构工程施工

张鹏　主编
曾福英　张广峻　副主编

中国建筑工业出版社

图书在版编目（CIP）数据

钢结构工程施工 / 张鹏主编. — 北京 ：中国建筑工业出版社，2021.7

高职高专“十四五”推荐教材　高等职业教育土建类专业“互联网+”数字化创新教材

ISBN 978-7-112-26172-7

Ⅰ.①钢…　Ⅱ.①张…　Ⅲ.①钢结构-工程施工-高等职业教育-教材　Ⅳ.①TU758.11

中国版本图书馆 CIP 数据核字（2021）第 093466 号

本教材根据《钢结构设计标准》GB 50017—2017、《钢结构工程施工质量验收标准》GB 50205—2020、《钢结构焊接规范》GB 50661—2011 编写而成，共分为 7 个教学单元：钢结构构造、钢结构材料、钢结构构件与连接设计、钢结构详图深化设计、钢结构加工制作、钢结构焊接、钢结构安装施工。覆盖钢结构构造→钢结构材料→钢结构设计→钢结构加工制作→钢结构安装施工的全部环节。

本教材配备丰富的教学资源，可扫描书中二维码免费使用。为方便教师授课，本教材作者自制免费课件并提供习题答案，索取方式为：1. 邮箱 jckj@cabp.com.cn；2. 电话（010）58337285；3. 建工书院 http：//edu.cabplink.com。

本书适合作为高职高专建筑工程技术、钢结构、建设工程管理及相关专业的教材使用。

责任编辑：李天虹　李　阳

责任校对：张　颖

高职高专“十四五”推荐教材

高等职业教育土建类专业“互联网+”数字化创新教材

钢结构工程施工

张　鹏　主编

曾福英　张广峻　副主编

*

中国建筑工业出版社出版、发行（北京海淀三里河路 9 号）

各地新华书店、建筑书店经销

北京鸿文瀚海文化传媒有限公司制版

天津翔远印刷有限公司印刷

*

开本：787 毫米×1092 毫米　1/16　印张：23¼　字数：577 千字

2021 年 7 月第一版　　2021 年 7 月第一次印刷

定价：**60.00** 元（赠教师课件）

ISBN 978-7-112-26172-7

（37616）

前　言

建筑业是我国国民经济重要产业之一。近年来，随着我国建筑业企业生产和经营规模的不断扩大，以及装配式建筑的推广大趋势，为我国钢结构行业的发展带来了良好的发展机遇。2019 年 3 月住房和城乡建设部《关于印发住房和城乡建设部建筑市场监管司 2019 年工作要点的通知》中提出“开展钢结构装配式住宅建设试点”，2019 年 6 月住房和城乡建设部发布《装配式钢结构住宅建筑技术标准》，于 10 月 1 日起正式实施，为钢结构发展提供强有力的技术支持。

国家统计局数据显示，截至 2020 年上半年，我国建筑业企业数量为 10.27 万家，实现总产值 10.08 万亿元。但劳动力数量却增长放缓，2018 年从业人数同比增长仅 0.6%，2009—2018 年 10 年间从业人数仅增长了 51%，行业劳动力趋于短缺，人工成本持续上升，促使建筑工业化加快发展，同时钢结构行业规模不断提升、产业配套持续完善，促使钢结构建筑相对成本持续下降。满足钢结构设计、制作、安装、质检的一线技术人员仍然严重短缺，人才供需失衡的现状对钢结构行业持续健康发展所产生的制约效应越来越明显。

我们通过充分调研，提炼出核心专业能力，将能力要求融入教学内容和组织中，对课程学习内容进行组建与重构。经过近二十年的教学实践，联合多个院校不断进行补充完善，精心推出本教材。

本书是根据对建筑钢结构行业人才结构及职业能力要求下充分进行调研，归纳出建筑钢结构的岗位构成及相应的能力要求进行编排的。教材内容的实用性和针对性强，每个教学单元设置均与建筑钢结构行业的主要职业岗位——钢结构设计员、质检员、施工员等对应，学生可以根据自己的实际情况，重点学习。

本书作为高职高专“十四五”推荐教材，内容新颖实用，根据《钢结构设计标准》GB 50017—2017、《钢结构工程施工质量验收标准》GB 50205—2020、《钢结构焊接规范》GB 50661—2011 编写而成，共分为 7 个教学单元：钢结构构造、钢结构材料、钢结构构件与连接设计、钢结构详图深化设计、钢结构加工制作、钢结构焊接、钢结构安装施工。覆盖钢结构构造→钢结构材料→钢结构设计→钢结构加工制作→钢结构安装施工的全部环节，有助于读者系统了解钢结构的整个施工过程。

本书由张鹏任主编，曾福英、张广峻任副主编。具体编写分工如下：河北科技工程职业技术大学张鹏负责编写教学单元 4、5、6、7，河北科技工程职业技术大学钟静编写教学单元 1，河南建筑职业技术学院刘小辉负责编写教学单元 2，甘肃建筑职业技术学院胡志明负责编写教学单元 3，河北科技工程职业技术大学王丽负责编写教学单元 4，河南建筑职业技术学院曾福英负责编写教学单元 5，河北科技工程职业技术大学张广峻负责编写教学单元5、7，河北科技工程职业技术大学崔立杰负责编写教学单元7，全书由张鹏统稿。此外，天津东南钢结构有限公司朱乾参与了本教材编写。

限于编者水平有限，书中难免存在错误和不足之处，恳请读者给予批评指正。

目　录

教学单元1

Chapter 01

钢结构构造

教学目标

1. 知识目标

了解各种常见钢结构的组成；掌握节点构造要点；熟悉各构件的组成和节点连接关系。

2. 能力目标

能够对各构件进行识别和组成分析；能够识读各种钢结构的施工图。

思维导图

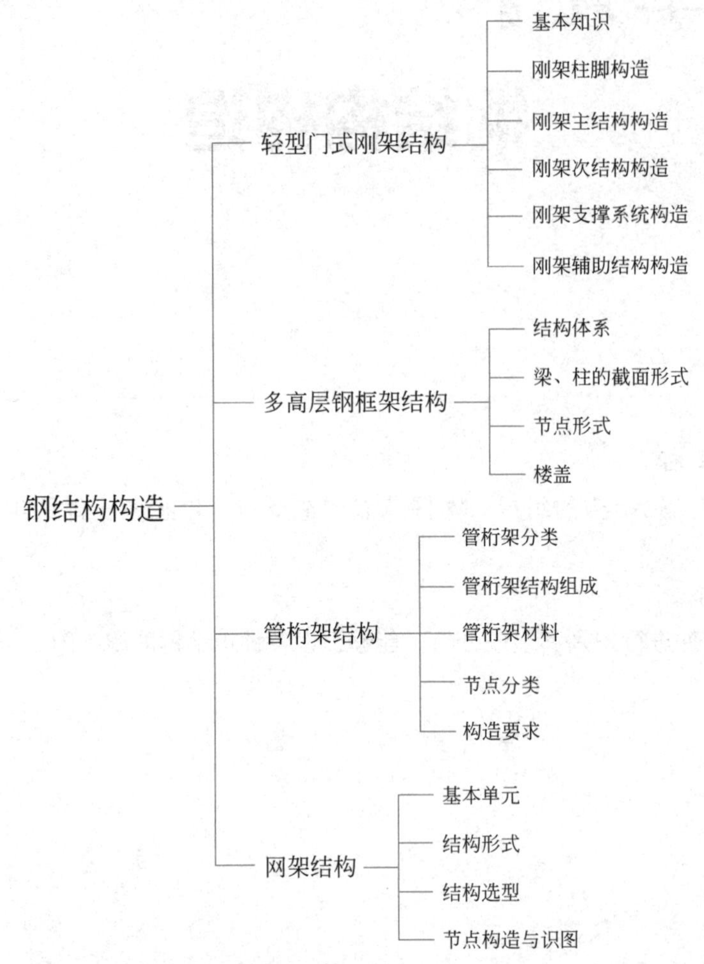

以工程中常见的轻型门式刚架结构、多高层钢框架结构、管桁架结构和网架结构的构造作为学习对象，全面了解各种常见钢结构组成和构造，掌握构造要点，熟悉各构件的组成和节点连接关系，能够对各构件进行识别和组成分析。

1.1 轻型门式刚架结构

一般来说，可以将钢结构划分为普通钢结构和轻型钢结构两大类。但是，如何定义或区分这两类钢结构却存在着诸多标准，例如，结构的跨度标准、层数标准、结构用途标准、吊车吨位标准等，轻型钢结构体系的本质就是一个“轻”字，实现“轻”的关键就是板件截面要“薄”。

门式刚架是典型的轻型钢结构。它已广泛应用在各类房屋中，如厂房、超市、住宅、办公用房等。

1.1.1　轻型门式刚架结构基本知识

门式刚架结构是指主要承重结构为单跨或多跨实腹式刚架（刚架就是梁、柱单元构件的组合体，是柱和直线形、弧形或折线形横梁刚性连接的承重骨架的结构体系），具有轻型屋盖和轻型外墙，可以设置起重量不大于 20t 的 A1～A5（中、轻级）工作级别桥式吊车或 3t 悬挂式吊车的单层房屋钢结构。

1. 门式刚架的结构体系组成

门式刚架结构体系组成见图 1-1。

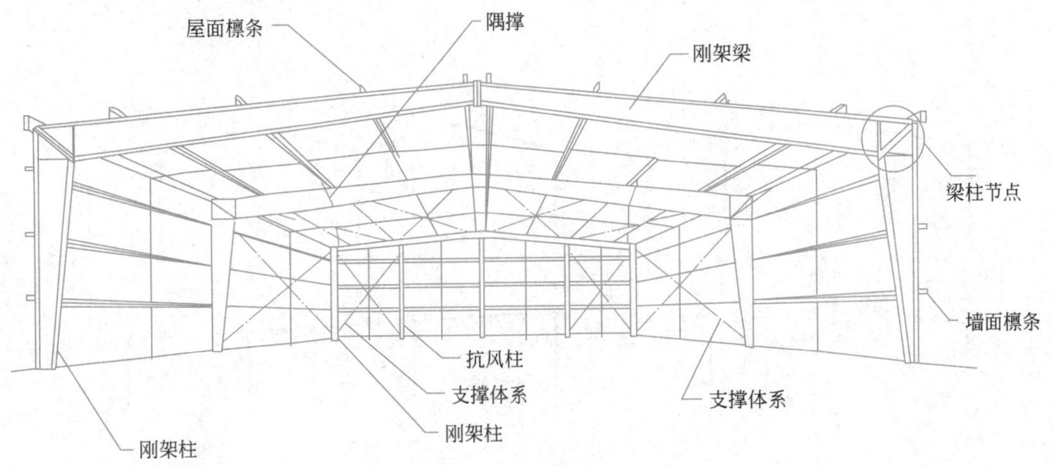

图 1-1　门式刚架组成

（1）基础；

（2）主结构：横向刚架（包括中部和端部刚架）、楼面梁、托梁；

（3）次结构：屋面檩条和墙面檩条等；

（4）支撑体系：屋面支撑、柱间支撑等；

（5）围护结构：屋面系统和墙面系统等；

（6）辅助结构：楼梯、平台、扶栏等。

图 1-1 中，平面门式刚架组成了门式刚架结构的主要受力骨架，即主结构。屋面支撑和柱间支撑、隅撑、系杆等传递侧向力，一定程度上保证结构的稳定，构成支撑体系。屋面檩条和墙面檩条是围护材料的支承结构，构成门式刚架的次结构。屋面板和墙面板对整个结构起围护和封闭作用。同时，厂房内部如有必要，还应设置相应的吊车梁、楼梯、栏杆、平台、夹层等。

门式刚架房屋钢结构体系中，屋盖一般采用压型钢板屋面板和冷弯薄壁型钢檩条；主刚架可采用实腹式刚架；外墙宜采用压型钢板墙板和冷弯薄壁型钢墙梁，也可采用砌体外墙或底部为砌体，上部为轻质材料的外墙；主刚架斜梁下翼缘和刚架柱内翼缘的平面外的稳定性，由与檩条或墙梁相连接的隅撑来保证；主刚架间的交叉支撑可采用张紧的圆钢、角钢等。

门式刚架房屋一般采用带隔热层的板材作屋面、墙面隔热和保温层，需要时应设置屋面防潮层。

门式刚架房屋设置门窗、天窗、采光带时应考虑墙梁、檩条的合理布置。

2. 门式刚架的结构形式

刚架结构是梁、柱单元构件的组合体。在单层工业与民用房屋的钢结构中，应用较多的结构形式如图 1-2（a）～（e）所示。多跨刚架宜采用双坡屋面或单坡屋面（图 1-2f），必要时也可采用多个双坡单跨相连的多跨刚架形式。根据通风、采光的需要，刚架厂房可设置通风口、采光带和天窗架等。

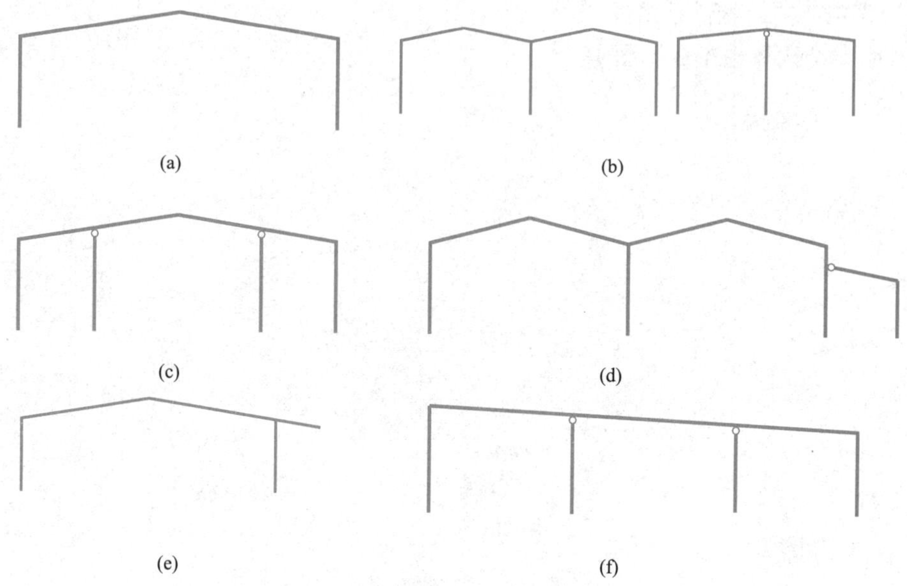

图 1-2　门式刚架的结构形式

（a）单跨；（b）双跨；（c）多跨刚架；（d）带毗屋；（e）带挑檐的刚架；（f）单坡屋面

3. 门式刚架结构的特点

（1）采用轻型屋面，可减小梁柱截面及基础尺寸，有效利用建筑空间。

（2）刚架可采用变截面，根据需要可以改变腹板高度、厚度及翼缘宽度，做到材尽其用。

（3）刚架侧向刚度可由檩条和墙梁的隅撑保证，以减少纵向刚性构件和减小翼缘宽度。

（4）支撑可做得较轻便。将其直接或用水平节点板连接在腹板上，可采用张紧的圆钢。

（5）刚架的腹板允许其部分失稳，利用其屈曲后的强度，即按有效宽度设计，可减小腹板厚度，不设或少设横向加劲肋。

（6）竖向荷载通常是设计的控制荷载，地震作用一般不起控制作用。但当风荷载较大或房屋较高时，风荷载的作用不应忽视。

（7）在大跨建筑中增设中间柱做成一个屋脊的多跨大双坡屋面，以避免内天沟排水。中间柱可采用钢管制作的上下铰接摇摆柱，占空间小。

(8) 结构构件可全部在工厂制作，工业化程度高。

4. 结构布置

(1) 合理跨度的确定

门式刚架的跨度，应取横向刚架柱轴线间的距离。单跨跨度常用 9～36m。不同的生产工艺流程和使用功能在很大程度上决定着厂房的跨度选择。轻钢生产厂家应在满足业主的生产工艺和使用功能的基础上，确定合理的跨度以取得优良经济性指标。刚架用钢量指标随着跨度的增大而增大。因此，在工艺要求允许的情况下，应尽量选择小跨度的门式刚架更为经济，不宜盲目追求大跨度。

(2) 刚架间距的确定

刚架的间距（柱距）与刚架的跨度、屋面荷载、檩条形式等因素有关，在刚架跨度较小的情况下，选用较大的刚架间距，增加檩条的用钢量是不经济的。因此，从综合经济分析的角度看，确定合理的柱距才能既节约钢材，又使设计真正做到定型化、专门化、标准化以及轻型化，从而推动门式刚架轻钢房屋结构体系在我国的发展。一般情况下，门式刚架的最优间距应在 6～9m 之间，柱距不宜超过 9m，超过 9m 时，屋面檩条与墙架体系的用钢量增加太多，综合造价并不经济。

(3) 伸缩缝布置

门式刚架轻型房屋的围护结构采用压型钢板时，其温度分区与传统建筑相比可以放宽，其温度区段长度（伸缩缝间距）应符合下列规定：

1) 纵向温度区段长度≤300m，横向温度区段长度≤150m。

2) 当需设伸缩缝时，一般有两种做法：①采用双柱；②在檩条端部的螺栓连接处采用长圆孔，并使该处屋面板在构造上允许胀缩。吊车梁与柱连接处也采用长圆孔。

(4) 在多跨刚架局部抽掉中间柱或边柱处，可布置托梁或托架。

(5) 山墙可设置由斜梁、抗风柱、墙梁及其支撑组成的山墙墙架，或采用门式刚架、抗风柱、墙梁、支撑组成的山墙刚架。图 1-3 为山墙墙架示意图。

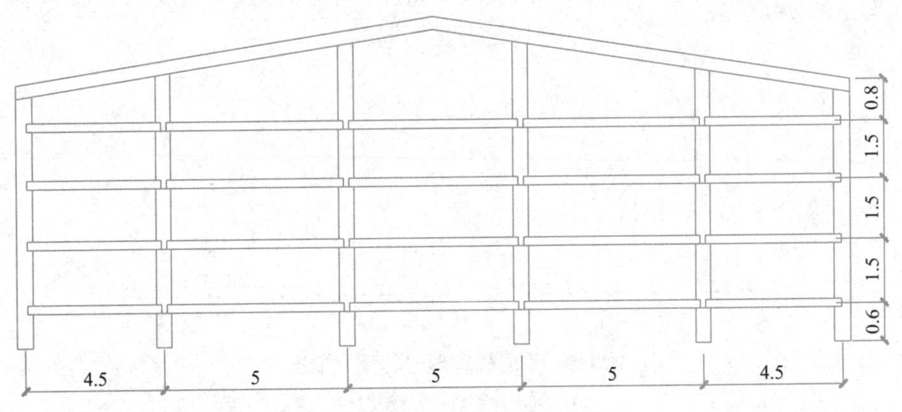

图 1-3 山墙墙架示意图（单位：m）

(6) 门式刚架建筑物的侧墙可采用砖墙或压型钢板墙面。采用压型钢板墙面时，下部宜设置一道高约 1m 的砖（砌块）墙或高约 0.2m 的混凝土踢脚，以防雨水浸渗。

(7) 多跨刚架宜做成多坡。

5. 门式刚架的钢材选用

钢材选用的原则是既能使结构安全可靠地满足使用要求，又尽量节约结构钢材和降低造价。一般而言，轻型门式刚架设计中钢材的选择应考虑以下几方面：

(1) 结构类型及其重要性

结构可分为重要、一般和次要三类。

普通门式刚架厂房的主结构梁柱和次结构构件属于一般结构，可选用 Q235B 或 Q355B 以上。

辅助结构中的楼梯、平台、栏杆等属于次要结构，次要结构可选用 Q235B。

(2) 荷载性质

直接承受动力荷载的结构一般采用 Q235B 以上及 Q355 钢。

对于环境温度高于－20℃，起重量小于 50t 的中、轻级工作制吊车梁也可选用 Q235B。

承受静力荷载或间接承受动力荷载的结构可选用 Q235B 或 Q355B。

(3) 工作温度

应根据结构工作温度选择结构的质量等级。例如，工作温度低于－20℃时，宜选用 C、D 级；高于－20℃时，可选用 B 级。

1.1.2 刚架柱脚构造

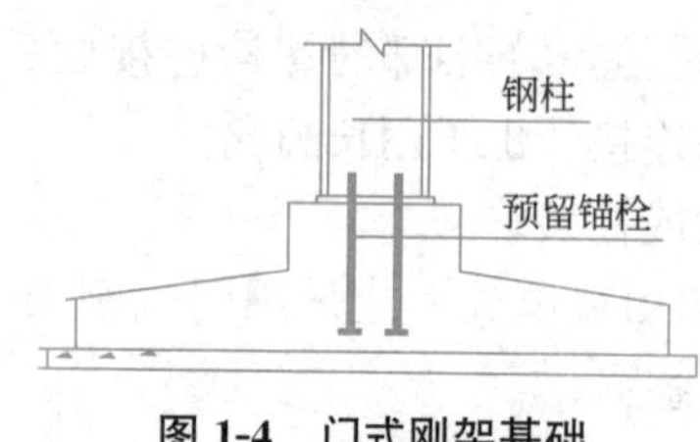

图 1-4 门式刚架基础与上部结构的连接

对于门式刚架而言，上部结构传至柱脚的内力一般较小，以独立基础为主；基础与上部结构是二次施工完成的，其间存在连接问题。通过预留锚栓的方式进行连接（图 1-4）。

1. 柱脚形式

门式刚架常见的柱脚形式有铰接和刚接两种（图 1-5），其受力是不同的。

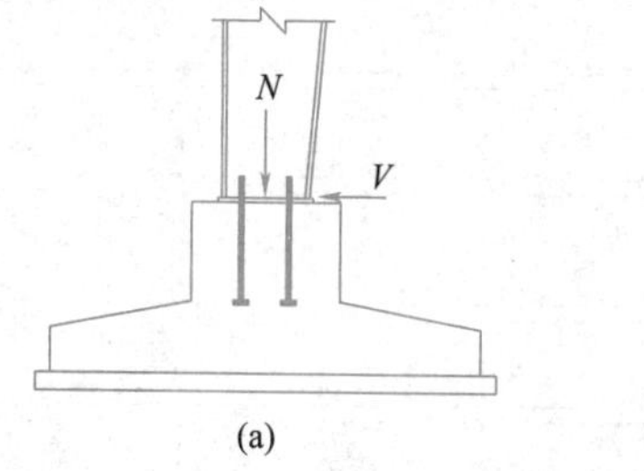

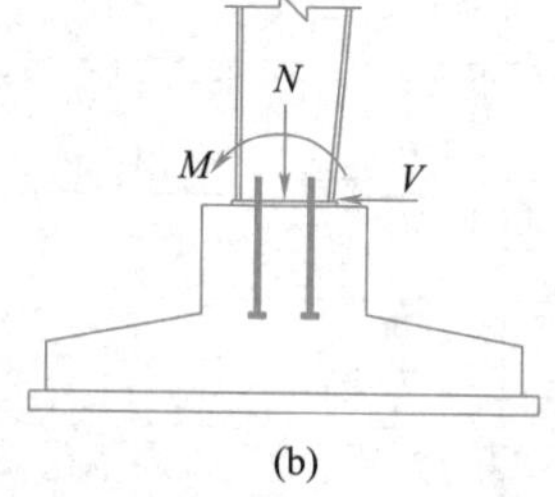

图 1-5 不同柱脚形式的受力情况

(a) 铰接柱脚；(b) 刚接柱脚

对于铰接柱脚，只存在轴向力 N、水平力 V。

对于刚接柱脚，存在轴向力 N、水平力 V 和弯矩 M，使刚接柱脚的基础大于铰接柱脚。

门式刚架的柱脚与基础通常做成铰接，通常为平板支座，设一对或两对地脚螺栓。但当柱高度较大时，为控制风荷载作用下的柱顶位移值，柱脚宜做成刚接；当工业厂房内设有梁式或桥式吊车时，宜将柱脚设计为刚接。

刚接或铰接柱脚关键取决于锚栓布置。

铰接柱脚一般采用两个或四个锚栓（图 1-6a、b），以保证其充分转动；为安全起见，常布置四个锚栓，锚栓宜尽量接近，保证柱脚转动。

刚接柱脚一般采用四个、六个及以上锚栓连接（图 1-6c），可以认为柱脚不能转动。

前面讲的几种柱脚均为平板式柱脚，构造简单，是工程上常用的柱脚形式，另外还有一种柱脚形式，即靴梁式柱脚（图 1-6d），这种柱脚可看成刚接柱脚，由于柱脚有一定高度，使其刚度较大，能起到抵抗弯矩的作用，但这种柱脚构造及制作较复杂。

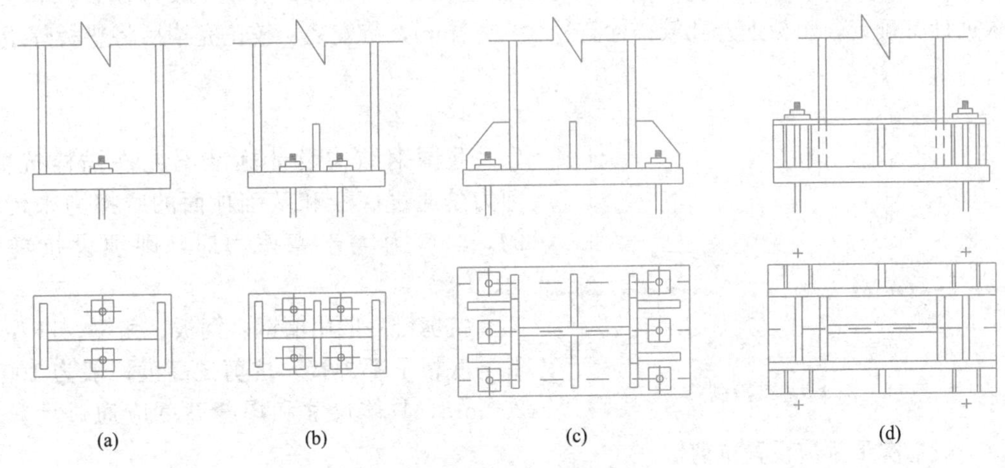

图 1-6　门式刚架常见柱脚形式

（a）铰接（一）；（b）铰接（二）；（c）刚接（一）；（d）刚接（二）

2. 锚栓

锚栓将上部结构荷载传给基础，在上部结构和下部结构之间起桥梁作用。锚栓有两个基本作用：①作为安装时临时支撑，保证钢柱定位和安装稳定性；②将柱脚底板内力传给基础。采用 Q235 或 Q345 钢制作，按外形分为弯钩式和锚板式两种（图 1-7）。

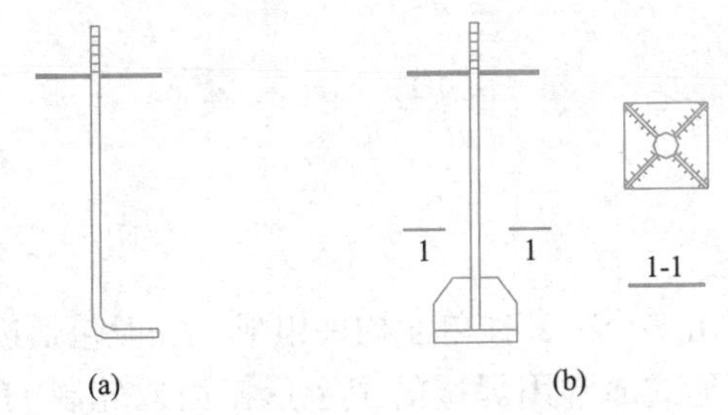

图 1-7　锚栓

（a）弯钩式；（b）锚板式

为方便柱安装和调整，柱底板上锚栓孔为锚栓直径的 1.5～2.5 倍（图 1-8a），或直接在底板上开缺口（图 1-8b）。

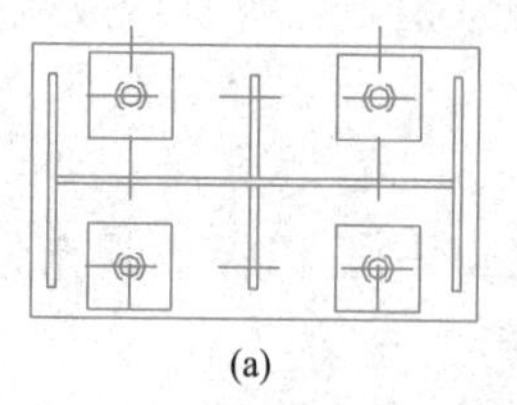
(a)

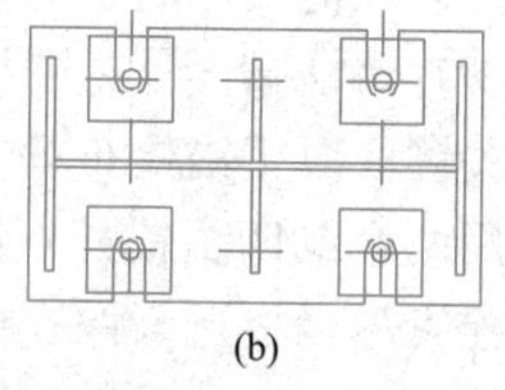
(b)

图 1-8 柱脚底板开孔或缺口
(a) 开圆孔；(b) 开缺口

3. 垫板

底板上须设置垫板，垫板尺寸一般为锚栓直径的 2.5～3.0 倍，一般为方形，垫板厚度根据计算确定，垫板上开孔较锚栓直径大 1～2mm，待安装、校正完毕后将垫板焊于底板上。

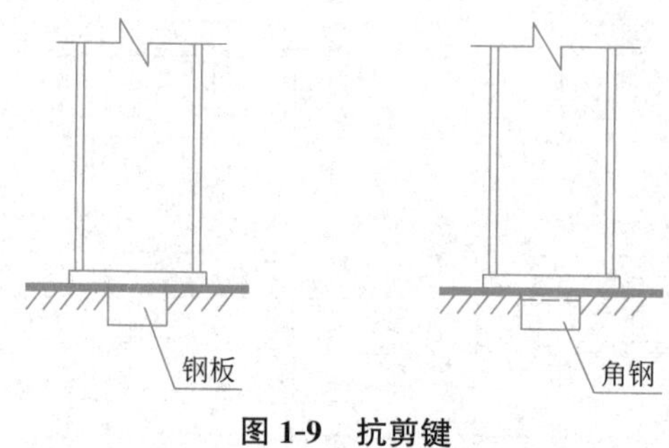

图 1-9 抗剪键

4. 抗剪键

我国钢结构设计标准不允许锚栓抗剪，剪力是通过底板和基础顶面的摩擦力来传递的，当剪力大于摩擦力时，则须设抗剪键(图 1-9)。

抗剪键一般用槽钢、钢板、角钢、H 型钢等与底板下部焊接，抗剪键高度一般为 100～200mm，具体尺寸和焊缝高度应通过计算确定。一般情况下都应设置抗剪键。

5. 二次浇灌层

基础顶面须设置二次浇灌层；二次浇灌层应采用比基础混凝土强度等级高的高强度细石混凝土，其厚度不小于 50mm，常取 50mm（一般为 50～100mm）。

6. 双螺母防松

底板上部的锚栓螺母应采用双螺母等防松措施，底板下一般还应设置一个调整螺母。柱脚底板上应留设灌浆孔（二次浇灌混凝土用到）。

1.1.3 刚架主结构构造

1. 主结构连接构造

(1) 主结构的构件

门式刚架的主结构可由多个梁、柱单元构件组成，一般包括边柱、刚架梁、中柱。

门式刚架柱构件截面形式通常用焊接的工字形截面或轧制 H 形截面。刚架柱有等截面柱或阶形柱以及变截面的楔形柱。各跨边柱应保证外侧翼缘竖直平齐。门式刚架横梁构件截面形式通常用焊接工字形钢或轧制 H 型钢。当跨度、荷载较大时，采用等截面与楔形梁段组合连接。变截面梁段一般是只改变腹板高度（必要时也可改变腹板厚度）。结构构件在安装单元内一般不改变翼缘截面宽度（当必要时，可改变翼缘厚度）；各梁段在同一坡面上连接应保持上翼缘在同一坡面内。

（2）节点连接主要形式与连接方法

门式刚架梁与柱的工地连接，常用螺栓端板连接，它是在构件端部截面上焊接一平板（端板与梁柱的焊接要求等强，多采用熔透焊）并以螺栓与另一构件的端板相连的一种节点形式。梁柱连接形式分为端板平放、竖放、斜放三种基本形式（图1-10）。每种形式又可分为端板平齐式及端板外伸式两种连接方法（图1-11）。

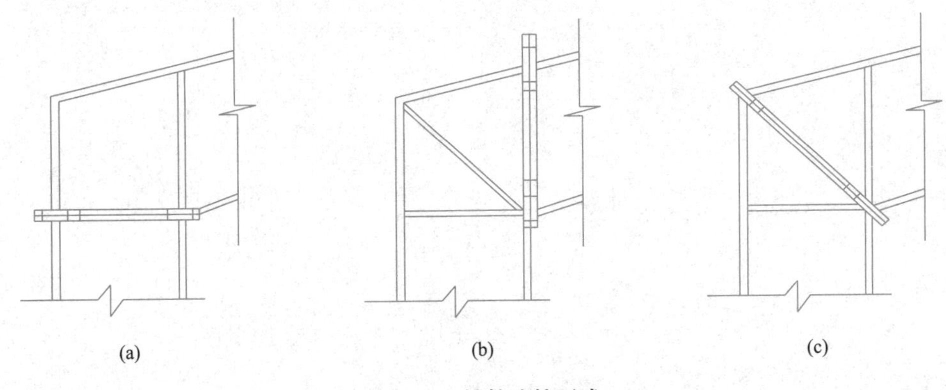

图1-10　梁柱连接形式

（a）端板平放；（b）端板竖放；（c）端板斜放

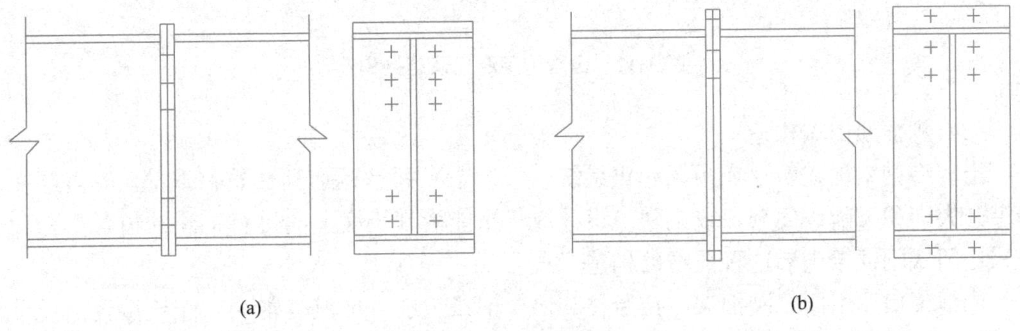

图1-11　端板连接方法

（a）端板平齐式连接；（b）端板外伸式连接

2. 门式刚架山墙结构构造

在设计门式刚架结构时，它的山墙刚架可以设计成与中间框架一样的刚框架山墙（带抗风柱及山墙墙梁）；也可以设计成梁和抗风柱以及柱组成的山墙构架。

（1）山墙构架构造

山墙构架由端斜梁、支撑端斜梁的构架柱及墙架檩条组成，构架柱的上下端部铰接，并且与端斜梁平接，墙架檩条也和构架柱平接，这样可以提高柱子的侧向稳定性，同时也给建筑提供了简洁的外观，一般的构造如图1-12所示。

山墙构架可以由冷弯薄壁C型钢组成，外观轻便且节省钢材，同时由于与框架平接的墙架檩条和墙面板的蒙皮效应的作用，使这种的山墙构架端墙也具有比较好平面内刚度，蒙皮作用已被实践证明具有足够的刚度，能够有效地抵抗作用在靠近端墙附近的边墙上的横向风荷载。

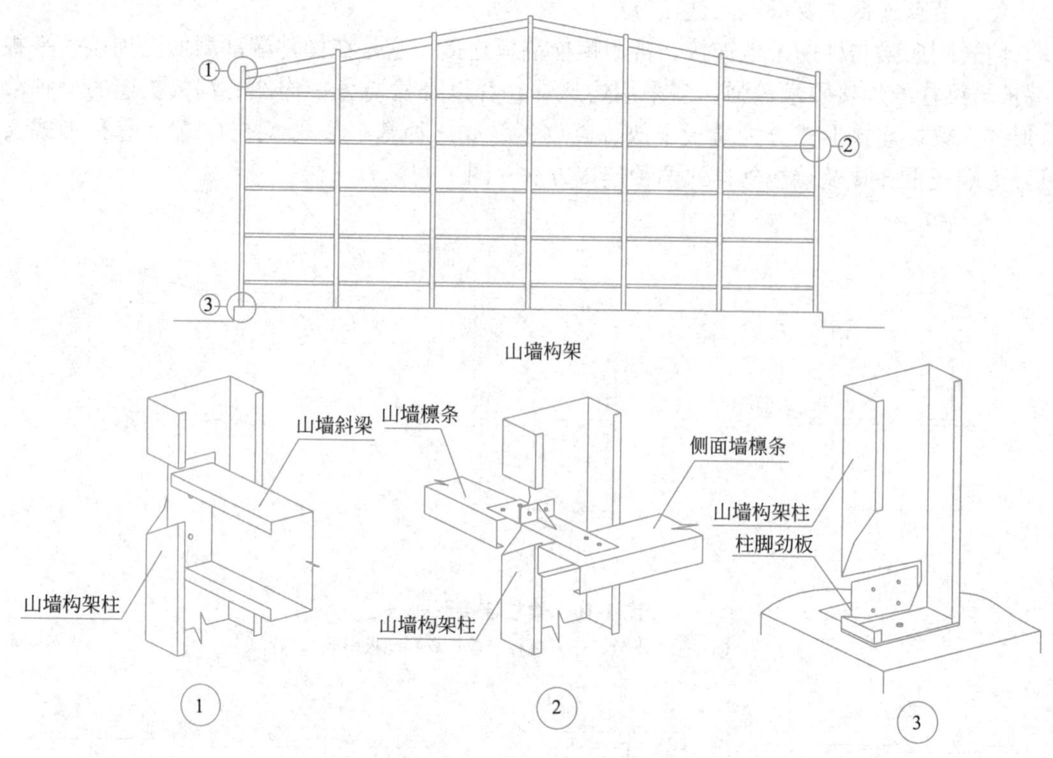

图 1-12　山墙构架形式及连接构造

（2）刚框架山墙构造

当轻型钢结构建筑存在吊车起重系统（行车梁）并且延伸到建筑物端部，或需要在山墙上开大面积无障碍门洞，或把建筑设计成将来能沿其长度方向进行扩建的情况下，就应该采用门式刚框架山墙这种典型的构造形式。

刚框架山墙由门式刚框架、抗风柱和墙架檩条组成。抗风柱常上下端铰接，被设计成只承受水平风荷载作用的抗弯构件，由与之相连的墙梁提供柱子的侧向支撑。这种形式山墙的门式刚框架被设计成能够抵抗全跨荷载，并且通常与中间门式主框架相同，如图 1-13 所示。

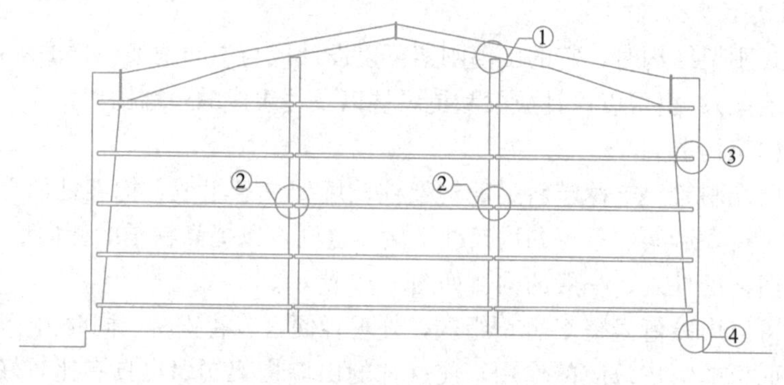

图 1-13　刚框架山墙形式及连接构造（一）

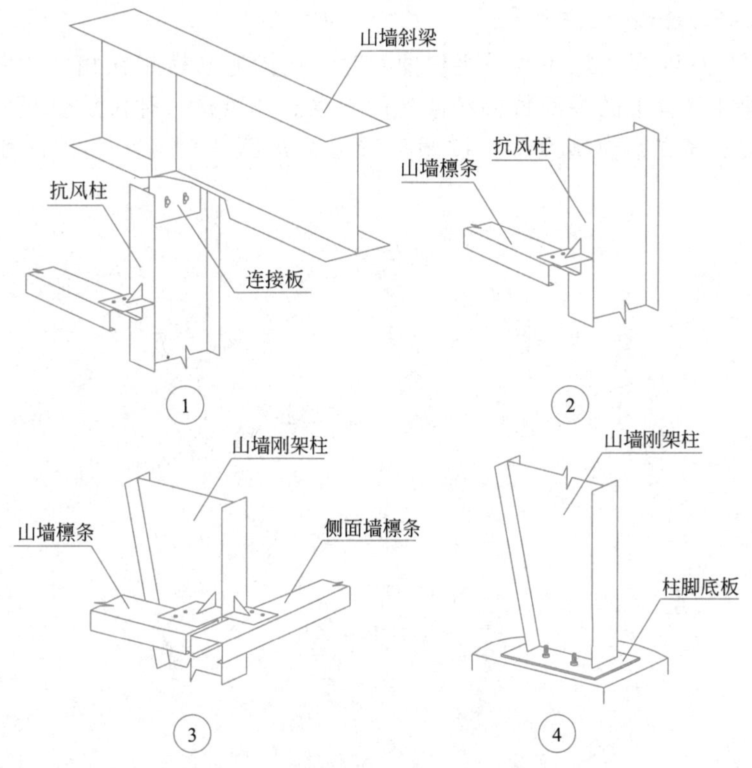

图 1-13　刚框架山墙形式及连接构造（二）

3. 门式刚架伸缩缝构造

为避免热胀冷缩，一种简单但比较昂贵的处理办法是在伸缩缝处采用双刚架，如图 1-14（a）所示，刚架的间距以保证柱脚底板不相碰为依据。以双刚架为界，结构两边各自具有独立的檩条、支撑和维护板系统，其中屋面板和墙面板使用可伸缩的连接件相连。在纵向伸缩缝处需要设置防火墙的情况下，这种处理方法是必需的。

另一种避免热胀冷缩的方法较为经济，具体办法是：在伸缩缝处只设置一榀刚架，而在伸缩缝处的檩条上，设置椭圆孔，如图 1-14（b）所示。

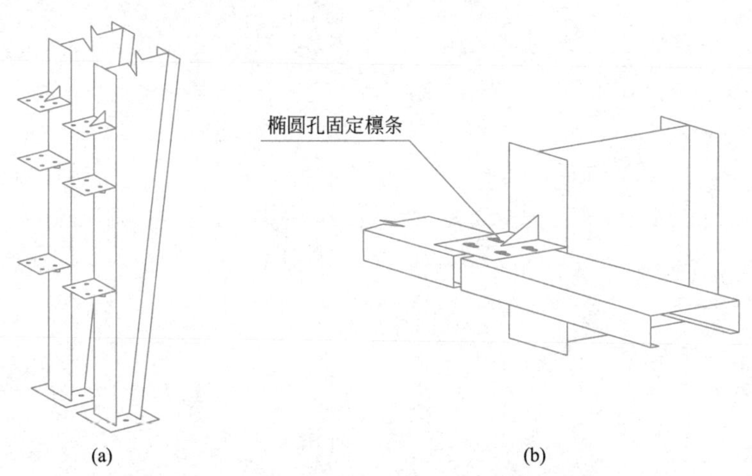

图 1-14　双刚架伸缩缝和椭圆孔单刚架伸缩缝

4. 门式刚架托梁构造与识图

当某榀框架柱因为建筑净空需要被抽除时，托梁通常横跨在相邻的两榀框架柱之间，支承已抽柱位置上的中间那榀框架上的斜梁。托梁是一种仅承受竖向荷载的结构构件，一般按照简支梁模型设计，按照位置分为边跨托梁（图 1-15）和中间跨托梁（图 1-16）。

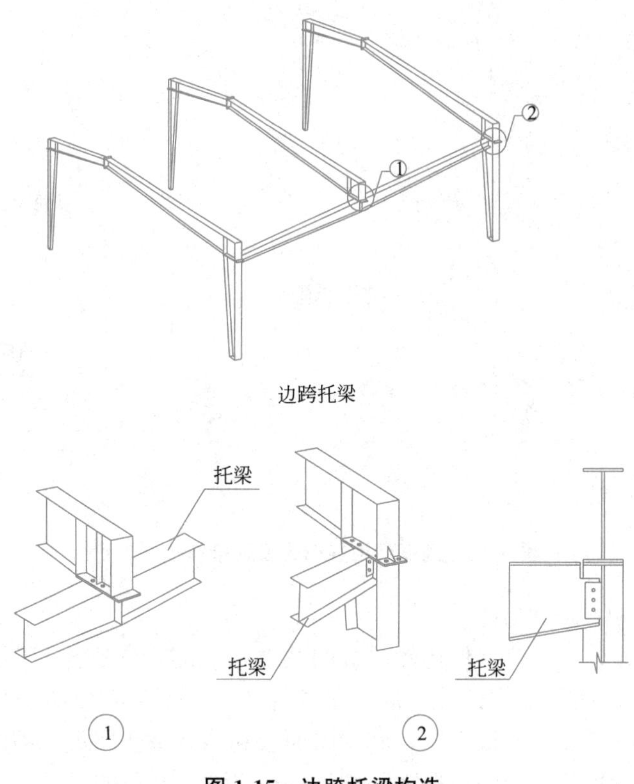

图 1-15　边跨托梁构造

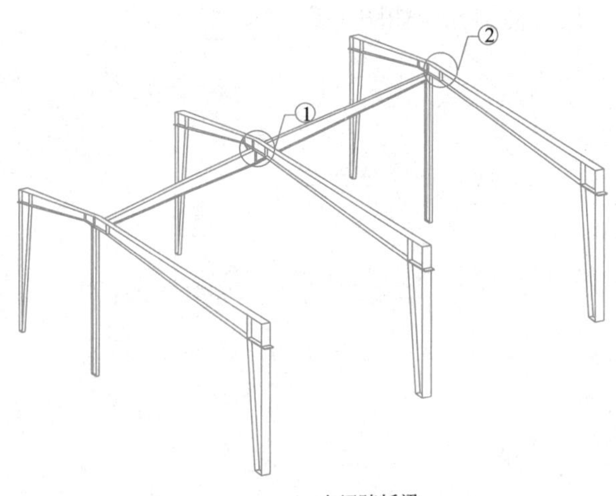

图 1-16　中间跨托梁构造（一）

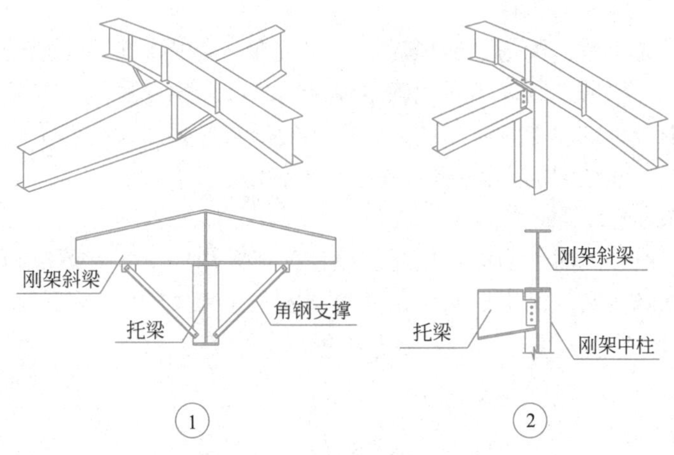

图 1-16　中间跨托梁构造（二）

1.1.4　刚架次结构构造

屋面檩条、墙面檩条和檐口檩条构成门式刚架的次结构系统。一方面，它们可以支承屋面板和墙面板，将外部荷载传递给主结构；另一方面，它们可以抵抗作用在结构上的部分纵向风荷载、地震作用等。

檩条（屋面檩条简称）是构成屋面水平支撑系统的主要部分；墙梁（墙面檩条简称墙梁或墙檩）则是墙面支撑系统中的重要构件；檐口檩条（又称檐口支梁、檐檩）位于侧墙和屋面的接口处，对屋面和墙面都起到支撑的作用。

门式刚架的檩条、墙梁以及檐口檩条一般都采用带卷边的槽形（C 形）和 Z 形（斜卷边或直卷边）截面的冷弯薄壁型钢，如图 1-17 所示。

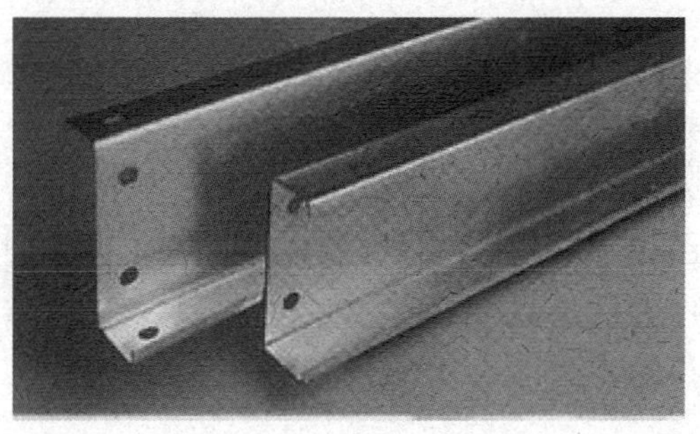

图 1-17　典型的冷弯薄壁型钢构件

1. 门式刚架屋面檩条构造

门式刚架的屋面檩条可以采用 C 形卷边槽钢和 Z 形带斜卷边或直卷边的冷弯薄壁型钢。构件的高度一般为 140～300mm，壁厚 1.5～3.0mm。其截面表示方式为：C 或 Z＋高度＋宽度＋卷边宽度＋厚度。冷弯薄壁型钢构件一般采用 Q235 或 Q345，大多数檩条表面涂层采用防锈底漆，也有采用镀铝或镀锌的防腐措施。

（1）檩条间距和跨度的布置

檩条的设计首先应考虑天窗、通风屋脊、采光带、屋面材料及檩条供货规格的影响，以确定檩条间距，并根据主刚架的间距确定檩条的跨度。确定最优的檩条跨度和间距是一个复杂的问题。随着跨度的增大，主刚架及檩条的用量势必加大。但主刚架榀数的减少可以降低用钢量，檩条间距的加大也可以减少檩条的用量。

（2）简支檩条和连续檩条的构造

檩条构件可以设计为简支构件，也可以设计为连续构件。简支檩条和连续檩条一般通过搭接方式的不同来实现。简支檩条一般不需要搭接长度，图 1-18 是 Z 形檩条的简支搭接方式，其搭接长度很小；对于 C、Z 形檩条可以分别连接在檩托上。中小跨度的檩条常用简支连接。

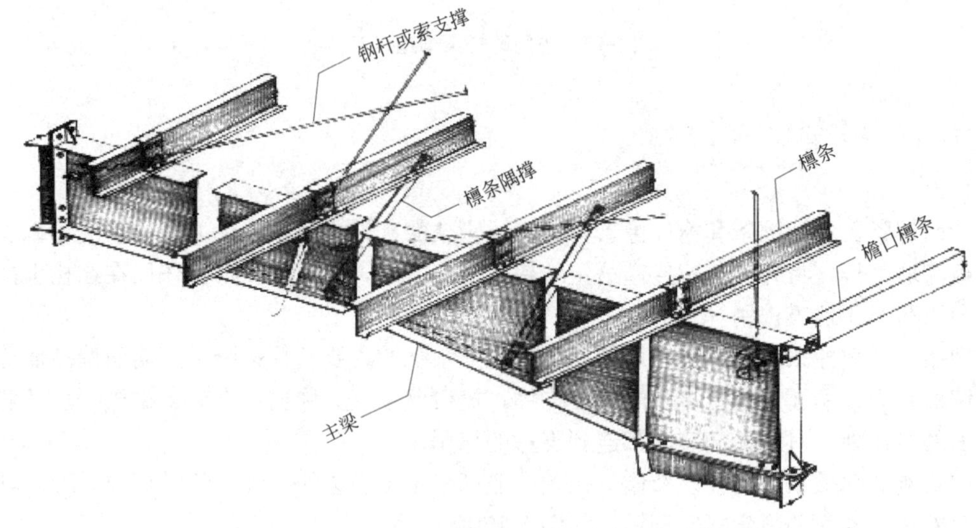

图 1-18　檩条布置（中间跨，简支搭接方式）

采用连续构件可以承受更大的荷载和变形，因此比较经济。檩条的连续化构造也比较简单，可以通过搭接和拧紧来实现。带斜卷边的 Z 形檩条可采用叠置搭接，卷边槽形檩条可采用不同型号的卷边槽形冷弯型钢套来搭接，图 1-19 显示了连续檩条的搭接方法。注意在端跨檩条的搭接与中间跨的搭接稍有不同，主要是因为端跨框架要跟山墙墙架连接。设计成连续构件的檩条搭接长度有一定的要求，连续檩条的工作性能是通过耗费构件的搭接长度来获得的，所以连续檩条一般跨度大于 6m，否则并不一定能达到经济的目的。

（3）檩托

在简支檩条的端部或连续檩条的搭接处，设置檩托能较妥善防止檩条在支座处倾覆或扭转。檩托常采用角钢、矩形钢板、焊接组合钢板等与刚架梁连接；檩托高度应至少达到檩条高度的 3/4，且与檩条以螺栓连接。檩条两端部至少应各采用两个螺栓与檩托连接，故一般两端各留两个螺栓孔，孔径根据螺栓直径来定（连续檩条须多设置栓孔）；孔位一般在檩条腹板上均匀对称开孔，孔距和边距应满足螺栓构造要求。当有隅撑相连时，檩条与之连接处应按要求打孔。

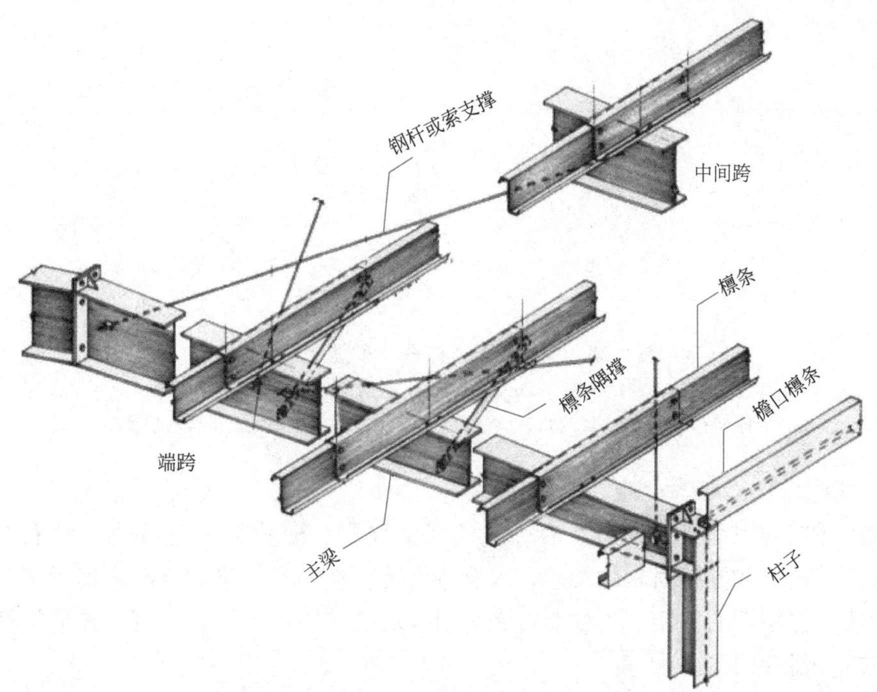

图 1-19　檩条布置（连续檩条，连续搭接）

（4）拉条和撑杆

提高檩条稳定性的重要构造措施是采用拉条或撑杆从檐口一端通长连接到另一端，连接每一根檩条。拉条和撑杆的布置应根据屋面形式、檩条的跨度、间距、截面形式、屋面坡度等因素来选择。拉条布置按与檩条所成角度不同，分为直拉条和斜拉条。拉条常用两端带丝扣的圆钢。除设置直拉条通长拉结檩条外，应在屋脊两侧、檐口处、天窗架两侧加置斜拉条和撑杆，牢固地与檐口檩条在刚架处的节点连接，注意斜拉条的倒向应正确。拉条和撑杆截面靠计算确定。圆钢拉条直径不小于 10mm，工程常取 12mm 及以上。撑杆的长细比不得大于 200。

当檩条跨度 $L \leqslant 4$m 时，通常可不设拉条或撑杆；当檩条跨度 4m$<L\leqslant$6m 时，可仅在檩条跨中设置一道拉条，檐口檩条间应设置撑杆和斜拉条（图 1-20a、c）；当 $L>6$m 时，宜在檩条跨间三分点处设置两道拉条，檐口檩条间应设置撑杆和斜拉条（图 1-20b、d）；

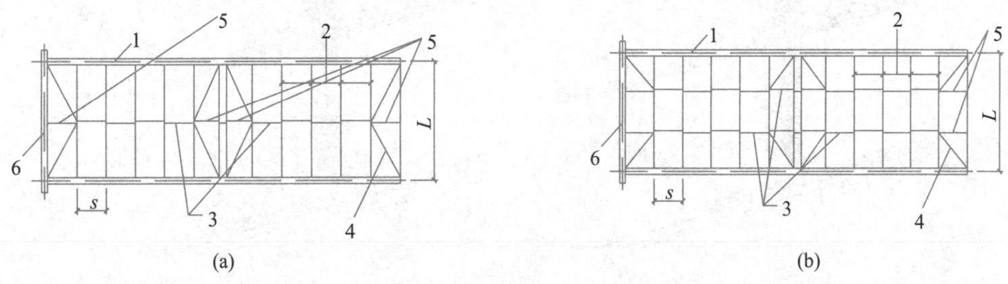

图 1-20　檩间拉条（撑杆）布置示意（一）

（a）4m$<L\leqslant$6m；（b）$L>$6m

1—刚架；2—檩条；3—拉条；4—斜拉条；5—撑杆；6—承重天沟或墙顶梁

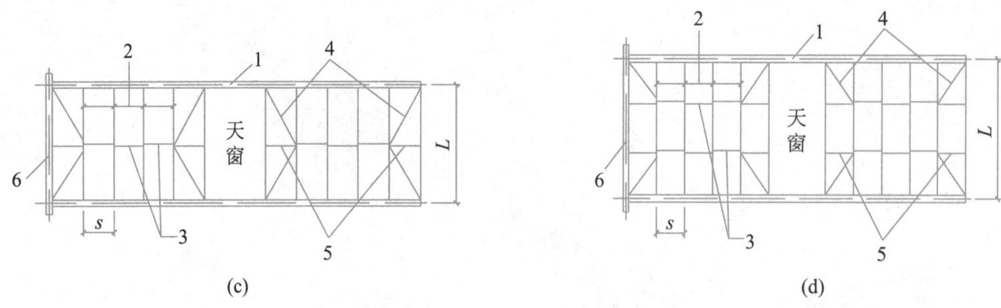

图 1-20　檩间拉条（撑杆）布置示意（二）

（c）4m<L≤6m 有天窗；（d）L>6m 有天窗

1—刚架；2—檩条；3—拉条；4—斜拉条；5—撑杆；6—承重天沟或墙顶梁

2. 门式刚架墙面檩条构造

墙梁的布置与屋面檩条的布置有类似的考虑原则。墙梁的布置首先应考虑门窗、挑檐、遮雨篷等构件和围护材料的要求，综合考虑墙板板型和规格，以确定墙梁间距。墙梁的跨度取决于主刚架的柱距。当柱距过大，引起墙梁使用不经济时，可设置墙架柱。墙梁的放置方式一般与门窗匹配。

墙梁与主刚架柱的相对位置一般有两种。图 1-21 显示的是穿越式，墙梁的自由翼缘简单地与柱子外翼缘螺栓连接或檩托连接，根据墙梁搭接的长度来确定墙梁是连续的还是简支的。图 1-22 显示的是平齐式，即通过连接角钢将墙梁与柱子腹板相连，墙梁外翼缘基本与柱子外翼缘平齐。

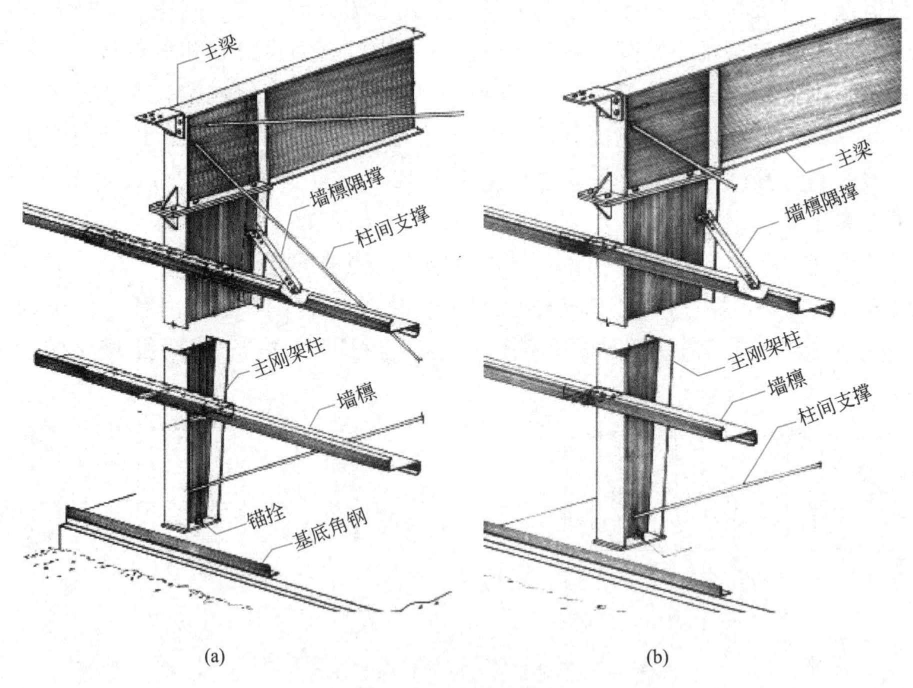

图 1-21　穿越式墙梁

（a）穿越式连续墙梁；（b）穿越式简支墙梁

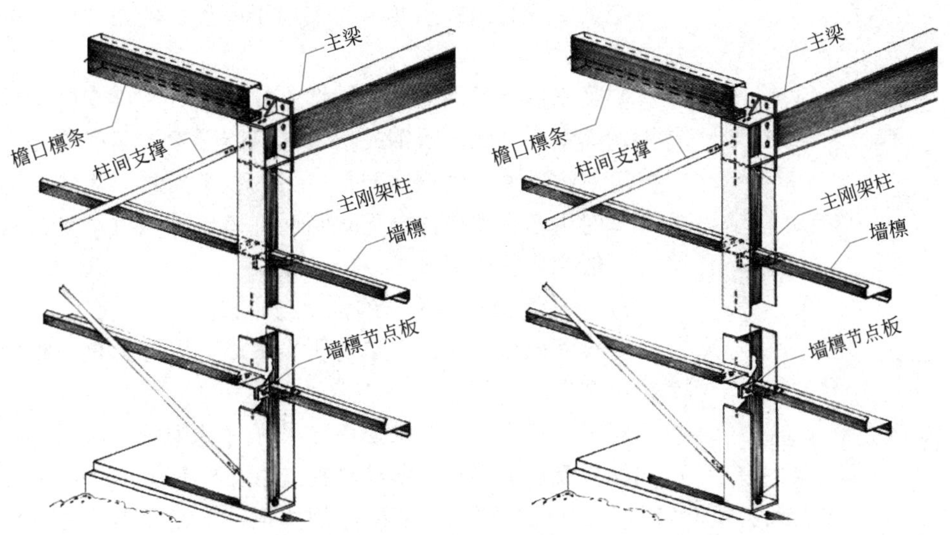

图 1-22　平齐式墙梁

1.1.5　刚架支撑系统构造

门式刚架结构沿宽度方向的横向稳定性，一般由门式刚框架来抵抗横向荷载而保证。门式刚架结构需要采用各种可靠的支撑结构以加强结构的整体和局部稳定性及力的可靠传递。由于建筑物在长度方向的纵向结构刚度较弱，于是需要沿建筑物的纵向设置支撑以保证其纵向稳定性。支撑主要分为屋面支撑和柱间支撑等。

门式刚架的标准支撑系统有：交叉支撑（图 1-23），设置于屋面、侧墙以及端墙，用于抵抗风力和吊车荷载，采用两端带螺纹的抗拉圆钢或钢缆，亦可采用角钢；隅撑，刚架受压翼缘的平面外刚度较小，采用角钢连接主刚架受压翼缘和墙梁或檩条，防止受压翼缘平面外局部失稳；门架支撑（图 1-24），当侧墙或屋顶不允许设置对角支撑时，或当有吊车时为了提供更可靠的支撑。

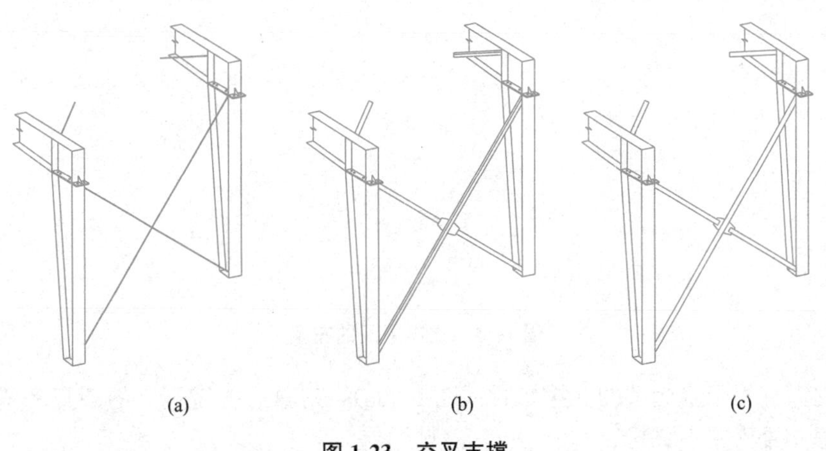

图 1-23　交叉支撑

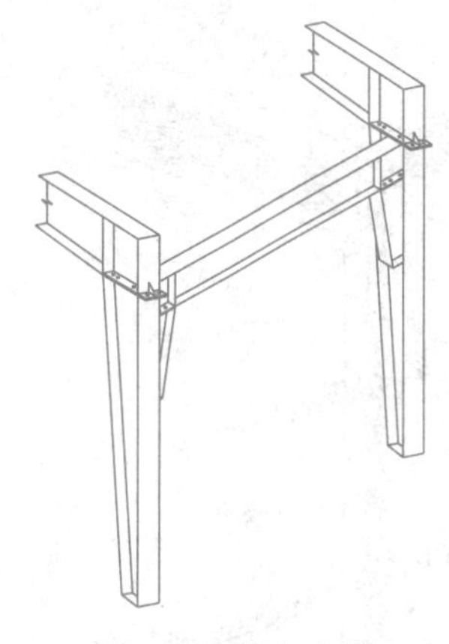

图 1-24　门架支撑

交叉支撑是门式刚架结构中用于屋顶、侧墙和山墙的标准支撑系统。

交叉支撑有柔性支撑和刚性支撑两种。柔性支撑构件为镀锌钢丝绳索、圆钢、带钢或角钢，只能受拉，不能受压。柔性支撑可对钢丝绳和圆钢施加预拉力以抵消自重产生的压力，这样计算时可不考虑构件自重。刚性支撑构件可以承受拉力和压力，一般为方管或圆管。

1. 门式刚架支撑平面的设置与布置

支撑平面尽量靠近次结构所在平面，以避免整个纵向传力系统出现偏心。

对于十字交叉支撑来说：如果杆件选用张紧的圆钢，那可以在腹板靠近上（外）翼缘打孔或直接在其上（外）翼缘焊接连接板作为连接点来实现，如图 1-25（a）所示；如果选用角钢，连接板仍然可以焊接在上翼缘，那么由于在交叉点杆件必须肢背相靠，如图 1-25（d）所示，这会要求在檩条和上翼缘之间留有比较大的空间，如图 1-25（b）所示。为克服该情况的出现，连接板可以被焊接在梁腹板的中间以便于设计和安装，如图 1-25（c）所示。

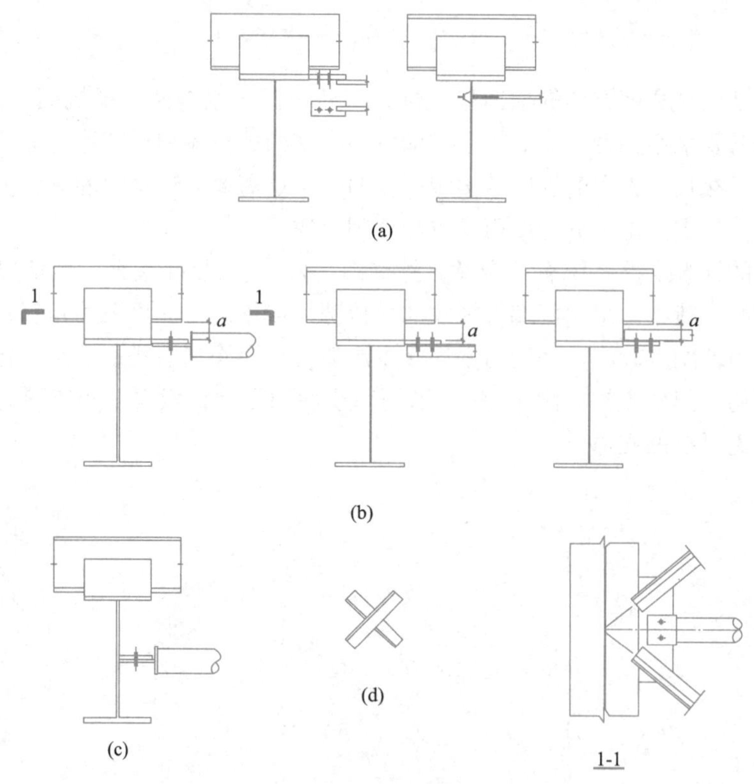

图 1-25　支撑平面的布置

屋面支撑宜用十字交叉的支撑布置（图 1-26a），对具有一定刚度的圆管和角钢也可使用对角支撑布置（图 1-26b）。

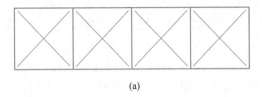

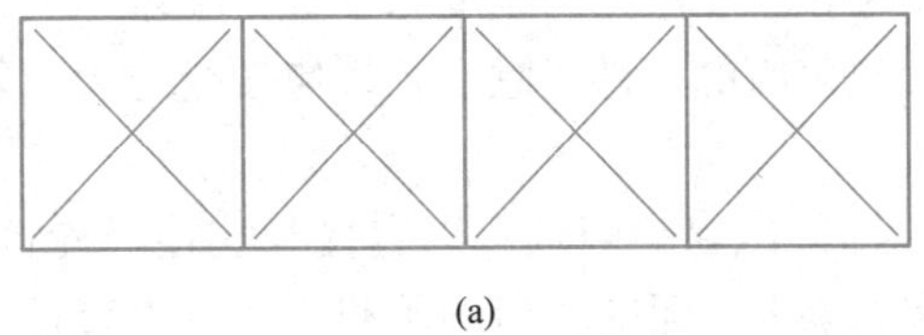
(a)

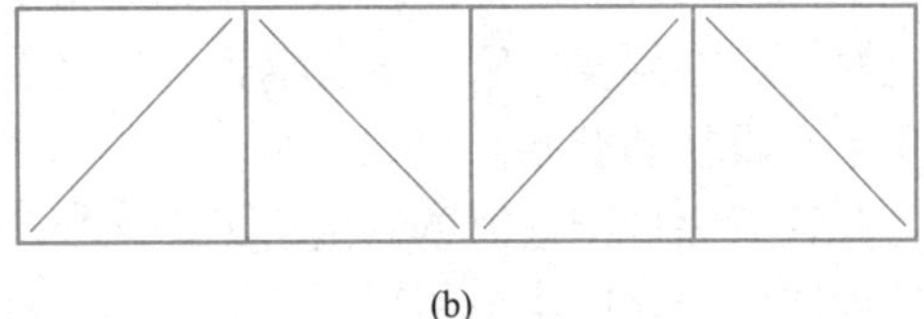
(b)

图 1-26　支撑布置形式

门式刚架结构应在其横梁顶面设置横向水平支撑，在刚架柱间设置柱间支撑。刚架横梁的横向水平支撑和刚架柱的柱间支撑设置在同一开间内，当建筑物较短时，支撑可设在两端开间内。当建筑物较长时，支撑宜设在两端第二开间内；此外，尚需每隔 30～45m 左右增设一道支撑。

2. 张拉圆钢支撑、角钢支撑

门式刚架轻型房屋钢结构的支撑，可采用带张紧装置的十字交叉圆钢支撑、角钢支撑。圆钢、角钢与构件的夹角应在 30°～60°范围内，宜接近 45°。圆钢、角钢交叉支撑与刚架构件连接，可设连接板连接。

圆钢也可直接在刚架构件腹板上靠外侧设孔连接，当腹板厚度 $t \leqslant 5$mm 时，应对支撑孔周边进行加强。张拉圆钢支撑杆两端部采用带槽的专用楔形垫圈，圆钢端部应设丝扣，用螺母固定。中间适当位置用花篮螺栓等专门的张紧装置将圆钢适度张紧。

张拉圆钢、角钢的连接构造见图 1-27。

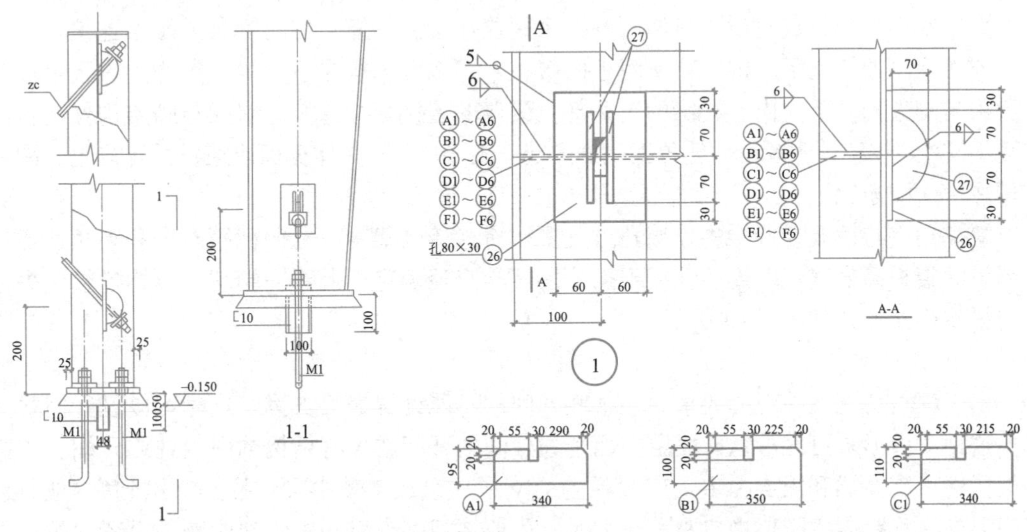

图 1-27　圆钢支撑与刚架腹板开孔（穿过式）带专用弧形垫圈的连接构造图

3. 系杆

在刚架转折处（单跨房屋边柱柱顶刚架横梁折角处和中央弯折（屋脊）处，多跨房屋某些中间柱柱顶和屋脊以及梁、柱交角处的受压翼缘）应沿房屋全长设置刚性系杆。当有吊车时宜在牛腿高度处柱身部位全长设置刚性系杆。

由支撑斜杆等组成的水平桁架，其直腹杆宜按刚性系杆考虑。即门式刚架横梁顶面的横向水平支撑的通常由交叉拉杆与横梁交叉处加设的檩条（此处一般设双檩）构成——即刚性系杆有时可由刚性檩条兼作，此时檩条应满足对压弯杆件的刚度和承载力要求；当不满足时，应在刚架斜梁间设置钢管、H 型钢或其他截面的杆件；刚性系杆应按受力大小等采用不同直径和壁厚。

圆管截面连接最简单的做法见图 1-28（a），杆件压扁的两端可以直接和连接板栓接，但这种连接形式适用于小管径的情况，而且需验算端头截面削弱后的承载力。对于管径大于 100mm 的较大圆管，通常使用图 1-28（b）所示连接，连接板的插入深度和焊缝尺寸根据轴力计算得到。圆管截面最普遍的连接如图 1-28（c）所示。圆钢管的表示方法是：ϕ 外径×壁厚。

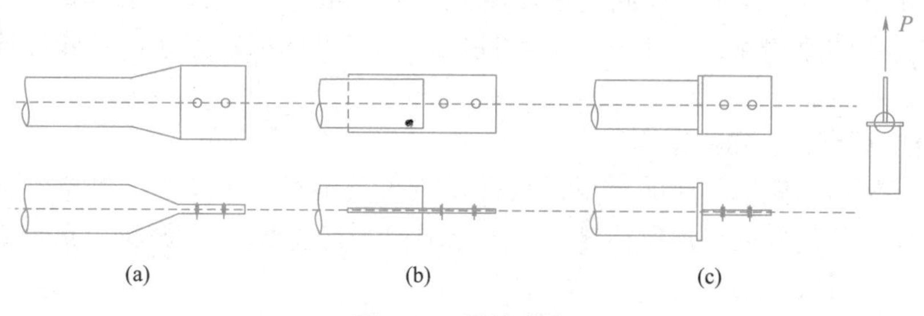

图 1-28　圆管连接

4. 隅撑

檩条和墙梁应与刚架梁、柱可靠连接，并设置隅撑，确保刚架总体及刚架梁、柱的侧向稳定。

隅撑常用单角钢成对设置，两端各一个螺栓连接。隅撑一端与檩条或墙梁连接，另一端可连接在刚架梁柱下（内）翼缘附近的腹板上，也可连接在下（内）翼缘上，还可以与在腹板与刚架构件下（内）翼缘的转角部位设置的连接板相连接。隅撑与刚架构件腹板的夹角不宜小于 45°。隅撑用热轧角钢截面不小于∟50×4，具体截面应通过计算确定；隅撑宜用冷弯薄壁角钢。

隅撑角钢与檩条或墙梁的连接孔位置要按所连接刚架梁或柱的截面高度和夹角、檩条或墙梁的腹板高度确定。连接孔径根据连接螺栓直径确定。隅撑一端与次结构栓接，另一端与梁柱连接形式如图 1-29 所示。

5. 门式支撑

由于建筑功能及外观的要求，在某些开间内不能设置交叉支撑，这时可以设置门式支撑。这种支撑形式可以沿纵向固定在两个边柱间的开间或多跨结构的两内柱之开间。支撑门架构件由支撑梁和固定在主刚架腹板上的支撑柱组成，其中梁和柱必须做到完全刚接，当门架支撑顶距离主刚架檐口距离较大时，需要在门架支撑和主刚架间额外设置斜撑，如图 1-30 所示。在设计该种支撑时，要求门架和相同位置设置的交叉支撑刚度相等，另外，节点必须做到完全刚接。

1.1.6　刚架辅助结构构造

轻型门式刚架的辅助结构系统包括挑檐、雨篷、吊车梁、牛腿、楼梯、栏杆、检修平台和女儿墙等，它们构成了轻型门式刚架完整的建筑和结构功能。

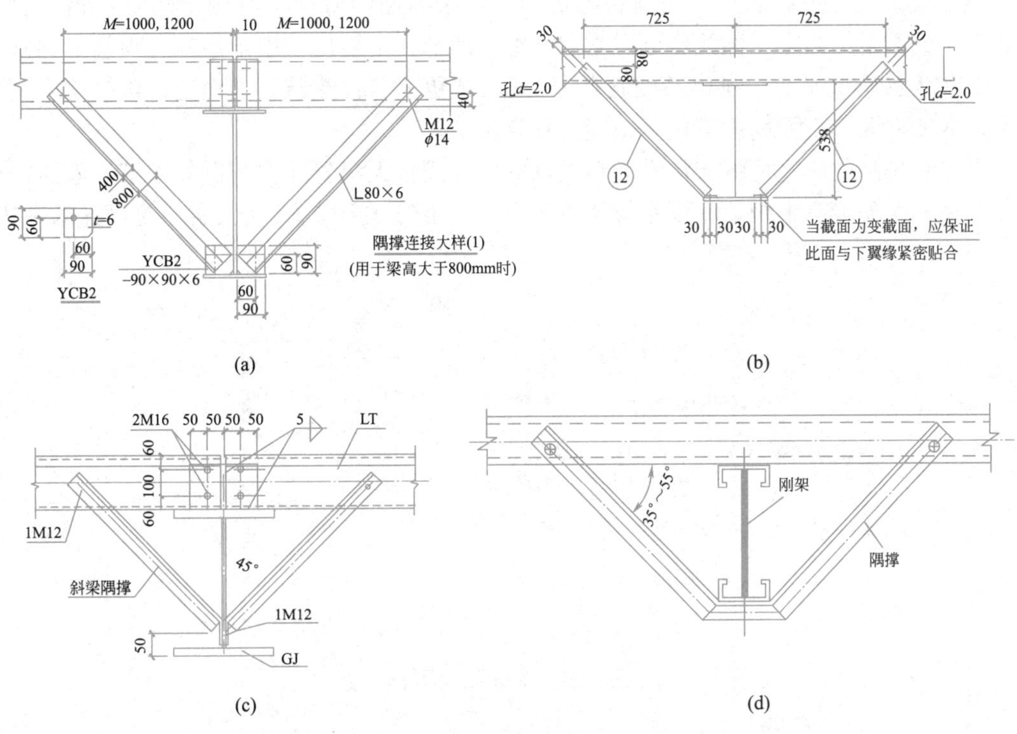

图1-29　隅撑

(a) 隅撑与梁柱翼缘的连接板栓接；(b) 隅撑与梁柱翼缘栓接；
(c) 隅撑与梁柱腹板栓接；(d) 隅撑连续绕过梁柱翼缘焊接

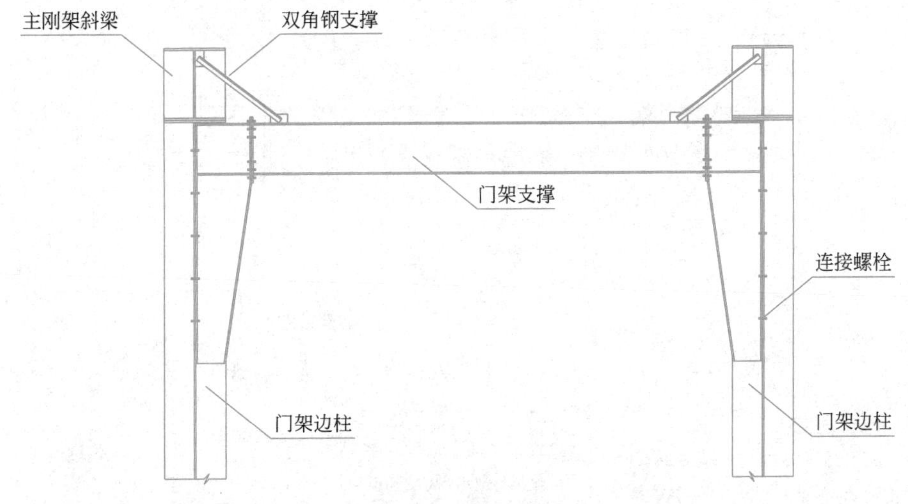

图1-30　门式支撑

1. 雨篷

钢结构雨篷同钢筋混凝土结构雨篷一样，按排水方式可分为有组织排水和自由落水两种。

钢结构雨篷的主要受力构件为雨篷梁，其常用的截面形式有轧制普通工字钢、槽钢、

H 型钢、焊接工字形截面等，当雨篷的造型为复杂的曲线时亦可选用矩形管或箱形截面等。在门式刚架结构中，雨篷宽度通常取柱距，即每柱上挑出一根雨篷梁，雨篷梁间常通过 C 型钢连接形成平面。挑出长度通常为 1.5m 或更大，视建筑要求而定。雨篷梁可做成等截面或变截面，截面高度应按承载能力计算确定。

有组织排水的雨篷可将天沟设置在雨篷的根部或将天沟悬挂在雨篷的端部，雨篷四周设置凸沿，以便能有组织地将雨水排入天沟内。图 1-31 和图 1-32 为几种常见雨篷的做法。

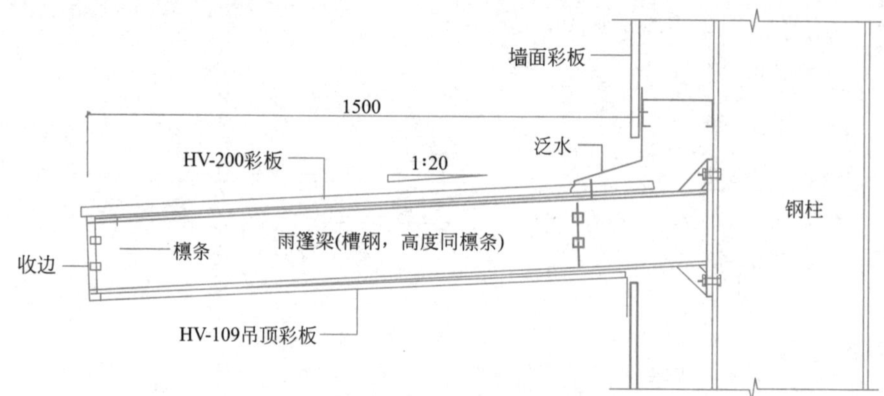

图 1-31　自由落水雨篷

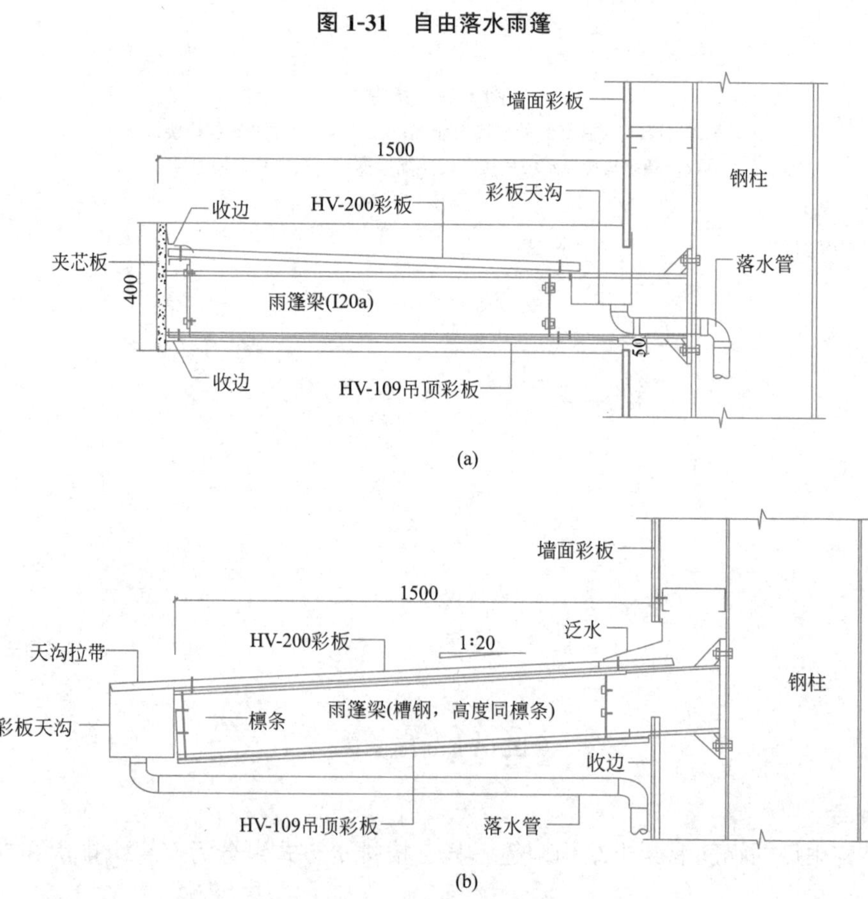

图 1-32　有组织排水雨篷

2. 吊车梁

直接支承吊车轮压的受弯构件有吊车梁和吊车桁架，一般设计成简支结构。吊车梁有型钢梁、焊接工字形梁及焊接箱形梁等（图 1-33）；吊车桁架常用截面形式为上行式直接支承吊车桁架和上行式间接支承吊车桁架（图 1-34）。

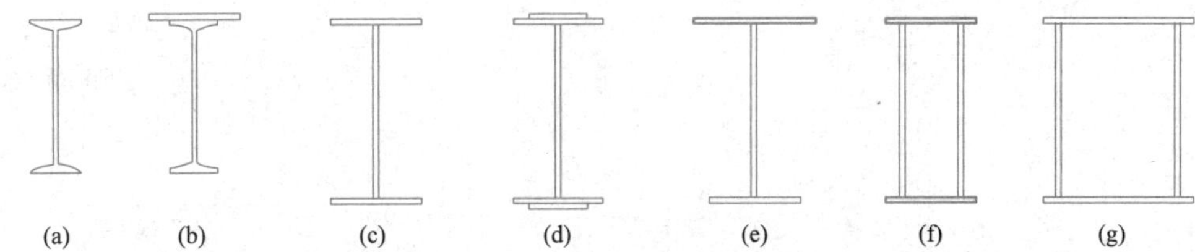

图 1-33　实腹吊车梁的截面形式

（a）（b）型钢梁；（c）（d）（e）焊接工字形梁；（f）（g）焊接箱形梁

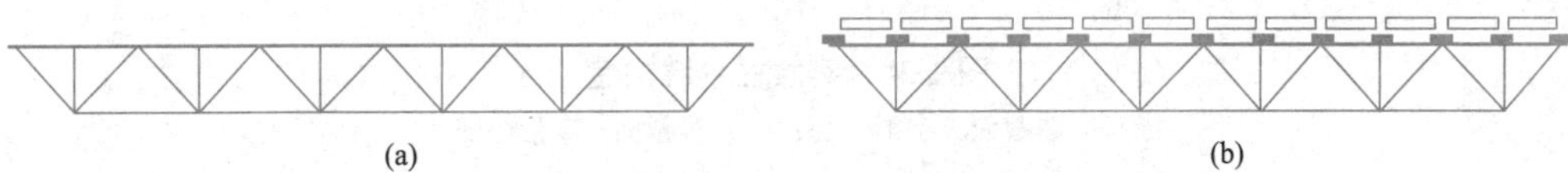

图 1-34　吊车桁架结构简图

（a）上行式直接支承吊车桁架；（b）上行式间接支承吊车桁架

在门式刚架结构体系中，最常见的吊车支承结构形式为焊接工字形简支吊车梁，以下介绍该形式的构造要求。门式刚架结构中吊车的起重量通常较小，一般做法为等截面或变截面的焊接 H 形简支梁。

焊接工字形吊车梁的横向加劲肋与上翼缘相接处应切角。当切成斜角时，其宽约为 $b_s/3$（但不大于 40mm），高约为 $b_s/2$（但不大于 60mm），b_s 为加劲肋宽度。横向加劲肋的上端应与上翼缘刨平顶紧后焊接，加劲肋的下端宜在距离受拉翼缘 50～100mm 处断开，不应另加零件与受拉翼缘焊接（图 1-35）；

当同时采用横向加劲肋和纵向加劲肋时，其相交处应留有缺口（图 1-35 剖面图 2-2），以免形成焊接过热区。

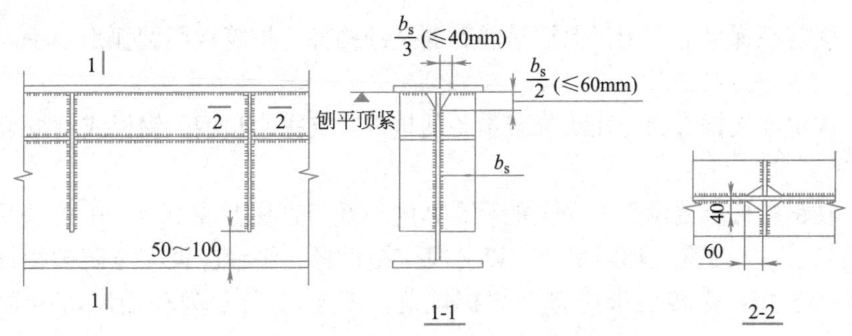

图 1-35　焊接工字形吊车梁构造

3. 牛腿构造

柱上设置牛腿以支承吊车梁、平台梁或墙梁。一般有实腹式柱上支承吊车梁的牛腿和格构式柱上支承吊车梁的牛腿。

柱在牛腿上、下盖板的相应位置上，应按要求设置横向加劲肋。上盖板与柱的连接可采用角焊缝或开坡口的 T 形对接焊缝，下盖板与柱的连接可采用开坡口的 T 形对接焊缝，腹板与柱的连接可采用角焊缝（图 1-36）。

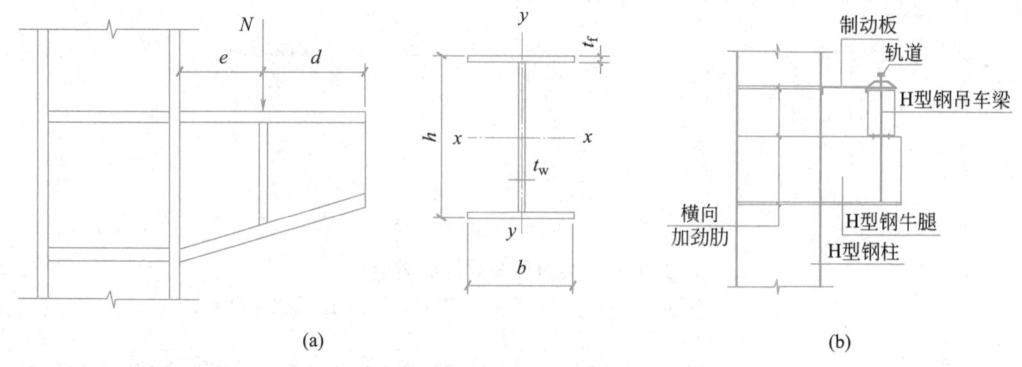

图 1-36 实腹柱牛腿构造

（a）变截面工字形牛腿；（b）等截面工字形牛腿

4. 楼梯和栏杆

楼梯和栏杆是建筑物的一个重要组成部分。楼梯的栏杆可自行设计，亦可按国家标准图集 02J401 选用，其中包含普通钢梯、屋面检修钢梯、吊车钢梯、中柱式钢螺旋梯、住宅户内钢梯等。

（1）楼梯

工业厂房常用的楼梯形式有直梯和斜梯。直梯通常是在不经常上下或因场地限制不能设置斜梯时采用，多为检修楼梯；经常通行的钢梯宜采用斜梯。

1）轻钢厂房的检修楼梯通常采用直钢梯，由踏棍、梯梁、护笼、支撑、扶手等组成固定式钢直梯，固定在建筑物或设备上，与水平面垂直安装。

梯梁：钢直梯两侧的边梁。直梯的梯梁应采用不小于∟50×50×5 角钢或－60×8 扁钢。

踏棍：供上、下梯时脚踏的构件。踏棍常用直径不小于 20mm 的圆钢，间距 300mm 等距分布。

护笼：固定在梯梁上，用于保护攀登者安全的构件。护笼常用圆弧形扁钢与直扁钢焊接成。

支撑：固定连接钢直梯与建筑物或设备的构件。支撑用角钢、钢板或钢板组焊成 T 形钢制作。

扶手：在钢直梯上端设置的安全把手。高度不低于直梯上端 1050mm 的扶手。

梯段高超过 9m 时宜设梯间平台，以分段交错设梯。平台应设安全防护栏杆。钢直梯全部采用焊接连接，焊接要求应符合焊接规范。图 1-37 所示为轻钢厂房中常见的检修爬梯。

2）斜梯（普通钢梯）

固定式钢斜梯：固定在建筑物或设备上，与水平面成 30°～75°角的钢梯。斜梯一般由楼梯梁、踏板、平台梁和平台板等几个部分组成。

梯梁：斜梯两侧边梁。截面通常选用槽钢、工字钢或钢板等。

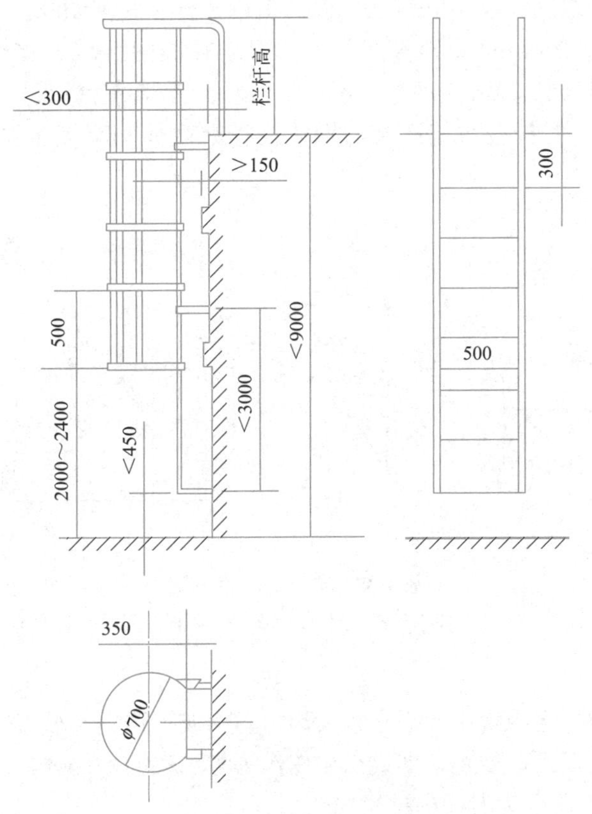

图 1-37　直梯

踏板：供上下梯时脚踏的水平构件。有花纹钢板、玻璃、木材、混凝土和钢板组合踏步板等。

平台梁：固定和支承平台、梯段的梁。截面一般是槽钢或工字钢。

平台板：楼梯休息平台面板。多用组合楼板、混凝土楼板、花纹钢板等。

扶手：具有一定高度（900mm 或更高），采用外径 30～50mm，壁厚不小于 2.5mm 的钢管。

立柱：用截面不小于∟40×40×4 角钢或外径为 30～50mm 的钢管。从第一级踏板开始设置，间距不宜大于 1000mm。

横杆：采用直径不小于 16mm 圆钢或－30×4 扁钢，固定在立柱中部。

（2）栏杆

栏杆由立杆、顶部扶手、中部纵条以及踢脚板等组成。

工业建筑中栏杆的形式相对较为简单，其主要构件（立杆和顶部扶手）可选用刚度较好的角钢（∟50×4）或圆钢管（ϕ38～45×2）。栏杆立柱的间距不大于 1m，并应采用不低于 Q235 钢的材料制成。立杆与平台边梁的连接可采用工地焊接或螺栓连接。

中部纵条可选用不小于－30×4 的扁钢或 ϕ16 的圆钢固定在立杆内侧中点处，中部纵条与上下杆件之间的间距不应大于 380mm。

为保证安全，平台栏杆均须设置挡板（踢脚板），挡板一般采用－100×4 扁钢。室外栏杆的挡板与平台面之间宜留 10mm 的间隙，室内栏杆不宜留间隙。

栏杆高度一般为 1000mm，对高空及安全要求较高的区域，宜用 1200mm；工业平台栏杆的高度不应小于 1050mm；对于不经常通行的走道平台和设备防护栏，其高度宜降低至 900mm。平台栏杆应与相连接的钢体栏杆在截面和高度上协调一致。如图 1-38 所示。

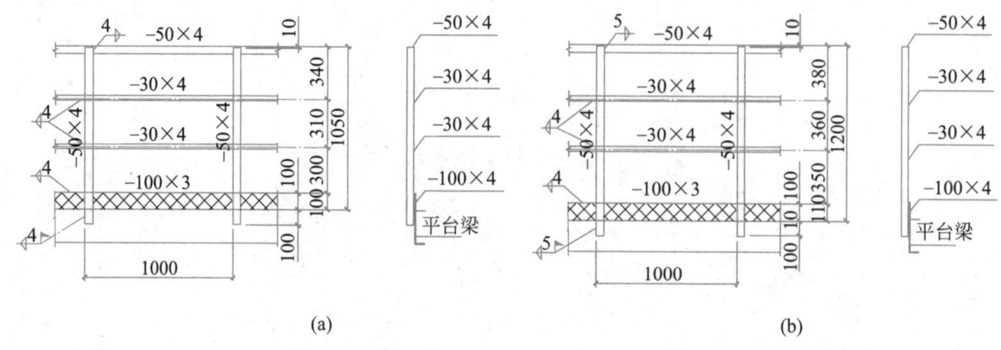

图 1-38　典型楼梯栏杆图

(a) 室内栏杆及剖面；(b) 室外栏杆及剖面

5. 挑檐

在轻型门式刚架厂房结构中，通常将天沟（彩钢或不锈钢）放置在挑檐上，形成外天沟。挑檐挑出构件的间距取柱距，即挑出构件作为主刚架的一部分，挑出构件之间由 C 型钢檩条连接，图 1-39 所示为典型的挑檐构造。

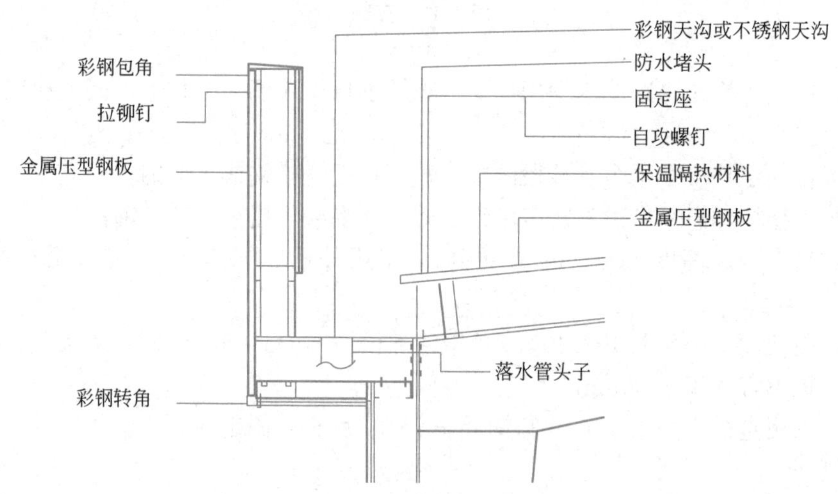

图 1-39　典型的挑檐构造

挑檐柱承受 C 型钢墙梁传递轻质墙体的竖向荷载和风荷载，挑檐梁主要承受考虑天沟积水满布荷载或积雪荷载。挑檐各构件（挑檐柱、挑檐梁）截面通常采用轧制工字钢或高频 H 型钢，截面大小由承载力计算确定。

挑檐计算简图如图 1-40 所示，将挑檐柱和挑檐梁示作一个整体，端部与刚架柱固接，即作为悬臂构件计算。

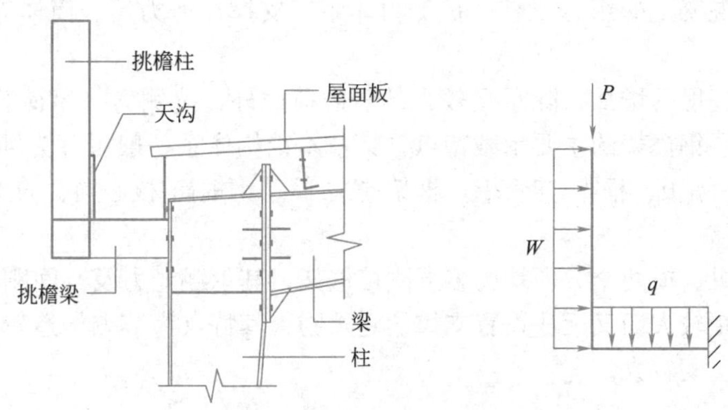

图1-40　挑檐结构计算简图

6. 女儿墙

女儿墙结构部分一般由女儿柱、横梁、拉条等构件组成，其作用为支撑女儿墙墙体，保证墙体稳定，并将其上的荷载传递到厂房骨架上。

（1）墙体分类

女儿墙按其墙体材料可分为两类：

1）轻质墙：常将压型钢板、夹心板或其他轻质板材悬挂在墙架横梁上，横梁支撑在女儿柱上。

2）砌体墙：其墙体材料为普通砖、混凝土空心砌块或加气混凝土砌块，本教材主要介绍轻质女儿墙。

（2）女儿墙墙架构件的形式

1）女儿柱为女儿墙的竖向构件，承受由横梁传来的竖向荷载及水平荷载。截面通常采用轧制或焊接H形钢。

2）横梁为女儿墙的水平构件，一般同时承受竖向荷载和水平荷载，是一种双向受弯构件。

横梁的截面形式：

当横梁跨度小于或等于4m时，选用角钢；

当横梁跨度小于9m并大于4m时，可选用水平放置的冷弯C型钢（最常用的截面形式）；

当梁跨度较大时，亦可选用槽钢、工字钢或H型钢等。

1.2　多高层钢框架结构

1.2.1　多高层钢框架结构体系

实际工程具体采用何种结构体系，应综合考虑房屋荷载、房屋的尺寸和外形、房屋材料、工程造价、施工条件等五方面来确定，多高层钢结构房屋也不例外，它由基础、钢梁、钢柱或钢与混凝土的组合梁柱、抗侧力体系（支撑、剪力墙、筒体等）、楼盖、墙体等组成。

随着层数及高度的增加，除承受较大的竖向荷载外，抗侧力（风荷载、地震作用等）要求也成为多高层钢框架的主要承载特点，其基本结构体系一般可分为纯框架、柱-支撑、框架-支撑、框架-墙板、框架-剪力墙、框架-核心筒、钢框筒-核心筒、筒束体系等。

1. 纯框架体系

多层框架在纵、横两个方向均为多层刚接框架，其承载能力及空间刚度均由刚接框架提供，适用于柱距较大而又无法设置支撑的建筑物；其特点为节点构造较复杂，结构用钢量较多，但使用空间较大。

2. 柱-支撑体系

多层框架梁与柱连接节点均为铰接，而在纵向与横向沿柱高设置竖向柱间支撑，其空间刚度及抗侧力承载力均由支撑提供，适用于柱距不大而又允许双向设置支撑的建筑物；其特点是设计、制作及安装简单，承载功能明确，侧向刚度较大，用于抗侧力的钢耗量较少。

3. 框架-支撑体系

即多层框架一个方向（多为纵向）为柱-支撑体系，另一方向（多为横向）为纯框架体系的混合体系，特别适用于平面纵向较长、横向较短的建筑物。其特点为一个方向无支撑便于生产或人流、物流等建筑功能的安排，又适当考虑了简化设计、施工及用钢量等要求，为实际工程中较多采用的体系。

4. 框架-墙板体系

是以框架结构为基础，沿房屋的纵向、横向或其他主轴方向布置一定数量的预制墙板而组成的结构体系。一般采用带竖缝的预制钢筋混凝土墙板，能保证受到风荷载或小地震作用时弹性工作，在强震作用时进入塑性阶段吸能量大，依然保持承载能力，防止建筑物倒塌。该墙板还可采用内藏钢板支撑的预制钢筋混凝土墙板，也可以是带纵横加劲肋的钢板墙。

5. 框架-剪力墙体系

在框架结构中，布置一定数量的剪力墙，使框架和剪力墙结合起来共同抵抗水平荷载，就组成了框架-剪力墙体系。该结构体系既有框架结构平面布置灵活的特点，又有较大刚度。剪力墙按材料不同分为钢筋混凝土剪力墙、钢板剪力墙两大类；前者刚度大、地震时易开裂，后者一般由 8～10mm 厚度钢板做成，与钢框架组合，共同作用。

6. 框架-核心筒体系

将框架-剪力墙体系中的剪力墙封闭成核心筒，外侧周边仍为钢框架，即形成框架-核心筒体系。该结构体系中，筒体承载力、抗侧力均比剪力墙提高很多，因此为多、高层建筑典型结构体系之一。筒体一般用电梯间、楼梯间或卫生间，高效节材且较实用。钢框架与核心筒常铰接，钢框架与核心筒距离一般为 5～9m。核心筒材料可用钢筋混凝土、钢结构；形式有实腹筒、桁架筒。

7. 钢框筒-核心筒体系

钢框筒-核心筒体系（也称筒中筒体系）即加密外部钢框架柱间距，形成外筒，再与内部核心筒相连接组成“筒中筒”体系。

8. 筒束体系

筒束体系即由多个筒体组合形成的密集筒体结构。

风荷载较大，尤其是强震区时，后两种结构具有很强的抗侧力，使结构使用可靠，故常用于高层、超高层结构，多层少见。

对层数不多、抗震设防等级不高的房屋，应优选纯框架体系，抗震设防等级较高时，宜用带支撑框架；多层较高、抗震设防等级较高时宜采用框架-剪力墙、框架-核心筒；高层、超高层宜用框架-核心筒、筒中筒、筒束结构。

1.2.2　多高层钢框架梁、柱截面形式

多高层钢结构梁、柱截面形式多样，包括热轧或焊接 H 形截面、焊接箱形截面、方钢管内灌混凝土、圆钢管内灌混凝土、钢骨混凝土组合截面等。

最常用的截面亦为轧制或焊接的 H 形钢截面（图 1-41a）；当柱很高或纵向、横向均要求较大的刚度时（如角柱），宜采用十字形截面（图 1-41b）；当荷载及柱高均较大时，亦可采用方管截面（图 1-41c）或箱形截面（但其用钢量较大且制作亦困难）；当有外观等特别要求时亦可采用圆管截面（图 1-41d）。高层、超高层钢结构柱常用内灌混凝土外钢管组合柱（图 1-41e）或内钢骨外包钢筋混凝土的组合柱（图 1-41f），根据实际情况灵活选用。

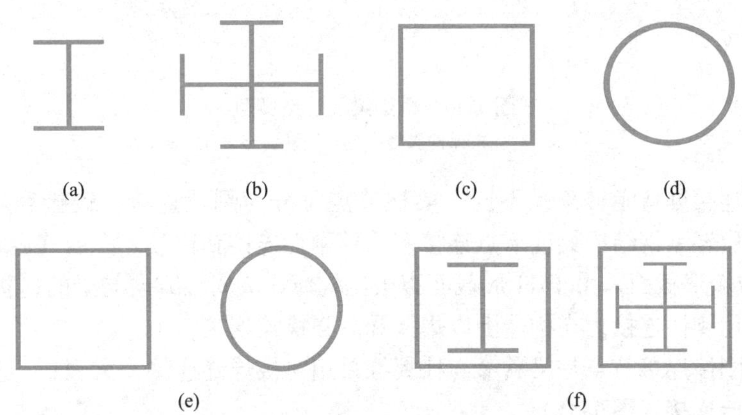

图 1-41　多高层钢结构柱截面形式

(a) H 形钢截面；(b) 十字形截面；(c) 方管截面；(d) 圆管截面；(e) 钢管混凝土柱；(f) 钢骨混凝土柱

最常用的截面为轧制或焊接的 H 形钢截面（图 1-42a）。当为组合楼盖时有时为优化截面，降低钢耗，可采用上下翼缘不对称的焊接工字形截面（图 1-42b），亦可采用蜂窝梁截面（图 1-42c）。荷载和跨度较大时也有采用箱形梁。

1.2.3　多高层钢框架节点形式

1. 梁柱连接节点

钢框架梁柱节点有柱贯通型和梁贯通型两类，见图 1-43，为了简化构造和方便施工，

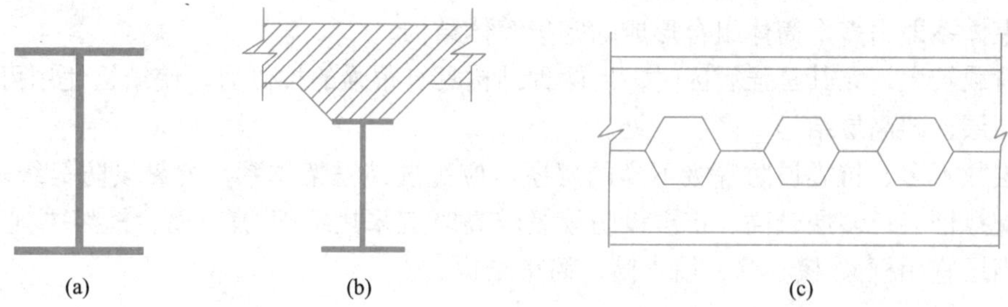

图 1-42　多高层钢结构梁截面形式

（a）H 形钢截面；（b）组合截面；（c）蜂窝梁截面

多高层钢结构梁柱连接宜采用柱贯通型。

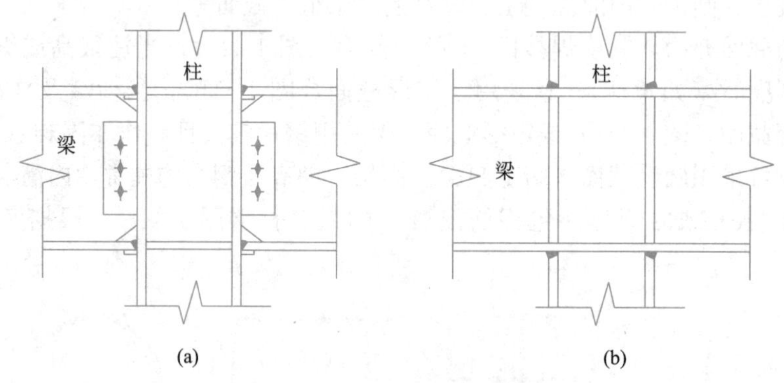

图 1-43　框架梁柱节点类型

（a）柱贯通型；（b）梁贯通型

根据梁柱连接处弯矩转角系不同，梁柱节点可分为刚性连接、铰接和半刚性连接三类。目前，多层轻型钢结构梁柱节点连接多采用刚性连接和铰接。多层房屋钢结构柱多采用焊接 H 形或箱形截面，由于 H 形截面腹板比较薄，故弱轴方向与梁的连接多采用铰接，而强轴方向采用刚性连接。在构造上以焊接和高强螺栓连接为主。

常见梁柱刚性连接节点是梁翼缘与柱翼缘采用对接焊缝连接，梁腹板与柱翼缘采用摩擦型高强度螺栓连接（图 1-44）。

2. 钢柱拼接

柱的拼接可以采用全焊接拼接、全螺栓拼接或栓-焊混合拼接，见图 1-45。在非抗震设防结构中，当柱的弯矩较小且不产生拉力时，柱接头可以采用部分熔透焊缝的构造；否则必须采用熔透对接焊缝高强度螺栓摩擦型连接，并按等强度设计。

柱的拼接分工厂拼接和工地拼接两种。工厂拼接时，拼接接头宜采用全焊接连接，且翼缘与腹板的接头应相互错开 500mm 以上，以避免在同一截面有过多的焊缝。

工地拼接时，柱长一般宜取 3～4 层一根，其接头宜位于框架梁顶面以上 1.0～1.3m 附近。如果柱的板件较厚，多采用全焊接连接，否则需要螺栓太多；腹板可用高强度螺栓连接。在接头处应设置安装耳板，耳板的厚度根据阵风和其他施工荷载确定，并且不得小于 10mm，连接板的厚度是耳板厚度的 1.2～1.4 倍。

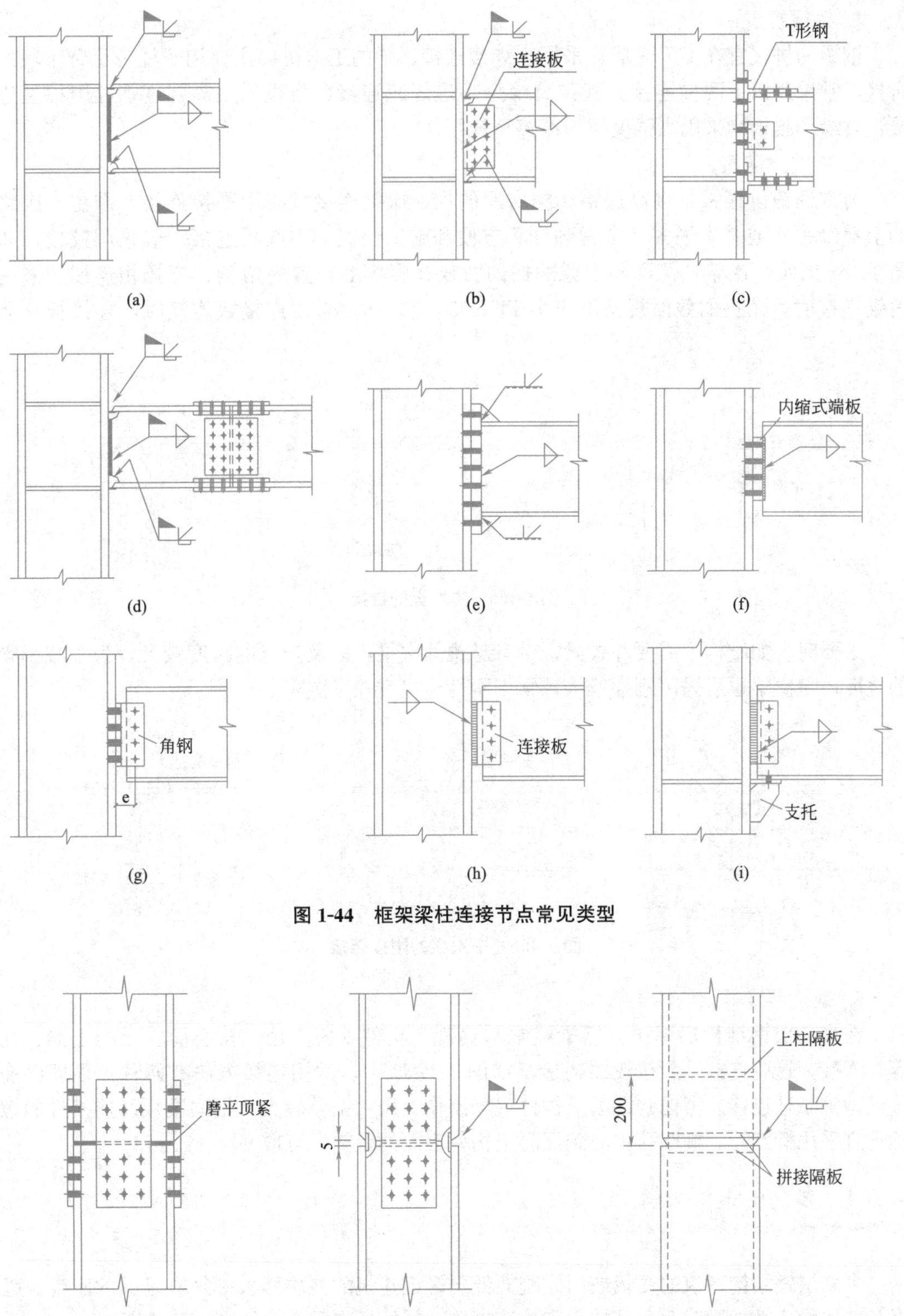

图 1-44　框架梁柱连接节点常见类型

图 1-45　柱的拼接构造

（a）H 形钢柱全螺栓拼接；（b）H 形钢柱栓-焊混合拼接；（c）H 形钢柱全焊接拼接

3. 钢梁拼接

钢梁的拼接宜在工厂完成，采用全焊接连接。梁的工地拼接主要用于柱带悬臂梁段的拼接，常采用以下两种连接方式：翼缘全熔透焊缝连接，腹板采用高强度螺栓摩擦型连接；翼缘和腹板均采用高强度螺栓摩擦型连接。

4. 主次梁连接

为方便铺设楼板，多高层钢结构房屋的主、次梁连接宜采用平接连接，即主、次梁的上翼缘平齐或基本平齐。考虑到计算方便和施工快捷，主次梁连接一般采用铰接，如图 1-46a 所示，次梁从侧面与主梁的加劲肋或在腹板上设置的角钢、支托相连接，采用角钢连接时，角钢的截面规格不应小于L 100×80×6；采用连接板连接时，连接板宜双面设置。

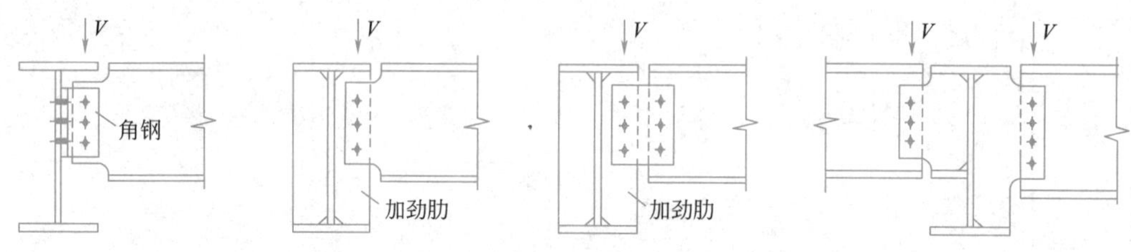

图 1-46a　主次梁的铰接

必要时，如结构中需要井式梁，带有悬挑的次梁，以及当梁的跨度较大，为了减小梁的挠度，主次梁也可采用刚性连接，常用刚性连接方式见图 1-46b。

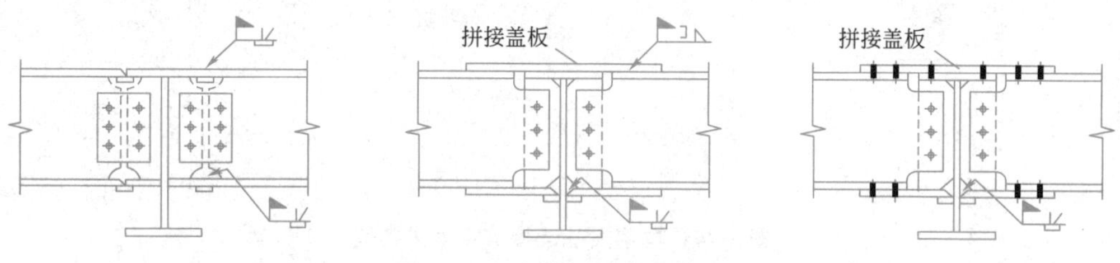

图 1-46b　主次梁的刚接连接

5. 钢梁与混凝土构件连接

在多高层钢结构房屋中，钢梁经常与混凝土构件（剪力墙、核心筒、混凝土梁、柱等）连接，这些连接一般按铰接构造，如图 1-47 所示。常用连接方法有两种：预埋件连接或型钢暗柱连接。考虑到混凝土构件现场制作，尺寸偏差较大，钢梁腹板及连接件的螺栓孔宜采用椭圆孔，椭圆孔中心到混凝土构件表面的距离 e 可取 90～100mm。

1.2.4　多高层钢框架楼盖

多高层钢结构建筑的楼板或门式刚架低层轻钢建筑的夹层楼板必须有足够的刚度、强度和整体稳定性，同时宜采用技术和构造措施减轻楼板自重，并提高施工速度。

常用楼板形式有：压型钢板-现浇混凝土组合楼板、叠合式楼板、钢梁-现浇混凝土组合楼板。

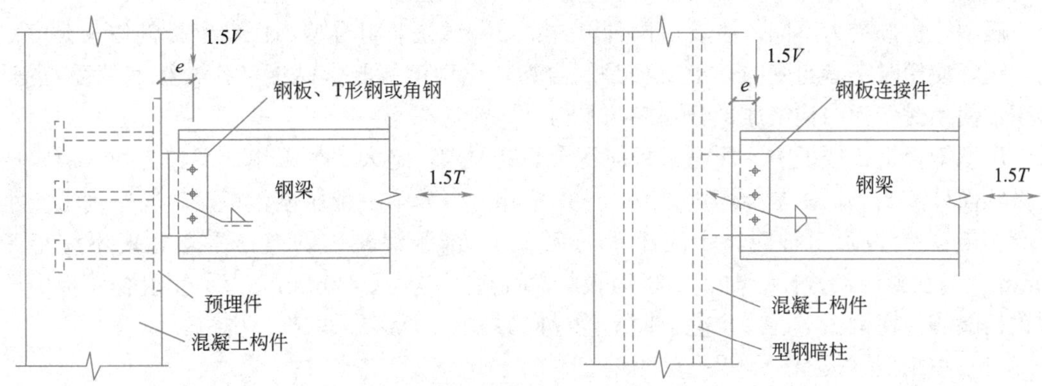

图 1-47　钢梁与混凝土构件的连接

1. 压型钢板-现浇混凝土组合楼板

压型钢板-现浇混凝土组合楼板是在钢梁上铺设压型钢板（钢承板），作为工作平台和永久性模板，再浇筑 100～150mm 的钢筋混凝土板，混凝土、压型钢板与钢梁之间采用剪力连接件连接，成为一个楼层的整体承重结构，见图 1-48。

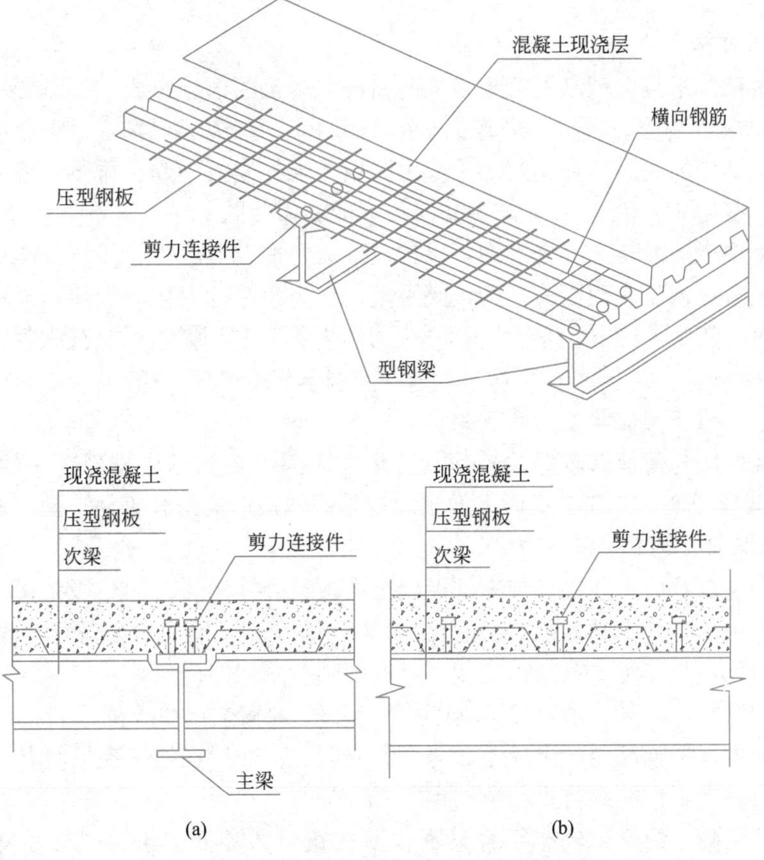

图 1-48　压型钢板-现浇混凝土组合楼板构造

板按压型钢板形式不同分为单层和双层压型钢板组合楼板两种。

压型钢板按受力不同，主要有两种形式：第一种是非组合型，压型钢板仅作永久模板用，正常使用时不参与受力；第二种是组合型，压型钢板既作模板又作楼板底面受拉筋，即正常使用时作为结构组成部分，参与受力。

压型钢板组合楼板中，压型钢板应符合防锈要求，绝大多数采用镀铝锌光板，镀锌层重量两面计 275g/m^2。基板厚度为 0.5～2.0mm，当为第一种压型钢板时，其厚度不应小于 0.5mm；当为第二种时，不应小于 0.75mm。浇筑混凝土的波槽平均宽度不应小于 50mm。当在槽内设置栓钉时，压型钢板的总高度不应大于 80mm。为了使组合楼板中压型钢板能够传递钢板与混凝土叠合面上的纵向剪力，通常要采取如下方法：

（1）在压型钢板上翼缘焊有剪力钢筋。

（2）依靠压型钢板的纵向波槽，混凝土在压型钢板槽内形成楔状混凝土块，为叠合面提供有效抗剪能力。

（3）采用带压痕、加劲肋、冲孔的压型钢板，其中压痕、加劲肋、冲孔为叠合面提供有效的抗剪能力。

（4）任何情况下均应设置端部锚固件，如栓钉等。

同时，组合楼板与钢梁（组合梁）之间的连接还使用剪力连接件，如栓钉、槽钢及弯筋等。

2. 叠合式楼板

叠合式楼板体系是由预制混凝土薄板与后浇混凝土两部分组成，即首先在工厂预制厚度为 50～60mm 的预应力薄板，高跨比不小于 1/100。在施工现场，这种预制预应力薄板可作楼板现浇部分的底模。在支好的预应力薄板上绑扎楼板钢筋，再浇筑混凝土，叠合部分的混凝土厚度为 80～120mm，与预制薄板形成整体共同工作。

在薄板上现浇的混凝土叠合层中可以按设计需要埋设电源等管线，现浇层内只需配置少量的支座负弯矩钢筋。预制薄板的板底平整，作为顶棚可直接喷刷涂料或粘贴壁纸。叠合楼板的板跨一般为 4～6m，最大可达 9m。现浇叠合层采用 C20 细石混凝土浇筑，厚度一般为 70～120mm。叠合楼板的总厚度取决于楼板的跨度，一般为 150～300mm。楼板的厚度以大于或等于薄板厚度的两倍为宜。

为使现浇面层与薄板有较好的连接，薄板上表面一般加工成排列有序的直径 50mm、深 20mm 的圆形凹槽，或在薄板面上露出较规则的三角形的结合钢筋（图 1-49）。

3. 钢梁-现浇混凝土组合楼板

指采用钢梁以及剪力连接件与上部混凝土楼板组合共同受力的楼板结构。采用钢梁上加现浇混凝土板的结构中的“钢-混凝土组合梁”结构除了能充分发挥钢材和混凝土两种材料受力特点外，与非组合梁结构比较，具有下列一系列的优点：

（1）节约钢材：以某工程冶炼车间为例。该车间标高 16.9m 的平台，原设计是钢梁上浇灌混凝土板，按钢筋混凝土板不参与钢梁共同工作，后在施工现场将其修改成钢筋混凝土板与钢梁共同工作的组合梁，节约钢材 17%～25% 。

（2）降低梁高：组合梁较非组合梁不仅节约钢材，降低造价，同时还降低了梁的高度，因此在建筑或工艺限制梁高的情况下，采用组合梁结构特别有利。

（3）增加梁的刚度：在一般的民用建筑中，钢梁截面往往由刚度控制，而组合梁由于

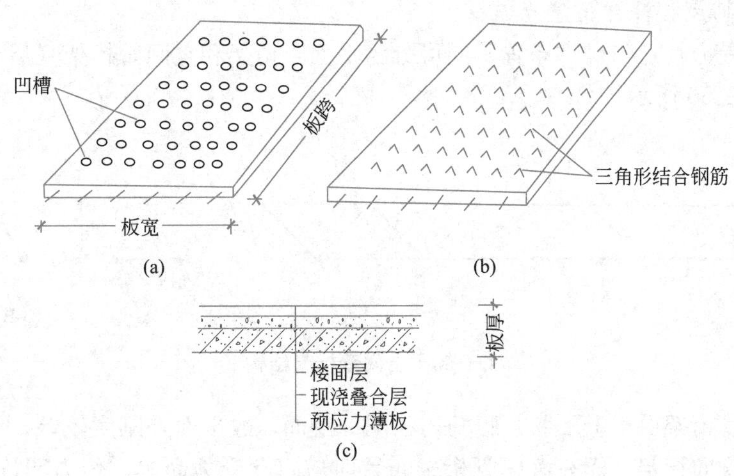

图1-49　叠合式楼板

（a）板面刻槽；（b）板面露出三角形结合钢筋；（c）叠合组合薄板

钢梁与混凝土板共同工作，大大地增强了梁的刚度。

（4）增加梁的承载力。

（5）增大抗冲击能力。

（6）抗震性能好，抗疲劳强度高。

（7）局部受压稳定性能良好。

（8）使用寿命长。

1.3 管桁架结构

管桁架结构（也称为管桁结构、管桁架、管结构）在目前大跨空间结构中得到了广泛应用。管桁架的结构体系可以是平面或空间桁架，与普通钢桁架的区别主要在于节点的连接构造不同。如网架结构常用球节点、普通钢屋架常用板节点，而管桁架则常用相贯节点（也称管节点）。目前，由于管桁架相贯节点的加工制作技术已非常成熟，所以采用相贯节点的管桁架结构应用不可限量。

管桁架广泛应用于门厅、航站楼、体育馆、展览馆、会议中心等。如南京国际展览中心屋盖结构、陕西咸阳机场航站楼屋盖结构、广州新白云国际机场航站楼屋盖结构、南京奥林匹克中心游泳馆屋盖结构等。

1.3.1　管桁架分类

管桁架的结构形式与普通桁架形式基本相同，根据作用不同采取不同外形。作屋架时，其外形可为三角形、梯形、平行弦、拱形等。其腹杆形式常有芬克式、人字式、单斜式（也称豪式）、再分式、交叉式等。

1. 按受力特点和杆件布置分类

管桁架按受力特点与杆件布置不同可分为平面管桁架和空间管桁架（后者常用三角形横截面，如图 1-50 所示）：

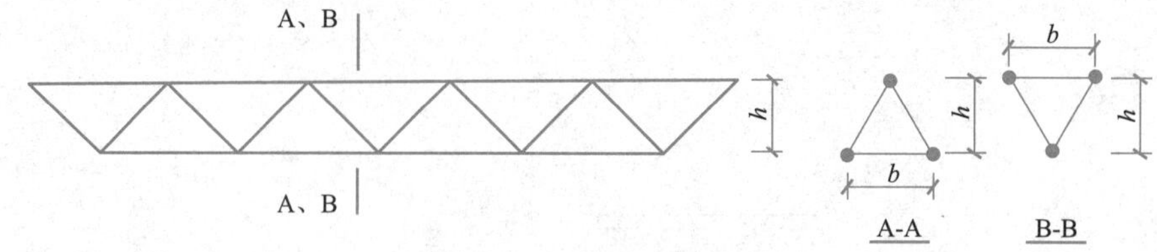

图 1-50　空间管桁架结构

（1）平面管桁架由于上下弦、腹杆均在同一平面，故平面外刚度较差，须加平面外侧向支撑以保证侧向稳定。而在考虑管桁架布置时应符合受力简单、传力明确、构造简单、方便施工的原则。

（2）三角形空间管桁架截面分为正立三角形和倒立三角形两种（图 1-50）。

工程中常用倒三角形截面管桁架，主要原因是由于其上弦有两根杆，常受压，两根比一根的受压抗失稳能力要强一倍；下弦一般只受拉，无失稳问题；且两根上弦在上面、下弦一根杆使外观感觉轻巧，还可以缩短檩条跨度。

正立三角形截面的管桁架，一般多用在管道栈桥，此时上弦为一根杆，使檩条、天窗架立柱与上弦杆连接较简单。

2. 按连接构件的不同截面分类

按照连接构件截面不同，分为 C-C 型桁架、R-R 型桁架、R-C 型桁架。

（1）C-C 型桁架：主管和支管均为圆管相贯，相贯线为空间马鞍形曲线。

目前，C-C 型桁架在国内应用最广、最成熟。由于圆管相交的节点相贯线为空间马鞍形曲线，开始制作较困难，但随着钢管相贯自动切割机的出现，极大促进了圆管管桁架的应用发展。

（2）R-R 型桁架：主管与支管均为方钢管或矩形钢管相贯。

由于方钢管和矩形钢管抗压、抗扭性能突出，其国外应用广泛，国内也有应用。

（3）R-C 型桁架：矩形截面主管与圆形截面支管直接相贯。

圆管与矩形管的杂交型管节点构成的桁架形式新颖，能充分利用圆管做轴心受力构件，矩形管做压弯和拉弯构件。且矩形管与圆管相交的节点相贯线均为椭圆曲线，比圆管相贯的空间曲线易于设计与加工。

3. 按桁架的外形分类

按桁架的外形分为直线形和曲线形管桁架，如图 1-51 所示。

当管桁架的外形为曲线形状时，可在加工制作时考虑成本时，由折线近似代替曲线，杆件加工为直杆；或当要求较高时，用弯管机弯成曲管，达到完美的建筑效果。

1.3.2　管桁架结构组成

1. 管桁架结构概述

管桁架结构由圆管或方管杆件在端部相互连接组成格子式结构。管桁架与普通桁架的

(a)

(b)

图 1-51　直线形与曲线形管桁架

(a) 直线形；(b) 曲线形

区别在于连接节点的方式不同，管桁架结构在节点处用杆件直接焊接的相贯节点（即管节点）。相贯节点处，只有在同一轴线上的两个主管贯通，其余杆件（即支管）通过端部相贯线加工后，直接焊接在贯通杆件（即主管）的外表，非贯通杆件在节点部位可能有一定间隙（即间隙型节点）（图 1-52），也可能部分重叠（搭接型节点）（图 1-53）。

图 1-52　间隙型节点

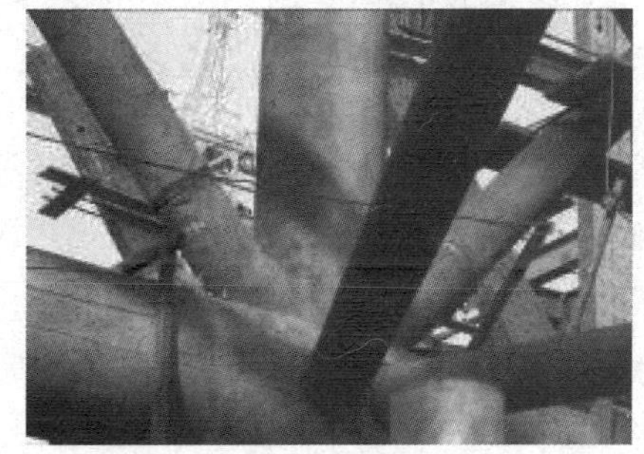

图 1-53　搭接型节点

管桁架结构杆件均在节点处采用焊接连接。

2. 管桁架结构组成

一榀管桁架由上弦杆、下弦杆和腹杆组成。管桁架结构一般由主桁架、次桁架、系杆和支座组成，如图 1-54 所示。

1.3.3　管桁架材料

1. 管桁架材料

管桁架材料主要有碳素结构钢、低合金高强度结构钢、优质碳素结构钢，重要部位或钢板过厚时可能用到 Z 向钢、铸钢等。

2. 管桁架钢材规格

钢管主要有无缝钢管和焊接钢管两种。国产热轧无缝钢管外径最大外径可达 630mm，

图 1-54 广州新白云国际机场航站楼屋盖管桁架结构组成

供货长度为 3～12m。焊接钢管外径可做得更大，一般由施工单位卷制。

焊接钢管又分为高频焊管和普通焊管。

普通焊管分为直缝焊管和螺旋焊管。

较小口径的焊管一般用直缝焊，大口径焊管多用螺旋焊。

1.3.4 节点分类

管桁架中相贯节点的形式与其相连杆件的数量有关。当腹杆与弦杆在同一平面内时为单平面节点，当腹杆与弦杆不在同一平面内时为多平面节点。具体节点分类如下（举例为 C-C 型节点）：

（1）单平面节点，如图 1-55 所示。

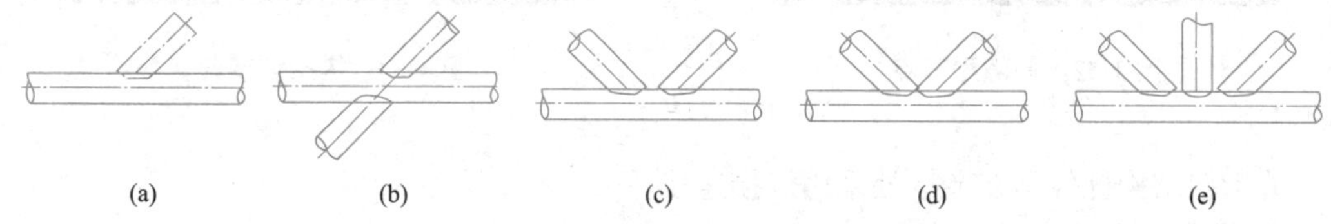

图 1-55 单平面节点形式

(a) Y 形；(b) X 形；(c) K 形（间隙型）；(d) K 形（搭接型）；(e) KT 形

（2）多平面节点，如图 1-56 所示。

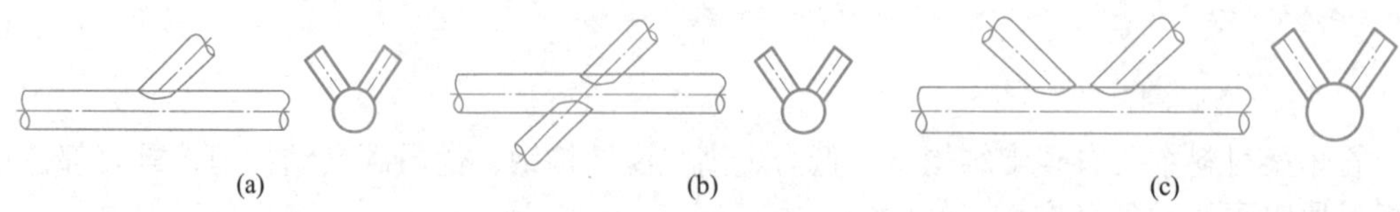

图 1-56 多平面节点形式

(a) DY 形；(b) DX 形；(c) DK 形

1.3.5　构造要求

1. 一般规定

为保证相贯节点连接的可靠性，如图1-57所示，参考国外规范、结合我国国情，规定以下构造要求：

(1) 节点处主管应连续，支管端部应加工成马鞍形直接焊接于主管外壁上，而不得将支管插入主管内。为连接方便并保证焊接质量，主管外径应大于支管外径；主管壁厚不得小于支管壁厚。

(2) 主管与支管之间的夹角以及两支管间夹角不得小于30°——为保证支管端部焊缝质量和支管受力良好。

(3) 相贯节点各杆件轴线尽量交于一点，避免偏心。

(4) 支管端部应平滑并与主管接触良好，不得有过大的局部空隙。按设计和规范要求，需要留坡口时一定要精确加工到位。

(5) 支管与主管的焊缝，应沿全周连续焊接并平滑过渡，可全部用角焊缝或部分用对接焊缝，部分用角焊缝。一般来说，当支管壁厚不大时，其与主管连接宜用全周角焊缝；当支管壁厚较大时（≥6mm），则宜沿支管周边部分采用角焊缝，部分用对接焊缝——即在支管外壁与主管外壁之间的夹角≥120°时宜用对接焊缝，其余区域可采用角焊缝。角焊缝的焊脚尺寸不宜大于支管壁厚的2倍。

(6) 对有间隙的K形或N形节点，支管间隙应不小于两支管壁厚之和。

(7) 对搭接的K形或N形节点，当支管厚度不同时，薄壁管应搭在厚壁管上；当支管钢材强度等级不同时，低强度管应搭在高强度管上。应确保在搭接部分支管之间的连接焊缝能很好地传力。

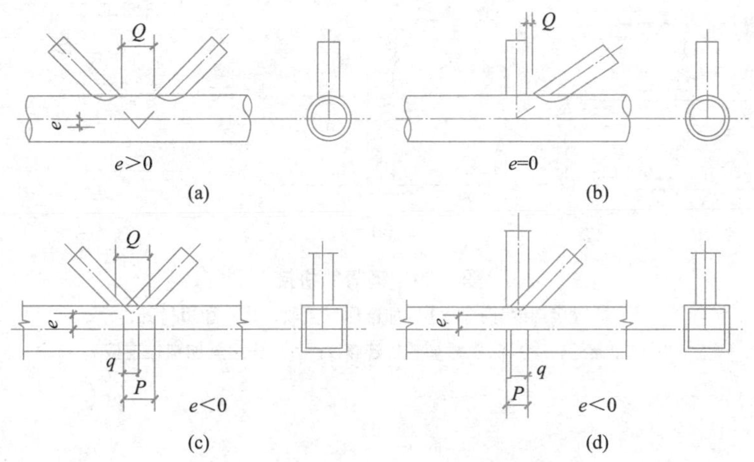

图1-57　K形与N形节点的偏心和间隙

(a) 有间隙的节点1；(b) 有间隙的节点2；(c) 搭接的节点1；(d) 搭接的节点2

2. 节点加强

当钢管受力较大的部位根据具体情况需要加强时，应采取合理加强措施，以防止产生过大的局部变形。另外，钢管主要受力部位应尽量避免开孔削弱，必须开孔时，应采取适当的补强措施，可以在孔周围加焊补强板。

节点加强的方法主要有主管壁加厚，主管加套管、垫板、内隔板、节点板及肋环等，如图 1-58 所示。

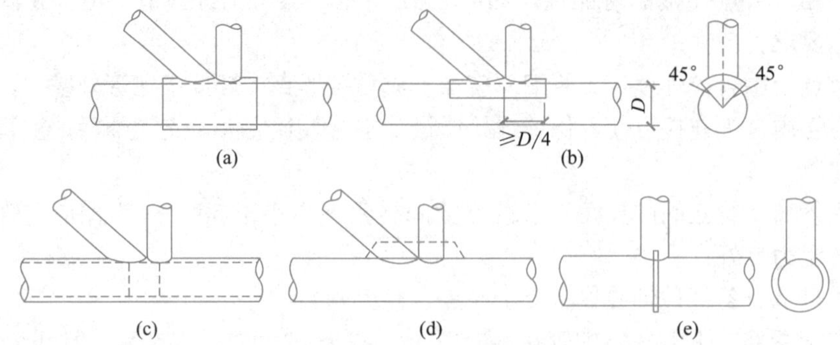

图 1-58　节点加强

（a）主管加套管；（b）主管加垫板；（c）主管加内隔板；（d）主管加节点板；（e）主管加肋环

3. 杆件拼接

1）在钢管构件连接接头处宜用对接焊缝连接（图 1-59a）。

2）当两管径不同时，宜加锥形过渡段（图 1-59b）。

3）当遇到直径较大或重要的拼接时，宜在管内加短衬管（图 1-59c）。

4）轴心受压构件或受力较小的压弯构件可用通过隔板传力形式（图 1-59d）。

5）对工地连接的拼接，可采用法兰盘加螺栓连接（图 1-59e、f）。

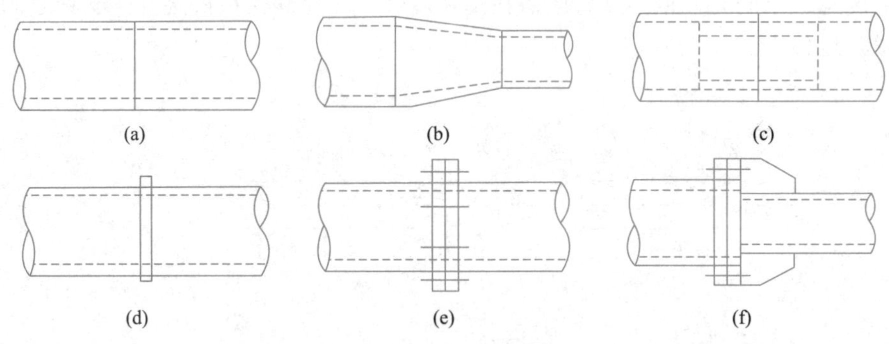

图 1-59　钢管的拼接

（a）对接焊缝连接；（b）加锥形过渡段；（c）加短衬管；

（d）加隔板；（e）法兰盘加螺栓连接 1；（f）法兰盘加螺栓连接 2

1.4　网架结构

网架结构是空间网格结构（space frame）的一种。一般来说，它是以大致相同的格子或尺寸较小的单元（重复）组成的。目前，我国空间结构中以网架结构发展最快，应用最广。在近年来兴建的大型公共建筑特别是体育建筑中，大多数都采用了网架结构。

人们常将平板型的网格结构简称为网架，将曲面型的网格结构简称为网壳。网架一般是双层的（以保证必要的刚度），在某些情况下也可做成三层，而网壳有单层和双层两种。

1.4.1　网架结构基本单元

网架结构是由许多规则的几何体组合而成，这些几何体就是网架结构的基本单元。常用的基本单元有三角锥、四角锥、三棱体、正方棱柱体等，见图 1-60。

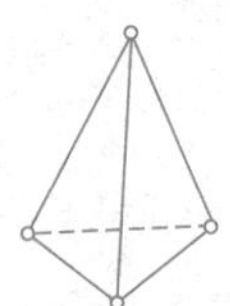
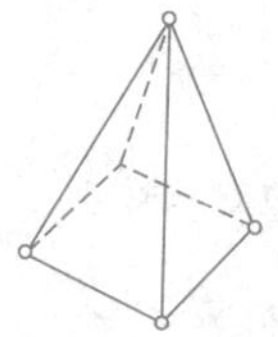
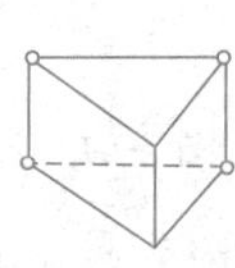
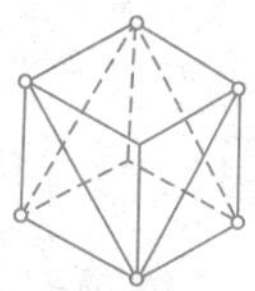

图 1-60　网架结构的基本单元

网架结构的形式较多。按结构组成，通常分为双层或三层网架；按支承情况分，有周边支承、点支承、周边支承与点支承混合、三边支承一边开口等形式；按网架组成情况，可分为由两向或三向平面桁架组成的交叉桁架体系、由三角锥体或四角锥体组成的空间桁架角锥体系等等。这里只介绍最常用的几种。

1.4.2　网架的结构形式

1. 按结构组成分类

（1）双层网架

由上、下两个平放的平面桁架作表层，上、下两个表层之间设有层间杆件相互联系。上、下表层的杆件称为网架的上弦杆、下弦杆，位于两层之间的杆件称为腹杆。网架通常采用双层。

（2）三层网架

由上弦、下弦杆、中弦杆三个弦杆层及三层弦杆之间的腹杆组成。研究表明，当跨度大于 50m 时，可酌情考虑采用三层网架；当跨度大于 80m 时，可优先考虑采用三层网架，达到降低用钢量的目的。

（3）组合网架

用钢筋混凝土板取代网架结构的上弦杆，从而形成了由钢筋混凝土板、钢腹杆和钢下弦杆组成的组合结构，这就是组合网架。组合网架的刚度大，适宜于建造活荷载较大的大跨度楼层结构。

2. 按支承情况分类

（1）周边支承网架

周边支承网架（图 1-61）的所有节点均搁置在柱或梁上。因传力直接、受力均匀，是采用较多的一种形式。

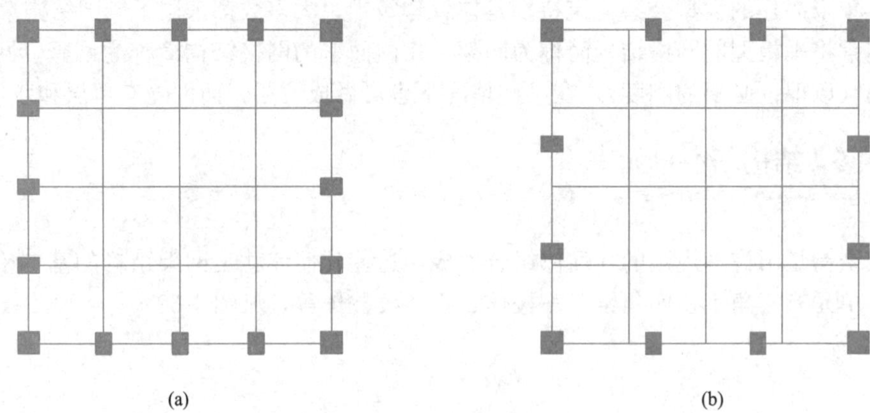

(a)　　(b)

图 1-61　周边支承网架

当网架周边支承于柱顶时，网格宽度可与柱距一致。为保证柱子的侧向刚度，沿柱间侧向应设置边桁架或刚性系杆。

当网架周边支承于圈梁时，网格的划分比较灵活，可不受柱距的约束。

（2）点支承网架

点支承网架可置于四个或四个以上支承上。前者称为四点支承网架（图 1-62a），而后者称为多点支承网架（图 1-62b）。

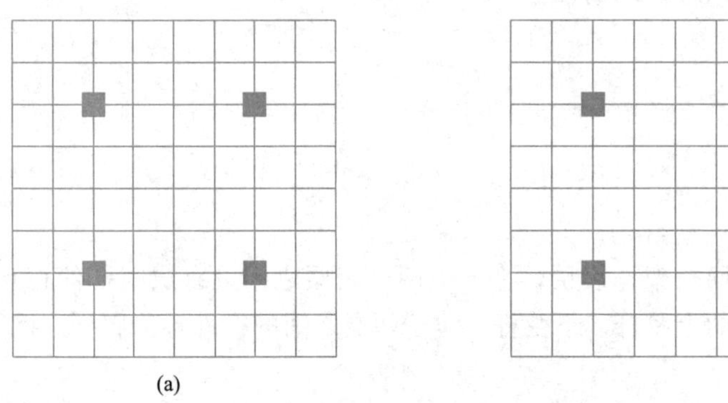

(a)　　(b)

图 1-62　点支承网架

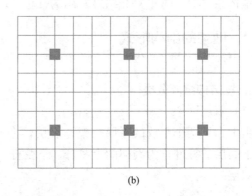

点支承网架主要用于大柱距工业厂房、仓库、加油站以及展览厅等大型公共建筑。

这种网架由于支承点较少，因此支点反力较大。为了使通过支点的主桁架及支点附近的杆件内力不致过大，宜在支承点处设置柱帽以扩散反力。通常将柱帽设置于下弦平面之下（图 1-63a），或设置于下弦平面之上（图 1-63b），也可将上弦节点通过短钢柱直接搁置于柱顶（图 1-63c）。点支承网架周边应有适当悬挑以减少网架跨中挠度与杆件的内力。

（3）周边支承与点支承混合网架

在点支承网架中，当周边设有维护结构和抗风柱时，可采用周边支承与点支承混合的形式（图 1-64）。这种支承方式适用于工业厂房和展览厅等公共建筑。

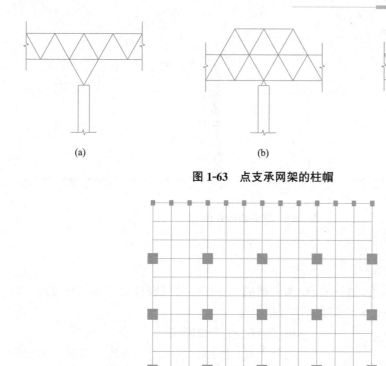

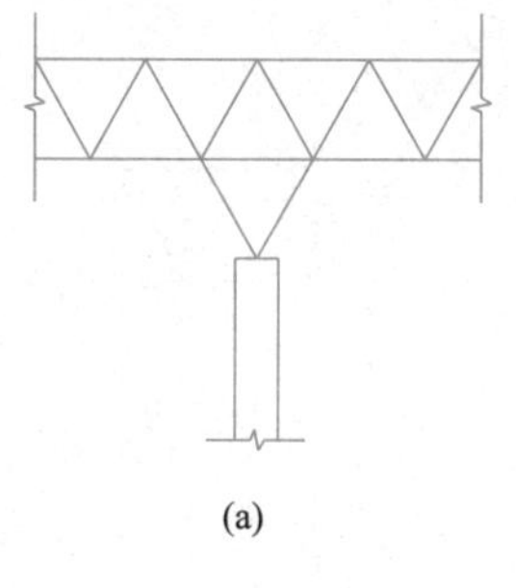
(a)

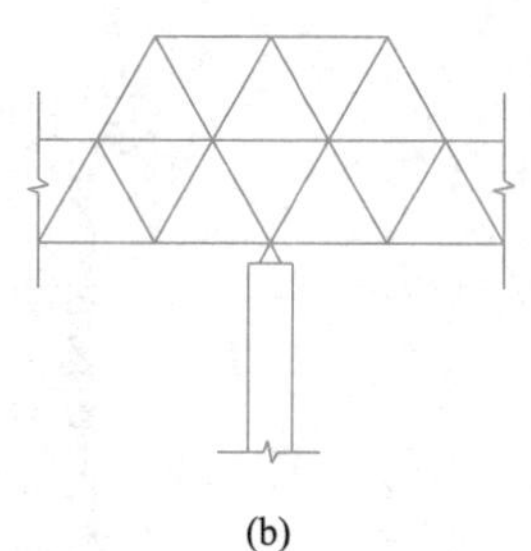
(b)

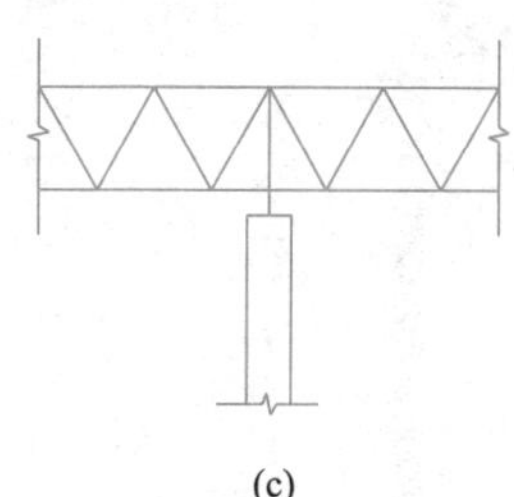
(c)

图 1-63　点支承网架的柱帽

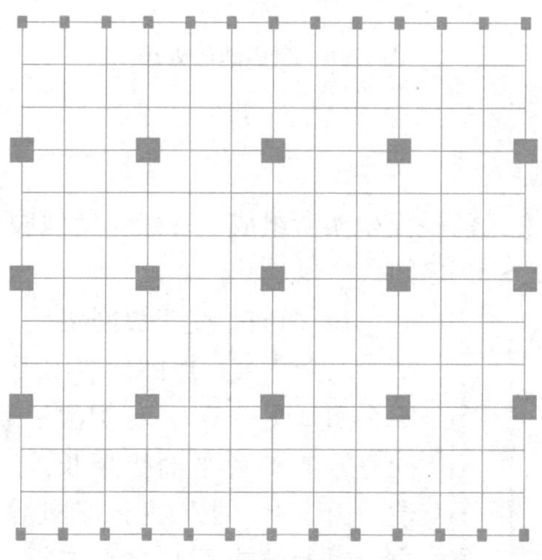

图 1-64　周边支承与点支承混合网架

(4) 三边支承或两边支承网架

在矩形平面的建筑中，由于考虑扩建的可能性或由于建筑功能的要求，需要在一边或两对边上开口，因而使网架仅在三边或两对边上支承，另一边或两对边处理成自由边（图 1-65）。自由边的存在对网架的受力是不利的，为此一般应对自由边作出特殊处理。普遍的做法是，在自由边附近增加网架的层数（图 1-66a），或者在自由边加设托梁、托架（图 1-66b）。对中、小型网架也可选择增加网架高度或局部加大杆件截面等方法给予改善和加强。近些年来，因越来越广泛地采用了各种轻质金属压型板作围护材料，特别是屋面围护材料，而自重较大的各种混凝土类板的使用量趋少，使得自由边问题已不十分突出。

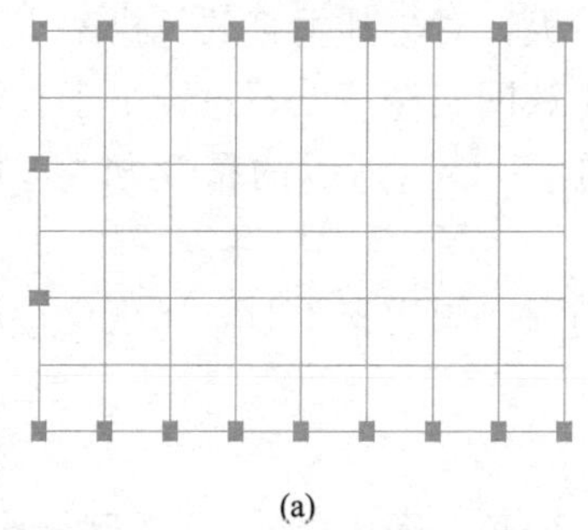
(a)

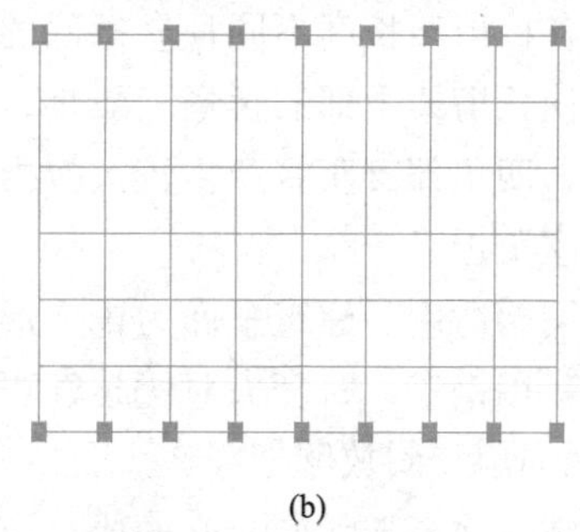
(b)

图 1-65　三边支承或两边支承网架

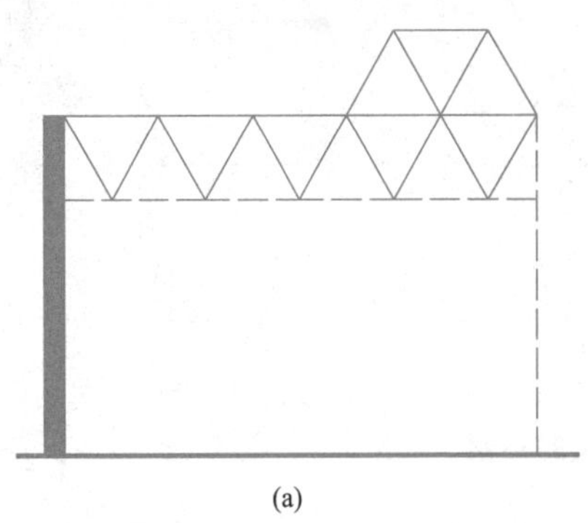
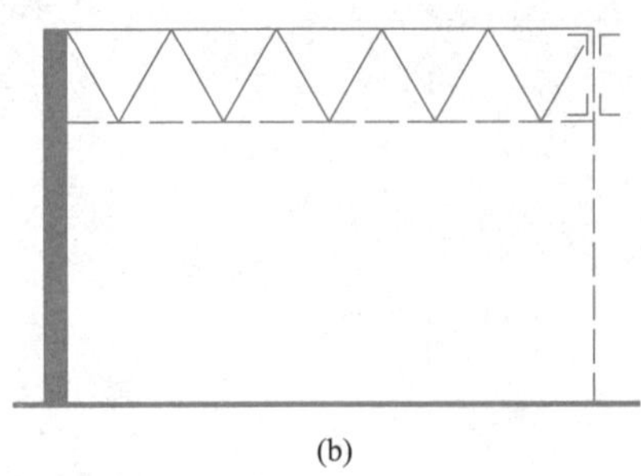

图 1-66 自由边的处理

3. 按网格形式分类

(1) 交叉平面桁架体系

这类网架由一些相互交叉的平面桁架所组成，一般应使斜腹杆受拉，竖杆受压。斜腹杆与弦杆间的夹角宜在 40°～60°之间。

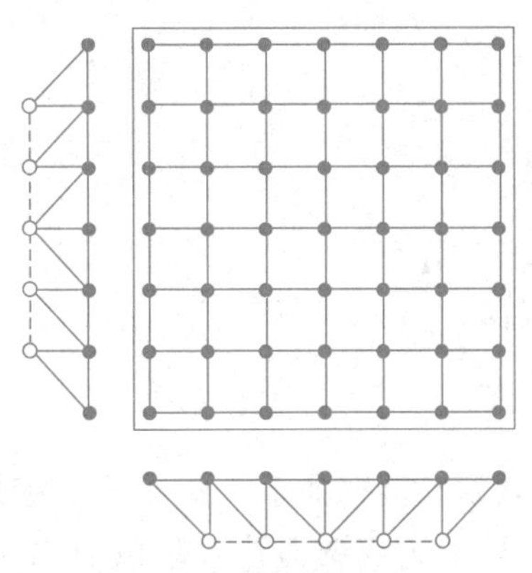

图 1-67 两向正交正放网架

1) 两向正交正放网架

两向正交正放网架适用于正方形或接近正方形的建筑平面（图 1-67）。这类网架上、下弦的网格尺寸相同，同一方向的各平面桁架长度一致，制作、安装较为简便。由于上、下弦为方形网格，属几何可变体系，应适当设置上弦或下弦水平支撑，以保证结构的几何不变性，有效地传递水平荷载。

对于周边支承，正方形平面的网架，两个方向的杆件内力差别不大，受力较均匀。但当边长比变大时，单向传力作用渐趋明显，两个方向杆件内力差也变大。对于四点支承的网架，内力分布很不均匀，宜在周边设置悬挑部分，可取得较好的经济效果。两向正交正放网架适用于建筑平面为正方形或接近正方形且跨度较小的情况。

2) 两向正交斜放网架

由两组平面桁架相交而成，弦杆与边界成 45°角（图 1-68a）。边界可靠时，为几何不变体系。各榀桁架长度不同，靠角部的短桁架刚度较大，对与其垂直的长桁架有弹性支承作用，可使长桁架中部的正弯矩减小，因而比正交正放网架经济。不过，由于长桁架两端有负弯矩，四角部支座将产生较大拉力，宜采用图 1-68（b）所示的布置方式，角部拉力由两个支座负担。

这类网架适用于建筑平面为正方形或长方形的情况。周边支承时，比正交正放网架空间刚度大，用钢省；跨度大时优越性更显著。

3) 两向斜交斜放网架

由两组平面桁架斜向相交而成，弦杆与边界成一斜角（图 1-69）。这类网架构造复杂，受力性能不好，因而很少采用。

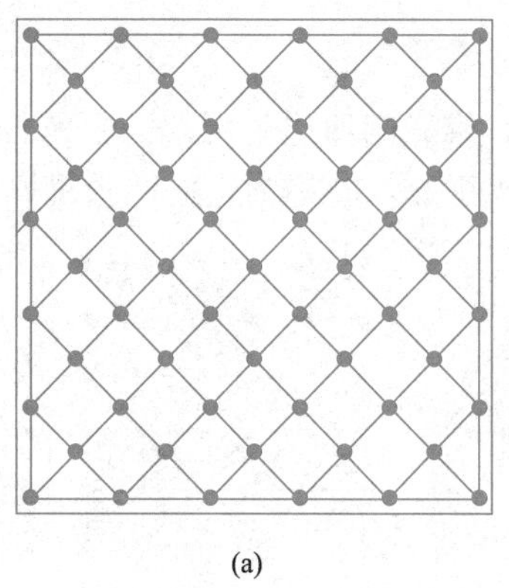
(a)

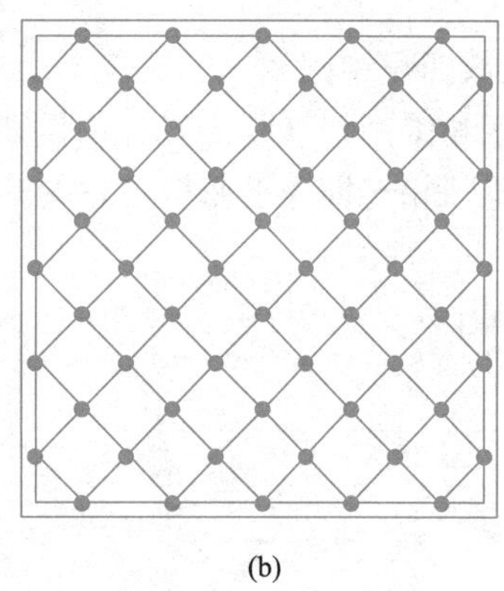
(b)

图 1-68　两向正交斜放网架

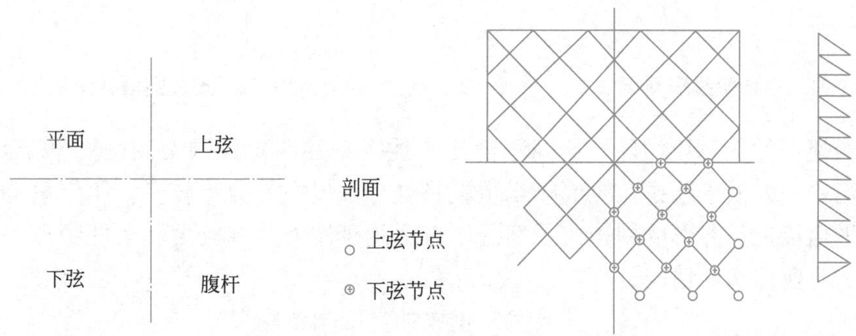

图 1-69　两向斜交斜放网架

4）三向网架

由三组互成 60°交角的平面桁架相交而成（图 1-70）。这类网架受力均匀，空间刚度大。但汇交于一个节点的杆件数量多，最多可达 13 根，节点构造比较复杂，宜采用圆钢管杆件及球节点。

三向网架适用于大跨度（$L>60$m）且建筑平面为三角形、六边形、多边形和圆形的情况。

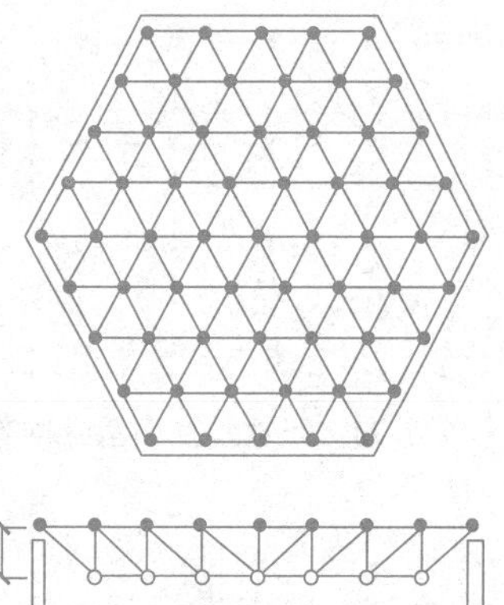

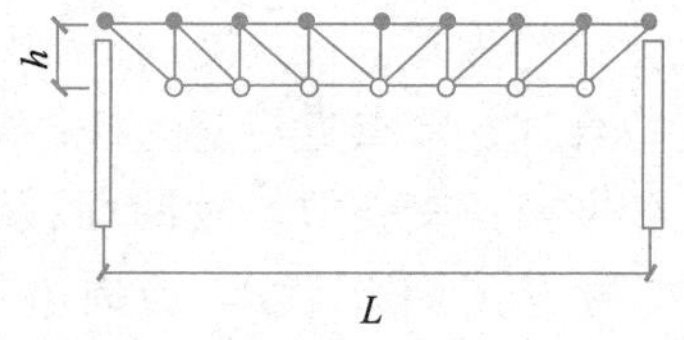

图 1-70　三向网架

5）单向折线形网架

折线形网架是由正放四角锥网架演变而来的。当建筑平面长宽比大于 2 时，正放四角锥网架单向传力的特点就很明显，此时，网架长跨方向弦杆的内力很小，从强度角度考虑可将长向弦杆（周边网格除外）取消，就得到沿短向支承的折线形网架（图 1-71）。折线形网架适用于狭长矩形平面的建筑。

（2）四角锥体系

这类网架上、下弦均呈正方形（或接近正方形的矩形）网格，相互错开半格，使下弦网格的角点对准上弦网格的形心，再在上、下弦节点间用腹杆连接起来，即形成四角锥体系网架。

1）正放四角锥网架

正放四角锥网架（图 1-72）由倒四角锥体组成，锥底的四边为网架的上弦杆，锥棱为腹杆，各锥顶相连即为下弦杆。它的弦杆均与边界成正交，故称为正放四角锥网架。

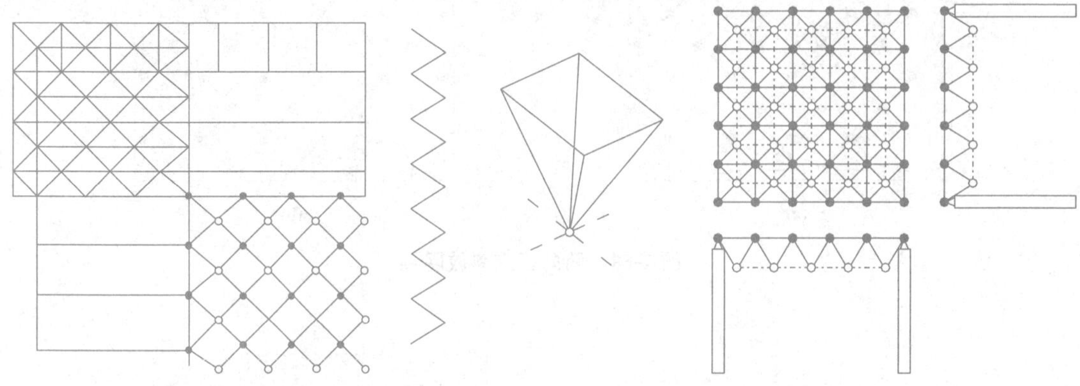

图 1-71　单向折线形网架　　图 1-72　正放四角锥网架

这类网架杆件受力较均匀，空间刚度比其他类型的四角锥网架及两向网架好。同时，屋面板规格单一，便于起拱，屋面排水也较易处理。但杆件数量较多，用钢量略高些。适用于建筑平面接近正方形的周边支承情况，也适用于屋面荷载较大、大柱距点支承及设有悬挂吊车的工业厂房的情况。

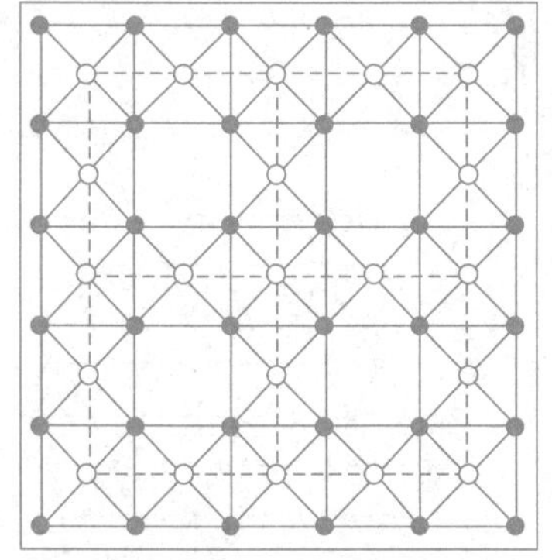

图 1-73　正放抽空四角锥网架

2）正放抽空四角锥网架

这种网架是在正放四角锥网架的基础上，除周边网格不动外，适当抽掉一些四角锥单元中的腹杆和下弦杆，使下弦网格尺寸扩大一倍（图 1-73）。其杆件数目较少，降低了用钢量，抽空部分可作采光天窗。下弦杆内力较正放四角锥约大一倍，内力均匀性、刚度有所下降，但仍能满足工程要求。正放抽空四角锥网架适用于屋面荷载较轻的中、小跨度网架。

3）斜放四角锥网架

这种网架的上弦杆与边界成 45°角，下弦正放，腹杆与下弦在同一垂直平面内（图 1-74）。斜放四角锥网架的上弦杆约为下弦杆长度的 0.707 倍。在周边支承的情况下，一般为上弦受压，下弦受拉，受力合理。节点处汇交的杆件较少（上弦节点 6 根，下弦节点 8 根），用钢量较省。但因上弦网格正交斜放，故屋面板种类较多，屋面排水坡的形成也较困难。这类网架适用于中、小跨度周边支承，或周边支承与点支承相结合的方形和矩形平面情况。

4）星形四角锥网架

这种网架的单元体形似星体，星体单元由两个倒置的三角形小桁架相互交叉而成（图 1-75b，图中为四个星体）。小桁架底边构成网架上弦，它们与边界成 45°角。在两个小桁架交汇处设有竖杆，各单元顶点相连即为下弦杆。因此，它的上弦为正交斜放，下弦为正交正放，斜腹杆与上弦杆在同一竖向平面内。

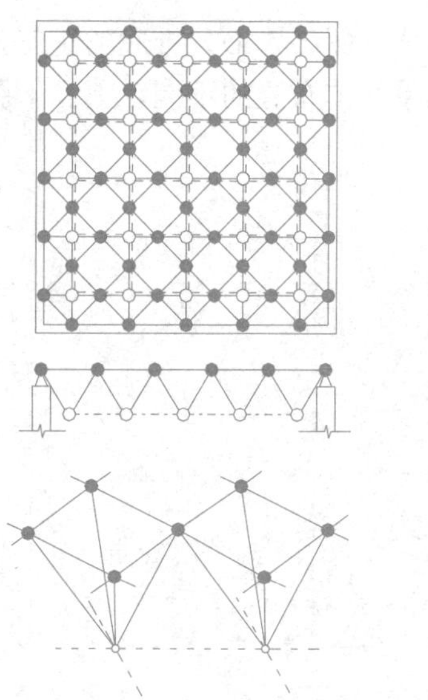
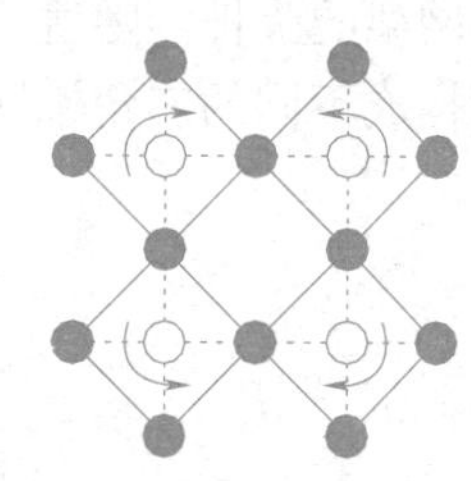

图 1-74　斜放四角锥网架

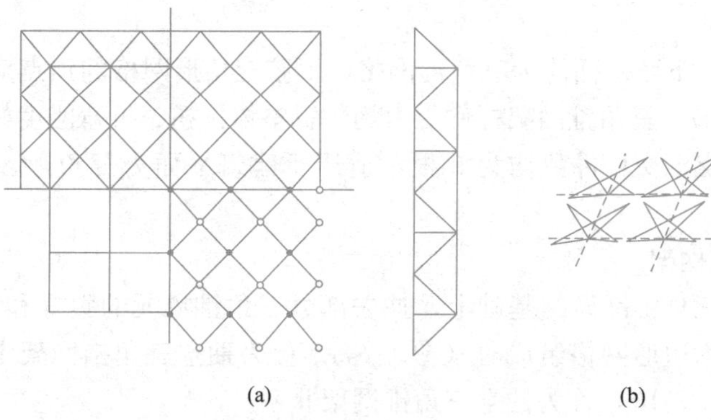

(a)　　(b)

图 1-75　星形四角锥网架

星形网架上弦杆比下弦杆短，受力合理。但在角部上弦杆可能受拉，该处支座可能出现拉力。网架的受力情况接近交叉梁系，刚度稍差于正放四角锥网架，适用于中、小跨度周边支承的网架。

5）棋盘形四角锥网架

这种网架是在斜放四角锥网架的基础上，将整个网架水平转动 45°角，并加设平行于边界的周边下弦（图 1-76）。这种网架也具有短压杆、长拉杆的特点，受力合理。由于周边满锥，因此它的空间作用得到保证，受力较均匀。同时杆件较少，屋面板规格单一，用钢指标良好，适用于小跨度周边支承的网架。

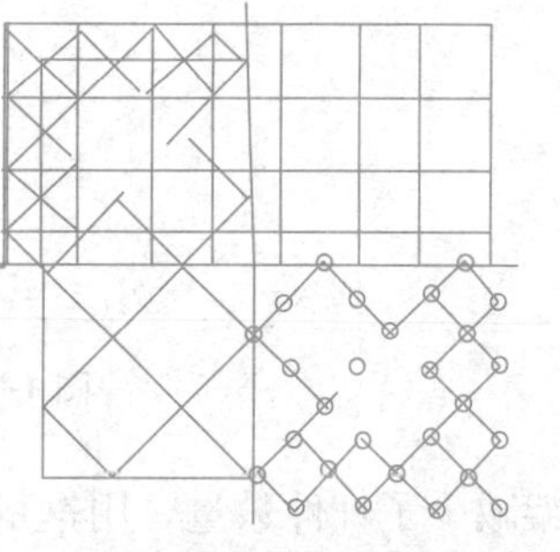
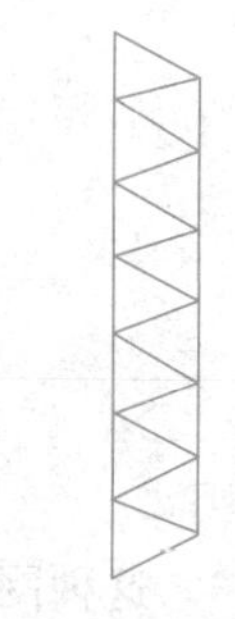

图 1-76　棋盘形四角锥网架

（3）三角锥体系

这类网架的基本单元是一倒置的三角锥体（图 1-77a）。锥底的正三角形的三边为网架的上弦杆，其棱为网架的腹杆。随着三角锥单元体布置的不同，上、下弦网格可为正三角形或六边形，从而构成不同的三角锥网架。

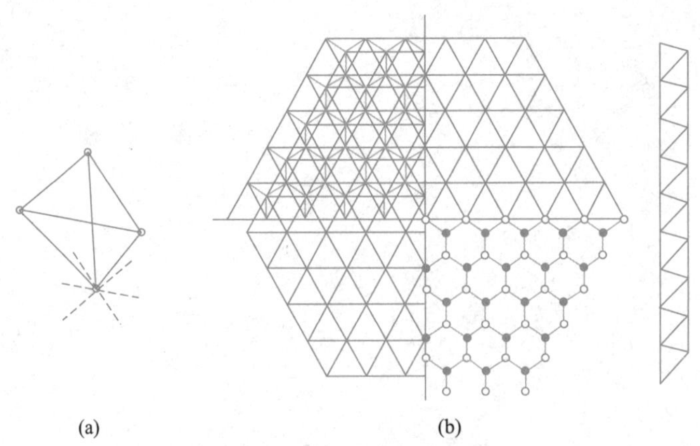

图 1-77　三角锥体系

1）三角锥网架

这种网架的上、下弦平面均为三角形网格，下弦三角形网格的顶点对着上弦三角形网格的形心（图 1-77b）。三角锥网架杆件受力均匀，整体抗扭、抗弯刚度好。但节点构造较复杂，上、下弦节点汇交杆件数均为 9 根，适用于建筑平面为三角形、六边形和圆形的情况。

2）抽空三角锥网架

这种网架是在三角锥网架的基础上，抽去部分三角锥单元的腹杆和下弦杆而形成的。当下弦由三角形和六边形网格组成时（图 1-78a）称为抽空三角锥网架Ⅰ型；当下弦全为六边形网格时（图 1-78b），称为抽空三角锥网架Ⅱ型。

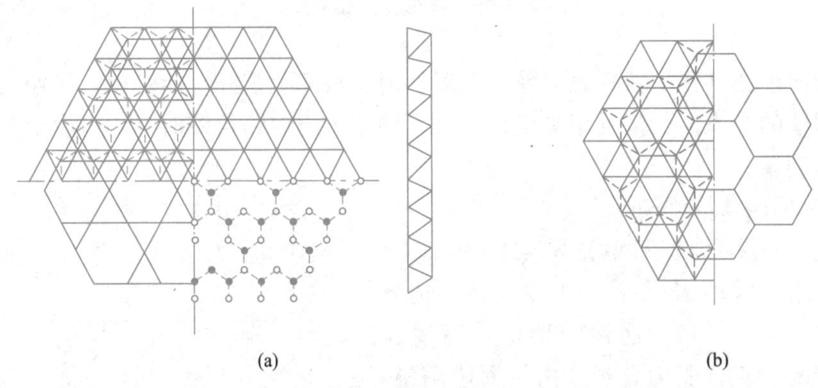

图 1-78　抽空三角锥网架

这种网架减少了杆件数量，用钢量省，但空间刚度也较三角锥网架小。其上弦网格较密，便于铺设屋面板，下弦网格较疏，以节省钢材。抽空三角锥网架适用于荷载较小、跨度较小的三角形、六边形和圆形平面的建筑。

3）蜂窝形三角锥网架

这种网架由一系列三角锥组成（图 1-79）。上弦平面为正角形和正六边形网格，下弦平面为正六边形网格，腹杆与下弦杆在同一垂直平面内。

蜂窝形三角锥网架上弦杆短、下弦杆长，受力合理，每个节点只汇交 6 根杆件。它是常用网架中杆件数和节点数最少的一种。但上弦平面的六边形网格增加了屋面板布置与屋面找坡的困难。

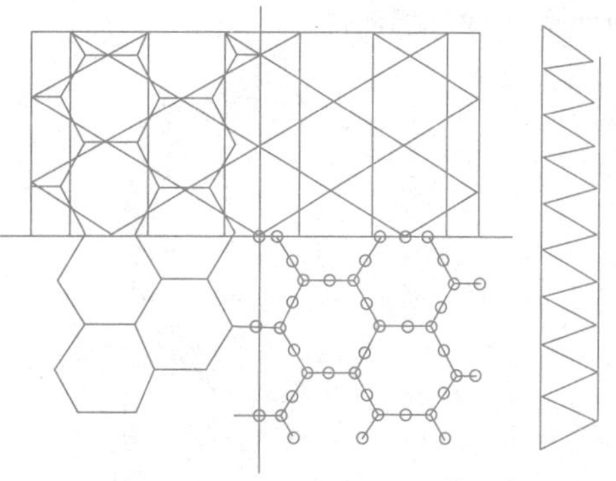

图 1-79　蜂窝形三角锥网架

1.4.3　网架结构选型

选择网架结构的形式时，应考虑以下影响因素：建筑的平面形状和尺寸、网架的支承方式、荷载大小、屋面构造、建筑构造与要求、制作安装方法及材料供应情况等。

从用钢量多少来看，当平面接近正方形时，斜放四角锥网架最经济，其次是正放四角锥网架和两向正交交叉梁系网架（正放或斜放），最费的是三向交叉梁系网架。但当跨度及荷载都较大时，三向交叉梁系网架就显得经济合理些，而且刚度也较大。当平面为矩形时，则以两向正交斜放网架和斜放四角锥网架较为经济。具体内容可查阅《空间网格结构技术规程》JGJ 7—2010。

从屋面构造来看，正放类网架的屋面板规格常只有一种，而斜放类网架屋面板规格却有两三种。斜放四角锥网架上弦网格较小，屋面板规格也较小，而正放四角锥网架上弦网格相对较大，屋面板规格也大。

从网架制作和施工来说，交叉平面桁架体系较角锥体系简便，两向比三向简便。而对安装来说，特别是采用分条或分块吊装的方法施工时，选用正放类网架比斜放类网架有利。

总之，应该综合上列各方面的情况和要求，统一考虑，权衡利弊，合理地确定网架形式。

1.4.4　网架结构的节点构造与识图

网架通过节点（有焊接钢板节点、焊接空心球节点、螺栓球节点、焊接短钢管节点等）把杆件连系在一起组成空间形体，节点的数目随网格大小的变化而变化，节点的重量一般为网架总重量的 20%～25%，所占比重较大，因节点破坏而造成工程事故的例子也不少，所以应予充分重视。

1. 焊接空心球节点

空心球可分为不加肋（图 1-80a）和加肋（图 1-80b）两种，所用材料为 Q235 钢或 Q345 钢。当球直径设计为 D 时，用下料为 1.414D 直径的圆板经压制成型做成半球，再由两个半球对焊而成。

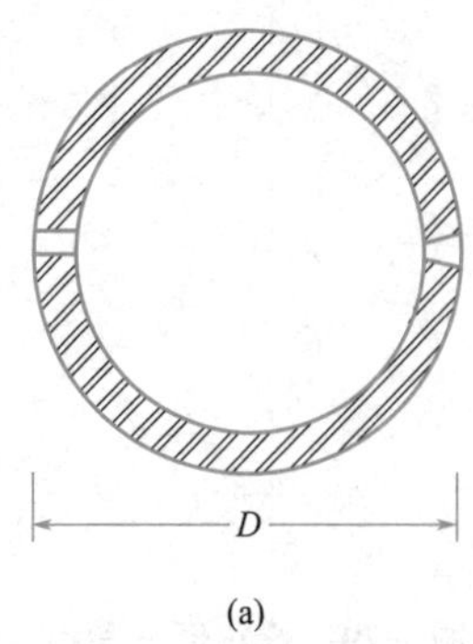

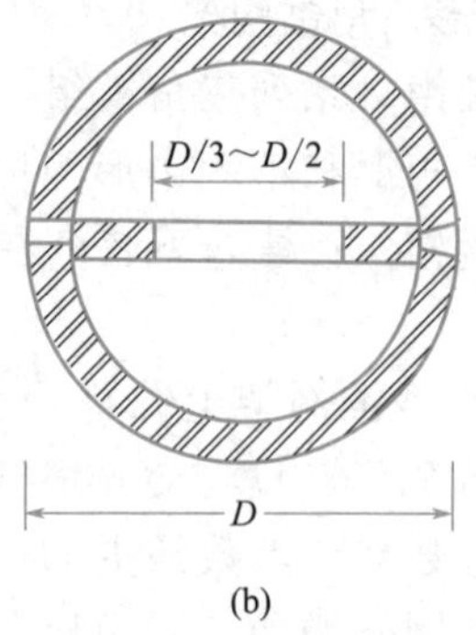

图 1-80　焊接空心球（一）

这种节点适用于连接钢管杆件，为广泛应用的一种形式。节点构造是将钢管杆件直接焊接连接于空心球体上，具有自动对中和“万向”性质，因而适应性很强。

注意：焊接球为施工操作施焊方便及防止局部受热集中材质变脆，一般应使钢管杆件球面距离 a 不小于 10mm，如图 1-81 所示。

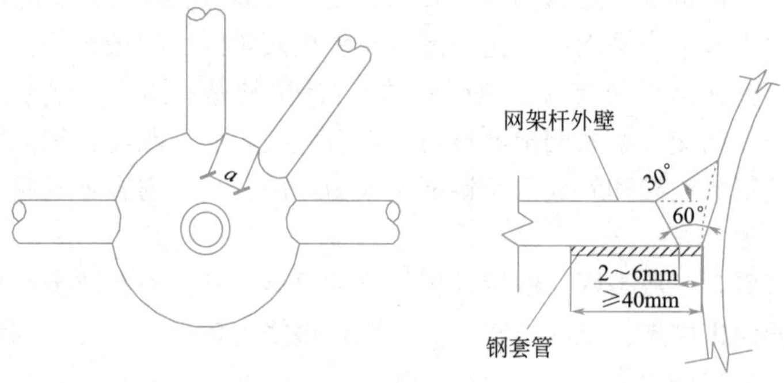

图 1-81　焊接空心球（二）

2. 螺栓球节点

螺栓球节点由螺栓、钢球、销子（或止紧螺钉）、套筒和锥头或封板组成（图 1-82、图 1-83），适用于连接钢管杆件。

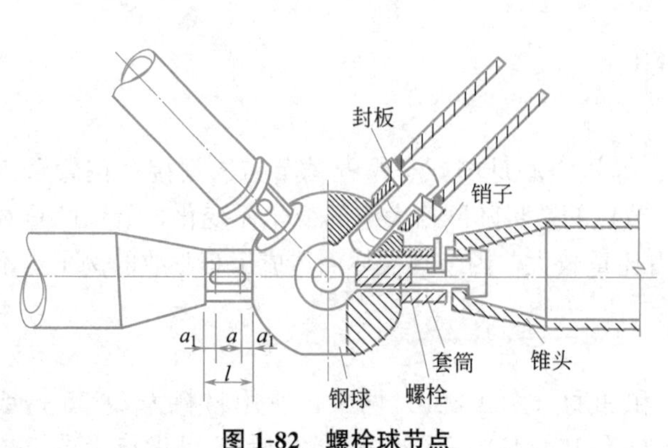

图 1-82　螺栓球节点

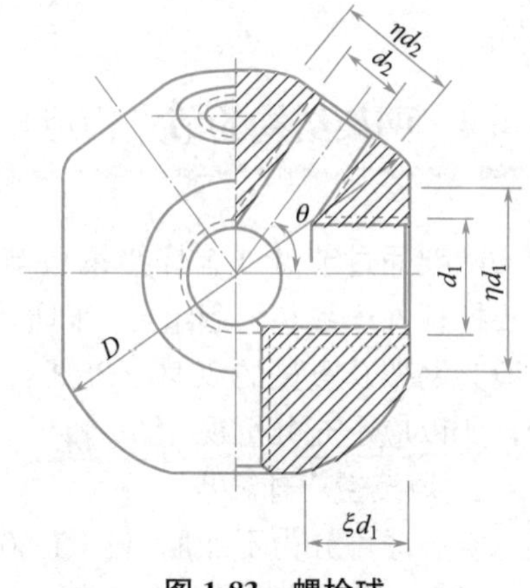

图 1-83　螺栓球

螺栓球节点的套筒、锥头和封板采用 Q235 系列、Q345 系列钢材；钢球采用 45 号钢；螺栓、销子或止紧螺钉采用高强度钢材如 45 号钢、40B 钢、40Cr 钢、20MnTiB 钢等。

螺栓是节点中最关键的传力部件，一根钢管杆件的两端各设置一颗螺栓。螺栓由标准件厂家供货。在同一网架中，连接弦杆所采用的高强度螺栓可以是一种统一的直径，而连接腹杆所采用的高强度螺栓可以是另一种统一的直径，即通常情况下，同一网架采用的高强度螺栓的直径规格多于两种。但在小跨度的轻型网架中，连接球体的弦杆和腹杆可以采用同一规格的直径。螺栓直径一般由网架中最大受拉杆件的内力控制。

钢球的加工成型分为锻压球和铸钢球两种。钢球的直径除满足计算要求外，还应满足按要求拧入球体的任意相邻两个螺栓不相碰的条件。

套筒是六角形的无纹螺母，主要用以拧紧螺栓和传递杆件轴向压力。套筒壁厚按网架最大压杆内力计算确定，需要验算开槽处截面承压强度。

止紧螺钉是套筒与螺栓连系的媒介，它能通过旋转套筒而拧紧螺栓。为了减少钉孔对螺栓有效截面的削弱，螺钉直径应尽可能小一些，但不得小于 3mm 。

锥头和封板主要起连接钢管和螺栓的作用，承受杆件传来的拉力或压力。它既是螺栓球节点的组成部分又是网架杆件的组成部分。当网架钢管杆件直径＜76mm 时，一般采用封板；当钢管杆件直径≥76mm 时，一般采用锥头。

3. 支座节点

网架的支座节点分为压力支座节点和拉力支座节点两大类。

压力支座中，平板压力支座常用于较小跨度的情况；单面弧形压力支座适用于中等跨度；双面弧形压力支座适用于大跨度；球铰压力支座可用于大跨度且带悬伸的四支点或多支点网架。

拉力支座中，较常用的有平板拉力支座和单面弧形拉力支座。支座出现拉力情况不多，但在越来越多地采用轻质屋面围护材料以后，反号荷载效应情况应予充分重视。

板式橡胶支座适于大跨度网架。

单元总结

以钢结构工程中常见的典型结构——门式刚架结构、多高层钢框架结构、重型钢结构、钢桁架结构和空间网格结构作为学习对象，结合有关规范、图集、图纸，将学习内容贯通于“识图初步—理解构造—识图提高—应用实际”的核心能力培养之中。

通过学习，应对各结构类型的组成和构造有一个全面的了解，掌握构造要点，熟悉各构件的组成和节点连接关系，能够对各构件进行识别和组成分析。

思考及练习

1. 判断题

(1) 门式刚架轻型房屋钢结构，当需要设置伸缩缝时，采用做法：①设圆孔；②设置双柱。(   )

(2) 墙檩与主刚架柱的相对位置一般有两种：穿越式和平齐式。(　　)

(3) 门式刚架围护结构中的折件（即异形件），其形状制作不必考虑周边连接部位的具体情况。(　　)

(4) 门式刚架主结构梁柱之间的连接通常用普通螺栓。(　　)

(5) 按压型板肋高不同，一般波高超过 100mm 的称为高波板，低于 100mm 的为低波板。(　　)

(6) 交叉支撑按受力工作性能不同分为柔性支撑和刚性支撑两种，圆钢支撑属于柔性支撑。(　　)

(7) 钢柱需改变截面时，宜改变截面高度而保持翼缘宽度不变。(　　)

(8) 门式刚架墙面，当墙梁跨度 $L=6\text{m}$ 时，应在墙梁三分点处设置两道拉条。(　　)

(9) 除设置直拉条通长拉结檩条外，应在屋脊两侧、檐口处、天窗架两侧等加置斜拉条和撑杆。(　　)

2. 选择题

(1) 可将天沟设置在雨篷________的或悬挂在雨篷的________，雨篷四周设置________，以便能有组织排水。

A. 端部，根部，凸沿　　B. 根部，端部，凹沿

C. 端部，根部，凹沿　　D. 根部，端部，凸沿

(2) 实腹式柱上的焊接工字形牛腿由上、下盖板、________、加劲肋三大部分组成。

A. 锚栓　　B. 底板　　C. 垫板　　D. 腹板

(3) 锚栓分为________和________两种；直径大于 M39 的常用前者，直径小于 M39 的一般为后者。

A. 弯钩式，锚板式　　B. 锚板式，弯钩式

C. 平板式，埋入式　　D. 埋入式，平板式

(4) 门式刚架支撑按所处空间位置不同常分为________和________两大类。

A. 屋面支撑，柱间支撑　　B. 刚性支撑，柔性支撑

C. 单层支撑，多层支撑　　D. 交叉支撑，门式支撑

(5) 交叉平面桁架体系网架中斜腹杆与弦杆间的夹角宜在(　　)之间。

A. 30°～50°　　B. 40°～60°

C. 50°～70°　　D. 60°～80°

3. 填空题

(1) 按结构形式可以分为________、________和________三种。

(2) 空心球可分为________和________两种。

(3) 球节点的钢球加工成型分为________和________两种。

4. 简答题

(1) 门式刚架结构的六大组成部分分别是什么？

(2) 钢结构建筑有哪些其他建筑不可比拟的优点？有哪些缺点？

(3) 解释下列符号含义

1) 2∟75×5

2) H300×200×8×12

3）Q235-B

4）（焊缝符号：10）

5）－100×100×22

（4）列举三种多高层钢结构的常用结构体系，列举多高层钢结构常用的两种楼板名称。

教学单元2 Chapter 02

钢结构材料

1. 知识目标

了解钢结构连接材料，如焊接材料、紧固件连接材料；了解钢结构的围护材料，如压型钢板、夹芯板以及采光板；理解钢材的力学性能和各种因素对钢材的影响；掌握钢材的规格、钢材的选用原则以及钢材的防腐和防火。

2. 能力目标

具备识别钢材材料及规格、对钢材进行性能分析的能力；具备分析和处理实际施工过程中遇到的一般钢材材料问题的能力。

思维导图

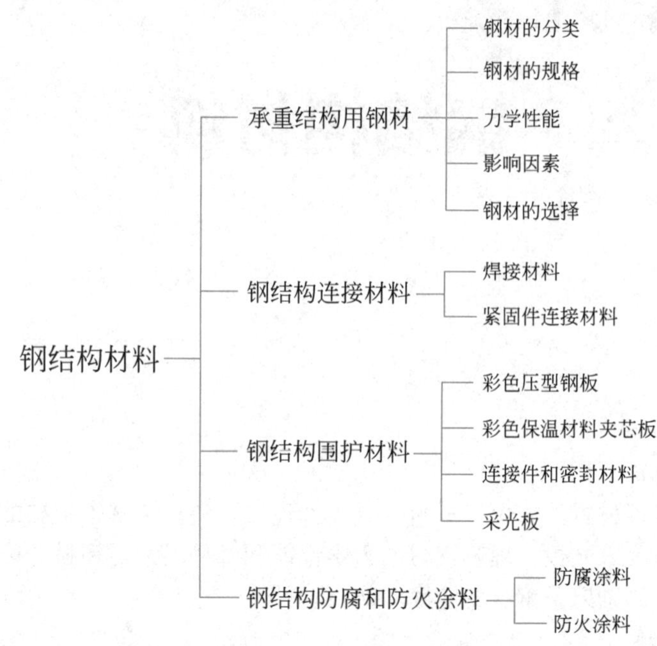

钢材在人们生活中有着广泛的应用，不同的钢材有着不同的力学性能，主要可分为碳素钢、结构钢、耐候钢等。对于钢结构建筑，钢材在结构性能方面应该满足基本要求：强度高、塑性和韧性好，并且有良好的工艺性能。此外，根据结构的具体工作条件，有时还要求钢材具有适应低温、高温和腐蚀性环境的能力。同时钢结构构件的连接材料也是决定钢结构稳定性和安全性的重要因素。为了能选择出合适的钢材，使结构安全可靠，且尽可能节约钢材、降低造价，必须充分了解钢材的特性，掌握钢材在不同条件、不同生产过程和不同使用条件下的工作性能。

本单元根据建筑钢材的基本要求，讲述了建筑钢材的主要力学性能及其影响因素，介绍了目前我国生产的建筑钢材常用的品种和规格；详细叙述了钢结构构件连接材料和围护结构材料的基本内容；最后讲述了钢材的防腐和防火材料。这些内容的讲解目的在于能设计出安全、可靠、经济、美观、耐久的钢结构建筑物。

2.1 承重结构用钢材

2.1.1 结构用钢材的分类

钢材按照不同分类要求，可以分为不同的种类。按用途分类，钢材可分为结构钢、工具钢和特殊钢。结构钢又分为建筑用钢和机械用钢。按冶炼方法分类，钢材可分为氧气转炉钢、电炉钢和平炉钢。电炉钢是特种合金钢，一般不用于建筑。平炉钢质量好，但冶炼时间长、成本高。氧气转炉钢质量与平炉钢相当而成本较低。按脱氧方法，钢材又可分为沸腾钢、镇静钢和特殊镇静钢。镇静钢脱氧充分，沸腾钢脱氧较差。一般采用镇静钢，尤其是轧制钢材的钢坯推广采用连续铸锭法生产，钢材必为镇静钢。若采用沸腾钢，不但质量差、价格不便宜，而且供货困难。按照成形方法分类，钢又分为轧制钢、锻钢和铸钢。按化学成分分类，钢分为碳素钢和合金钢。

建筑结构中常用钢材有碳素结构钢、低合金高强度结构钢、建筑结构用钢板以及耐候结构钢。

1. 碳素结构钢

碳素结构钢是碳素钢的一种，含碳量一般在0.05%～0.70%。碳素结构钢按含碳量的不同，可分为低碳钢（≤0.25%）、中碳钢（0.25%～0.6%）以及高碳钢（>0.6%）。其含碳量越高，强度越高，但是塑性和韧性会降低。

钢的牌号由代表屈服强度的字母Q、屈服强度值、质量等级（A、B、C、D）、脱氧方法符号等4个部分按质序组成。

例如：Q235AF

Q——钢材屈服强度“屈”字汉语拼音首位字母；

屈服强度值——235、345、390、420、460等，单位为MPa；

质量等级——A、B、C、D四个等级，分别表示不要求冲击试验，冲击试验温度为+20℃、0℃、−20℃；同时要求B、C、D级的冲击韧性值A_{kv}≥27J；

脱氧方法符号——F代表沸腾钢，Z代表镇静钢，TZ代表特殊镇静钢。A、B级钢根据脱氧方式不同分为沸腾钢和镇静钢，而C级钢为镇静钢，D级钢为特殊镇静钢，因此在钢材牌号组成的表示方法中，“Z”和“TZ”可以省略。如Q235D表示屈服强度为235MPa的D级特殊镇静钢。

2. 低合金高强度结构钢

低合金高强度结构钢是在碳素结构钢（含碳量0.16%～0.2%）的基础上加入少量合金元素而制成的，具有良好的焊接性能、塑性、韧性，较好的耐蚀性，较高的强度和较低的冷脆临界转换温度。

钢的牌号由字母Q、屈服强度值、质量等级三部分组成。质量等级分为A、B、C、D、E五个等级，其中E级主要是要求钢材在−40℃下的冲击韧性试验。低合金高强度结构钢牌号中省略了脱氧方式符号，其中A、B级为镇静钢，C、D、E级为特殊镇静钢。

3. 建筑结构用钢板

建筑结构用钢板适用于制造高层建筑结构、大跨度结构及其他重要建筑结构，厚度为6～100mm。

钢的牌号由代表屈服强度的字母Q、规定的最小屈服强度数值、代表高性能建筑结构用钢的汉语拼音字母GJ、质量等级符号（B、C、D、E）组成。

例如：Q345GJC

Q——钢材屈服强度“屈”字汉语拼音首位字母；

屈服强度值——235、345、390、420、460等，单位为MPa；

GJ——代表高性能建筑结构用钢；
质量等级——B、C、D、E 四个等级。

而对于厚度方向性能钢板，在质量等级后加上厚度方向性能级别（Z15、Z25 或 Z35）。

例如：Q344GJCZ25

Z25——表示厚度方向性能级别，数字 25 表示三个试样的最小平均断面收缩率（%）。

4. 耐候结构钢

耐候结构钢也称为耐大气腐蚀钢，采用转炉或电炉冶炼，且为镇静钢，通过添加少量的合金元素如 Cu、P、Cr、Ni 等，使其在金属基体表面上形成保护层，以提高耐大气腐蚀性能。耐候钢适用于车辆、桥梁、集装箱、塔架和其他结构用钢。

耐候钢分为高耐候钢和焊接耐候钢，前者具有较好的耐大气腐蚀性能，但对焊接性能要求较高的场合不适用，而后者具有较强的耐腐蚀性并且焊接性能优良。

耐候钢的牌号由字母 Q、屈服强度的下限值、高耐候或耐候的汉语拼音首位字母 GNH 或 NH 以及质量等级（A、B、C、D、E）组成。

例如：Q335GNHC

Q——钢材屈服强度“屈”字汉语拼音首位字母；
屈服强度值——235、395、355、415、460 等，单位为 MPa；
GNH——代表高耐候钢；
NH——代表焊接耐候钢；
质量等级——A、B、C、D、E 四个等级。

2.1.2 结构用钢材的规格

钢结构所用钢材主要为热轧成型的钢板、型钢以及冷加工成型的冷弯薄壁型钢。

1. 钢板

钢板有厚钢板、薄钢板、扁钢之分。厚钢板（4.5～60mm）常用作大型梁柱等实腹式构件的翼缘和腹板，以及节点板等；薄钢板（0.35～4mm）主要用来制造冷弯薄壁型钢；扁钢可用作焊接组合梁、柱的翼缘板、各种连接板以及加劲肋等。

钢板的表示方法为“−宽度×厚度（×长度）”，单位为 mm，例如“−400×12×800”。

2. 型钢

型钢主要有角钢（等肢角钢和不等肢角钢）、工字钢、槽钢、H 型钢、T 型钢、钢管等。如图 2-1 所示。

（1）角钢

角钢分为等边（等肢）角钢和不等边（不等肢）角钢两种，主要用来制作桁架或格构式结构的杆件和支撑等连接杆件。

等边角钢（等肢角钢）的表示方法为“∟肢宽×厚度”，不等边角钢（不等肢角钢）的表示方法为“∟长肢宽×短肢宽×厚度”，单位均为 mm，例如“∟125×8”和“∟125×80×8”。

（2）工字钢

工字钢由普通工字钢和轻型工字钢。工字钢的两个主轴方向的惯性矩相差较大，不适

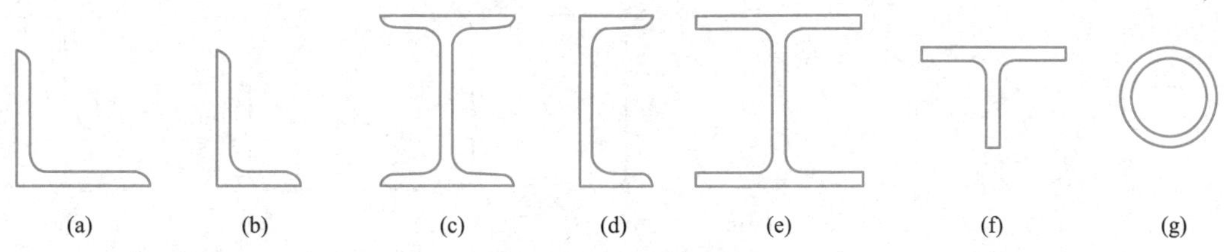

图 2-1 热轧型钢截面

(a) 等肢角钢；(b) 不等肢角钢；(c) 工字钢；(d) 槽钢；(e) H 型钢；(f) T 型钢；(g) 钢管

合作受压构件，而宜用作在腹板平面内受弯的构件，或由工字钢和其他型钢组成的组合构件或格构式构件。

普通工字钢用符号“I”后加截面高度的厘米（cm）数表示，20 号以上的工字钢又按照腹板的厚度不同，分为 a、b 或 a、b、c 等类别，如“I20a”表示高度 200mm，腹板厚度为 a 类的工字钢。轻型工字钢的翼缘要比普通工字钢的翼缘宽而薄，回转半径较大，表示方法为“QI”，如“QI20a”。

（3）槽钢

槽钢也可分为普通槽钢和轻型槽钢两种，槽钢适用于作檩条等双向受弯构件，也可用其组成组合截面或格构式构件。

槽钢的型号可表示截面高度的厘米数前面加上符号“[”。对于相同规格的轻型槽钢和普通槽钢，前者的翼缘较后者宽而薄，腹板也较薄，回转半径较大，重量较轻，表示方法为“Q[”后面加截面高度的厘米数。例如[32a，指截面高度 320mm 的腹板较薄的普通槽钢，Q[32a 指轻型槽钢。

（4）H 型钢和 T 型钢

H 型钢是使用很广泛的型钢，其两个主轴方向的回转半径较接近。H 型钢可分为宽翼缘（HW）、中翼缘（HM）、窄翼缘（HN）以及薄壁（HT）型钢四类，其宽翼缘和中翼缘可用于钢柱等受压构件，窄翼缘 H 型钢则适用于钢梁等受弯构件。

H 型钢还可剖分成 T 型钢使用。与 H 型钢类似，T 型钢也可分为 TW（宽翼缘）、TM（中翼缘）以及 TN（窄翼缘）三类。

H 型钢和 T 型钢均可表示为在其代号后加“高度×宽度×腹板厚度×翼缘厚度”，单位为 mm，如“HM340×250×9×14”和“TM170×250×9×14”。

（5）钢管

钢管按照成型方法不同可分为热轧（热挤压和热扩）无缝钢管和冷弯（冷卷制和冷压制）焊接钢管。其回转半径较大，常用作桁架、网架、网壳等平面和空间结构的构件。

钢管可用“D 或者 ϕ 后加外径×壁厚”表示，单位为 mm，如 ϕ180×80。

3. 冷弯薄壁型钢

冷弯薄壁型钢用薄钢板经模压或弯曲而成。其截面形式和尺寸均可按照受力特点合理设计，能充分利用钢材的强度、节约钢材，在轻钢结构中得到广泛应用，常用的截面形式有方钢、钢管、等边角钢、卷边等边角钢、槽钢、卷边槽钢、Z 型钢、卷边 Z 型钢等，如图 2-2 所示。

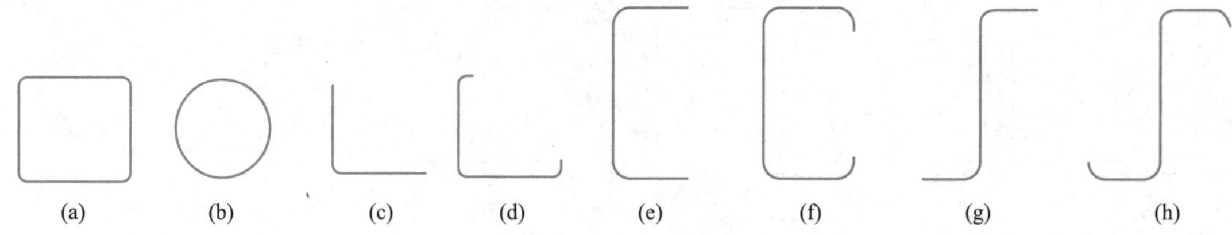

图 2-2　冷弯薄壁型钢截面

(a) 方钢；(b) 钢管；(c) 等边角钢；(d) 卷边等边角钢；
(e) 槽钢；(f) 卷边槽钢；(g) Z 型钢；(h) 卷边 Z 型钢

2.1.3　结构用钢材的力学性能

承重结构所用的钢材应具有屈服强度、抗拉强度、断后伸长率和硫、磷含量的合格保证，对焊接结构尚应具有碳当量的合格保证。焊接承重结构以及重要的非焊接承重结构采用的钢材应具有冷弯试验的合格保证；对直接承受动力荷载或需验算疲劳的构件所用钢材尚应具有冲击韧性的合格保证。其中，钢材的力学性能是通过标准试件在常温静荷载下单向拉伸试验所确定的。

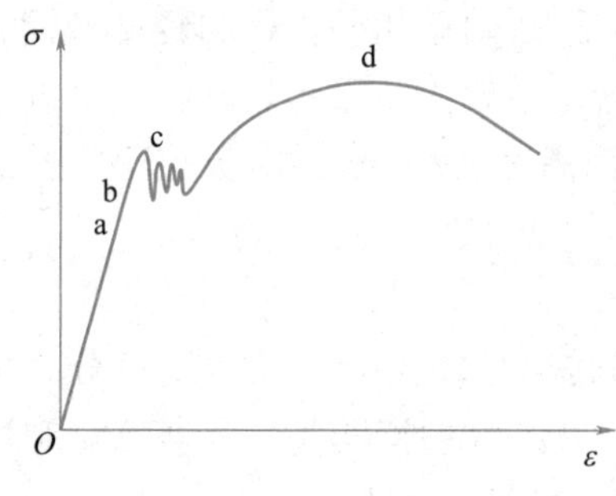

图 2-3　碳素结构钢的应力-应变曲线

1. 强度

材料在外力作用下抵抗变形和断裂的能力称为强度。强度可通过比例极限、弹性极限、屈服极限和抗拉强度等指标来反映。钢材的材料性能一般由常温荷载下单向拉伸试验确定，该试验是将低碳钢标准试件在常温、静荷载条件下，进行单向均匀一次拉伸试验，直至试件拉断破坏，然后可根据加载过程所测得的数据得到应力-应变曲线，如图 2-3 所示。

由该条曲线可知，拉伸过程共分五个阶段：

(1) 弹性阶段

在拉伸的初始阶段，应力-应变呈线性变化，其斜率即为材料的弹性模量 E，a 点即为比例极限。超过比例极限后，应力与应变之间不再是线性变化，但是在卸载后变形仍可完全消失，该段变形仍属于弹性变形。b 点对应的材料弹性变形极限值即为弹性极限。由于弹性极限和比例极限相当接近，工程上对弹性极限和比例极限并不严格区分。

(2) 弹塑性阶段

继续加载，应力超过弹性极限后试件进入弹塑性阶段，应力与应变不再呈线性变化。在此阶段，进行卸载，试件变形不能完全消失，遗留下不能消失的变形即为塑性变形或残余变形。

(3) 屈服阶段

当应力到达某一值时，应变有明显的增大，应力出现波动，这种现象称为屈服，波动最高点为上屈服点，最低点为下屈服点，下屈服点较为稳定，因此以它作为材料抗力指标称之为屈服点。当应力达到屈服点后，应力不再增加，应变却可以继续增加，该过程称为屈服台阶，在这一阶段钢材处于完全塑性状态。整个屈服平台对应的应变幅称为流幅，流幅越大，钢材的塑性越好。

（4）硬化阶段（强化阶段）

在屈服阶段后，材料又恢复了抵抗变形的能力，继续加载，钢材强度又有所提高，应变也随之增大，直至应力达到最大值即 d 点，即抗拉强度，该阶段称为硬化阶段，也叫强化阶段。

（5）颈缩阶段

当试件承受的荷载达到抗拉强度后，在试件承载力最弱的截面处，横截面会急剧收缩，承载力下降，直至试件发生断裂破坏，这一现象称为颈缩，该阶段即为颈缩阶段。

实验数据表明，钢材的比例极限、弹性极限、屈服强度非常接近，而且屈服点之前应变很小，如把钢材的弹性工作阶段提高到屈服点，且不考虑强化阶段，则可把应力-应变曲线简化为图 2-4 所示的两条直线，称为理想弹塑性体的工作曲线。它表示钢材在屈服点以前接近理想弹性体工作，屈服点以后塑性平台阶段又近似于理想的塑性体工作。简化后的钢材属性与实际误差不大，却方便了计算，成为钢结构弹性设计和塑性设计的理论基础。

热处理钢材或调质处理的低合金钢没有明显的屈服点和屈服平台，应力-应变曲线形成一条连续曲线，如图 2-5 所示。对于这类钢材，以卸载后试件中残余应变为 0.2%所对应的应力作为屈服点，称为名义屈服点或条件屈服点，记为 $f_{0.2}$。

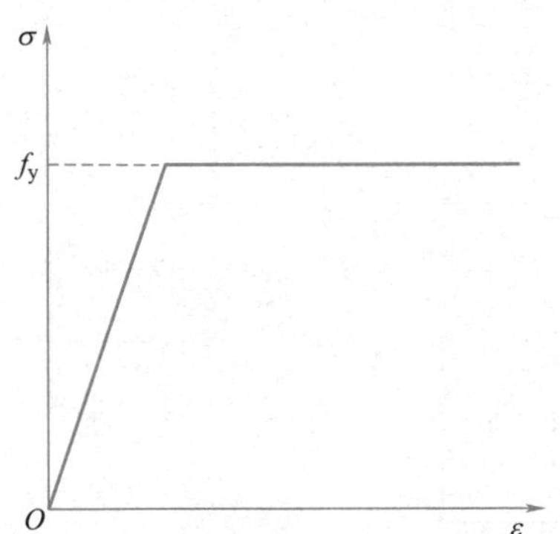

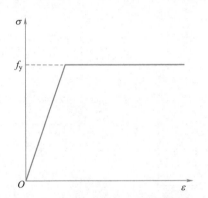

图 2-4　理想弹塑性体应力-应变曲线

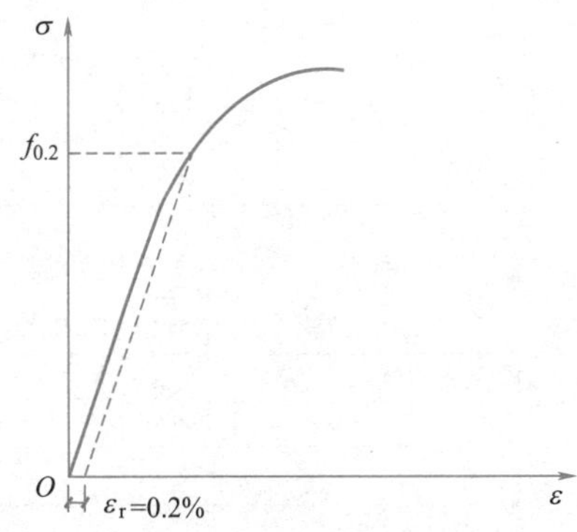

图 2-5　高强度钢的应力-应变曲线

屈服强度是衡量结构承载能力和确定强度标准值的重要指标。当钢材达到屈服点后会暂时失去承载的能力并伴随着很大的变形，因此屈服强度是弹性计算时强度的设计标准。钢材的抗拉强度是衡量钢材抵抗拉断的性能指标，它不仅是一般强度的指标，而且直接反映钢材内部组织的优劣，并与疲劳强度有着比较密切的关系。

屈强比是钢材的屈服点与抗拉强度的比值，即 f_y/f_u。屈强比是钢材强度储备系数，屈强比越低，安全储备越大，但强度利用率低且不经济；反之，屈强比越大，强度储备越小，不够安全。因此，设计中要选用合适的屈强比。

2. 塑性

钢材的塑性是在外力作用下产生永久变形时抵抗断裂的能力。衡量塑性的指标有伸长率和截面收缩率，其值越大，钢材的塑性越好。

伸长率是指试件被拉断时的绝对变形值与试件原标距之比的百分数。

$$\delta=\frac{l_1-l}{l}\times100\% \tag{2-1}$$

式中：l_1——试件原始的标距长度；

l——试件拉断后的标距长度。

截面收缩率是指试件拉断后，颈缩处横断面积的最大缩减量与原始横断面面积的百分比。

$$\Psi=\frac{A-A_1}{A}\times100\% \tag{2-2}$$

式中：A_1——试件原截面面积；

A——试件颈缩断口处截面面积。

3. 冲击韧性

冲击韧性是指在动力荷载作用下，钢材吸收机械能的能力，是衡量钢材在冲击载荷作用下抵抗变形和断裂的能力的综合指标，可通过冲击试验测得。

冲击试验是在材料试验机上通过动摆对标准试件（夏比 V 形缺口或梅氏 U 形缺口）施加冲击荷载，如图 2-6 所示，击断试件，由此测出试件受冲击荷载发生断裂所吸收的冲击功，即材料的冲击韧性值，用 A_{kv} 表示，单位为焦耳（J）。冲击韧性值越高，试件韧性越好，动力荷载作用下发生脆断破坏的危险越小。

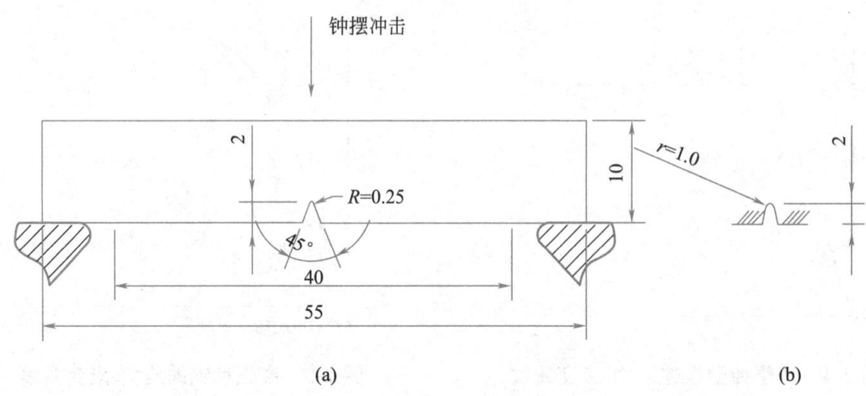

图 2-6 冲击韧性试验

（a）夏比 V 形缺口；（b）梅氏 U 形缺口

由于低温对钢材的脆性破坏有显著影响，所以冲击试验温度特别是负温对钢材的冲击韧性影响也较大。当温度越低，冲击韧性值会越低，且在某一温度范围内发生急剧降低，这种现象称为冷脆，此温度范围称为“韧脆转变温度”。因此，在寒冷地区承受动力荷载作用的重要结构，不但要求钢材具有常温 20℃ 冲击韧性指标，还要求具有负温（0℃、－20℃或－40℃）冲击韧性指标，以保证结构具有足够抵抗脆性破坏的能力。

4. 冷弯性能

冷弯性能是指钢材在常温下加工发生塑性变形时，对产生裂纹的抵抗能力，由冷弯试验来确定，如图 2-7 所示。试验时，根据钢材的牌号和不同的板厚，按国家相关标准规定的弯心直径，在试验机上把试件弯曲 180°，以试件表面和侧面不出现裂纹和分层为合格。弯曲程度一般用弯曲角度或弯心直径对材料厚度的比值来表示，弯曲角度越大或弯心直径对材料厚度的比值越小，则表明材料的冷弯性能越好。

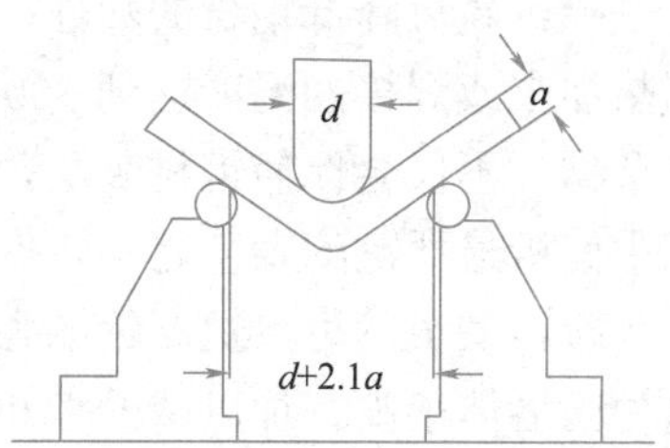

图 2-7 钢材冷弯试验示意图

钢材的冷弯试验是衡量其塑性指标之一，同时也是衡量其质量的一个综合性指标。通过冷弯试验，可以检查钢材颗粒组织、结晶情况和非金属夹杂物分布等缺陷，在一定程度上也是鉴定焊接性能的一个指标。结构在制作、安装过程中要进行冷加工，尤其是焊接结构焊后变形的调直等工序，都需要钢材有较好的冷弯性能。而非焊接的重要结构（如吊车梁、吊车桁架、有振动设备或有大吨位吊车厂房的屋架、托架、大跨度重型桁架等）以及需要弯曲成型的构件等，亦都要求具有冷弯试验合格的保证。

5. 工艺性能

钢材自生产成型至最终完成，其间会经过冷加工、热加工、热处理及焊接等工艺，因此，良好的工艺性能不但要易于形成各种形式的结构，而且不致因加工而对结构的强度、塑性、韧性等造成较大的不利影响。

对于焊接结构，可焊性是一个重要性能指标。良好的可焊性要求在焊接过程及焊接后，焊缝及焊缝周围金属不产生热裂纹或者冷却收缩裂纹；在使用过程中焊缝处的冲击韧性和热影响区内塑性良好，焊缝力学性能不低于母材的力学性能。钢材的可焊性受含碳量及合金元素含量的影响，同时，钢材可焊性还与母材的厚度、焊接方法、焊接工艺措施等有一定关系。目前，国内外都采用可焊性试验的方法来检验钢材的焊接性能，从而制定出重要结构和构件的焊接制度和工艺。

2.1.4 影响钢材性能的因素

1. 化学成分

钢结构主要采用碳素结构钢和低合金结构钢。钢的主要成分是铁，还有碳和其他元素（如硅、锰、硫、鳞、氧、氮），在低合金钢中还含有少量的合金元素，如钒、钛等，这些元素的含量都会直接影响钢材的强度、塑性、韧性和可焊性等。

碳：碳的含量仅次于铁，对钢材的性能有重要影响。含碳量增加，钢材强度增加，塑性、韧性和疲劳强度降低，同时也降低了钢材的可焊性和抗腐蚀性。一般含碳量在碳素结构钢中不应超过 0.22%，在焊接结构中还应低于 0.2%。

锰：锰作为一种炼钢脱氧剂存在于钢材中，当含量适当时，锰能显著提高钢材的强度而不过多地降低塑性和冲击韧性，同时还能降低硫、氧的热脆现象，改善加工性能。在碳素结构钢中锰含量为 0.3%～0.8%，在低合金高强度钢中锰的含量可达 1.0%～1.7%。

硅：硅是强脱氧剂，适量控制还可以提高强度而不显著影响塑性、韧性、冷弯性能及可焊性。但若过量，钢材的可焊性和抗腐蚀性会降低，在碳素结构钢中硅的含量应不超过 0.3%，在低合金高强度钢中可达 0.55%。

硫：硫可降低钢材的塑性、韧性、可焊性和疲劳强度，硫能生成易于熔化的硫化铁，当热加工或焊接的温度达到800～1200℃时，可能出现裂纹，称为热脆。硫化铁又能形成夹杂物，不仅会促使钢材起层，还会引起应力集中，降低钢材的塑性和冲击韧性。硫又是钢中偏析最严重的杂质之一，偏析程度越大越不利。一般硫的含量不超过0.045％。

磷：磷虽然可以提高钢的强度和抗腐蚀性，但磷会以固溶体的形式溶解于铁素体中，这种固溶体很脆，加以磷的偏析比硫更严重，形成的富磷区促使钢变脆（冷脆），降低钢的塑性、韧性及可焊性。因此，磷的含量也要严格控制，一般不超过0.05％。而对于在低于－20℃环境下的承重结构，钢材的磷和硫含量不宜大于0.03％。

氧的作用和硫类似，会使钢材发生热脆现象，而氮的影响和磷相似，会使钢材发生冷脆现象。

为了改善钢材的性能，可掺入一定量的合金元素，如钒和钛，能提高钢的强度和抗腐蚀性性能又不会降低钢材的塑性。

2. 冶金缺陷

钢材在出厂前会经过冶炼、浇铸、轧制与热处理等过程，在这些冶金过程中不可避免会出现一些缺陷，如偏析、非金属杂质、裂纹、气孔及分层等。有些加工过程，如轧制，会消除一些组织缺陷，使金属的晶粒变细，还可在高温和压力下压合钢坯中气孔、裂纹等，改善钢材的力学性能，但若钢材含有非金属杂质，轧制却容易形成分层等缺陷。

非金属杂质的存在会降低钢材的塑性，使钢材变脆；偏析指钢材中化学成分不一致或不均匀，硫磷偏析会严重恶化钢材的性能；裂纹是由于温度的不均匀或者钢液凝固次序不同引起的内应力造成钢材在应力较大的部位产生开裂，裂纹将会影响钢材的冷弯性能。

3. 钢材硬化

钢材的硬化可分为时效硬化、冷作硬化和应变时效硬化。

（1）时效硬化

在高温冶炼时溶于铁中的少量氮与碳，随着试件的增长逐渐由固溶体中析出，生成氮化物和碳化物，它们对晶粒的塑性滑移起到遏制作用，从而使钢材的强度提高，塑性和韧性下降，这种现象称为时效硬化（也称老化）。如图2-8（a）所示，钢材的应力-应变曲线会由图中的实线变为虚线，通过曲线也可以明显看出来强度升高了，但是塑性降低。

（2）冷作硬化

钢材在冷加工时超过其弹性极限，产生较大的塑性变形的情况下，卸载后再重新加载，出现钢材的弹性极限或屈服点提高、塑性和韧性降低的现象称为冷作硬化，如图2-8（b）所示。工程上经常利用冷作硬化来提高材料的弹性极限，如起重用的钢索和建筑用的钢筋，常借助冷拔工艺以提高强度。但另一方面，零件初加工后，由于冷作硬化使材料变脆变硬，给下一步加工造成困难，且易产生裂纹，这就往往需要在工序之间安排退火处理，以消除冷作硬化的不利影响。

（3）应变时效硬化

在钢材产生一定数量的塑性变形后，铁素体晶体中的固溶氮和碳将更容易析出，从而使已经冷作硬化的钢材又出现时效硬化现象，称为应变时效硬化。这种硬化在高温作用下会快速发展，因此可先使钢材产生10％左右的塑性变形，卸载后再加热至250°，保温1h

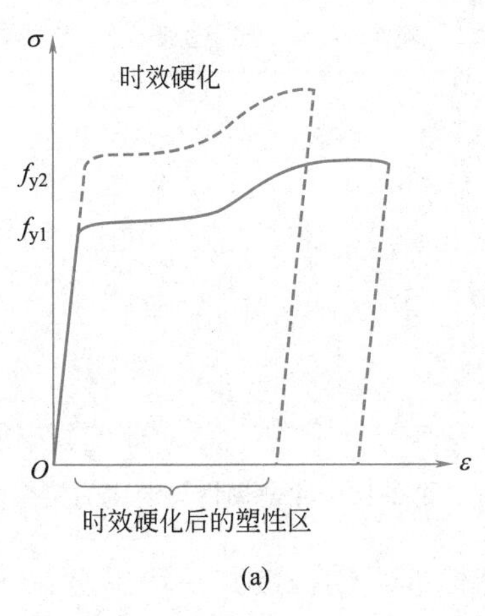

(a)

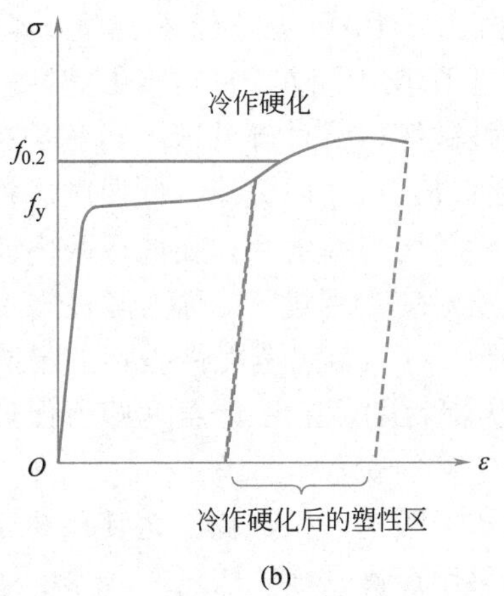

(b)

图 2-8　硬化对钢材性能的影响

(a) 时效硬化；(b) 冷作硬化

后在空气中冷却，称为人工时效。用人工时效后的钢材进行冲击韧性试验，可以判断钢材的应变时效硬化倾向，确保结构具有足够的抗脆性破坏能力。

4. 温度影响

钢材性能会随着温度变化而变化，在 0℃以上，总的趋势是：温度升高，钢材强度降低，应变增大；反之，温度降低，钢材强度会略有增加，塑性和韧性会降低而变脆。图 2-9 反映了低碳钢在不同温度下的单调拉伸试验结果。由图中可以看出，在 150℃以内钢材的强度、弹性模量和塑性均与常温接近，变化不大。但在 250℃左右，抗拉强度有局部提高，伸长率和断面收缩率均降至最低，出现了所谓的“蓝脆”现象（钢材表面氧化膜呈蓝色）。当温度在 260～320℃之间时，在应力持续不变的情况下，钢材以缓慢的速度继续变形，此种现象称为“徐变”。在 320℃以后，强度和弹性模量均开始显著下降，塑性显著上升，达到 600℃时，强度几乎为零，塑性急剧上升，钢材处于热塑性状态亦称为“软化”。由以上现象可以看出，钢材具有一定的抗热性能，但是不耐火；对于受高温作用的钢结构，应根据不同情况采取防火、隔热措施。

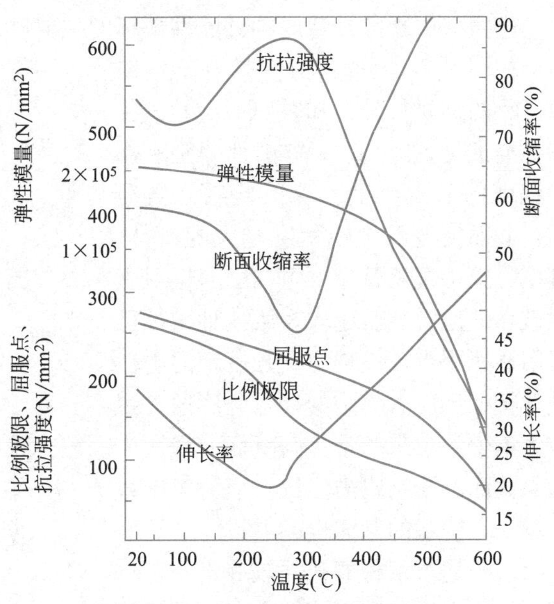

图 2-9　低碳钢在高温性下的性能

当温度从常温开始下降，特别是在负温范围内，钢材强度虽有些提高，但其塑性和韧性降低，材料逐渐变脆，这种性质称为“低温冷脆”。由图 2-10 可见，随着温度的降低，冲击韧性值迅速下降，材料将由塑性破坏转变为脆性破坏，同时可见这一转变是在一个温度区间 T_1～T_2 内完成，此温度区称为钢材的脆性转变为温度区，在此区间内曲线的反弯点所对应的温度 T_0 称为脆性转变温度。如果把低于 T_0 完全脆性破坏的最高温度 T_1 作为钢材的脆断设计温度即可保证钢结构低温工作的安全。

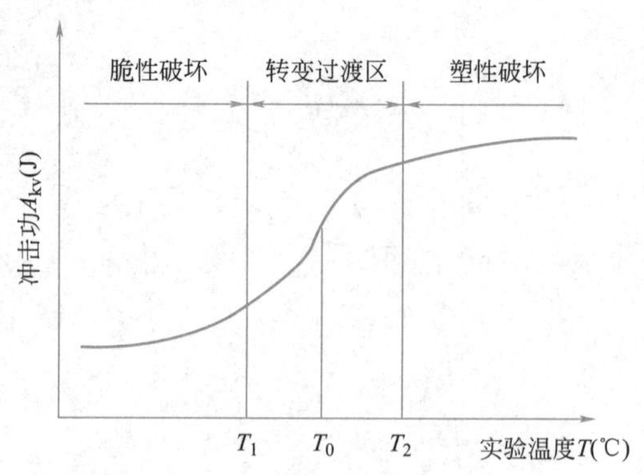

图 2-10 冲击韧性与温度的关系曲线

因此对于低温工作的结构，尤其是在受动力荷载和采用焊接连接的情况下，《钢结构设计标准》GB 50017—2017 要求不但要有常温冲击韧性的保证，还要有低温（0℃、－20℃等）冲击韧性的保证。

5. 应力集中

钢材的力学性能和工作性能指标都是以单向拉伸试验所获得的。实际结构中不可避免地存在孔洞、槽口、截面突变及钢材的内部缺陷等，此时截面内应力不再保持均匀分布，在孔口边缘会发生应力的高峰，其余部分应力会较低，该现象称为应力集中。应力集中的现象中，内力分布的不均匀程度与杆件截面变化急剧有关。

应力集中现象是造成构件脆性破坏的主要原因之一。

如图 2-11 所示，构件具有不同缺口形状的钢材拉伸试验曲线，1 号试件为标准试件，2、3、4 号试件分别有不同程度的截面突变。从试验结果可得出，截面突变的尖锐程度越大的试件，其应力集中现象就越严重，引起钢材脆性破坏的危险性就越大。第 4 种试件已无明显屈服点，表现出高强度钢的脆性破坏特征。应力集中的严重程度通常用应力集中系数来衡量：高峰区的最大应力与截面的平均应力之比。应力集中系数越大，变脆的倾向也越严重。

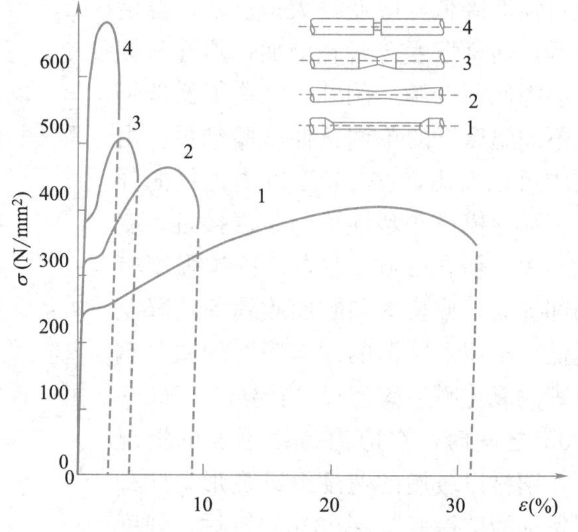

图 2-11 应力集中对钢材性能的影响

由于建筑钢材的塑性较好，一定程度上的应力重分布会使应力分布严重不均匀的现象趋于平缓。故受静荷载作用的构件在常温下工作时，在计算中不考虑应力集中的影响。但在负温或者动力荷载作用下工作的结构，应力集中的不利影响会较突出，常常是引起钢材脆性破坏的原因，因此，在设计时应注意构件形状，避免或减少应力集中现象。

6. 钢材的疲劳

在钢结构建筑中有些钢结构构件及其连接件会直接承受动力荷载的反复作用，例如工业厂房吊车梁、海洋钻井平台、风力发电结构等，这些动力荷载的反复作用常常会引起构件的疲劳破坏。

钢材在连续反复的动力荷载作用下，会在钢材内部产生裂纹、扩展以致脆性断裂，这一现象称为钢材的疲劳破坏。钢材发生疲劳破坏是内部损伤累计的结果。钢材构件在反复荷载作用下，先在其缺陷处发生塑性变形和硬化而生成一些极小的裂纹，由于在裂纹尖端易产生应力集中，使材料处于三向拉伸应力状态，裂纹迅速扩展，最终突然断裂，发生脆性破坏。

2.1.5　结构用钢材的选择

结构用钢材的选择应遵循技术可靠、经济合理的原则，综合考虑结构的重要性、荷载特征、结构形式、应力状态、连接方法、工作环境、钢材厚度和价格等因素，选用合适的钢材牌号和材性保证项目。

为保证结构的安全性，承重结构所用的钢材应具有屈服强度、抗拉强度、断后伸长率和硫、磷含量的合格保证，对焊接结构尚应具有碳当量的合格保证。焊接承重结构以及重要的非焊接承重结构采用的钢材应具有冷弯试验的合格保证；对直接承受动力荷载或需验算疲劳的构件所用钢材尚应具有冲击韧性的合格保证。

钢材的选择在钢结构设计中非常重要，应考虑以下因素：

(1) 结构的重要性：对于重要结构，如大跨度结构、高层或者超高层建筑等，应选用质量好的钢材。

(2) 荷载特征：荷载分为静力荷载和动力荷载。对承受动力荷载（如地震、海啸等）的结构应选用塑性、冲击韧性好的钢材。

(3) 连接形式：钢结构的连接分为焊接和螺栓连接。对于焊接结构要严格控制碳、硫、磷的含量，选择塑性、韧性和可焊性都较好的钢材；对于螺栓连接构件应考虑冲、钻孔边缘可能形成的冷作硬化影响。

(4) 钢材厚度：钢材厚度对其强度、韧性以及抗层状撕裂等性能均有较大影响。钢材厚度越大，其强度、韧性和可焊性也会越差。所以，对于厚度较大的钢材应选用材质好的钢材，以保证结构的安全稳定性。

2.2　钢结构连接材料

2.2.1　手工电弧焊材料

手工电弧焊的主要材料是电焊条。电焊条既是产生电弧的电板，又是填充焊件的接头的金属，还参与了焊接过程中一系列物理化学作用，因此对于保证焊缝质量起着极为重要的作用。

1. 焊条的组成

焊条由焊芯和药皮两部分组成。焊芯既是电极，又是填充金属，熔化后填入焊缝间隙中，保证焊缝形成，药皮是焊芯外的涂料层，由矿石类、有机物和合金组成，其作用是：稳定电弧（改善焊条工艺性），使电弧容易引燃；提高电弧燃烧时的稳定性，保护焊缝，解除金属中的氧；合金作用，向焊缝中掺入一些必要的合金，使焊缝获得必要的合金元素，提高焊缝质量。采用手工电弧焊时，焊芯金属约占整个焊缝金属的50%～70%，焊芯的化学成分将直接影响焊缝质量。

焊芯的牌号用“H”，即“焊”字汉语拼音的首字母表示，其后的牌号表示方法与钢号表示方法相同。

例如：H08MnA

表示主要合金元素为Mn，含碳量为0.08%的焊接用钢丝，A表示高级优质焊条钢，若末尾的字母是E表示特级焊条钢。

碳钢焊条的型号以字母E字后面加上四位数字表示，即E××××：

字母E——表示焊条；

前两位数字——表示焊缝金属的抗拉强度不小于420MPa、490MPa、540MPa；

第三位数字——0和1表示适合于全位置焊接，2表示适合于平焊及平角焊，4表示适合于向下立焊；

第四位数字——表示焊接电流（交流、直流电源）和药皮类型。

在选用焊条时，应与主体金属相匹配。常用结构钢材相匹配的焊接材料可按表2-1选用。

常用钢材的焊接材料选用匹配推荐表　　表2-1

母材	Q235	Q345/Q390	Q420	Q460
焊接材料	E43×× E50×× E50××-×	E50×× E5015、E5516	E5515、E5516	E5515、E5516

2. 焊条的分类

焊条按照焊条药皮熔化后的熔渣特性，分为酸性焊条和碱性焊条。

（1）酸性焊条

其药皮的主要成分是氧化铁、氧化锰、氧化钛以及其他在焊接时易放出氧气的物质，药皮里的有机物为造气剂，焊接时产生保护气体。此类焊条药皮里有各种氧化物，具有较强的氧化性，对铁锈不敏感，焊缝很少产生由氢引起的气孔。酸性熔渣，其脱氧主要靠扩散方式，故脱氧不完全。它不能有效地清除焊缝里的硫、磷等杂质，所以焊缝金属的冲击韧度较低。因此这种酸性焊条适用于一般钢结构工程。既适用于交流弧焊电源，也适用于直流焊接电源，焊接时容易操作，电弧稳定，成本较低廉。

（2）碱性焊条

其药皮的主要成分是大理石和萤石，并含有较多的铁合金作为脱氧剂和合金剂。由于焊接时放出的氧少，合金元素很少氧化，焊缝金属合金化的效果较好。这类焊条的抗裂性很好，但是由于萤石的存在，不利于电弧的稳定，因此要求用直流电源进行焊接。碱性熔渣是通过置换反应进行脱氧，脱氧较完全，并又能有效地清除焊缝中的硫和磷，加之焊缝的合金元素烧损较少，能有效地进行合金化，所以焊缝金属性能良好，主要用于重要钢结构工程中。采用此类焊条必须十分注意保持干燥和接头对口附近的清洁，保管时勿使焊条受潮生锈，使用前按规定烘干。接头对口附近 10～15mm 范围内，要清理至露出纯净的金属光泽，不得有任何有机物及其他污垢。焊接时，必须采用短弧，防止气孔。碱性焊条在焊接过程中，会产生 HF 和 K_2O 气体，对焊工健康有害，故需加强焊接场所的通风。

3. 焊条的选用

各类焊条必须分类、分牌号存放，避免混乱。焊条必须存放于通风良好、干燥的仓库内，需垫高和离墙 0.3m 以上，使上下左右空气流通。

焊条应有制造厂的合格证，凡无合格证或对其质量有怀疑时，应按批抽查试验，合格者方可使用，存放多年的焊条应进行工艺性能试验后才能使用。焊条如发现内部有锈迹，须试验合格后方可使用。焊条受潮严重，已发现药皮脱落者，一概予以报废。焊条使用前，一般应按说明书规定烘焙温度进行烘干。

酸性焊条保存时应有防潮措施，受潮的焊条使用前应在 100～150℃范围内烘焙 1～2h。若贮存时间短且包装完好，使用前也可不再烘焙。烘焙时，烘箱温度应徐徐升高，避免将冷焊条放入高温烘箱内，或突然冷却，以免药皮开裂。

低氢焊条使用前应在 300～430℃范围内烘焙 1h～2h，或按厂家提供的焊条使用说明书进行烘干。焊条放入时烘箱的温度不应超过规定最高烘焙温度的一半，烘焙时间以烘箱达到规定最高烘焙温度后开始计算。

烘干后的低氢焊条应放置于温度不低于 120℃的保温箱中存放、待用；使用时应置于保温筒中，随用随取。

焊条烘干后在大气中放置时间不应超过 4h；用于焊接Ⅲ、Ⅳ类钢材的焊条，烘干后在大气中放置时间不应超过 2h。重新烘干次数不应超过 1 次。

2.2.2 埋弧焊材料

埋弧焊材料包括焊丝和焊剂。

1. 埋弧焊焊丝

埋弧焊用的焊丝，应根据所焊钢材的类别及对接头性能的要求加以选择，并与适当的焊剂配合使用。低碳钢和低合金高强钢焊接应选用与母材强度相匹配的焊丝；耐热钢和不锈钢的焊接应选用与钢材成分相近的焊丝。

埋弧焊常用焊丝是实心焊丝，规格有 2mm、3mm、4mm、5mm、6mm 等几种。使用时，要求将焊丝表面的油、锈等清理干净，以免影响焊接质量。有些焊丝表面镀有一薄层铜，可防止焊丝生锈并使导电嘴与焊丝间的导电更为可靠，提高电弧的稳定性。焊丝按照用途分类可分为碳素结构钢焊丝、合金结构钢焊丝、不锈钢焊丝。每盘焊丝的重量约为 30～40kg。

焊丝牌号可表示为 H08Mn2SiA

H——表示焊接用实芯焊丝；

08——表示碳含量约为 0.08%；

Mn2——表示锰含量约为 2%；

Si——表示含量小于等于 1%；

A——表示焊芯为高级优质钢（S、P 含量小于 0.03%）

焊丝的表面质量必须满足以下要求：

（1）焊丝表面应光滑，无毛刺、凹陷、裂纹、折痕、氧化皮等缺陷或其他不利于焊接操作以及对焊缝金属性能有不利影响的外来物质。

（2）焊丝表面允许有不超出直径允许偏差之半的划伤及不超出直径偏差的局部缺陷存在。

图 2-12 焊丝表面质量

（3）根据供需双方协议，焊丝表面可采用镀铜，其镀层表面应光滑，不得有肉眼可见的裂纹、麻点、锈蚀及镀层脱落等，见图 2-12。

2. 埋弧焊焊剂

焊剂是埋弧焊焊接时，能够熔化形成熔渣和气体，对熔化金属起保护作用和冶金处理作用，且具有一定粒度的颗粒状物质一种物质。焊剂熔化后形成熔渣，有改善焊接工艺性能的作用，烧结焊剂还具有掺合金作用。焊剂的焊接工艺性能和化学冶金性能是决定焊缝金属化学成分和性能的主要因素之一，在低碳钢和低合金钢焊接中一种焊丝可与多种焊剂合理组合。

焊剂与焊丝相匹配，能保证焊缝金属的化学成分及力学性能都符合要求。焊剂应有良好的焊接工艺性，即电弧能稳定燃烧，脱渣容易，焊缝成形美观；同时应有一定的物理性能，且不易吸潮。

熔炼焊剂的牌号：HJ$X_1X_2X_3$

HJ——表示熔炼焊剂；

X_1——表示焊剂中氧化锰含量；

X_2——表示焊剂中二氧化硅、氟化钙含量；

X_3——表示同一类型焊剂的不同牌号，按 0、1、2…9 顺序排列。

对于同一牌号焊剂生产两种颗粒度时，在细颗粒焊剂牌号后面加“X”字母。

烧结焊剂的牌号：SJ X_1 X_2 X_3

SJ——表示烧结焊剂；

X_1——表示焊剂熔渣的渣系；

X_2，X_3——表示同一渣系类型焊剂中不同牌号，按 0、1、2…9 顺序排列。

焊剂的作用包含以下几个方面：

（1）焊剂是覆盖焊接区，防止空气中 O_2、N_2 等有害气体侵入熔池，焊后熔渣覆盖在焊缝上，减慢了焊缝金属的冷却速度，改善焊缝的结晶状况及气体逸出条件，从而减少气孔。

(2) 对焊缝金属渗合金，改善并提高焊接接头的力学性能和化学成分，焊接低碳钢和合金高强钢时，焊缝的力学性能主要是通过焊丝和焊剂的渗合金获得。渗合金元素是 Mn 和 Si。为此，焊剂总应含有足够数量的 MnO 和 SiO_2。

(3) 防止焊缝中产生气孔和裂纹。焊剂中含有一定数量的萤石，它有去氢作用，防止焊缝中产生氢气孔。另外，焊剂中的萤石和 MnO 对熔池金属有去硫作用，可防止焊缝中产生裂纹。

焊剂若受潮，使用前必须烘焙，烘焙温度一般为 250℃，保温 1～2h。

2.2.3 二氧化碳气体保护焊材料

二氧化碳气体保护焊使用的焊丝分为实芯焊丝和药芯焊丝。实芯焊丝是从金属线材直接拉拔而成的焊丝，其牌号和埋弧焊的焊丝牌号类似。药芯焊丝焊接熔敷效率高，对钢材适应性好，试制周期短，因而其使用量和使用范围在不断扩大。药芯焊丝中的药粉成分与焊条药皮相似。

二氧化碳气体保护焊用实芯焊丝型号表示方法为 ERX_1-X_2-X_3

ER——表示焊丝；

X_1——表示熔敷金属抗拉强度最低值；

X_2——表示焊丝化学成分分类代号；

X_3——表示焊丝附加其他的化学成分；

药芯焊丝牌号可表示为 Y X_1 X_2 X_3 X_4-X_5

第一个字母——表示药芯焊丝；

X_1——表示焊接钢种类（J 表示结构钢，B 表示不锈钢，R 表示耐热钢）；

X_2 X_3——表示焊缝金属抗拉强度；

X_4——表示药芯类型和电源种类；

X_5——表示焊接时的保护方法（二氧化碳气体保护 X_5 取 1）。

2.2.4 栓钉焊材料

建筑钢结构栓钉焊材料主要有栓钉和保护瓷环。

1. 栓钉

栓钉采用低碳合金钢制成，其化学成分可靠，强度稳定，可焊性能良好。由于它的大头是冷墩制成的，使用中要防止出现锻造裂纹。根据现行国家标准《电弧螺柱焊用圆柱头焊钉》GB/T 10433—2002 中的规定，栓钉的规格有：ϕ10mm、ϕ13mm、ϕ16mm、ϕ19mm、ϕ22mm、ϕ25mm 等多种，其外形如图 2-13 所示。

栓钉牌号及力学性能见表 2-2。

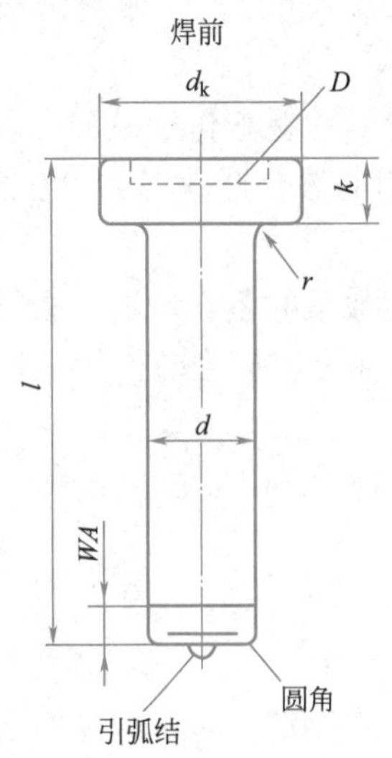

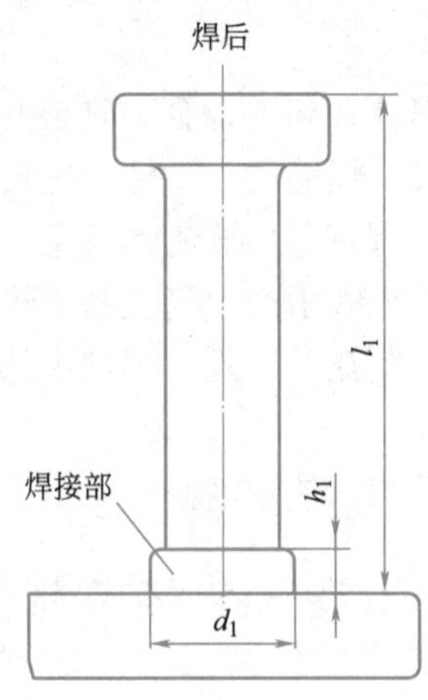

图 2-13 圆柱头栓钉

栓钉牌号及力学性能 表 2-2

牌号	力学性能		
	抗拉强度(MPa)	屈服强度(MPa)	伸长率(%)
ML15A ML15	≥400	≥320	≥14

栓钉牌号及化学成分见表 2-3。

栓钉牌号及化学成分 表 2-3

牌号	化学					
	C	Si	Mn	P	S	Al
ML15A	0.13～0.18	≤0.10	0.3～0.6	≤0.35	≤0.35	≥0.02
ML15	0.13～0.18	0.15～0.35	0.3～0.6	≤0.35	≤0.35	—

2. 保护瓷环

栓钉焊的焊接加热过程是稳定的电弧燃烧过程，为了防止空气侵入熔池，恶化接头质量，可采用保护瓷环保护，保护瓷环亦称保护套圈。保护瓷环有多种规格，以适应不同直径栓钉焊接的要求，见图 2-14，其主要作用有以下几点：

(1) 使熔化金属成型，不外溢，起到铸膜的作用。

(2) 使熔化金属与空气隔绝，防止熔化金属被氧化。

(3) 集中电弧热量，并使成型焊缝缓慢冷却。

(4) 释放焊接过程中的有害气体。

(5) 屏蔽电弧光与飞溅物。

（6）当临时支架，构成焊枪操作系统的一部分。

图 2-14　保护瓷环

采用栓钉直接焊在工件上的普通栓钉焊，使用普通瓷环。栓钉在引弧后先要熔穿具有一定厚度的薄钢板（一般厚度在 0.8～1.6mm），然后再与工件熔成一体，穿透焊需要的瓷环壁厚要大于普通瓷环，下部排气孔总面积亦是普通瓷环的 1.3 倍。

2.2.5　电渣焊材料

电渣焊的焊接材料包括电极、焊剂及管极涂料。其中电极又有焊丝、熔嘴、管极之分。

1. 电极

在低碳钢焊接中，常用焊丝为 H08A 和 H08MnA；含碳量为 0.18%～0.45%的碳钢及低合金钢焊接时，常用焊丝为 H08MnA 或 H10MnA。常用焊丝直径是 2.4mm 和 3.2mm。

管极电渣焊所用的管状焊条由管芯和涂料层（药皮）组成，见图 2-15。

图 2-15　管状焊条

2. 焊剂

焊剂必须能迅速地形成熔渣，熔渣要有适当的导电性，但导电性也不能过高，否则将增加焊丝周围的电流分流而减弱高温区内液流的对流作用，导致熔宽减小甚至产生未焊透；液态熔渣应具有适当的黏度，黏度过大易在焊缝金属中产生夹渣现象，黏度太小熔渣易从焊件与滑块之间的缝隙中流失，严重时会导致焊接中断。

电渣焊焊剂一般由硅、锰、钛、钙、镁和铝的复合氧化物组成。

常用的焊剂有 HJ360、HJ170、HJ431 等，HJ360 为中锰高硅中氟焊剂，HJ170 为无锰低硅高氟焊剂，固态时有导电性，有利于电渣焊开始时形成渣池，HJ431 为高锰高硅低氟焊剂，见图 2-16。

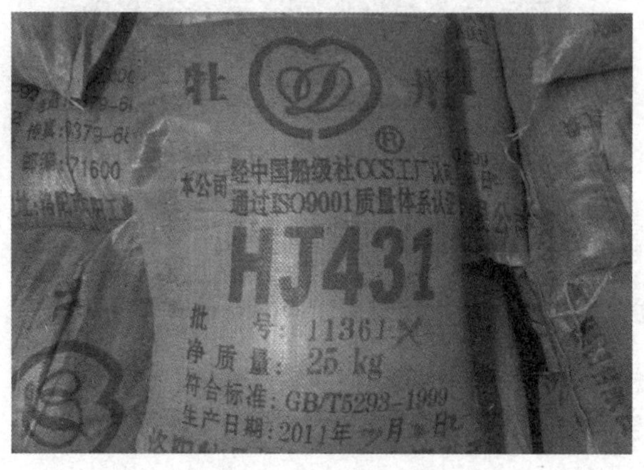

图 2-16　HJ431 高锰高硅低氟焊剂

3. 管极涂料

管状焊条外表涂有 2～3mm 厚的管极涂料。管极涂料应具有一定的绝缘性能以防管极与焊件接触，且熔入熔池后应能保证稳定的电渣过程。

2.2.6　紧固件连接材料

1. 螺栓连接

螺栓连接分为普通螺栓和高强度螺栓。

（1）普通螺栓按其加工的精细程度和强度分为 A、B、C 三个级别。

A、B 级为精致螺栓，A 级螺栓用于螺杆公称直径 $d \leqslant 24$mm 和螺杆公称长度 $L \leqslant 10d$ 或≤150mm（按较小值）时，否则为 B 级螺栓。

性能等级为 5.6 级或 8.8 级，其中 5 或 8 表示抗拉强度大于等于 500 N/mm^2 或者 800N/mm^2；0.6 或 0.8 表示屈强比 f_y/f_u（屈服强度/抗拉强度）等于 0.6 或 0.8。

C 级为粗制螺栓，性能等级为 4.6 级或 4.8 级，C 级螺栓一般可用 Q235 钢制成。

（2）高强度螺栓

高强度螺栓一般由中碳钢或者低合金钢经热处理（淬火并回火）后制成，强度高，包括 8.8 级和 10.9 级。

其中 40B、45 号钢或者 35 号钢为 8.8 级，20MnTiB、35VB 为 10.9 级。

10.9 级和 8.8 级高强螺栓的螺母和垫圈应采用 45 号钢经过热处理后制成。

高强螺栓连接有两种类型：一种是只依靠摩擦力传力，并以剪力不超过接触面摩擦力作为设计准则的，称为摩擦性连接；另一种是允许接触面滑移，以连接达到破坏的承载力作为设计准则的，称为承压型连接。

摩擦型连接的剪切变形小，弹性性能好，施工较简单，可拆卸，耐疲劳，特别适用于承受动力荷载的结构。承压型连接的承载力高于摩擦力，连接紧凑，但剪切变形大，故不得用于承受动力荷载的结构中。

2. 铆钉连接

铆钉连接用一段带有半圆形预制钉头的铆钉，将钉杆烧红迅速插入被连接件的钉孔中，再用铆钉枪将另一端也打铆成钉头，使连接紧固。目前工程中结构连接已很少采用。钉杆直径大于等于 12mm 的钢制铆钉，通常是将铆钉加热后进行铆接。钉杆直径小于 10mm 的钢制铆钉和塑性较好的有色金属、轻金属及其合金制成的铆钉一般在常温下进行冷铆。

2.3 钢结构围护材料

2.3.1 彩色压型钢板

压型钢板是一种经冷压或冷轧成型的薄钢板。压型钢板常见类型有有机涂层薄钢板（或称彩色压型钢板）、镀锌薄钢板、防腐薄钢板（含石棉沥青层）或其他薄钢板等。

彩色压型钢板是表面经化学处理且双面设彩色涂层的薄钢板经辊压冷弯成型的板材，是性能良好的轻质、高强、美观的现代建筑材料。彩色压型钢板的厚度包括基板和涂层两部分，基板厚度范围为 0.38～1.2mm，材质为热镀锌钢板，必要时可镀铝锌；涂层一般分为两涂两烘环氧树脂防锈底漆和树脂面漆，也可根据需要选用硅改性聚酯、丙烯酸树脂或 PVF2 涂料。

1. 压型钢板连接方式

压型钢板连接方式主要有搭接式、咬边式以及卡扣式。

（1）搭接式是把压型钢板相互折叠，并使用专门设计的连接件将其连成一体，如图 2-17（a）所示。

（2）咬边式是把压型板搭接部位通过咬边机或人工加工，使钢板产生屈服变形而咬合相连，如图 2-17（b）所示。

（3）卡扣式是利用钢板弹性，在向下或向左（向右）的力作用下，通过卡口固定并形成连接，如图 2-17（c）所示。

压型钢板编号由压型钢板代号 YX 及规格尺寸组成，编号示例：波高 35mm，波与波间距为 125mm，单块压型板有效宽度为 750mm 的压型钢板，其板型编号为 YX35-125-750，如图 2-18 所示。

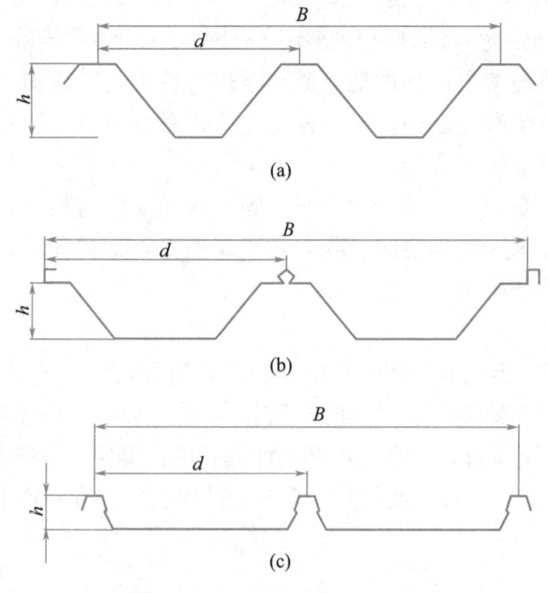

图 2-17　压型钢板连接方式

（a）搭接式；（b）咬边式；（c）卡扣式

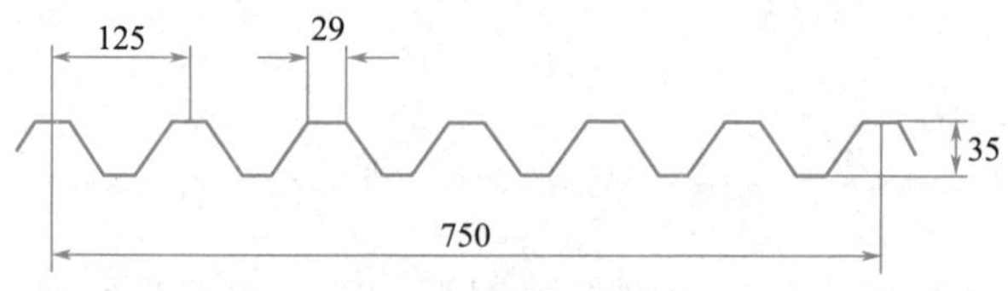

图 2-18　压型钢板 YX35-125-750

2. 彩色压型钢板特性

彩色压型钢板主要有以下特性：

（1）涂膜有高强的黏着性；

（2）涂膜有优越的不受损的可加工性；

（3）不变色不龟裂的良好耐候性；

（4）很强的耐腐蚀性；

（5）难燃性；

（6）色彩丰富美丽不褪；

（7）涂层表面易洗涤。

在我国，彩色压型钢板围护结构的运用起步较晚，多用于厂房及一些重要建筑物。但随着我国建筑技术的发展，其已被广泛应用：在公建上多以幕墙、钢网架形式出现，而居住建筑则出现大面积彩色钢屋顶、彩钢外墙等建筑形式。

2.3.2　彩色保温材料夹芯板

夹芯板是将涂层钢板面板及底板与保温芯材通过粘结剂复合而成的保温复合围护板

材。作为一种多功能新型建筑板材，彩色保温材料夹芯板同时具有保温隔热、隔声、承载力强、色泽鲜艳、安装灵活、造价低、防水、抗震等特点。

夹芯板的保温、隔热、吸声等性能主要取决于它的芯材——保温材料。这种材料不仅要保温性好，同时还需要有足够的强度和刚度，与彩钢板也要有很好的粘合力，只有这样，组合的复合板才能承受设计荷载，满足建筑功能要求。按照建筑物的使用部位和面板板型的不同，可分为屋面板、墙板、隔墙板和吊顶板等。

夹芯板板厚范围为 30～250mm，建筑围护常用夹芯板厚度范围为 50～100mm，彩色钢板厚度为 0.5mm、0.6mm。如条件允许，经过计算屋面板地板和墙板内侧板也可采用 0.4mm 厚彩色钢板。

夹芯板编号按照其用途不同可表示为两种编号形式：屋面板编号和墙面板编号。

屋面板编号：由产品代号及规格尺寸组成；

墙面板编号：由产品代号、连接代号及规格尺寸组成。

产品代号和连接代号参考表 2-4。

产品代号和连接代号 **表 2-4**

代号种类	1	2	3
产品代号	硬质聚氨酯夹芯板 JYJB	聚苯乙烯夹芯板 JJB	岩棉夹芯板 JYB
连接代号	插接式挂件连接 Qa	插接式紧固件连接 Qb	拼接式紧固件连接 Qc

标记示例：波高 39mm，波与波之间距离 500mm，单块夹芯板有效宽度为 1000mm 的硬质聚氨酯夹芯板屋面板，其板型编号为 JYJB39-500-1000（如图 2-19a 所示），单块夹芯板有效宽度为 1000mm 插接式紧固件连接的硬质聚氨酯夹芯板墙面板，其板型编号为 JYJB-Qb1000（如图 2-19b 所示）。

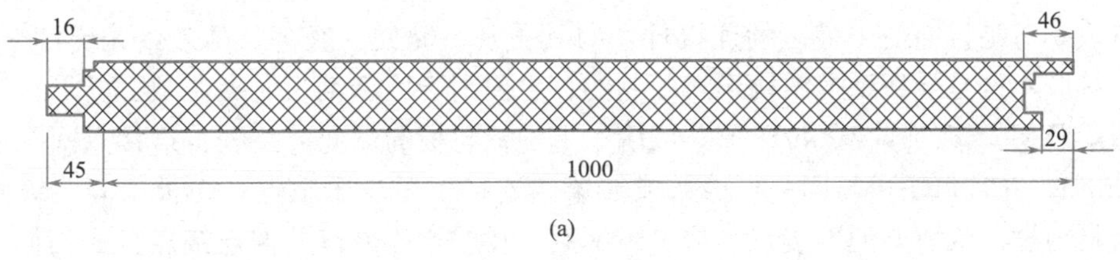

(a)

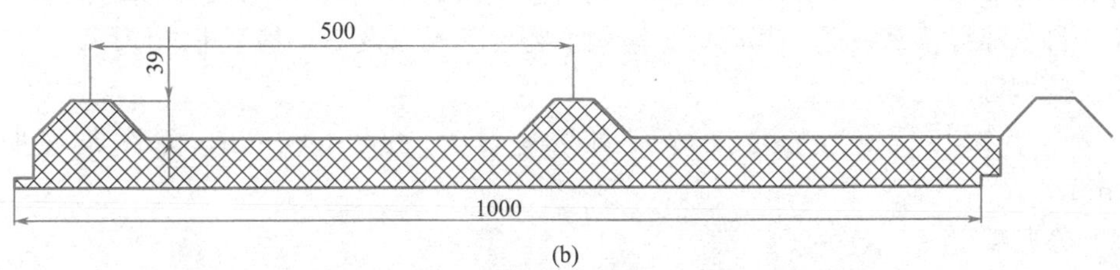

(b)

图 2-19 夹芯板

目前，国内彩钢夹芯板生产商使用的彩钢夹芯板保温层芯材最广泛的有聚苯乙烯夹芯板（EPS 夹芯板）、硬质聚氨酯夹芯板（PU 夹芯板）、岩棉夹芯板即 RW 夹芯板。但聚氨酯、聚苯乙烯等有机材料耐热温度低、遇火易燃烧、易产生毒气，成为火灾事故的主要因素之一。新型的酚醛泡沫材料（PF），在阻燃、毒性方面具有非常优秀的性能，其市场前景广阔，经济潜力巨大，将逐步取代其他的泡沫材料。

2.3.3 彩色压型钢板及夹芯板的连接件及密封材料

1. 彩色压型钢板

压型钢板的连接方式主要是通过连接件、固定支撑件等将压型钢板连接固定在檩条、墙梁及其他结构件上，屋面板必须连接在波峰上，以保证良好的防水效果，墙板则可以连接于波谷，使其牢固而美观。所有这些连接件、固定支撑件包括专用固定支架、自攻螺钉、拉铆钉、膨胀螺栓等（如图 2-20 所示）。

它们的材质以及规格见表 2-5。

连接件规格表　　表 2-5

名称	规格	备注
固定支架	按板型确定	Q235 镀锌钢板
自攻螺钉	ST5.5×65、115、165、200、255	Q235 镀锌钢、带防水帽、乙丙胶垫及压盖
拉铆钉	ϕ4×10、ϕ4×12、ϕ5×12、ϕ5×18	F 型铝制抽芯拉铆钉
膨胀螺栓	M5×35、M8×50	Q235 镀锌钢、乙丙胶垫

（1）固定支架

主要用于将压型钢板屋面板固定在檩条上，如屋面板高度小于 70mm，可不设固定支架。固定支架与檩条的连接采用焊接或自攻螺钉连接，固定支架与压型钢板连接采用自攻螺钉或专业咬边机咬边连接。

（2）自攻螺钉

自攻螺钉是目前使用最多的连接件，因其美观、简便、经济、高效，尤受用户欢迎，但是，其应用也是受板型及结构形式限制的，主要用于压型钢板、夹芯板、异形板等与檩条、墙梁及钢支架的连接。位于檩条或墙梁上的板与板的纵向连接处，连接点间距小于等于 350mm，并且每块板与同一根檩条或墙梁的连接不得少于三点；在板中间非纵向连接处，板材与檩条或墙梁的连接点不得少于两点；在屋脊、檐口处的连接点宜适当加密。由于自攻螺钉对压型钢板波峰无支撑作用，因而基本只适用于低波板。当檩条或墙梁为厚壁钢材时，自攻螺钉不易钻透，其简便、高效的特性就难以发挥，甚至不能使用。

（3）拉铆钉

主要用于板与板的连接，拉铆钉间距一般为 100～500mm，除图集注明外均为 250mm。

（4）膨胀螺栓

用于彩色钢板、连接构件与砌体或混凝土结构固定，中距小于等于 350mm。

自攻螺钉、拉铆钉用于屋面时设于波峰；用于墙面时设于波谷。自攻螺钉所配密封橡胶盖垫必须齐全、防水、可靠。拉铆钉外露钉头处应涂中性硅酮密封胶。

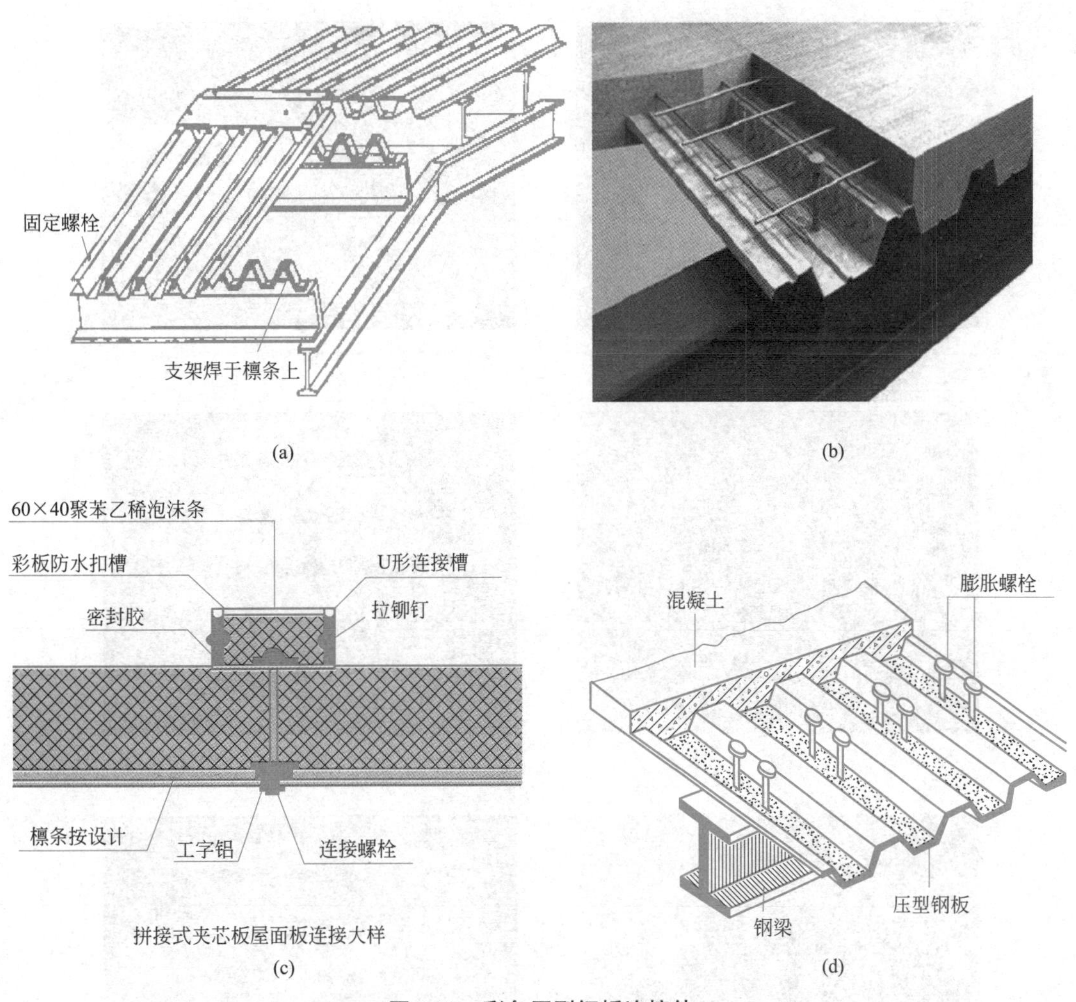

图 2-20　彩色压型钢板连接件

（a）固定支架；（b）自攻螺钉；（c）拉铆钉；（d）膨胀螺栓

2. 密封材料

在轻型钢结构中，屋面材料一般具有轻质、高强、耐久、防水等性能的建筑材料，如压型钢板、太空板等。尽管波形高的压型钢板具有良好的排水性能，但在板材接缝、天沟、天窗侧壁及一些出屋面的洞口等处仍是屋面漏水的主要部位。防止屋面漏水的措施除了保证压型钢板之间有足够的搭接长度外，尚需采用彩钢配件和防水密胶等材料，见图 2-21。

建筑密封材料按形态的不同分为非定型密封材料和定型密封材料两大类。非定型密封材料常温下呈膏体状态，是建筑结构中常用的密封材料。按密封膏的形态可分为溶剂型、乳液型和多组分反应型。按组成材料又可分为改性沥青密封膏和合成高分子密封膏。定型密封材料是指具有特定形状的制品，可按密封工程不同部位的不同要求支撑密封条、密封带和泡沫堵头等。

钢结构中密封材料主要有密封胶带、密封条、泡沫堵头及密封膏。

（1）密封胶带：氯化丁基橡胶密封胶带；

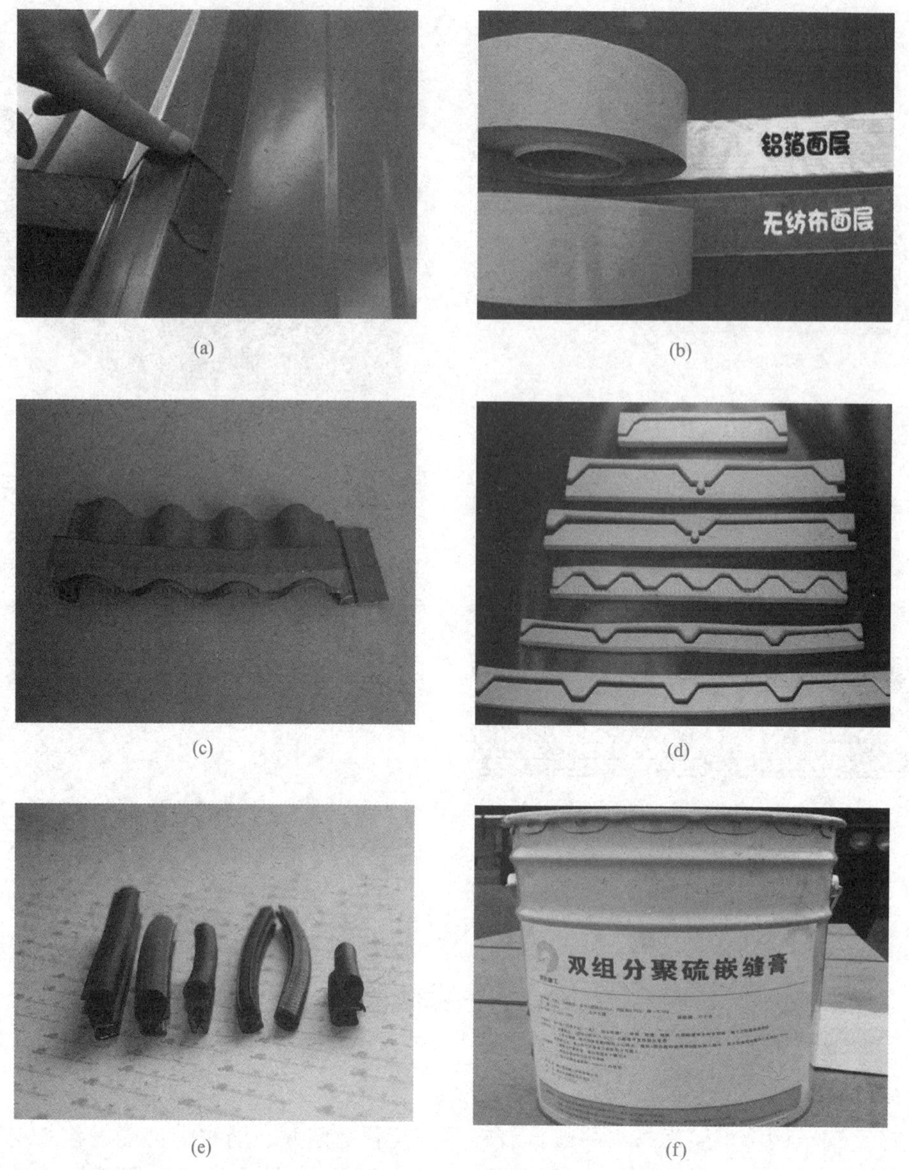

(a) (b) (c) (d) (e) (f)

图 2-21　密封材料

(a) 密封胶带；(b) 密封胶带；(c) 泡沫堵头；(d) 泡沫堵头；(e) 密封条；(f) 密封膏

(2) 密封条：软质聚氨酯密封胶条；

(3) 泡沫堵头：软质聚氨酯制品，不干胶粘贴；

(4) 密封膏：聚硫密封材料、聚氨酯弹性密封膏、硅酮或其他优质中性耐候密封膏。

通常在钢结构中密封材料的选用按照以下原则：

(1) 与压型钢板或其被粘结的建筑材料表面具有良好的粘结力。

(2) 可中性固化并对镀锌钢材或混凝土等建筑材料无腐蚀性。

(3) 具有优良的耐候性，具有高度的耐紫外线、臭氧、大气污染物、潮湿、风雪及恶劣气候的性能。

（4）优良的耐久性，固化后在一定温度范围内不剥落、龟裂、干裂或变脆，在某些情况下，需选择具有良好的抗腐蚀性，以避免严重的电解腐蚀问题的发生。

（5）良好的弹塑性，能长期经受被粘构件的伸缩和振动，在接缝发生变化时不断裂、剥落。

（6）具有良好的抗下垂性，可于垂直或架空的接口施工。

2.3.4　采光板

采光板种类包括聚碳酸酯板（阳光板、PC 板）和 FRP 采光板等。

PC 板是一种独特的热塑性工程塑料，其特点是透明、轻质、保温、抗冲击、隔声、耐候、耐久，被广泛用于大型公共设施、屋顶采光及商业建筑等。PC 板安全性好，抗冲击性能最佳，可加工性强，可手工切割、钻孔，不易断裂，施工简便，常温下无需加温，可冷弯，亦可热弯。除了加工容易，能够设计成各种复杂形状外，其颜色选择丰富，可根据不同需要选用不同颜色、不同透明度，从而设计出各种艺术效果的建筑风格。

FRP 采光板即玻璃纤维增强塑料聚酯波纹板，俗称玻璃钢瓦、透明瓦、采光瓦、采光带，是和钢结构配套使用的采光材料。它是以玻璃纤维及其制品作为增强材料，以合成树脂作为基体材料的一种复合材料。FRP 采光板可以根据需要定做与屋面金属板完全匹配的板型，且方便快捷。此外，该采光板还具有热膨胀性和彩钢板相近、抗拉强度和抗撕裂强度高、隔热保温性好，以及安装方便、防水性好等特点。

2.4　钢结构防腐和防火涂料

2.4.1　钢结构防腐涂料

以防腐为主要功能的涂料称为防腐涂料。在通常情况下该类涂料是以多道涂层组成一个完整的防护体系来发挥防腐蚀功能的，包括底漆、中间层漆和面漆。也有一些涂料是以单一层如粉末环氧涂层，或与其他增强材料一起应用，如环氧沥青与玻璃纤维织物组成的管道防腐蚀材料。

涂料名称由三部分组成，即颜色或颜料名称、成膜物质名称、基本名称，如红醇酸次漆、锌黄酚醛防锈漆。

为了区别同一类型的名称涂料，在名称之前必须有型号。涂料型号由一个汉语拼音字母和几个阿拉伯数字组成。字母表示涂料类别代号（见表 2-6），位于型号的最前部；第一、二位数字表示涂料基本名称代号（见表 2-7）；第三位或第三位与以后位数字表示涂料序号；在第二位数字和第三位数字之间加有半字线，把基本名称代号与序号分开。涂料序号用于区别同类、同名称漆的不同品种。

型号名称举例：Q01-17，硝基清漆；G64-1，过氯乙烯可剥漆。

涂料类别代号 表 2-6

代号	涂料类别	代号	涂料类别	代号	涂料类别
Y	油脂漆类	Q	硝基漆类	H	环氧漆类
T	天然树脂漆类	M	纤维素漆类	S	聚氨酯漆类
F	酚醛漆类	G	过氯乙烯漆类	W	元素有机漆类
L	沥青漆类	X	烯树脂漆类	J	橡胶漆类
C	醇酸漆类	B	丙烯酸漆类	E	其他漆类
A	氨基漆类	Z	聚酯漆类		

涂料基本名称代号 表 2-7

00	清油	32	抗弧(磁)漆、互感器漆	65	卷材涂料
01	清漆	33	(粘合)绝缘漆	66	光固化涂料
02	厚漆	34	漆包线漆	67	隔热涂料
03	调合漆	35	硅钢片漆	70	机床漆
04	磁漆	36	电容器漆	71	工程机械漆
05	粉末涂料	37	电阻漆、其他电工漆	72	农机用漆
06	底漆	38	半导体漆	73	发电、输配电设备用漆
07	腻子	39	电缆漆、其他电工漆	77	内墙涂料
09	大漆	40	防污漆	78	外墙涂料
11	电泳漆	41	水线漆	79	屋面防水涂料
12	乳胶漆	42	甲板漆、甲板防滑漆	80	地板漆、地坪漆
13	水溶性漆	43	航壳漆	82	锅炉漆
14	透明漆	44	船底漆	83	烟囱漆
15	斑纹漆、裂纹漆、桔纹漆	45	饮水舱漆	84	黑板漆
16	锤纹漆	46	油舱漆	86	标示漆、路标漆、马路画线漆
17	皱纹漆	47	车间(预涂)底漆	87	汽车漆(车身)
18	金属(效应)漆、闪光漆	50	耐酸漆、耐碱漆	88	汽车漆(底盘)
20	铅笔漆	52	防腐漆	89	其他汽车漆
22	木器漆	53	防锈漆	90	汽车修补漆
23	罐头漆	54	耐油漆	93	集装箱漆
24	家电用漆	55	耐水漆	94	铁路车辆用漆
26	自行车漆	60	防火漆	95	桥梁漆、输电塔漆及其他(大型露天)钢结构漆
27	玩具漆	61	耐热漆	96	航空、航天用漆
28	塑料用漆	62	示温漆	98	胶液
30	(浸渍)绝缘漆	63	涂布漆	99	其他
31	(覆盖)绝缘漆	64	可剥漆		

涂料作为防腐蚀方案，通常由几种涂料产品组成配套方案，常用的防腐蚀涂料见

表 2-8。底漆通常具有化学防腐蚀或者电化学防腐蚀的功能，中间漆通常具有隔离水气的功能，面漆通常具有保光保色等耐候性能，因此需要结合工程实际，根据环境腐蚀条件、防腐蚀设计年限、施工和维修条件等要求进行配套设计。面漆、中间漆和底漆应相容匹配，当配套方案未经工程实践时，应进行相容性试验。钢结构防腐蚀涂料的配套方案，可根据环境腐蚀条件、防腐蚀设计年限、施工和维修条件等要求设计。修补和焊缝部位的底漆应能适应表面处理的条件。

常用防腐蚀涂料性能比较　　表 2-8

品种	优点	缺点
沥青类	耐水、耐酸、耐碱，绝缘，价廉	色深黑，无浅色漆，对日光不稳定，耐有机溶剂性能差
乙烯类	耐候性、耐化学腐蚀性能优良，色浅	固体含量低，耐高温和耐油品性能差
环氧树脂类	附着力强，耐碱、耐油，涂层坚韧，绝缘性能良好	室外暴晒易粉化，保光性差，涂层装饰效果不良
聚氨酯类	耐磨性强，耐水、耐油，耐化学腐蚀，装饰性良好，绝缘性能好	施工过程中对水气敏感，易起跑，芳香族易粉化黄变
有机硅类	耐高温、耐候性优秀，保光、保色性优良，绝缘性能良好	附着性较差，耐汽油性能差，不能直接接触强腐蚀介质
橡胶类	耐酸碱性腐蚀，耐水	施工性能差

不同种类的涂料具有不同的性能，所以，在进行防腐涂装工程时，应根据钢结构所处环境采用与其相适应的涂料，以增强钢结构的耐久性，延长其使用寿命。防腐涂料的选择可按照表 2-9 所示选用。

防腐蚀涂料推荐部位　　表 2-9

推荐部位	涂料名称	耐酸	耐碱	耐盐	耐水	耐候	与基层附着力	
							钢铁	水泥
室内和室外	氯化橡胶涂料	√	√	√	√	√	√	√
	氯磺化聚乙烯涂料	√	√	√	√	√	○	○
	聚氯乙烯涂料	√	√	√	√	√	○	√
	过氯乙烯涂料	√	√	√	√	√	○	○
	氯乙烯醋酸乙烯共聚涂料	√	√	√	√	√	○	○
	醇酸耐酸涂料	○	×	√	○	√	√	○
室内	环氧涂料	√	√	√	○	○	√	√
	聚苯乙烯涂料	√	√	√	○	○	√	√
室内和地下	环氧沥青涂料	√	√	√	√	○	√	√
	聚氨酯涂料	√	○	√	√	○	√	√
	聚氨酯沥青涂料	√	√	√	√	○	√	√
	沥青涂料	√	√	√	√	○	√	√

2.4.2 钢结构防火涂料

钢结构防火涂料是施涂于建筑物及构筑物钢结构表面，能形成耐火隔热保护层，以提高钢结构耐火极限的涂料。

采用防火涂料进行防火保护时，按照防火涂料涂层厚度及性能特点分为膨胀型（超薄型和薄涂型）和非膨胀型（厚涂型）两种。

膨胀型防火涂料受火膨胀，形成比原涂层厚度大数倍到数十倍的多孔膨胀层，该膨胀层的热传导系数小，隔热防火保护性能良好。涂层厚度一般为 2～7mm，附着力很强，有一定的装饰效果。由于其内含膨胀组分，遇火后会膨胀 5～10 倍，形成多空结构，从而起到良好的隔热防火作用，根据涂层厚度可使构件的耐火极限达到 0.5～1.5h。室内裸露钢结构、轻型钢屋盖结构及有装饰要求的钢结构，宜选用该种防火涂料。

非膨胀型防火涂料涂层厚度一般为 8～50mm，呈粒状面，密度小、强度低，喷涂后需再用装饰面层隔护，耐火极限可达 0.5～3.0h。非膨胀型涂料一般不燃、无毒，具有耐老化、耐久性，适用于永久性建筑。室内隐蔽钢结构、高层全钢结构及多层厂房钢结构，当规定其耐火极限在 1.5h 以上时，宜选用这种防火涂料。为使防火涂料牢固地包裹钢构件，可在涂层内埋设钢丝网，并使钢丝网与钢构件表面的净距离保持在 6mm 左右。

钢结构防火涂料命名时以汉语拼音字母的缩写为代号，N 和 W 分别代表室内和室外，CB、B 和 H 分别代表超薄型、薄涂型和厚涂型三类。如 NCB 代表室内超薄型钢结构防火涂料，WH 代表室外厚型钢结构防火涂料。

薄涂型钢结构防火涂料性能见表 2-10。

薄涂型钢结构防火涂料性能　　表 2-10

项目		指标		
黏性强度(MPa)		≥0.15		
抗弯性		挠曲 $L/100$,涂层不起层、脱落		
抗振性		挠曲 $L/200$,涂层不起层、脱落		
耐水性(h)		≥24		
耐冻融循环型		≥15		
耐火极限	涂层厚度(mm)	3	5.5	7
	耐火时间不低于(h)	0.5	1.0	1.5

厚涂型钢结构防火涂料性能见表 2-11。

厚涂型钢结构防火涂料性能　　表 2-11

项目	指标
粘结强度(MPa)	≥0.04
抗压强度(MPa)	≥0.3
干密度(kg/m^3)	≤500

续表

项目		指标
热导率[W/(m·K)]		≤0.1160[0.1kcal/(m·h·℃)]
耐水性		≥24
耐冻融循环性(次)		≥15
耐火极限	涂层厚度(mm)	15　20　30　40　50
	耐火时间不低于(h)	1.0　1.5　2.0　2.5　3.0

防火保护的具体措施，如防火涂料类型、涂层厚度等，应根据相应规范进行抗火设计确定，保证构件的耐火时间达到规定的设计耐火极限要求，并做到经济合理。

单元总结

钢材的性能决定了建筑结构的安全性、稳定性、耐久性等，该单元详细阐述了钢结构材料相关知识。首先，在承重结构用钢材中介绍了日常采用钢材的种类，例如：碳素结构钢、低合金高强度钢、建筑结构用钢板以及耐候钢；讲述了钢材的强度、塑性、韧性以及冷弯性能，通过分析钢材的力学性能，以及各种因素（化学成分、冶炼、温度、集中力）对钢材的影响，通过判断结构的重要性、受力特征、钢材厚度等客观因素，选择适宜的钢材，以保证结构的整体强度和稳定性。

其次，钢结构是通过各种结构构件组成的，如型钢、角钢、组合构件等。构件的连接主要是通过焊接和紧固件连接而成，在钢结构连接材料中详细讲述了各种焊接形式的材料以及紧固件连接材料，如手工电弧焊材料、埋弧焊材料、气体保护焊材料、电渣焊材料以及螺栓和铆钉连接材料。

接着介绍了钢结构作为围护结构所选用的材料。主要介绍了彩色压型钢板、彩色保温材料夹芯板以及采光板，该部分说明了作为围护结构的材料特征以及各种围护材料的表示方法。

最后，由于钢材材料较容易腐蚀且不耐火，这些特征会严重影响钢结构的使用寿命，在最后一部分内容里介绍了钢材的防腐涂料和防火涂料。通过一定的手段来增强钢结构的耐火性能和防腐蚀性能，延长钢结构的使用寿命。

思考及练习

1. 填空题

（1）冷作硬化会改变钢材的性能，将使钢材的________提高，________降低。

（2）钢材含硫量过多，高温下会发生______________，含磷量过多，低温下会发生______________。

（3）钢材 250℃附近有________提高，________降低现象，称为蓝脆现象。

（4）钢材牌号为 Q235BF，其中 235 表示____________，B 表示____________，F 表

示__________。

（5）钢材按脱氧程度的不同可以分为：________、________、________和________。

（6）低碳钢的应力-应变曲线的五个阶段分别为：________、________、________、________和________。

（7）同类钢种的钢板，薄板的强度比厚板略________。

（8）电焊条是由________和________组成的。

2. 选择题

（1）下列各级别钢材中，屈服强度最低的是（　　）。

A. Q235　　B. Q345　　C. Q390　　D. Q420

（2）伸长率是衡量钢材（　　）的指标。

A. 抗层状撕裂能力　　B. 弹性变形能力

C. 抵抗冲击荷载能力　　D. 塑性变形能力

（3）型钢中 H 型钢和工字钢相比，（　　）。

A. 两者所用的钢材不同　　B. 前者的翼缘相对较宽

C. 前者的强度相对较高　　D. 两者的翼缘都有较大的斜度

（4）钢材中碳元素含量提高对钢材性能的影响是（　　）。

A. 可提高钢材的强度　　B. 可增强钢材的塑性性能

C. 将提高钢材的韧性　　D. 提高钢材的耐腐蚀性

（5）抗拉强度与屈服点之比可表示钢材的（　　）。

A. 变形能力　　B. 极限承载力　　C. 抵抗分层能力　　D. 承载力储备

3. 简答题

（1）钢材的主要力学性能指标有哪些？怎样得到？

（2）名词解释：①时效硬化；②冷作硬化；③蓝脆。

（3）在选用钢材时应注意哪些问题？

（4）焊接 Q235 钢和 Q345 钢须分别采用哪种焊条系列？

（5）钢结构的防腐和防火措施有哪些？

教学单元3 Chapter 03

钢结构构件与连接设计

教学目标

1. 知识目标

了解钢结构的常用连接方法及其特点，熟悉焊接连接的特性；掌握对接焊缝和角焊缝的表示符号、计算及构造要求；了解残余应力、残余变形产生的原因及降低措施；了解螺栓的种类和螺栓连接的种类、形式、特点、应用；掌握螺栓的排列和构造要求；掌握普通螺栓和摩擦型高强螺栓、承压型高强螺栓的受力方式、破坏形式和计算方法；了解受弯构件的常用截面形式及应用；掌握受弯构件的设计内容、设计步骤以及连接方法；理解梁的强度、刚度计算，了解梁的稳定性计算；掌握梁加劲肋的设置及构造；掌握梁的拼接构造；了解轴心受力构件及拉弯压弯构件的截面形式及应用；理解轴心受力构件的强度、刚度、稳定性计算；理解柱头和柱脚的构造。

2. 能力目标

具备完成简单钢结构构件验算的能力；具备钢结构焊接连接设计验算的能力；具备钢结构螺栓连接设计验算的能力；具备依据资料条件，准确分析判断，合理选择截面形式及连接方法，并按规范要求绘制图样的能力。

思维导图

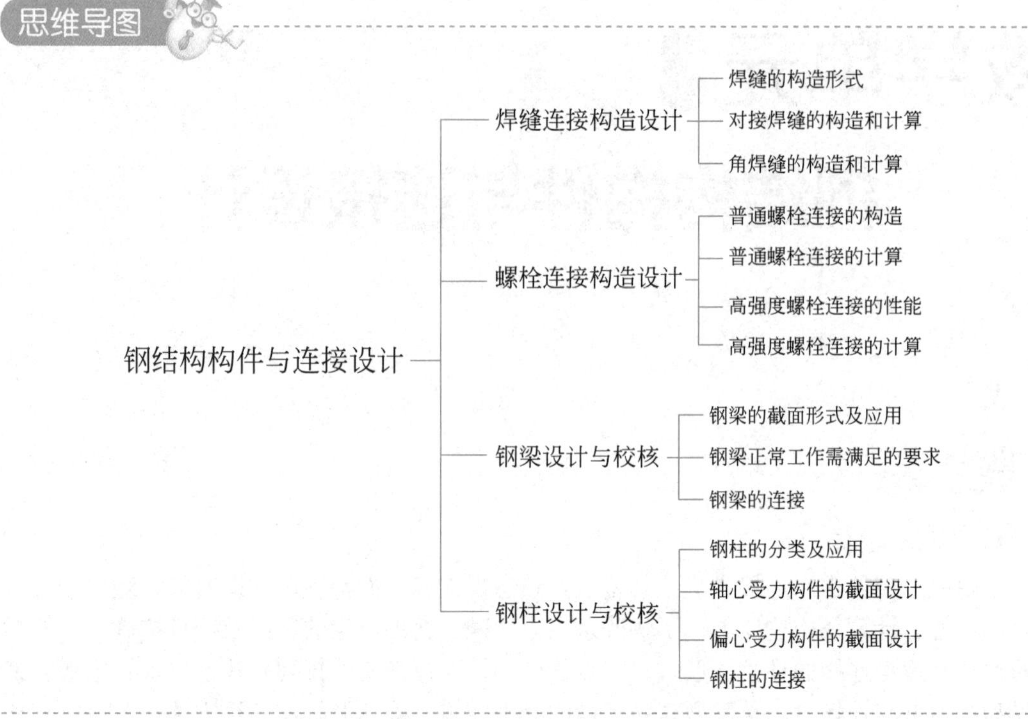

钢结构是通过焊接及螺栓连接将各受力构件连接成整体的空间受力体系。钢结构识图、制作及安装工作都需要有钢结构构件及连接的基础积淀，是后续钢结构详图深化设计、钢结构加工制作、钢结构焊接及钢结构安装施工各教学单元的基础。该教学单元从钢结构焊缝连接构造设计、螺栓连接构造设计、钢梁的设计与校核、钢柱的设计与校核四方面夯实钢结构连接与构件设计专业素养理论基础。

3.1 焊缝连接构造设计

3.1.1 焊缝的构造形式

1. 焊缝连接的形式

焊缝连接按被连接构件的相对位置可分为对接、搭接、T 形连接和角连接四种形式，这些连接所用的焊缝主要有对接焊缝和角焊缝两种焊缝形式，如图 3-1 所示。在具体应用时，应根据连接的受力情况，结合制造、安装和焊接条件进行合理选择。

对接连接主要用于厚度相同或相近的两构件间的相互连接。图 3-1（a）所示为采用对接焊缝的对接连接，由于被连接的两构件在同一平面内，因而传力较均匀平顺，没有明显的应力集中，且用料经济，但是焊件边缘需要加工，对所连接的两块板的间隙和坡口尺寸有严格要求。图 3-1（b）所示为用双层盖板和角焊缝的对接连接，这种连接受力情况复杂、传力不均匀、费料；但因不需要开坡口，所以施工简便，且所连接的两块板的间隙大小不需要严格控制。图 3-1（c）所示为用角焊缝的搭接连接，特别适用于不同厚度构件的连接。其传力不均匀，材料较费，但构造简单，施工方便，目前还广泛应用。T 形连接省工省料，常用于制作组合截面，当采用角焊缝连接时，如图 3-1（d）所示，焊件间存在缝隙，截面突变，应力集中现象严重，疲劳强度较低，可用于不直接承受动力荷载结构的连接；对于直接承受动力荷载的结构，如重级工作制的吊车梁，其上翼缘与腹板的连接，应采用如图 3-1（e）所示的焊透 T 形对接与角接组合焊缝进行连接。角连接主要用于制作箱形截面，如图 3-1（f）所示。

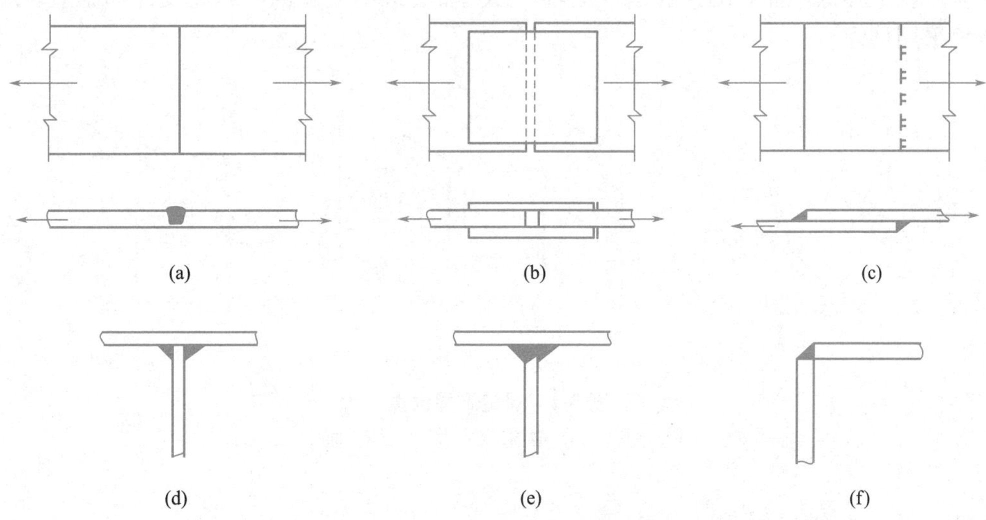

图 3-1　焊缝连接的形式

（a）对接连接；（b）用拼接钢板的对接连接；（c）搭接连接；（d）T 形连接 1；（e）T 形连接 2；（f）角连接

2. 焊缝的形式及分类

对接焊缝按照焊缝与所受力方向的关系分为正对接焊缝和斜对接焊缝，如图 3-2（a）和图 3-2（b）所示。角焊缝又分为正面角焊缝（端缝）、侧面角焊缝（侧缝）和斜焊缝（斜缝），如图 3-2（c）所示。

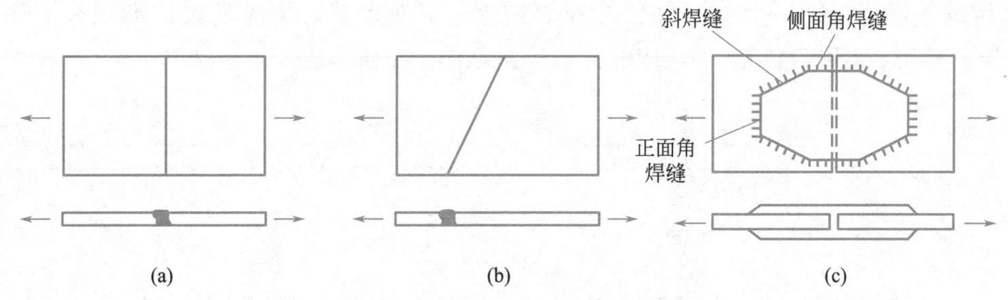

图 3-2　焊缝与作用力方向的关系

（a）正对接焊缝；（b）斜对接焊缝；（c）角焊缝

角焊缝按沿长度方向的布置分为连续角焊缝和断续角焊缝两种，如图 3-3 所示。连续角焊缝的受力性能较好，为主要的角焊缝形式。而断续角焊缝的起、灭弧处容易引起应力集中，重要结构应避免采用，只能用于一些次要构件的连接或受力很小的连接中。

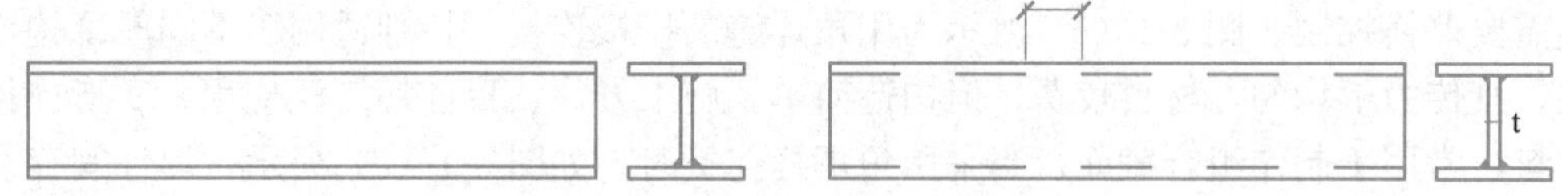

图 3-3 连续角焊缝和断续角焊缝

焊缝按施焊位置的不同可以分为平焊、横焊、立焊和仰焊，如图 3-4 所示。平焊也称俯焊，施焊较为方便，质量易保证；横焊、立焊施焊要求焊工的操作水平较平焊要高一些，质量较平焊低；仰焊的操作条件最差，焊缝质量最不易保证，因此设计和制造时应尽量避免采用仰焊。

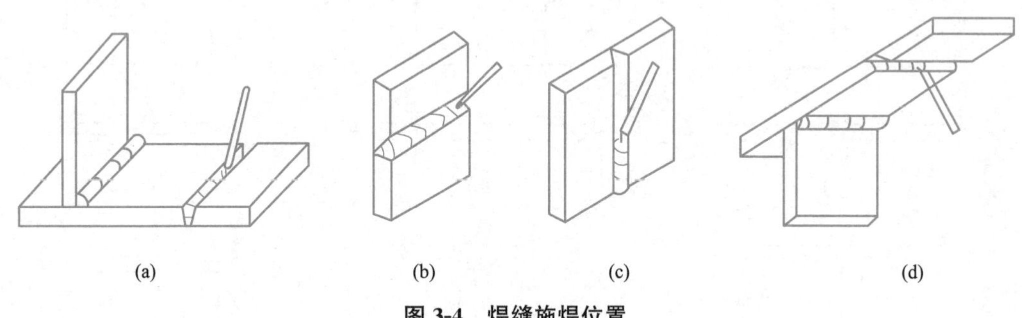

图 3-4 焊缝施焊位置

(a) 平焊；(b) 横焊；(c) 立焊；(d) 仰焊

3.1.2 对接焊缝的构造和计算

1. 对接焊缝的形式与构造

(1) 对接焊缝的坡口形状

对接焊缝的焊件边缘常需加工成坡口，故又称坡口焊缝。其坡口形状和尺寸应根据焊件厚度和施焊条件来确定。按照保证焊缝质量、便于施焊和减小焊缝截面的原则，根据《钢结构焊接规范》GB 50661—2011 中推荐的焊接接头形式，常见的坡口形状有 I 形、单边 V 形、V 形、J 形、U 形、K 形和 X 形等，如图 3-5 所示。

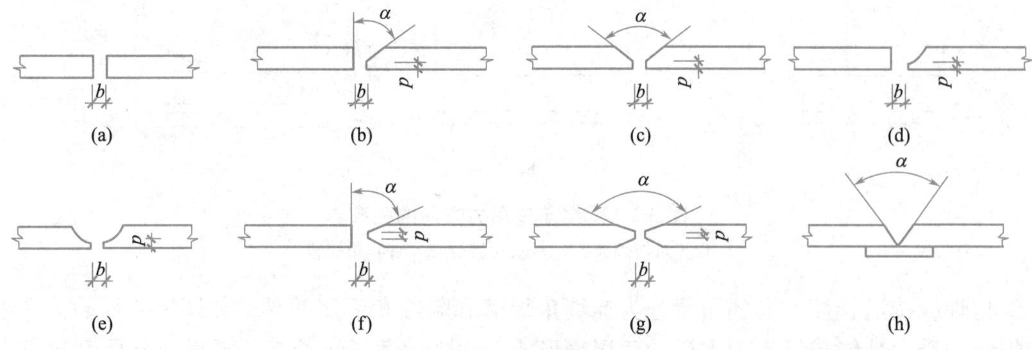

图 3-5 对接焊缝的坡口形状

(2) 对接焊缝的构造

当用对接焊缝拼接不同宽度或厚度的焊件时，应分别在宽度方向或厚度方向从一侧或两侧做成坡度≤1∶2.5 的斜坡，如图 3-6、图 3-7 所示，使截面平缓过渡，减少应力集中。

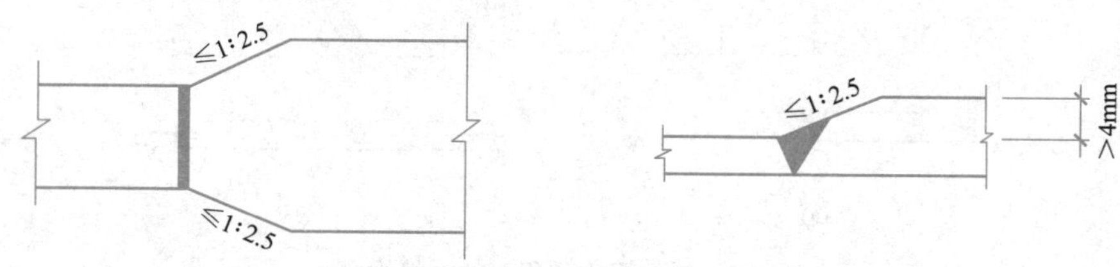

图 3-6　不同宽度或厚度钢板的拼接

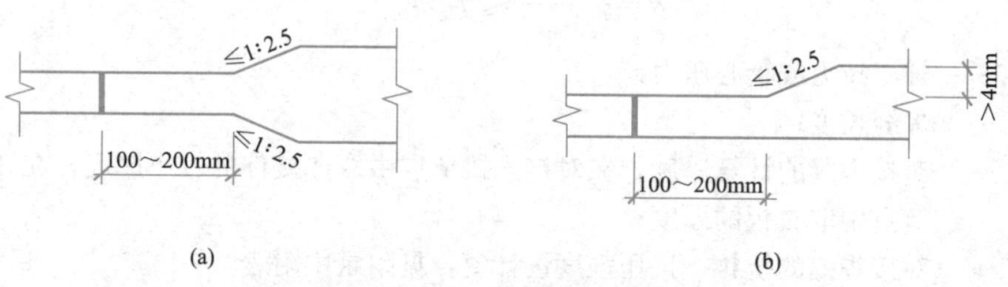

图 3-7　不同宽度或厚度铸钢件的拼接

(a) 不同宽度对接；(b) 不同厚度对接

承受动荷载时，对接连接应符合下列规定：

1) 严禁采用断续坡口焊缝和断续角焊缝；

2) 对接与角接组合焊缝和 T 形连接的全焊透坡口焊缝应采用角焊缝加强，加强焊脚尺寸不应大于连接部位较薄件厚度的 1/2，但最大值不得超过 10mm；

3) 承受动荷载需经疲劳验算的连接，当拉应力与焊缝轴线垂直时，严禁采用部分焊透对接焊缝；

4) 除横焊位置以外，不宜采用 L 形和 J 形坡口；

5) 不同板厚的对接连接承受动载时，应做成平缓过渡。

对接焊缝两端因起弧和灭弧影响，常不易焊透而出现凹陷的弧坑，此处极易产生应力集中和裂纹现象。为消除以上不利影响，施焊时应在焊缝两端设置引弧板，如图 3-8 所示，材质与被焊母材相同，焊接完毕后用火焰切除，并修磨平整。当某些情况下无法采用引弧板时，计算时每条焊缝长度应为实际长度减 $2t$（t 为连接件的较小厚度）。

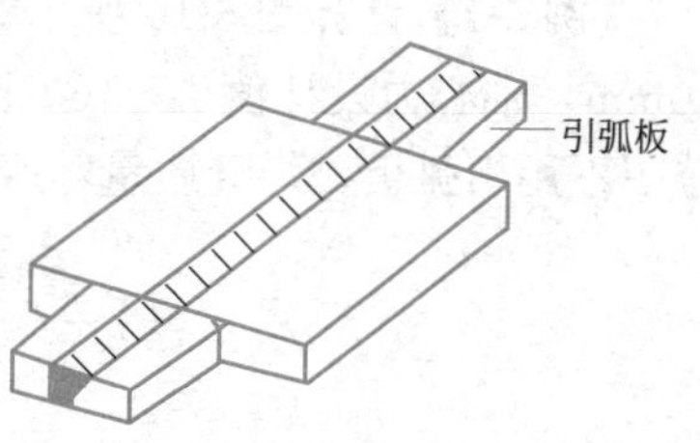

图 3-8　对接焊缝施焊用引弧板

2. 对接焊缝的计算

对接焊缝分为焊透和部分焊透两种，后面不做特殊说明，均指焊透的对接焊缝。

对接焊缝可视作焊件的一部分，故其计算方法与构件强度计算相同。

(1) 轴心受力对接焊缝的计算

对接焊缝受垂直于焊缝长度方向的轴心拉力或压力，如图 3-9（a）所示，其强度计算公式为：

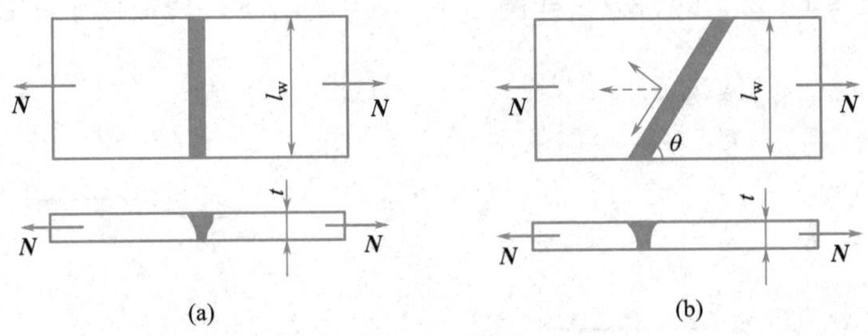

图 3-9　轴心受力作用时的对接焊缝

$$\sigma=\frac{N}{l_w \cdot h_e} \leqslant f_t^w \text{ 或 } f_c^w \tag{3-1}$$

式中：N——轴心拉力或轴心压力；

l_w——焊缝长度；

h_e——对接焊缝的计算厚度，在对接连接节点中取连接件的较小厚度，在 T 形连接节点中取腹板的厚度；

f_t^w、f_c^w——对接焊缝的抗拉、抗压强度设计值，见附录中附表 2。

由钢材的强度设计值和焊缝的强度设计值表比较可知，对接焊缝中，抗压和抗剪强度设计值，以及一级和二级质量的抗拉强度设计值均与连接件钢材相同，只有三级质量的抗拉强度设计值低于主体钢材的抗拉强度设计值（约为 0.85 倍）。因此当采用引弧板施焊时，质量为一级、二级和没有拉应力的三级对接焊缝，其强度无须计算。

质量为三级的受拉或无法采用引弧板的对接焊缝须进行强度计算。当计算不满足要求时，首先应考虑把直焊缝移到拉应力较小的部位，不便移动时可改为二级直焊缝和三级斜焊缝（图 3-9b）。斜焊缝与作用力的夹角 θ 符合 $\tan\theta \leqslant 1.5(\theta \leqslant 56°)$ 时，则强度不低于母材，可不必再作计算。采用斜缝可加长焊缝计算长度，提高连接承载力，但焊接斜接较费钢材。

【例 3-1】 计算图 3-10 所示的两块钢板的对接焊缝。已知截面尺寸为 $B=400$mm，$t=10$mm，轴心力设计值 $N=600$kN，钢材为 Q235 钢，采用手工电弧焊，焊条为 E43 型，施焊不用引弧板，焊缝质量等级为三级。

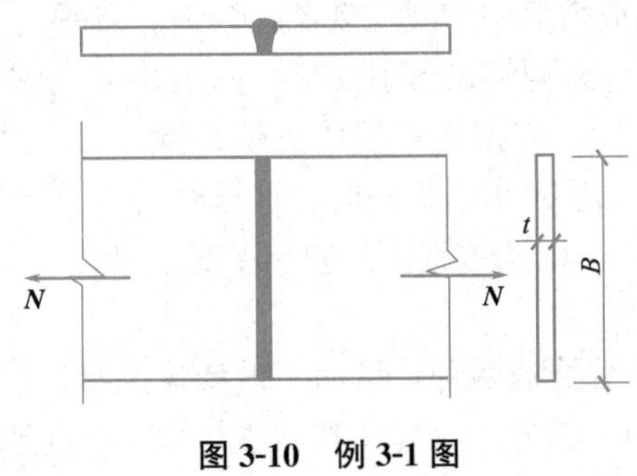

图 3-10　例 3-1 图

解：根据钢板厚度和焊缝质量等级查附表 2，$f_t^w=185\text{N/mm}^2$。

焊缝计算长度 $l_w=B-2h_e=B-2t=400-2\times10=380\text{mm}$。

$\sigma=\dfrac{N}{l_w h_e}=\dfrac{600\times10^3}{380\times10}=157.89\text{N/mm}^2<f_t^w=185\text{N/mm}^2$，故满足要求。

（2）弯矩、剪力共同作用时对接焊缝的计算

1）矩形截面

如图 3-11（a）所示为矩形截面在弯矩与剪力共同作用下的对接焊缝连接。由于焊缝截面是矩形，由材料力学可知，最大正应力与最大剪应力不在同一点上，因此应分别验算其最大正应力和剪应力，即

$$\sigma_{max}=\frac{M}{W_w}=\frac{6M}{l_w^2 h_e}\leqslant f_t^w\text{ 或 }f_c^w \tag{3-2}$$

$$\tau_{max}=\frac{V\cdot S_w}{I_w\cdot h_e}\leqslant f_v^w \tag{3-3}$$

式中：M——计算截面处的弯矩设计值；

W_w——焊缝计算截面的截面模量；

V——计算截面处的剪力设计值；

S_w——焊缝计算截面对中和轴的最大面积矩；

I_w——焊缝计算截面对中和轴的惯性矩；

f_v^w——对接焊缝的抗剪强度设计值，见附录中附表 2。

2）工字形截面

图 3-11（b）所示为在弯矩、剪力共同作用下的工字形截面对接焊缝连接，由该图可以看出，同一截面中的最大正应力和最大剪应力也不在同一点上，所以也应按式（3-2）和式（3-3）分别进行验算。此外，在同时受有较大正应力 σ 和较大剪应力 τ 的翼缘与腹板交接处，还应验算其折算应力。即：

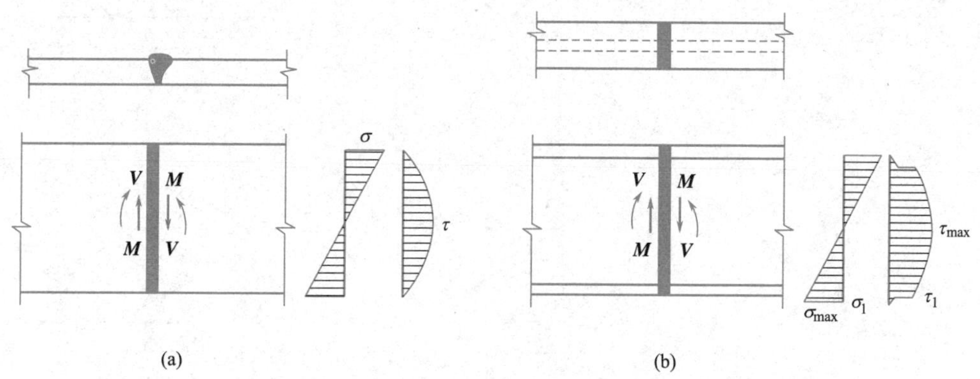

图 3-11　弯矩、剪力共同作用时的对接焊缝

$$\sqrt{\sigma^2+3\tau^2}\leqslant 1.1f_t^w \tag{3-4}$$

式中：σ——工字形焊缝截面翼缘与腹板相交处的正应力，$\sigma=\dfrac{M}{W_w}\dfrac{h_0}{h}=\sigma_{max}\dfrac{h_0}{h}$；

τ ——工字形焊缝截面翼缘与腹板相交处的剪应力，$\tau=\dfrac{VS_{wl}}{I_w h_e}$；

S_{wl} ——工字形焊缝截面翼缘与腹板相交处以下焊缝截面对中和轴的面积矩；

h_0 ——工字形截面的腹板高度；

h ——工字形截面的高度；

1.1——考虑最大折算应力只发生在焊缝局部，而焊缝强度最小值与最不利应力同时存在的概率较小，因此将其强度设计值提高10%。

3.1.3 角焊缝的构造和计算

1. 角焊缝的形式和构造

(1) 角焊缝的形式

角焊缝是最常见的一种焊缝形式。它对焊缝尺寸的偏差要求较宽，且边缘不需要特殊加工，制作比较简便，但角焊缝比对接焊缝的强度低，传力不直接，用料较多。

角焊缝是沿着被连接板件之一的边缘施焊而成的，角焊缝根据两焊脚边的夹角可分为直角角焊缝（图3-12a～c）和斜角角焊缝（图3-12d～f）。

直角角焊缝按其截面形式可分为普通型（图3-12a）、平坦型（图3-12b）和凹面型（图3-12c）三种。一般情况下采用普通型角焊缝，但其力线弯折，应力集中严重；对于正面角焊缝也可采用平坦型或凹面型角焊缝；对承受直接动力荷载的结构，为使传力平缓，正面角焊缝宜采用平坦型（长边顺内力方向），侧缝宜采用凹面型角焊缝。

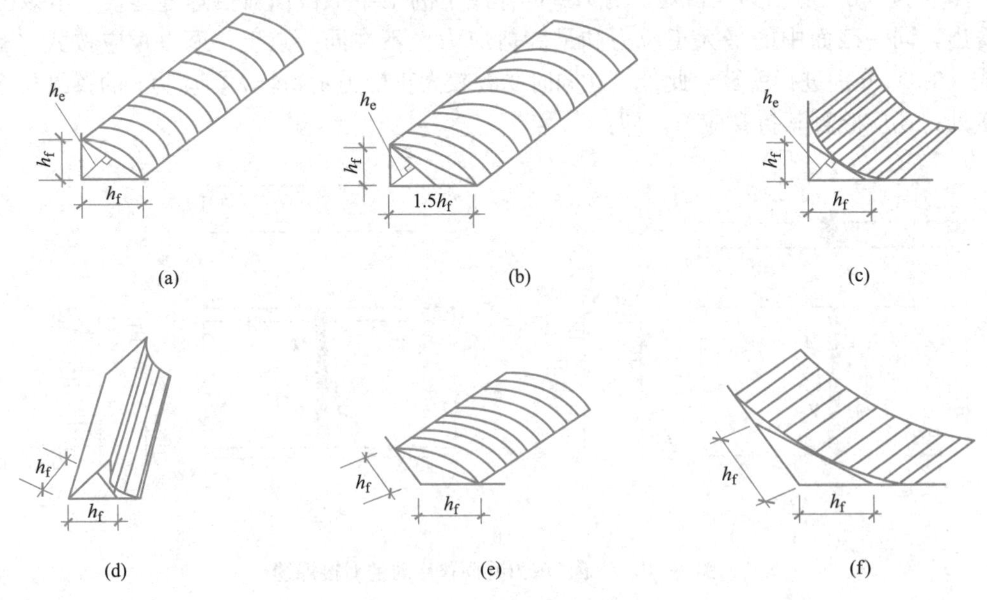

图3-12 角焊缝的截面形式

角焊缝按其长度方向和外力作用方向的不同可分为平行于力作用方向的侧面角焊缝、垂直于力作用方向的正面角焊缝和与力作用方向成斜交的斜向角焊缝，如图3-13所示。

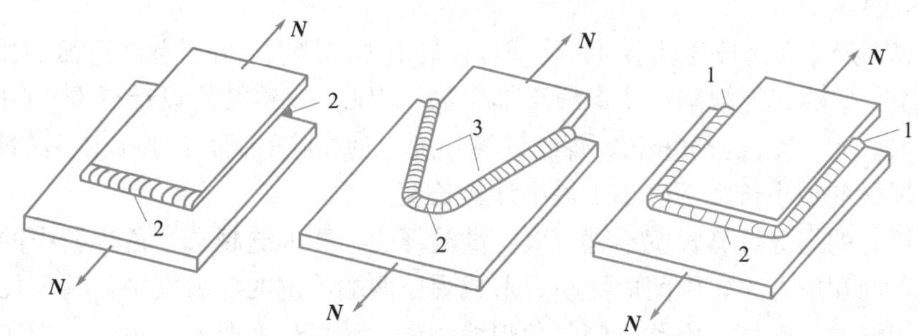

图 3-13　角焊缝的受力形式

1—侧面角焊缝；2—正面角焊缝；3—斜向角焊缝

（2）角焊缝的构造要求

1）焊脚尺寸

① 最小焊脚尺寸

如果焊件较厚而焊缝的焊脚尺寸过小，将导致施焊时冷却速度过快，可能产生淬硬组织，使焊缝附近主体金属产生裂纹。《钢结构设计标准》GB 50017—2017 规定角焊缝最小焊脚尺寸应满足表 3-1 的要求，承受动荷载时角焊缝焊脚尺寸不宜小于 5mm。

角焊缝最小焊脚尺寸（mm）　　**表 3-1**

母材厚度 t	角焊缝最小焊脚尺寸 h_f
$t \leqslant 6$	3
$6 < t \leqslant 12$	5
$12 < t \leqslant 20$	6
$t > 20$	8

注：采用不预热的非低氢焊接方法进行焊接时，t 等于焊接连接部位中较厚件厚度，宜采用单道焊缝；采用预热的非低氢焊接方法或低氢焊接方法进行焊接时，t 等于焊接连接部位中较薄件厚度；焊缝尺寸 h_f 不要求超过焊接连接部位中较薄件厚度的情况除外。

② 最大焊脚尺寸

角焊缝的焊脚尺寸过大，焊接时热量输入过大，焊件将产生较大的焊接残余应力和残余变形，较薄焊件易烧穿。板件边缘的角焊缝与板件边缘等厚时，施焊时易产生咬边现象。角焊缝最大焊脚尺寸需满足以下要求：

$$h_f \leqslant 1.2t_{min}$$

式中，t_{min} 为较薄焊件厚度（钢管结构除外）。对图 3-14 所示焊件（厚度为 t_1），边缘的角焊缝 h_f 尚应符合下列要求：

当 $t_1 > 6$mm 时，$h_f \leqslant t_1 - (1 \sim 2)$mm；

当 $t_1 \leqslant 6$mm 时，$h_f \leqslant 6$mm。

图 3-14　焊件边缘角焊缝

2）计算长度

角焊缝焊脚尺寸大而长度过小时，将使焊件局部加热严重，并且起弧灭弧的弧坑相距太近，以及可能产生的其他缺陷，使焊缝不够可靠。因此，《钢结构设计标准》GB 50017—2017 规定：$l_w \geqslant 8h_f$ 且 $l_w \geqslant 40mm$；焊缝计算长度应为扣除引弧、收弧长度后的焊缝长度。断续角焊缝焊段的最小长度不应小于最小计算长度。

侧面角焊缝的焊缝计算长度不宜过大。试验证明，侧焊缝越长，角焊缝中的应力分布就越不均匀，两端应力大，中间应力小，造成焊缝两端严重的应力集中，甚至局部最大应力可能导致焊缝发生破坏。因此，侧面角焊缝的最大计算长度取 $l_w \leqslant 60h_f$。当实际长度大于上述规定数值时，其超过部分在计算中不予考虑；若内力沿侧面角焊缝全长分布时，其计算长度不受此限制。如工字形截面柱或梁的翼缘与腹板的连接焊缝等。

3）搭接连接角焊缝的尺寸及布置应符合下列规定：

① 为了减少焊缝收缩产生的残余应力以及偏心产生的附加弯矩，传递轴向力的部件，其搭接连接最小搭接长度应为较薄件厚度的 5 倍，且不应小于 25mm（图 3-15），并应施焊纵向或横向双角焊缝。

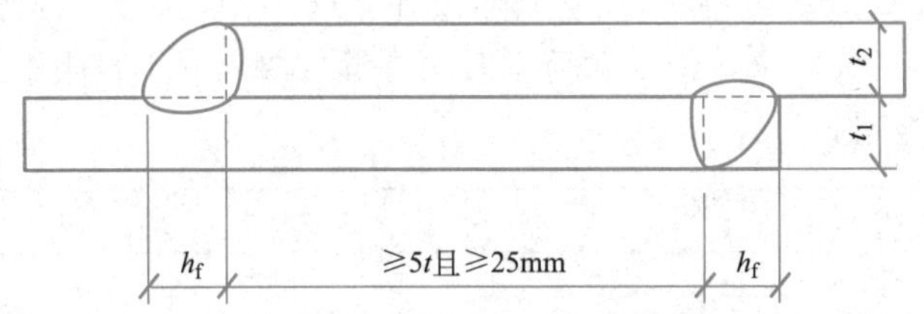

图 3-15　搭接连接双角焊缝的要求

t—t_1 和 t_2 中较小者；h_f—焊脚尺寸，按设计要求

② 只采用纵向角焊缝连接型钢杆件端部时，型钢杆件的宽度 W 不应大于 200mm，当宽度 W＞200mm 时，应加横向角焊缝或中间塞焊；型钢杆件每一侧纵向角焊缝的长度 L 不应小于型钢杆件的宽度 W，如图 3-16 所示。

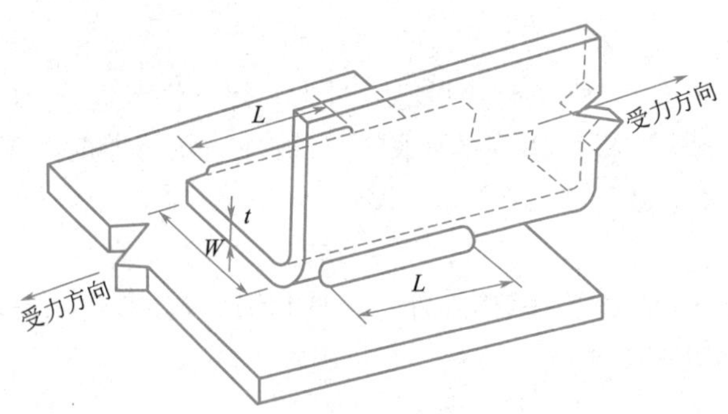

图 3-16　纵向角焊缝的最小长度

③ 型钢杆件搭接连接采用围焊时，在转角处应连续施焊。杆件端部搭接角焊缝作绕角焊时，绕焊长度不应小于焊脚尺寸的 2 倍，并应连续施焊，如图 3-17 所示。

④ 搭接焊缝沿母材棱边的最大焊脚尺寸，当板厚不大于 6mm 时，应为母材厚度；当板厚大于 6mm 时，应为母材厚度减去 1～2mm，如图 3-18 所示。

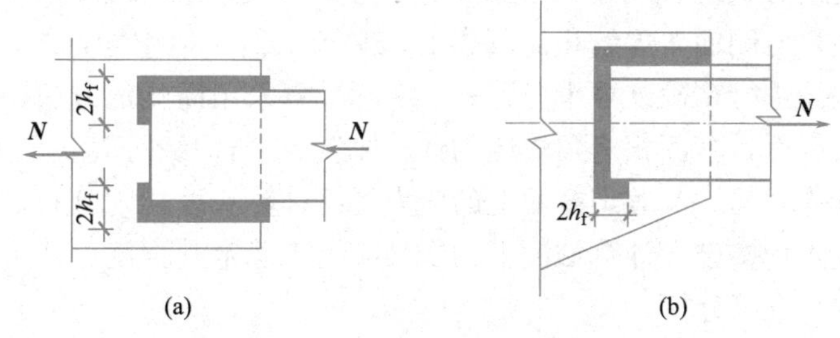

图 3-17　角焊缝的绕角焊

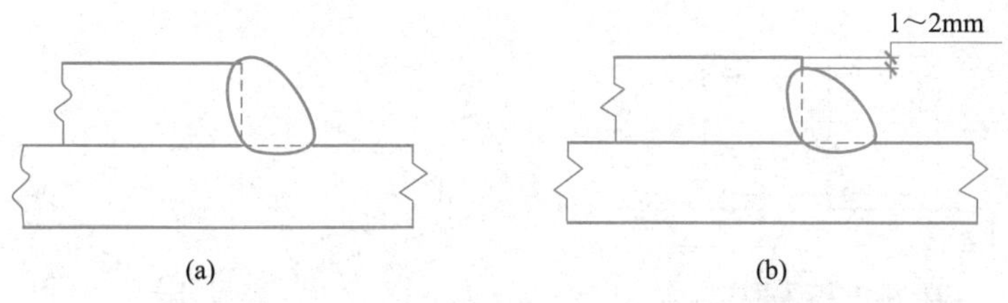

图 3-18　搭接焊缝沿母材棱边的最大焊脚尺寸

(a) 母材厚度小于等于 6mm 时；(b) 母材厚度大于 6mm 时

⑤ 用搭接焊缝传递荷载的套管连接可只焊一条角焊缝，其管材搭接长度 L 不应小于 5（t_1+t_2），且不应小于 25mm，搭接焊缝焊脚尺寸应符合设计要求，如图 3-19 所示。

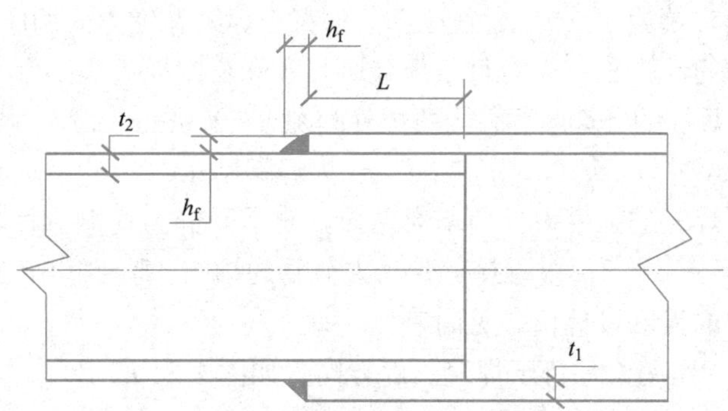

图 3-19　管材套管连接的搭接焊缝最小长度

h_f—焊脚尺寸，按设计要求

4）被焊构件中较薄板厚度不小于 25mm 时，宜采用开局部坡口的角焊缝；采用角焊缝焊接连接，不宜将厚板焊接到较薄板上。

5）在次要构件或次要焊接连接中，可采用断续角焊缝。断续角焊缝焊段的长度不得小于 $10h_f$ 或 50mm，其净距不应大于 $15t$（对受压构件）或 $30t$（对受拉构件），t 为较薄焊件厚度。腐蚀环境中不宜采用断续角焊缝。

2. 角焊缝的计算

（1）角焊缝的强度

试验表明侧面角焊缝主要承受剪力，强度相对较低，但塑性性能较好，弹性阶段剪应力沿焊缝长度分布不均匀，呈两端大中间小。但在接近塑性工作阶段时，应力趋于均布。

正面角焊缝受力后应力状态较复杂，应力集中严重，焊缝根部形成高峰应力，易于开裂。破坏强度要高一些，与侧面角焊缝相比可高出 35%～55%，但塑性较差，常呈脆性破坏。

由于要对角焊缝进行精确计算十分困难，实际计算采用简化的方法，即假定角焊缝的破坏截面均在最小截面，其面积为角焊缝的计算厚度 h_e 与焊缝计算长度 l_w 的乘积，此截面称为角焊缝的计算截面。又假定截面上的应力焊缝计算长度均匀分布，同时不论是正面焊缝还是侧面焊缝，均按破坏计算截面上的平均应力来确定其强度，并采用统一的强度设计值 f_f^w（见附表 2）进行计算。

（2）一般直角角焊缝的计算

1）正面角焊缝（作用力垂直于焊缝长度方向，如图 3-20 所示）：

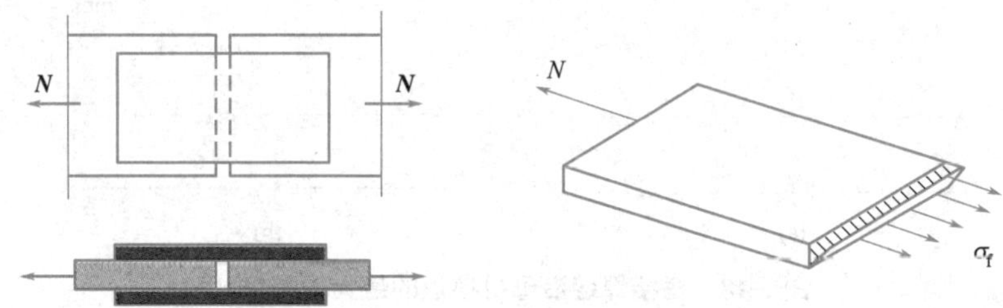

图 3-20　正面角焊缝

$$\sigma_f = \frac{N}{h_e l_w} \leqslant \beta_f f_f^w \tag{3-5}$$

式中：σ_f——按焊缝有效截面（$h_e l_w$）计算，垂直于焊缝长度方向的应力；

l_w——角焊缝的计算长度，对每条焊缝取其实际长度减去 $2h_f$；

h_e——直角角焊缝的计算厚度，当两焊件间隙 $b \leqslant 1.5\text{mm}$ 时，$h_e = 0.7h_f$；$1.5\text{mm} < b \leqslant 5\text{mm}$ 时，$h_e = 0.7(h_f - b)$，h_f 为焊脚尺寸；

β_f——正面角焊缝的强度设计值增大系数，对承受静力荷载和间接承受动力荷载的结构，$\beta_f = 1.22$；对直接承受动力荷载的结构，$\beta_f = 1.0$；

f_f^w——角焊缝的强度设计值，见附表 2。

2）侧面角焊缝（作用力平行于焊缝长度方向，如图 3-21 所示）：

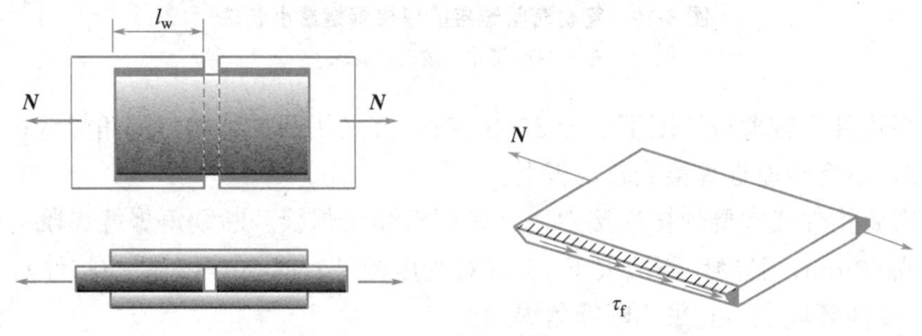

图 3-21　侧面角焊缝

$$\tau_f = \frac{N}{h_e l_w} \leqslant f_f^w \tag{3-6}$$

式中：τ_f——按焊缝有效截面计算，沿焊缝长度方向的剪应力。

【例 3-2】如图 3-22 所示的焊接连接，采用三面围焊，承受的轴心拉力设计值 $N=1100\text{kN}$。钢材为 Q235B 钢，焊条为 E43 型，试验算此连接焊缝是否满足要求。

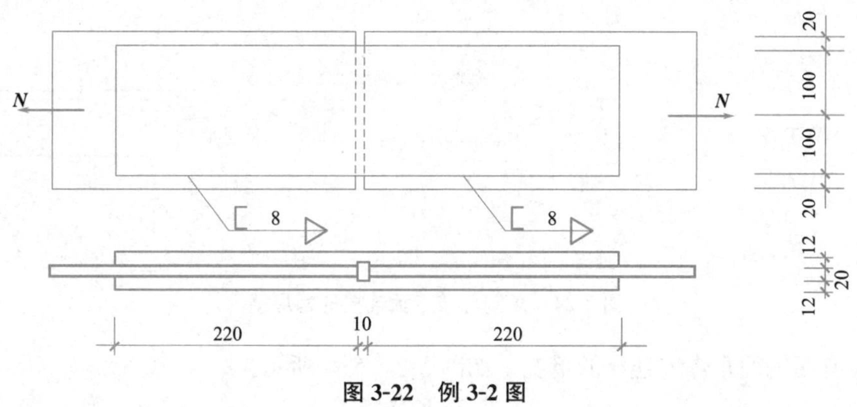

图 3-22　例 3-2 图

解：角焊缝的焊角尺寸 $h_f=8\text{mm}$，由附表 2 查得角焊缝强度设计值 $f_f^w=160\text{N/mm}^2$，故正面焊缝承受的力：

$$N_1=2h_e l_{w1}\beta_f f_f^w=2\times0.7\times8\times200\times1.22\times160=437\text{kN}$$

则侧面焊缝承受的力：

$$N_2=N-N_1=1100-437=663\text{kN}$$

则 $\tau_f=\dfrac{N_2}{4h_e l_{w2}}=\dfrac{663\times10^3}{4\times0.7\times8\times(220-8)}=139.61\text{N/mm}^2\leqslant f_f^w=160\text{N/mm}^2$

故满足要求。

(3) 角钢与节点板连接的直角角焊缝计算（承受轴向力作用）

图 3-23 (a) 所示为一钢屋架（桁架）的结构简图，这类桁架的杆件常采用双角钢组成的 T 形截面，桁架节点处设一块钢板作为节点板，各个双角钢杆件的端部用贴角焊缝焊在节点板上，使各杆所受轴力通过焊缝传到节点板上，形成一个平衡的汇交力系，如图 3-23 (b) 所示。

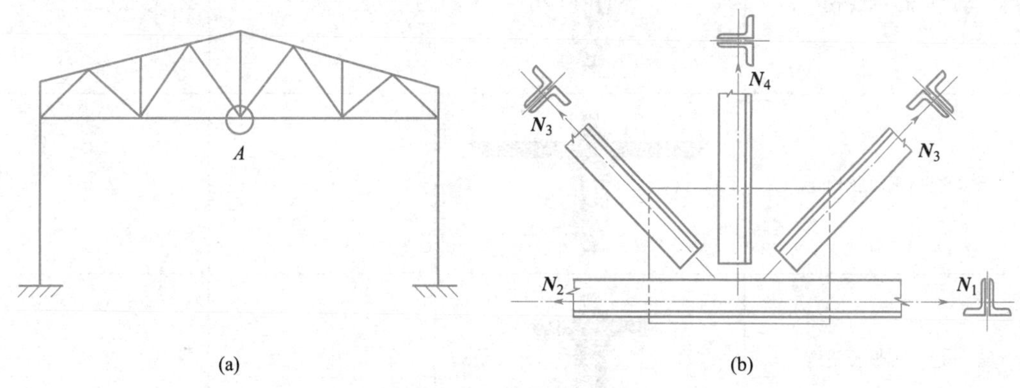

图 3-23　钢屋架节点示意图

在钢桁架中，角钢腹杆与节点板的连接焊缝常用两面侧焊，或三面围焊，特殊情况也允许采用L形围焊，如图3-24所示。

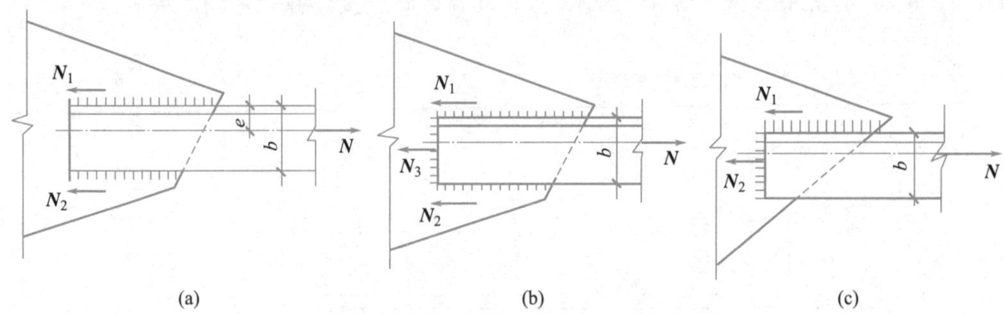

图3-24　角钢与节点板连接的角焊缝

1）只有两侧面角焊缝连接的情况，如图3-24（a）所示：

$$N_1 = K_1 N \tag{3-7}$$

$$N_2 = K_2 N \tag{3-8}$$

式中：K_1、K_2——角钢肢背与肢尖焊缝的分配系数，可按照表3-2取用。

求得N_1、N_2后，根据构造要求确定肢背和肢尖的焊角尺寸h_{f1}和h_{f2}，然后分别计算角钢肢背和肢尖焊缝所需的计算长度：

$$\sum l_{w1} = \frac{N_1}{h_{e1} f_f^w} \tag{3-9}$$

$$\sum l_{w2} = \frac{N_2}{h_{e2} f_f^w} \tag{3-10}$$

角钢肢背和肢尖的角焊缝内力分配系数K_1和K_2值　　表3-2

角钢类别与连接形式		分配系数	
		K_1	K_2
等边角钢一肢相连		0.7	0.3
不等边角钢短肢相连		0.75	0.25
不等边角钢长肢相连		0.65	0.35

2）采用三面围焊连接的情况，如图 3-24（b）所示：

根据构造要求，首先选取端缝的焊角尺寸 h_{f1}，并计算其所能承受的内力（设截面为双角钢组成的 T 形截面）：

$$N_3 = 2 \times h_e b \beta_f f_f^w \tag{3-11}$$

由平衡条件可得：

$$N_1 = K_1 N - \frac{N_3}{2} \tag{3-12}$$

$$N_2 = K_2 N - \frac{N_3}{2} \tag{3-13}$$

同样，可由 N_1、N_2 分别计算角钢肢背和肢尖的侧面焊缝。

3）采用 L 形焊接连接的情况，如图 3-24（c）所示：

由于角钢肢尖无焊缝，可令式（3-13）中的 $N_2=0$，则可得：

$$N_3 = 2K_2 N \tag{3-14}$$

$$N_1 = N - N_3 = (1-2K_2)N \tag{3-15}$$

求得 N_3 和 N_1 后，可分别计算角钢正面角焊缝和肢背侧面角焊缝。

【例 3-3】 如图 3-25 所示，角钢与厚度为 14mm 的节点板连接，轴心力设计值 $N=$ 500kN（静力荷载），钢材为 Q235 钢，手工电弧焊，采用两侧面角焊缝连接，试确定肢背和肢尖所需实际焊缝长度。

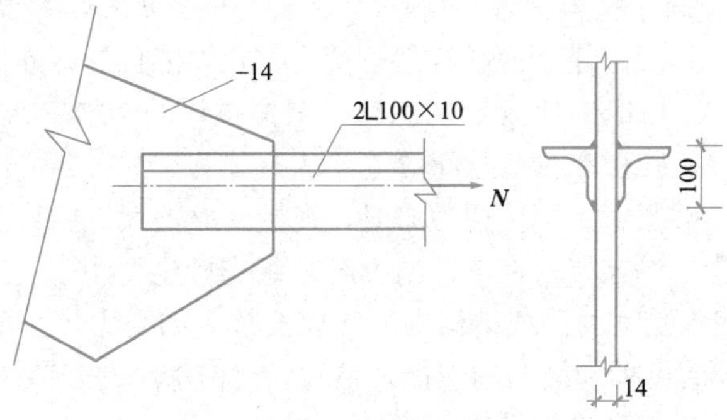

图 3-25　例题 3-3 图

解： 设角钢肢背、肢尖及端部焊缝尺寸相同

$h_f \leqslant t-(1\sim2)=10-(1\sim2)=8\sim9\text{mm}$，且查表 3-1 知，$h_f > 6\text{mm}$，取 $h_f = 8\text{mm}$

由附表 2 查得，角焊缝强度设计值 $f_f^w=160\text{N/mm}^2$。由表 3-2 查得，焊缝内力分配系数为 $K_1=0.70$，$K_2=0.30$。

角钢肢背和肢尖焊缝承受的内力分别为

$$N_1 = K_1 N = 0.7 \times 500 = 350\text{kN}$$

$$N_2 = K_2 N = 0.3 \times 500 = 150\text{kN}$$

肢背和肢尖焊缝需要的实际长度

$$l_{w1} = \frac{K_1 N}{2h_e f_f^w} = \frac{350 \times 10^3}{2 \times 0.7 \times 8 \times 160} = 195\text{mm} < 60h_f = 60 \times 8 = 480\text{mm}$$

$$l_1 = l_{w1} + 2h_f = 195 + 2 \times 8 = 211\text{mm}，取 220\text{mm}$$

$$l_{w2}=\frac{K_2N}{2h_ef_f^w}=\frac{150\times10^3}{2\times0.7\times8\times160}=84\text{mm}>8h_f=8\times8=64\text{mm}，且>40\text{mm}$$

$$l_1=l_{w2}+2h_f=84+2\times8=100\text{mm}，取100\text{mm}$$

3.2 螺栓连接构造设计

螺栓连接也是钢结构连接的重要方式之一。螺栓连接分为普通螺栓连接和高强度螺栓连接两种。其优点有：施工工艺简单、安装方便，特别适用于工地安装连接，工程进度和质量易得到保证；装拆方便，适用于需装拆结构的连接和临时性连接。其缺点有：对构件截面有一定的削弱；有时在构造上还需增设辅助连接件，故用料增加，构造较繁；螺栓连接需制孔，拼装和安装时需对孔，工作量增加，且对制造的精度要求较高。

3.2.1 普通螺栓连接的构造

普通螺栓的优点是装卸便利，不需特殊设备。普通螺栓分A级、B级和C级。其中A级和B级为精制螺栓，螺栓材料的性能等级为5.6级和8.8级，A级、B级螺栓孔径d_0比栓杆径d大0.2～0.5mm。精制螺栓连接抗剪和抗拉性能良好，连接变形小，但制作和安装复杂，故很少采用。C级螺栓为粗制螺栓，螺栓材料的性能等级为4.6级和4.8级，C级螺栓制作精度较差，栓径和孔径之间的缝隙相差1.0～1.5mm，便于制作和安装，但螺杆与钢板孔壁接触不够紧密，当传递剪力时，连接变形较大，抗剪性能差，故C级螺栓宜用于沿其杆轴方向受拉的连接。在下列情况时C级螺栓也可用于受剪连接：承受静力荷载和间接承受动力荷载结构中的次要连接，如受力较小的屋盖支撑；不承受动力荷载的可拆卸结构的连接；临时固定构件用的安装连接。

1. 螺栓的形式和规格

钢结构工程中采用的普通螺栓形式为六角头型，其代号用字母M与公称直径的毫米数表示，建筑工程中常用M12、M16、M20、M24等。

2. 螺栓的排列

螺栓的排列应简单紧凑、整齐划一并便于安装紧固，通常采用并列和错列两种形式，如图3-26所示。并列比较简单整齐，所用连接尺寸小，但由于螺栓孔的存在，对截面削弱较大。错列可以减小螺栓孔对截面的削弱，但螺栓孔排列不如并列紧凑，所用连接尺寸较大。目前的工程中，使用并列较多。

螺栓在构件上的排列应满足受力、构造和施工要求：

（1）受力要求：螺栓间距及螺栓到构件边缘的距离不应太小，以免螺栓之间的钢板截面削弱过大造成钢板被拉断，或边缘处螺栓孔前的钢板可能沿作用力方向被剪断。对于受压构件，平行于力方向的栓距不应过大，否则螺栓间钢板可能鼓曲。

（2）构造要求：螺栓的中距及边距不宜过大，否则连接钢板不易夹紧，潮气容易侵入

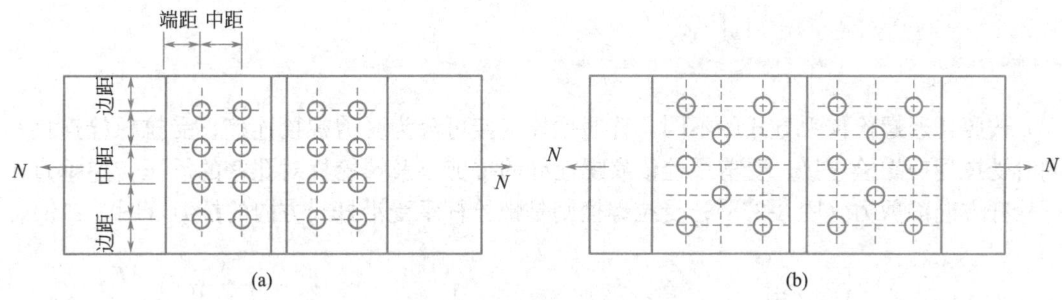

图 3-26　螺栓的排列方法

（a）并列；（b）错列

缝隙引起钢板锈蚀。

（3）施工要求：要保证一定的空间，便于转动螺栓扳手拧紧螺母。

根据上述要求，《钢结构设计标准》GB 50017—2017 规定了螺栓的最大、最小容许距离，见表 3-3。螺栓沿型钢长度方向上排列的间距，除应满足表 3-3 的要求外，尚应满足型钢的螺栓线距的要求。螺栓线距可查钢结构相关手册。

螺栓或铆钉的孔距、边距和端距容许值　　表 3-3

<table>
<tr><th>名称</th><th colspan="3">位置和方向</th><th>最大容许间距(取两者的较小值)</th><th>最小容许间距</th></tr>
<tr><td rowspan="5">中心间距</td><td colspan="3">外排(垂直内力方向或顺内力方向)</td><td>$8d_0$ 或 $12t$</td><td rowspan="5">$3d_0$</td></tr>
<tr><td rowspan="3">中间排</td><td colspan="2">垂直内力方向</td><td>$16d_0$ 或 $24t$</td></tr>
<tr><td rowspan="2">顺内力方向</td><td>构件受压力</td><td>$12d_0$ 或 $18t$</td></tr>
<tr><td>构件受拉力</td><td>$16d_0$ 或 $24t$</td></tr>
<tr><td colspan="3">沿对角线方向</td><td>—</td></tr>
<tr><td rowspan="4">中心至构件边缘距离</td><td colspan="3">顺内力方向</td><td rowspan="4">$4d_0$ 或 $8t$</td><td>$2d_0$</td></tr>
<tr><td rowspan="3">垂直内力方向</td><td colspan="2">剪切边或手工切割边</td><td rowspan="2">$1.5d_0$</td></tr>
<tr><td rowspan="2">轧制边、自动气割或锯割边</td><td>高强度螺栓</td></tr>
<tr><td>其他螺栓或铆钉</td><td>$1.2d_0$</td></tr>
</table>

注：1. d_0 为螺栓或铆钉的孔径，对槽孔为短向尺寸，t 为外层较薄板件的厚度；

2. 钢板边缘与刚性构件（如角钢、槽钢等）相连的高强度螺栓的最大间距，可按中间排的数值采用；

3. 计算螺栓孔引起的截面削弱时可取 $d+4\text{mm}$ 和 d_0 的较大者。

3. 螺栓连接的其他构造要求

螺栓连接除了应满足上述螺栓排列的容许距离要求外，根据不同情况尚应满足下列构造要求：

（1）螺栓连接或拼接节点中，每一杆件一端的永久性的螺栓数不宜少于 2 个；对组合构件的缀条，其端部连接可采用 1 个螺栓；

（2）沿杆轴方向受拉的螺栓连接中的端板（法兰板），宜设置加劲肋；

（3）直接承受动力荷载构件的普通螺栓受拉连接应采用双螺母或其他防止螺母松动的有效措施；如采用弹簧垫圈，或将螺母和螺杆焊死等方法。

3.2.2 普通螺栓连接的计算

按照普通螺栓传力方式的不同，普通螺栓连接可分为受剪螺栓连接、受拉螺栓连接和同时受拉受剪螺栓连接。受剪螺栓依靠螺栓杆的抗剪以及螺栓杆对孔壁的承压传递垂直于螺栓杆方向的剪力（图 3-27a）；受拉螺栓则是螺栓杆承受沿杆长方向的拉力（图 3-27b）。

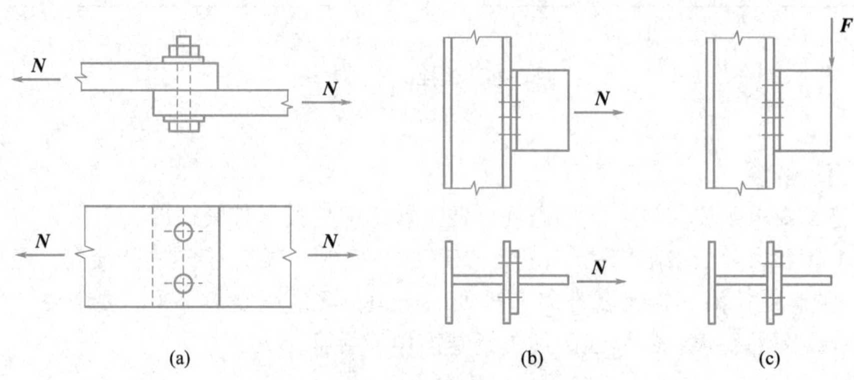

图 3-27 普通螺栓连接分类

（a）受剪螺栓连接；（b）受拉螺栓连接；（c）同时受拉受剪螺栓连接

1. 受剪螺栓连接

（1）受力性能和破坏形式

根据单个螺栓受剪过程所测得的荷载-位移曲线，普通螺栓以螺栓最后被剪断或孔壁被挤压破坏为极限承载力。

普通螺栓受剪连接的破坏形式有五种，如图 3-28 所示：

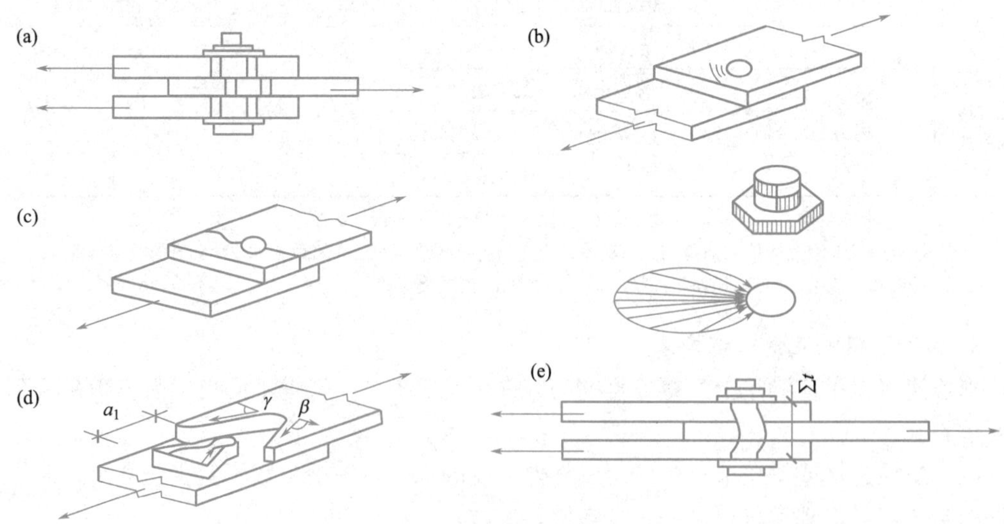

图 3-28 受剪螺栓连接的破坏形式

（a）螺杆剪切破坏；（b）钢板孔壁承压破坏或螺栓杆承压破坏；（c）钢板截面削弱过多破坏；（d）钢板端部剪切破坏；（e）螺杆弯曲破坏

1）螺杆剪切破坏；

2）钢板孔壁承压破坏或螺栓杆承压破坏；

3）钢板截面由于螺栓孔削弱太多，被拉断或压坏；

4）钢板端部因螺栓孔端距过小而剪坏；

5）因为螺杆累计厚度过大，造成螺栓夹距过大，螺杆过长而使螺杆产生过大的弯曲变形。

对于（a）（b）类型的破坏，通过计算单个螺栓承载力来控制；对于（c）类型的破坏，则由验算构件净截面强度控制；对于（d）类型破坏，通过保证螺栓端距不小于容许值（表 3-3）来控制；对于（e）类型破坏，通过限定螺杆长度不大于 $5d$（d 为螺杆直径）来控制。

（2）单个螺栓的抗剪承载力

受剪螺栓连接中，假定栓杆剪应力沿受剪面均匀分布，孔壁承压应力换算为沿栓杆直径投影宽度内板件面上均匀分布的应力。这样，单个受剪螺栓的承载力设计值为：

单个受剪螺栓的受剪承载力设计值：

$$N_v^b = n_v \frac{\pi d^2}{4} f_v^b \tag{3-16}$$

单个受剪螺栓的承压承载力设计值：

$$N_c^b = d \sum t f_c^b \tag{3-17}$$

式中：n_v——受剪面数目，单剪 $n_v=1$，双剪 $n_v=2$，四剪 $n_v=4$（图 3-29）；

$\sum t$——在不同受力方向中一个受力方向承压构件总厚度的较小值；

d——螺杆直径；

f_v^b，f_c^b——螺栓的抗剪和承压强度设计值，见附表 3。

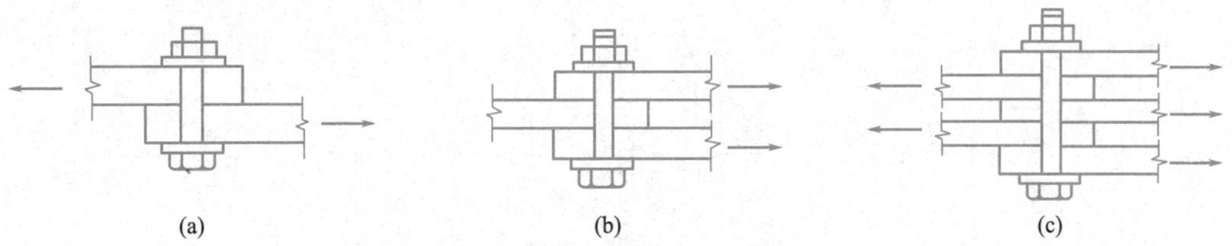

(a)　(b)　(c)

图 3-29　受剪螺栓连接受剪面

（a）单剪；（b）双剪；（c）四剪

单个受剪螺栓的承载力设计值应取 N_v^b 和 N_c^b 中的较小值，即 $N_{min}^b=\min(N_v^b, N_c^b)$。

（3）受剪螺栓群螺栓数目的计算

在螺栓群分布平面内，承受经过螺栓群形心的剪力 N 的作用，假定所有螺栓受力相等，则连接一侧所需螺栓数目为：

$$n \geqslant \frac{N}{N_{min}^b} \tag{3-18}$$

式中：N——作用于螺栓群的剪力；

N_{min}^b——单个螺栓受剪承载力设计值 N_v^b 和孔壁承压承载力设计值 N_c^b 两者的较小值。

在下列情况的连接中，螺栓的数目应予增加：

1）一个构件借助填板或其他中间板与另一构件连接的螺栓（摩擦型连接的高强度螺栓除外）或铆钉数目，应按计算增加10%；

2）当采用搭接或拼接板的单面连接传递轴心力，因偏心引起连接部位发生弯曲时，螺栓（摩擦型连接的高强度螺栓除外）数目应按计算增加10%；

3）在构件的端部连接中，当利用短角钢连接型钢（角钢或槽钢）的外伸肢以缩短连接长度时，在短角钢两肢中的一肢上，所用的螺栓或铆钉数目应按计算增加50%；

4）在螺栓群抗剪连接中，若拼接接头处沿受力方向螺栓群的分布长度过长，各螺栓的实际承受剪力不均匀，因此在构件连接节点的一端，当螺栓沿轴向受力方向的连接长度 $l_1>15d_0$ 时（d_0 为孔径），应将螺栓的承载力设计值乘以折减系数 $1.1-\frac{l_1}{150d_0}$，当 $l_1>60d_0$ 时，折减系数取为定值0.7。

（4）构件净截面强度验算

螺栓连接中，由于螺栓孔削弱了构件截面，因此需要验算构件开孔处的净截面强度：

$$\sigma=\frac{N}{A_n}\leqslant 0.7f_u \tag{3-19}$$

式中：A_n——构件的净截面面积，当构件多个截面有孔时，取最不利的截面；

N——所计算截面处的拉力设计值；

f_u——钢材的抗拉强度最小值，见附表1。

净截面强度验算截面应选择最不利截面，即内力最大或净截面面积较小的截面，现以图3-30（a）所示螺栓为并列布置，连接件和构件中的内力变化如图3-30（b）所示。构件的最不利截面为Ⅰ-Ⅰ，受力最大为 N；连接板的最不利截面为Ⅱ-Ⅱ，受力也为 N。因此还须按下列公式比较两截面的净截面面积，来确定最不利截面。

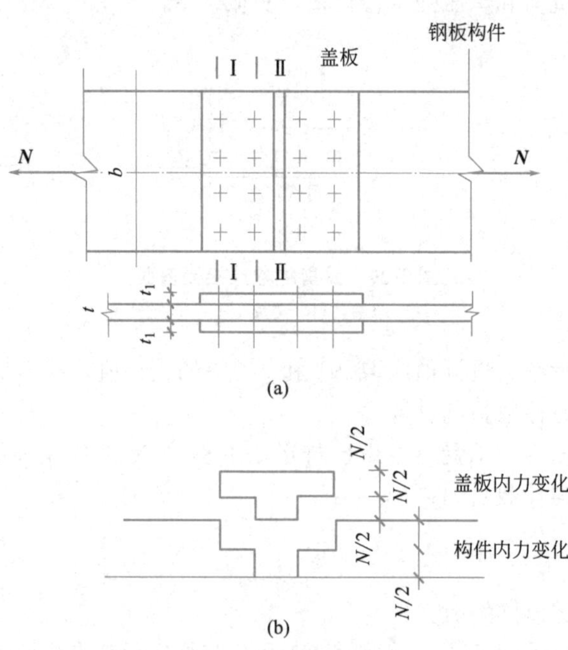

图3-30　并列布置净截面强度

构件截面Ⅰ-Ⅰ：

$$A_n=(b-n_1d_0)t \tag{3-20}$$

连接板截面Ⅱ-Ⅱ：

$$A_n=2(b-n_2d_0)t_1 \tag{3-21}$$

式中：n_1、n_2——截面Ⅰ-Ⅰ和截面Ⅱ-Ⅱ的螺栓孔数目；

t、t_1——构件和连接件的厚度；

d_0——螺栓孔直径；

b——构件和连接件的宽度。

图 3-31 所示螺栓为错列布置，构件或连接件除可能沿直线截面Ⅰ-Ⅰ破坏外，还可能沿折线Ⅱ-Ⅱ破坏，须按下式计算Ⅱ-Ⅱ截面的净截面面积，以确定最不利截面。

$$A_n=[2e_1+(n_2-1)\sqrt{a^2+e^2}-n_2d_0]t \tag{3-22}$$

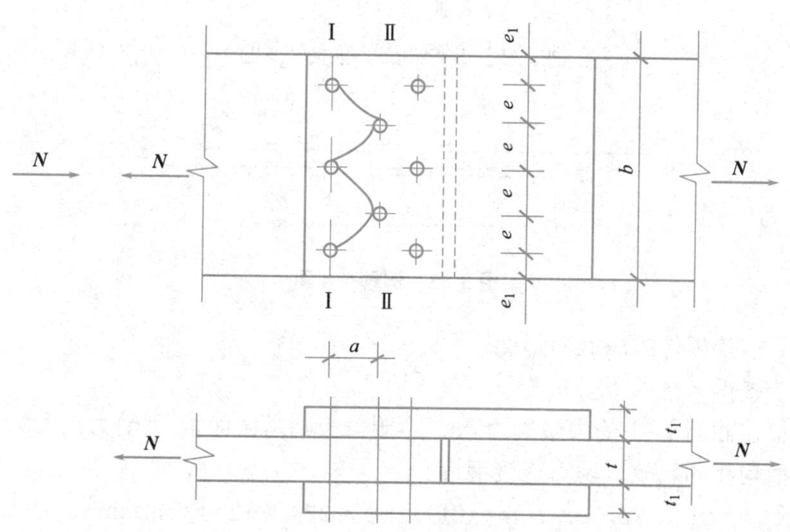

图 3-31　错列布置净截面强度

【例 3-4】 如图 3-32 所示，截面尺寸为 12mm×400mm 的钢板，采用双盖板和 M20，C 级普通螺栓拼接，螺栓孔径为 22mm，钢材为 Q235 钢，承受轴心拉力设计值 $N=800\text{kN}$，试设计此连接的接头。

解：（1）确定连接盖板截面

采用双盖板拼接，截面尺寸选 6mm×400mm，与被连接钢板截面面积相等，钢材采用 Q235 钢。

（2）确定连接一侧所需螺栓数目，并对螺栓进行合理排列布置

由附表 3 查得 $f_v^b=140\text{N/mm}^2$，$f_c^b=305\text{N/mm}^2$。

单个螺栓受剪承载力设计值：

$$N_v^b=n_v\frac{\pi d^2}{4}f_v^b=2\times\frac{3.14\times20^2}{4}\times140=87920\text{N}$$

单个螺栓承压承载力设计值：

$$N_c^b=d\sum tf_c^b=20\times12\times305=73200\text{N}$$

则连接一侧所需螺栓数目为

$$n=\frac{N}{N_{\min}^{b}}=\frac{800\times10^{3}}{73200}=11，取 n=12$$

采用图 3-32 所示的并列布置。采用两块尺寸为 6mm×400mm×490mm 的连接盖板，其螺栓的中距、边距和端距均满足表 3-3 的构造要求。

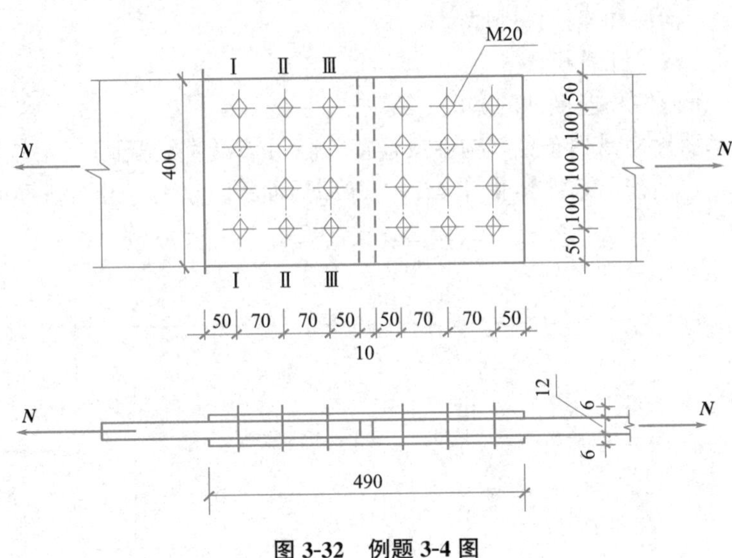

图 3-32 例题 3-4 图

(3) 验算连接板件的净截面强度

由附表 1 查得 $f_u=370\text{N/mm}^2$。

连接钢板在截面Ⅰ-Ⅰ受力最大为 N，连接盖板则是截面Ⅲ-Ⅲ受力最大为 N，但因两者钢材、截面均相同，故只验算连接钢板。

$$A_n=(b-n_1d_0)t=(400-4\times22)\times12=3744\text{mm}^2$$

$$\sigma=\frac{N}{A_n}=\frac{800\times10^{3}}{3744}=213.6\text{N/mm}^2<0.7f_u=0.7\times370=259\text{N/mm}^2，满足要求。$$

2. 受拉螺栓连接

(1) 受拉螺栓连接的受力性能和承载力

如图 3-33（a）中所示板件所受外力 N 通过受剪螺栓 1 传给角钢，角钢再通过受拉螺栓 2 传给翼缘。受拉螺栓的破坏形式是栓杆被拉断，拉断的部位通常在螺纹削弱的截面处。

计算时应根据螺纹削弱处的有效直径 d_e 或有效面积 A_e 来确定其承载力，故单个螺栓的抗拉承载力设计值为：

$$N_t^b=\frac{1}{4}\pi d_e^2 f_t^b=A_e f_t^b \tag{3-23}$$

式中：d_e、A_e——普通螺栓在螺纹处的有效直径和有效面积，见附表 4；

f_t^b——普通螺栓的抗拉强度设计值，见附表 3。

(2) 受拉螺栓群的计算

1) 受拉螺栓群在轴心力作用下的计算

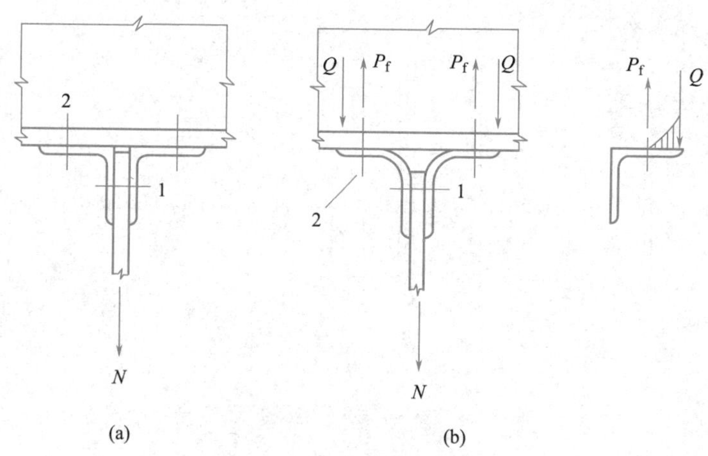

图 3-33　受拉螺栓连接

受拉螺栓连接受轴心力作用时（例如外力 N 通过螺栓群中心使螺栓受拉），可以假定各个螺栓所受拉力相等，则所需螺栓数目为：

$$n \geqslant \frac{N}{N_t^b} \tag{3-24}$$

式中：N——作用于螺栓群的轴心拉力设计值；

N_t^b——单个螺栓的抗拉承载力设计值。

2）受拉螺栓群在弯矩作用下的计算

图 3-34（a）所示为柱翼缘与牛腿用螺栓连接。螺栓群在弯矩作用下，连接上部牛腿与翼缘有分离的趋势，使螺栓群的旋转中心下移。通常近似假定螺栓群绕最底排螺栓旋转，各排螺栓所受拉力的大小与该排螺栓到转动轴线的距离 y 成正比。因此顶排螺栓（1号）所受拉力最大，如图 3-34（b）所示。设各排螺栓所受拉力为 N_1^M, N_2^M, N_3^M，… N_n^M，各排螺栓到最下一排螺栓的距离分别为 y_1，y_2，y_3，…y_n。由平衡条件和基本假定整理得：

$$N_{max} = N_1^M = \frac{My_1}{m\sum y_i^2} \tag{3-25}$$

设计时要求受力最大的最外排螺栓所受拉力不超过单个螺栓的受拉承载力设计值，即

$$N_{max} = N_1^M = \frac{My_1}{m\sum y_i^2} \leqslant N_t^b \tag{3-26}$$

式中：M——弯矩设计值；

y_1，y_i——分别为最外排螺栓（1 号）和第 i 排螺栓到转动轴 O' 的距离；

m——螺栓的纵向列数，图 3-34 中，$m=2$。

（3）同时受拉受剪螺栓连接

如图 3-35（a）所示，螺栓群承受偏心力 F 的作用，将 F 向螺栓群简化，可知螺栓群同时承受剪力 $V=F$ 和弯矩 $M=Fe$ 的作用。

同时承受剪力和拉力作用的普通螺栓连接，应考虑两种可能的破坏形式：①栓杆受剪

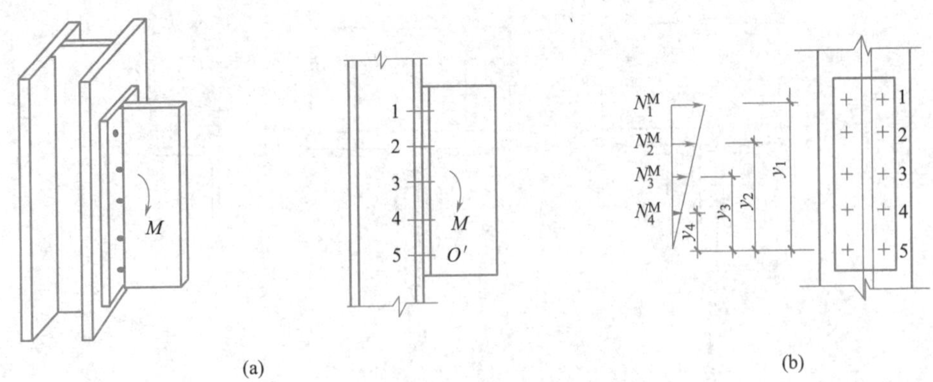

图 3-34　弯矩作用下的受拉螺栓群

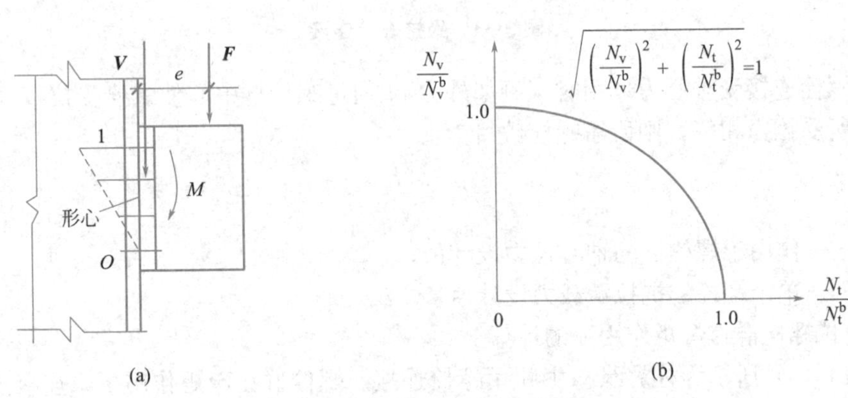

图 3-35　螺栓同时承受拉力和剪力作用

兼受拉破坏；②孔壁承压破坏。

根据试验，这种螺栓的强度应符合

$$\sqrt{\left(\frac{N_v}{N_v^b}\right)^2+\left(\frac{N_t}{N_t^b}\right)^2}\leqslant 1.0 \tag{3-27}$$

$$且\ N_v\leqslant N_c^b \tag{3-28}$$

式中：N_v，N_t——分别为某个普通螺栓所承受的剪力和拉力；

N_v^b，N_t^b，N_c^b——一个普通螺栓的抗剪、抗拉和承压承载力设计值。

3.2.3　高强度螺栓连接的性能

1. 高强度螺栓连接概述

相较于普通螺栓连接，高强螺栓连接的优点是受力性能好，耐疲劳，可以撤换以及在动力荷载作用下不致松动，缺点是在扳手、材料、制造和安装方面有一些特殊的技术要求，价格较贵。

高强度螺栓

高强度螺栓连接按传力机理不同分为摩擦型和承压型两种。两种连接都可以承受拉力和剪力，但其受力性能和破坏形式不同。

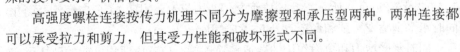

高强度螺栓摩擦型连接是依靠高强度螺栓的紧固，在被连接板间产生摩擦阻力以传递剪力。这种螺栓安装时通过特制的扳手，以较大的扭矩拧紧螺帽，使螺栓杆产生很大的预拉力，由于螺帽的挤压力把被连接的部件夹紧，依靠接触面间的摩擦力来阻止部件相对滑移，达到传递外力的目的，因而变形较小。其抗剪承载力取决于构件接触传力摩擦面的摩擦力，可靠工作状态下螺栓完全不靠螺杆的抗剪和孔壁的承压来传力。

高强度螺栓承压型连接是依靠螺杆和孔壁承压以传递剪力，将构件连接。当荷载超出板件接触面的摩擦力后，允许板件间发生滑移，连接依靠螺杆抗剪和孔壁承压来传递剪力，其破坏形式和普通螺栓相同，板件接触面无需进行摩擦面处理，只做油污和浮锈清除处理。

高强度螺栓摩擦型连接比承压型连接连接紧密，变形小，传力可靠，耐疲劳，抗振动荷载性能好，因此其使用范围广。而承压型连接允许接头滑移，并有较大变形，故承压型连接不得用于直接承受动力荷载作用且需要进行疲劳验算的构件连接，以及变形对结构承载力和刚度等影响敏感的构件连接，也不宜用于冷弯薄壁型钢构件连接。

目前国内钢结构工程中，使用最多的是高强度螺栓摩擦型连接，承压型连接几乎不用。需要注意的是，摩擦型和承压型只是在进行螺栓计算时的设计假定不同，市场上销售的高强度螺栓是没有摩擦型和承压型之分的。

2. 高强度螺栓连接构造

(1) 高强度螺栓摩擦型连接可采用标准孔、大圆孔和槽孔。采用扩大孔连接时，同一连接面只能在盖板和芯板其中之一的板上采用大圆孔或槽孔，其余仍采用标准孔。

(2) 高强度螺栓摩擦型连接盖板按大圆孔、槽孔制孔时，应增大垫圈厚度或采用连续型垫板，其孔径与标准垫圈相同，对M24及以下的螺栓，厚度不宜小于8mm，对M24以上的螺栓，厚度不宜小于10mm。

(3) 直接承受动力荷载构件的抗剪螺栓连接应采用摩擦型高强度螺栓。

(4) 采用承压型连接时，连接处构件接触面应清除油污及浮锈，仅承受拉力的高强度螺栓连接，不要求对接触面进行抗滑移处理。

(5) 高强度螺栓承压型连接不应用于直接承受动力荷载的结构，抗剪承压型连接在正常使用极限状态下应符合摩擦型连接的设计要求。

(6) 当高强度螺栓连接的环境温度为100～150℃时，其承载力应降低10%。

(7) 当型钢构件拼接采用高强度螺栓连接时，其拼接件宜采用钢板。

除此之外，高强度螺栓连接的排列要求和其他构造要求与普通螺栓相同。

3. 高强度螺栓的分类及紧固方法

高强度螺栓和与之配套的螺母和垫圈合称连接副。我国现有的高强度螺栓有大六角头型和扭剪型两种，如图3-36所示。这两种高强度螺栓都是通过拧紧螺母，使栓杆受到拉伸，产生预拉力，从而使被连接板件间产生压紧力。但具体控制方法不同，大六角头型采用转角法和扭矩法；扭剪型采用扭掉螺栓尾部的梅花卡头法。

(1) 转角法

转角法先用普通扳手初拧，使被连接板件相互紧密贴合，再以初拧位置为起点，用长扳手或风动扳手旋转螺母至终拧角度。终拧角度与螺栓直径和连接件厚度有关。这种方法无须专用扳手，工具简单，但不够精确。

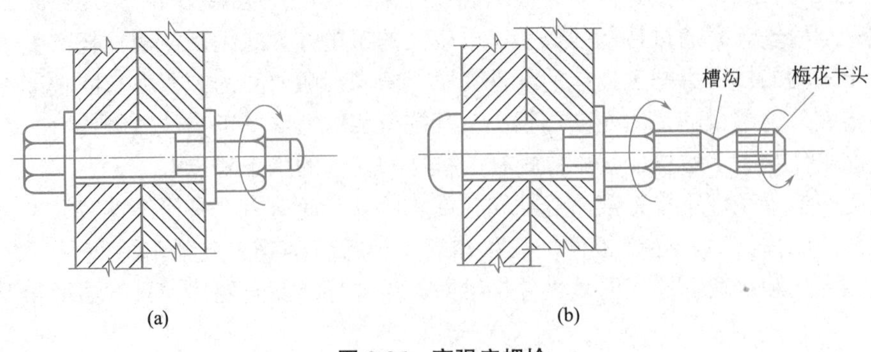

图 3-36 高强度螺栓

(a) 大六角头型；(b) 扭剪型

(2) 扭矩法

扭矩法用一种可直接显示扭矩大小的特制扳手来实现。先用普通扳手初拧，使连接件紧贴，然后用定扭矩测力扳手终拧。终拧扭矩值按预先测定的扭矩与螺栓拉力之间的关系确定。

(3) 扭掉螺栓尾部的梅花卡头法

这种方法紧固时用特制的电动扳手，这种扳手有两个套筒，外套筒套在螺母六角体上，内套筒套在螺栓的梅花卡头上（图 3-37）。接通电源后，两个套筒按相反方向转动，螺母逐步拧紧，梅花卡头的环形槽沟受到越来越大的剪力，当达到所需要的紧固力时，环形槽沟处剪断，梅花卡头掉下，这时螺栓预拉力达到设计值，安装结束。安装后一般不拆卸。

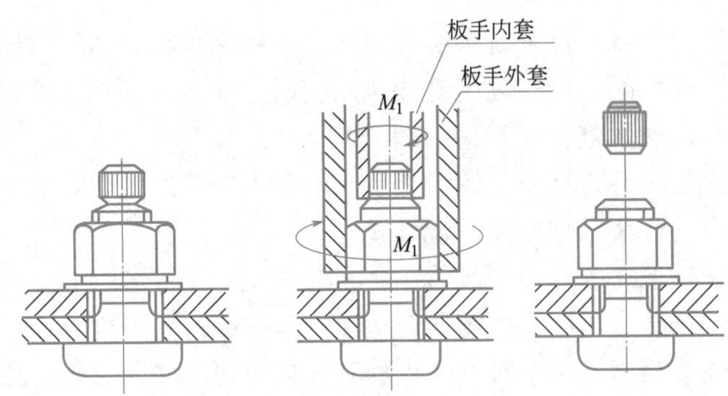

图 3-37 扭剪型高强度螺栓连接副

工程中常用的高强度螺栓的性能等级分为 8.8 级和 10.9 级，常用的规格有 M16、M20、M24、M30 等。

4. 高强度螺栓的预拉力

高强度螺栓的预拉力值应尽可能高些，但需保证螺栓的拧紧过程中不会屈服和断裂，所以控制预拉力是保证连接质量的一个关键性因素。预拉力值与螺栓的材料强度和有效截面等因素有关，《钢结构设计标准》GB 50017—2017 规定，按表 3-4 确定高强度螺栓的预拉力设计值 P。

一个高强度螺栓的预拉力设计值 P（kN）　　表 3-4

螺栓的承载性能等级	螺栓公称直径(mm)					
	M16	M20	M22	M24	M27	M30
8.8 级	80	125	150	175	230	280
10.9 级	100	155	190	225	290	355

5. 高强度螺栓连接摩擦面抗滑移系数

提高连接摩擦面抗滑移系数 μ，是提高高强度螺栓连接承载力的有效措施。抗滑移系数 μ 的大小与连接处构件接触面的处理方法和构件的钢材牌号有关。《钢结构设计标准》GB 50017—2017 推荐采用的接触面处理方法有：喷硬质石英砂或铸钢棱角砂、抛丸（喷砂）、钢丝刷清除浮锈或未经处理的干净轧制面。各种处理方法相应的 μ 值详见表 3-5。

钢材摩擦面的抗滑移系数 μ　　表 3-5

在连接处构件接触面处理方法	构件的钢材牌号		
	Q235 钢	Q345 钢或 Q390 钢	Q420 钢或 Q460 钢
喷硬质石英砂或铸钢棱角砂	0.45	0.45	0.45
抛丸(喷砂)	0.40	0.40	0.40
钢丝刷清除浮锈或未经处理的干净轧制面	0.30	0.35	—

注：1. 钢丝刷除锈方向应与受力方向垂直。
2. 当连接构件采用不同钢材牌号时，μ 按相应较低强度者取值。
3. 采用其他方法处理时，其处理工艺及抗滑移系数值均需经试验确定。

3.2.4　高强度螺栓连接的计算

高强度螺栓连接与普通螺栓连接一样，可分为受剪螺栓连接、受拉螺栓连接与同时受拉受剪螺栓连接。

1. 摩擦型高强度螺栓受剪连接

（1）单个螺栓的抗剪承载力设计值

摩擦型高强度螺栓受剪连接中每个螺栓的承载力，与高强螺栓的预拉力设计值 P、摩擦面的抗滑移系数 μ、传力摩擦面数目 n_f 以及孔型系数 k 有关。单个螺栓的抗剪承载力设计值为：

$$N_v^b = 0.9kn_f\mu P \tag{3-29}$$

式中：k——孔型系数，标准孔取 1.0；大圆孔取 0.85；内力与槽孔长向垂直时取 0.7；内力与槽孔长向平行时取 0.6；

n_f——传力摩擦面数目；

P——一个高强度螺栓的预拉力设计值，按表 3-4 采用；

μ——摩擦面的抗滑移系数，按表 3-5 采用。

式（3-29）中的系数 0.9 为螺栓抗力系数分项系数 $\gamma_R = 1.111$ 的倒数值。

（2）摩擦型高强度螺栓受剪连接的计算

受剪高强度螺栓摩擦型连接的受力分析方法与受剪普通螺栓连接一样，受剪摩擦型高强度螺栓连接在受轴心力作用或受偏心力作用时的计算均可利用前述受剪普通螺栓连接的计算公式。受剪螺栓群螺栓数目的计算只需将单个普通螺栓的承载力设计值 N_{min}^{b} 改为单个摩擦型高强度螺栓的抗剪承载力设计值 N_{v}^{b}，即：

$$n \geqslant \frac{N}{N_{v}^{b}} \tag{3-30}$$

在特殊情况的连接中，螺栓的数目应予增加，详见3.2.2节普通受剪螺栓群螺栓数目的计算部分。

摩擦型高强度螺栓连接中构件的净截面强度验算与普通螺栓连接有所区别，因为摩擦型高强度螺栓是依靠被连接件接触面间的摩擦力传递剪力，假定每个螺栓所传递的内力相等，且接触面间的摩擦力均匀分布于螺栓孔的四周（图3-38），则每个螺栓所传递的内力在螺栓孔中心线的前面和后面各传递一半。这种通过螺栓孔中心线以前板件接触面间的摩擦力传递现象称为“孔前传力”。图3-38所示的最外列螺栓截面Ⅰ-Ⅰ已传递 $0.5n_1(N/n)$（n 和 n_1 分别为构件一端和截面Ⅰ-Ⅰ处高强度螺栓数目），故该截面的内力为 $N'=N-0.5n_1(N/n)$，故连接开孔截面Ⅰ-Ⅰ的净截面强度应按下式验算：

$$\sigma=\frac{N'}{A_n}=\left(1-0.5\frac{n_1}{n}\right)\frac{N}{A_n}\leqslant 0.7f_u \tag{3-31}$$

式中：N——所计算截面处的拉力设计值；

A_n——构件的净截面面积，当构件多个截面有孔时，取最不利的截面；

n_1——所计算截面（最外列螺栓处）上高强度螺栓数目；

n——在节点或拼接处，构件一端连接的高强度螺栓数目；

f_u——钢材的抗拉强度最小值，见附表1；

0.5——孔前传力系数。

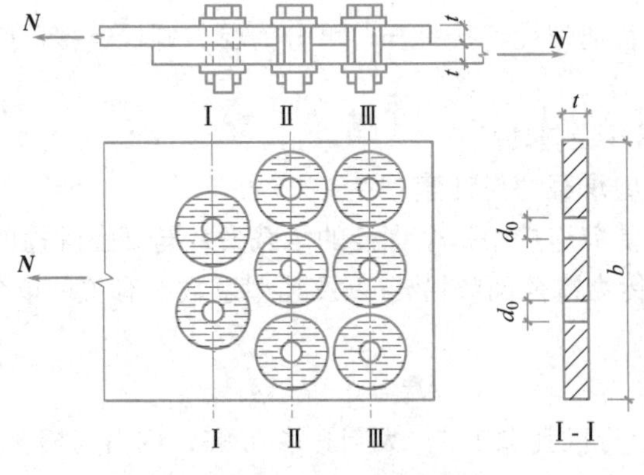

图3-38 钢板净截面强度

由以上分析可知，最外列以后各列螺栓处构件的内力显著减小，只有在螺栓数目显著增多（净截面面积显著减小）情况下，才有必要做补充验算。因此，通常只需验算最外列螺栓处有孔构件的净截面强度。

此外，由于 $N'<N$，所以除对有孔截面进行验算外，还应对毛截面进行验算，即需验算 $\sigma=N/A\leqslant f$，A 为构件的毛截面面积。

【例 3-5】如图 3-39 所示，某双盖板高强度螺栓摩擦型连接，构件材料为 Q345 钢，螺栓采用 M20，强度等级为 8.8 级，接触面喷砂处理。试确定此连接所能承受的最大拉力 N。

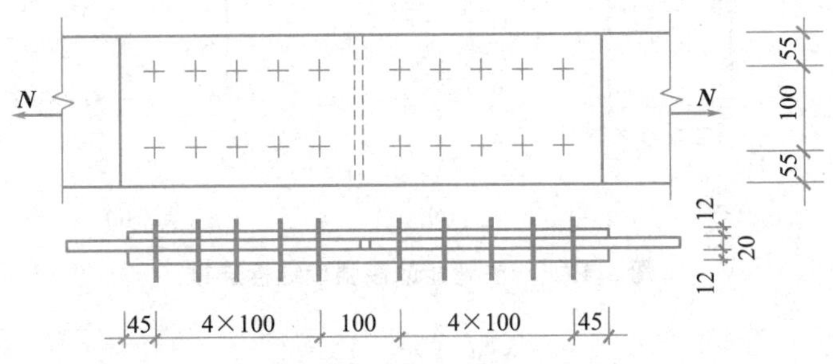

图 3-39　例题 3-5 附图

解：(1) 按螺栓连接强度确定 N

由表 3-4 和表 3-5 查得 $P=125\text{kN}$，$\mu=0.4$。

查附表 1 得：$f_u=470\text{N/mm}^2$

一个螺栓的抗剪承载力：

$$N_v^b=0.9kn_f\mu P=0.9\times1.0\times2\times0.4\times125=90\text{kN}$$

故 $N=nN_v^b=10\times90=900\text{kN}$

(2) 净截面验算

$$A_n=(b-n_1d_0)t=(21-2\times2.2)\times2.0=33.2\text{cm}^2$$

$$N'=N-0.5\frac{N}{n}n_1=900-0.5\times\frac{900}{10}\times2=810\text{kN}$$

$$\sigma=\frac{N'}{A_n}=\frac{810\times10^3}{33.2\times10^2}=244\text{N/mm}^2<0.7f_u=0.7\times470=329\text{N/mm}^2$$

满足要求。

因此，此连接所能承受的最大拉力 N 为 900kN。

2. 摩擦型高强度螺栓受拉连接

(1) 单个螺栓的抗拉承载力设计值

为使板件间保留一定的压紧力，《钢结构设计标准》GB 50017—2017 规定，单个摩擦型高强螺栓的抗拉承载力设计值 N_t^b 为：

$$N_t^b=0.8P \tag{3-32}$$

(2) 受拉连接计算

受拉高强度螺栓摩擦型连接受轴心力 N 作用时，与普通螺栓连接一样，假定每个螺栓均匀受力，则连接所需的螺栓数 n 为：

$$n\geqslant\frac{N}{N_t^b} \tag{3-33}$$

受拉高强度螺栓摩擦型连接受弯矩 M 作用时，只要保证螺栓所受最大外拉力不超过 N_t^b，被连接件接触面将始终保持密切贴合。因此，可以认为螺栓群在 M 作用下将绕螺栓群中心轴转动，如图 3-40 所示。最外排螺栓所受拉力最大，其值 N_t^M 可按下式计算：

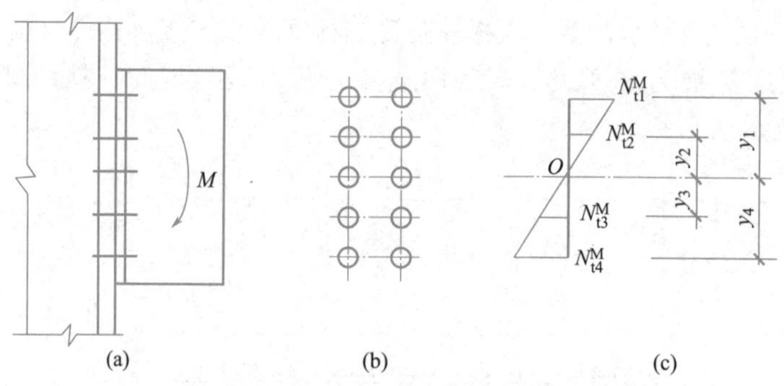

图 3-40 承受弯矩的高强度螺栓连接

$$N_t^M = \frac{My_1}{m\sum y_i^2} \leqslant N_t^b = 0.8P \tag{3-34}$$

式中：N_t^M——最外排螺栓所受拉力；

y_1——最外排螺栓至螺栓群转动轴的距离；

y_i——第 i 排螺栓至螺栓群转动轴的距离；

m——螺栓纵向列数。

3. 摩擦型高强度螺栓同时受拉受剪连接

图 3-41 所示为一柱与牛腿用摩擦型高强度螺栓相连的 T 形连接，将偏心力 F 向螺栓群形心简化，则螺栓连接同时承受弯矩 $M=Fe$ 和剪力 $V=F$ 作用，由 M 引起的各螺栓所受外拉力 $N_{ti}^M = \frac{My_i}{m\sum y_i^2}$，由 V 引起的各螺栓所受均匀剪力 $N_v = \frac{V}{n}$。《钢结构设计标准》GB 50017—2017 规定：当高强度螺栓摩擦型连接同时承受摩擦面间的剪力和螺栓杆轴方向的外拉力时，承载力应符合下式要求：

$$\frac{N_v}{N_v^b} + \frac{N_t}{N_t^b} \leqslant 1.0 \tag{3-35}$$

式中：N_v、N_t——分别为某个高强度螺栓所承受的剪力和拉力；

N_v^b、N_t^b——一个高强度螺栓的受剪、受拉承载设计值。

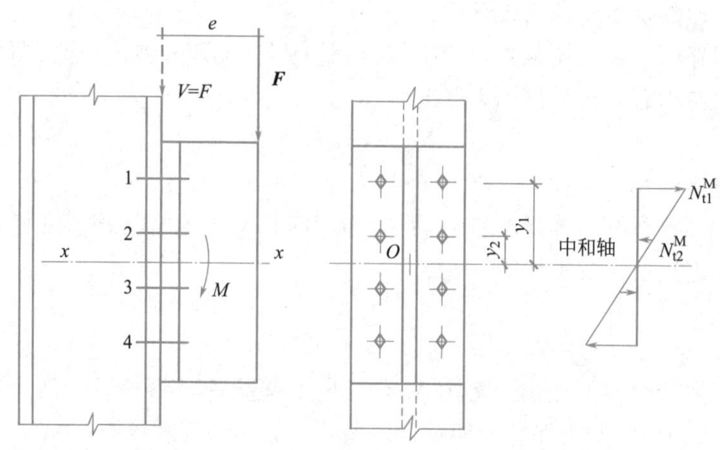

图 3-41 高强度螺栓同时受拉受剪连接

4. 承压型高强度螺栓连接计算要点

受剪高强度螺栓承压型连接以栓杆受剪破坏或孔壁承压破坏为极限状态，所以其计算方法与受剪普通螺栓连接基本相同，受拉高强度螺栓承压型连接的计算方法也与普通螺栓相同。各种承压型高强度螺栓承载力设计值，详见表 3-6。

各种承压型高强度螺栓承载力设计值 表 3-6

连接种类	单个螺栓的承载力设计值	承受轴心力时所需螺栓数目	附注
受剪螺栓	抗剪 $N_v^b = n_v \frac{\pi d^2}{4} f_v^b$ 承压 $N_c^d = d \sum t f_c^b$	$n = \frac{N}{N_{min}^b}$	f_v^b,f_c^b 按附表 3 中承压型高强度螺栓取用；N_{min}^b 为 N_v^b,N_c^b 中的较小值
受拉螺栓	$N_t^b = \frac{1}{4}\pi d_e{}^2 f_t^b = A_e f_t^b$	$n = \frac{N}{N_t^b}$	f_t^b 按附表 3 中承压型高强度螺栓取用
同时受拉受剪螺栓	$\sqrt{\left(\frac{N_v}{N_v^b}\right)^2 + \left(\frac{N_t}{N_t^b}\right)^2} \leqslant 1.0$ $N_v \leqslant N_c^b/1.2$		N_v,N_t 分别为所计算的某个高强度螺栓所承受的剪力和拉力；系数 1.2 是考虑由于螺栓同时承受外拉力，使连接件之间压紧力减少，导致孔壁承压强度降低的缘故

承压型连接的高强度螺栓预拉力 P 的施拧工艺和设计值取值应与摩擦型连接高强度螺栓相同；承压型连接中每个高强度螺栓的受剪承载力设计值，其计算方法与普通螺栓相同，但当计算剪切面在螺纹处时，其受剪承载力设计值应按螺纹处的有效截面积进行计算。

3.3 钢梁设计与校核

3.3.1 钢梁的截面形式及应用

受弯构件是指主要承受横向荷载作用的构件，钢结构中最常用的受弯构件就是钢梁，它是组成钢结构的基本构件之一。钢梁多指用型钢或钢板制造的实腹式构件，在建筑结构中应用广泛，例如，工作平台梁、楼盖梁、墙梁、吊车梁及屋面檩条等。

钢梁按加工制作方式不同可分为型钢梁和组合梁，如图 3-42 所示。由型钢截面组成的梁称为型钢梁，由几块钢板组成的梁称为组合梁。

型钢梁通常采用的型钢为工字钢、H 型钢和槽钢，如图 3-42（a）~（c）所示。其中，工字钢及 H 型钢是双轴对称截面，受力性能好，应用广泛。型钢梁结构简单，制造方便，成本较低，但因轧制条件限制，截面尺寸小，故仅适用于跨度及荷载较小时的情况。当荷

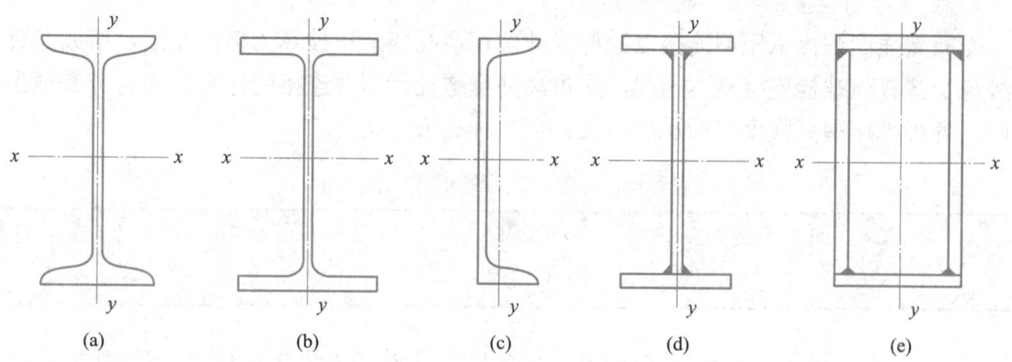

图 3-42 梁的截面形成

载及跨度较大时，现有的型钢规格往往不能满足要求，应考虑组合梁。

组合梁最常用的是用三块钢板焊接成的 H 形截面，如图 3-42（d）所示，由于其构造简单，加工方便，并且可以根据受力需要调整截面尺寸，所以用钢较为节省。当荷载或跨度较大且梁高又受限制或抗扭要求较高时，可采用双腹板式的箱形截面，如图 3-42（e）所示，但其制造费工，施焊不易，且用钢量较高。

钢梁按荷载作用情况的不同可分为单向弯曲梁和双向弯曲梁。如工作平台梁、楼盖梁等只在一个平面内受弯，属于单向弯曲梁；而吊车梁、檩条、墙梁等在两个主要平面内受弯，属于双向弯曲梁。

钢梁按支承情况的不同可以分为简支梁、悬臂梁及连续梁等。

3.3.2 钢梁正常工作需满足的要求

钢梁正常工作需满足强度、刚度、整体稳定和局部稳定四个方面的要求。为了保证安全适用、经济合理，梁的设计必须同时考虑两种极限状态。第一种极限状态即承载能力极限状态，在钢梁的设计中包括强度、整体稳定性和局部稳定性三个方面。第二种极限状态即正常使用极限状态，在钢梁的设计中主要考虑梁的刚度。

1. 钢梁的强度

梁在承受弯矩作用时，一般还伴随有剪力作用，有时局部还有压力作用，故对于钢梁要保证强度安全，就应要求在设计荷载作用下梁的正压力、剪应力及局部压应力不超过规范规定的强度设计值。对于梁内有正应力、剪应力及局部压应力共同作用处，还应验算其折算应力。

（1）抗弯强度

梁在弯矩作用下，截面上正应力的发展过程可分为三个阶段，即弹性工作阶段、弹塑性工作阶段和塑性工作阶段，如图 3-43 所示。

梁按塑性工作状态设计可以取得一定的经济效益，但若截面上塑性过分发展，则不仅会导致梁的挠度过大，而且受压翼缘可能过早失去局部稳定，因此，《钢结构设计标准》GB 50017—2017 用截面塑性发展系数 γ 限制截面的塑性发展深度，即只考虑部分截面发展塑性。因此梁的抗弯强度应按下式计算：

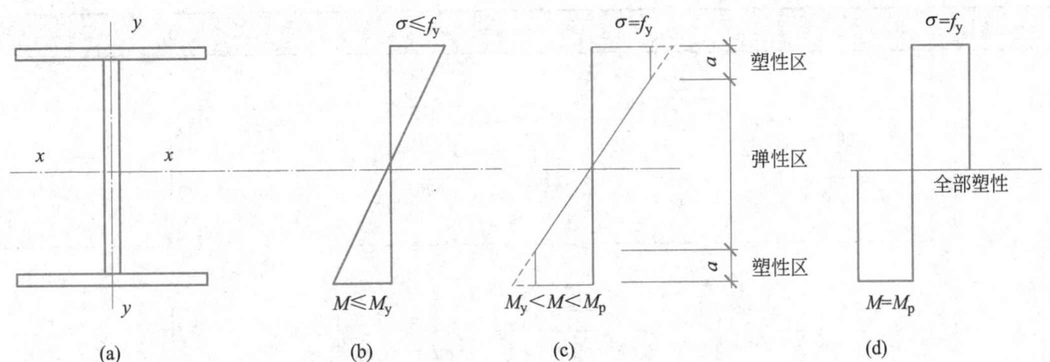

图 3-43　各荷载阶段梁截面上的正应力分布

单向弯曲时：

$$\frac{M_x}{\gamma_x W_{nx}} \leqslant f \tag{3-36}$$

双向弯曲时：

$$\frac{M_x}{\gamma_x W_{nx}} + \frac{M_y}{\gamma_y W_{ny}} \leqslant f \tag{3-37}$$

式中：M_x、M_y ——同一截面处绕 x 轴和 y 轴的弯矩设计值（对工字形截面：x 轴为强轴，y 轴为弱轴）；

W_{nx}、W_{ny} ——对 x 轴和 y 轴的净截面模量，当截面板件宽厚比等级为 S1、S2、S3 或 S4 级时，应取全截面模量，当截面板件宽厚比等级为 S5 级时，应取有效截面模量，均匀受压翼缘有效外伸宽度可取 $15\sqrt{\frac{235}{f_y}}$，腹板有效截面可按《钢结构设计标准》GB 50017—2017 第 8.4.2 条的规定采用；

γ_x、γ_y ——截面塑性发展系数；

f ——钢材的抗弯强度设计值，见附表 1。

截面塑性发展系数应按下列规定取值：

1）对工字形和箱形截面，当截面板件宽厚比等级为 S4 或 S5 级时，截面塑性发展系数应取为 1.0，当截面板件宽厚比等级为 S1、S2 及 S3 时，截面塑性发展系数应按下列规定取值：

① 工字形截面（x 轴为强轴，y 轴为弱轴）：$\gamma_x = 1.05$，$\gamma_y = 1.20$；

② 箱形截面：$\gamma_x = \gamma_y = 1.05$。

2）其他截面的塑性发展系数可按表 3-7 采用。

3）对需要计算疲劳的梁，宜取 $\gamma_x = \gamma_y = 1.0$。

截面塑性发展系数 γ_x、γ_y　　表 3-7

项次	截面形式	γ_x	γ_y
1	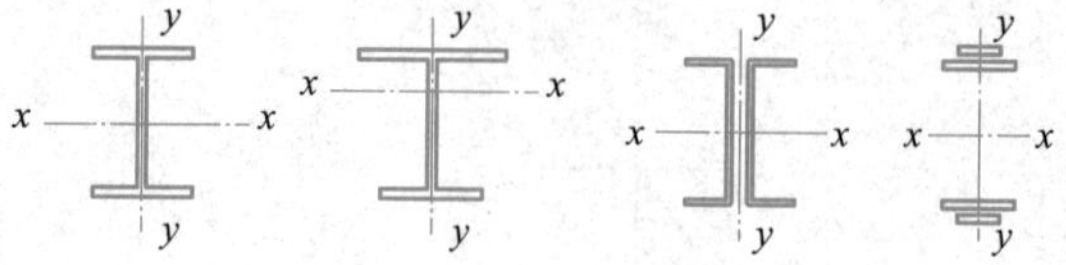	1.05	1.2
2	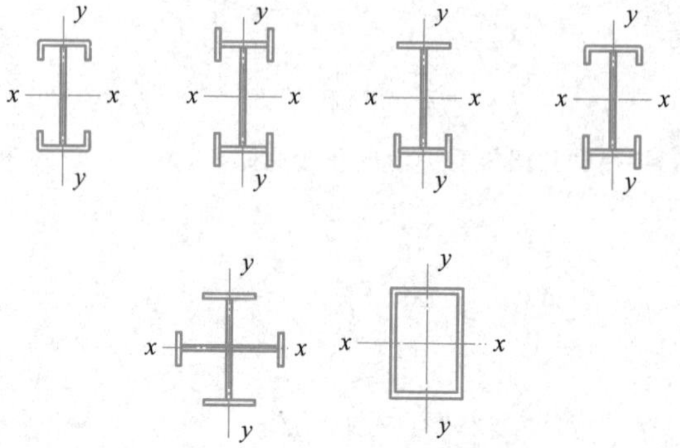		1.05
3	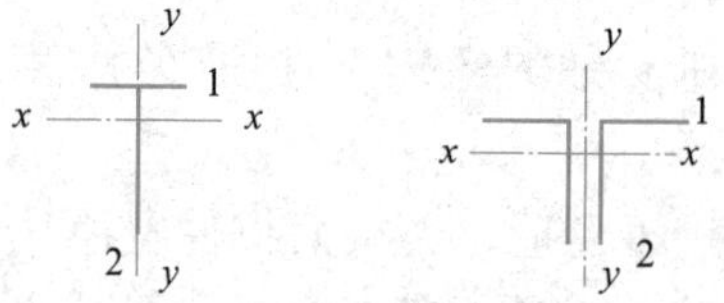	$\gamma_{x1}=1.05$ $\gamma_{x2}=1.2$	1.2
4	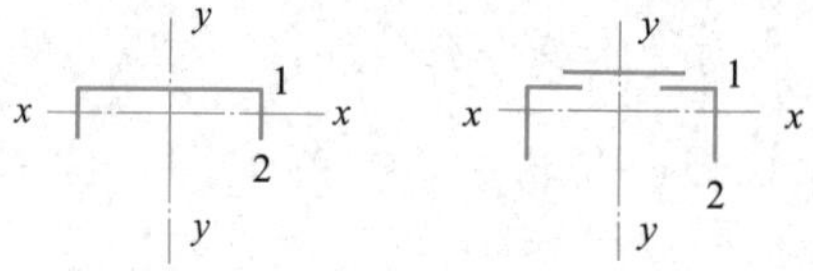		1.05
5	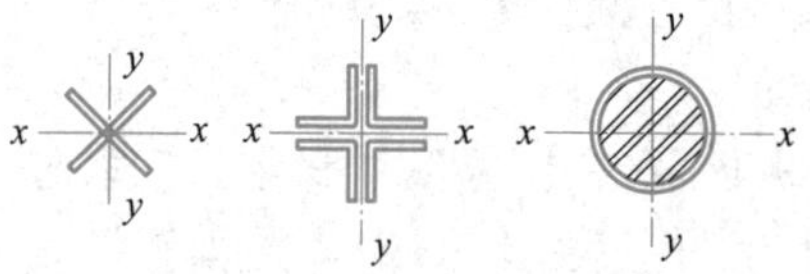	1.2	1.2
6	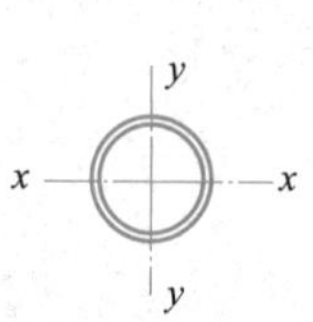	1.15	1.15

续表

项次	截面形式	γ_x	γ_y
7		1.0	1.05
8			1.0

（2）抗剪强度

《钢结构设计标准》GB 50017—2017 以截面的最大剪应力达到钢材的抗剪屈服强度作为抗剪承载力的极限状态。受剪强度应按下式计算：

$$\tau = \frac{VS}{It_w} \leqslant f_v \tag{3-38}$$

式中：V——计算截面沿腹板平面作用的剪力设计值；

I——构件的毛截面惯性矩；

S——计算剪应力处以上（或以下）毛截面对中和轴的面积矩；

t_w——构件的腹板厚度；

f_v——钢材的抗剪强度设计值，见附表 1。

当抗剪强度不满足设计要求时，常采用加大腹板厚度的办法来增加梁的抗剪强度。

（3）局部承压强度

当梁上翼缘承受移动集中荷载［吊车轮压，如图 3-44（a）所示］作用时，或承受沿腹板平面作用的固定集中荷载，且该处又未设支撑加劲肋时，如图 3-44（b）所示，腹板上边缘局部范围的压应力可能达到钢材的抗压屈服强度，为保证这部分腹板不致受压破坏，必须对集中荷载引起的腹板局部横向压应力进行计算。计算时通常假定集中荷载从作用点处在 h_y 高度范围内以 1∶2.5 的斜率，在 h_R 高度范围内以 1∶1 的斜率扩撒，并均匀

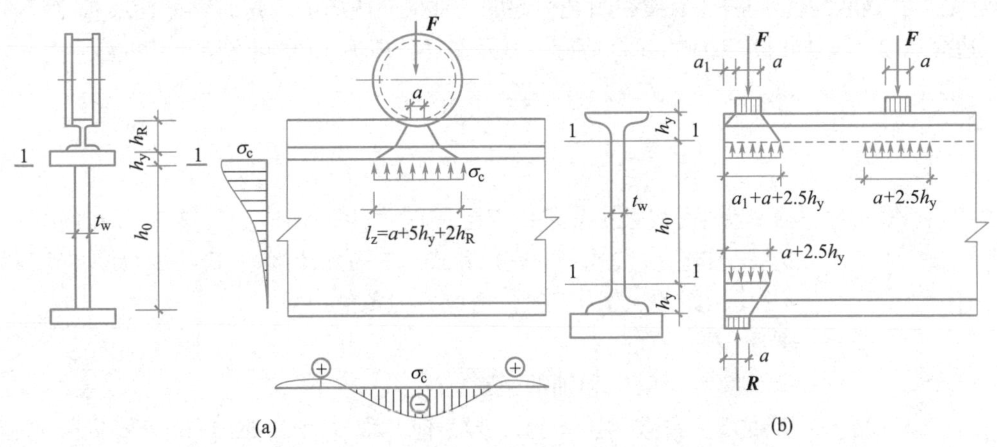

图 3-44　局部压应力

分布于腹板的计算高度边缘。

梁的局部承压强度可按下式计算：

$$\sigma_c = \frac{\psi F}{t_w l_z} \leqslant f \tag{3-39}$$

$$l_z = 3.25\sqrt[3]{\frac{I_R + I_f}{t_w}} \tag{3-40}$$

或

$$l_z = a + 5h_y + 2h_R \tag{3-41}$$

式中：F——集中荷载设计值，对动力荷载应考虑动力系数；

ψ——集中荷载增大系数，对于重级工作制吊车梁，$\psi=1.35$；对其他梁，$\psi=1.0$；

l_z——集中荷载在腹板计算高度上边缘的假定分布长度，宜按式（3-40）计算，也可采用简化式（3-41）计算；

I_R——轨道绕自身形心轴的惯性矩；

I_f——梁上翼缘绕翼缘中面的惯性矩；

a——集中荷载沿梁跨度方向的支承长度，对钢轨上的轮压可取50mm；

h_y——自梁顶面至腹板计算高度上边缘的距离；对焊接梁为上翼缘厚度，对轧制工字形截面梁为梁顶面到腹板过渡完成点的距离；

h_R——轨道的高度，对梁顶无轨道的梁取值为0；

f——钢材的抗压强度设计值。

在梁的支座处，当不设置支承加劲肋时，也应按式（3-39）计算腹板计算高度下边缘的局部压应力，但 ψ 取1.0。支座集中反力的假定分布长度，应根据支座具体尺寸按式（3-41）计算。

当计算不能满足时，对承受固定集中荷载处或支座处，可通过设置横向加劲肋予以加强，也可修改截面尺寸；当承受移动集中荷载时，则只能修改截面尺寸。

（4）折算应力

在组合梁的腹板计算高度边缘处若同时受有较大的正应力、剪应力和局部压应力，或同时受有较大的正应力和剪应力（如连续梁支座处或梁的翼缘截面改变处等）时，应按复杂应力状态计算其折算应力。例如，如图3-45所示对于受集中荷载作用的梁，在跨中截面处，弯矩及剪力均为最大值，同时还有集中荷载引起的局部横向压应力，这时梁截面腹板（计算高度）边缘 A 点处，同时有正应力 σ、剪应力 τ 及局部压应力 σ_c 共同作用，其折算应力为：

$$\sqrt{\sigma^2 + \sigma_c^2 - \sigma\sigma_c + 3\tau^2} \leqslant \beta_1 f \tag{3-42}$$

$$\sigma = \frac{M}{I_n} y_1 \tag{3-43}$$

式中：σ、τ、σ_c——腹板计算高度边缘同一点上同时产生的正应力、剪应力和局部压应力，τ 和 σ_c 应按式（3-38）和式（3-39）计算，σ 应按式（3-43）计算，σ 和 σ_c 以拉应力为正值，压应力为负值；

I_n——梁净截面惯性矩；

y_1——所计算点至梁中和轴的距离；

β_1——强度增大系数；当 σ 与 σ_c 异号时，取 $\beta_1=1.2$；当 σ 与 σ_c 同号或 $\sigma_c=0$ 时，取 $\beta_1=1.1$。

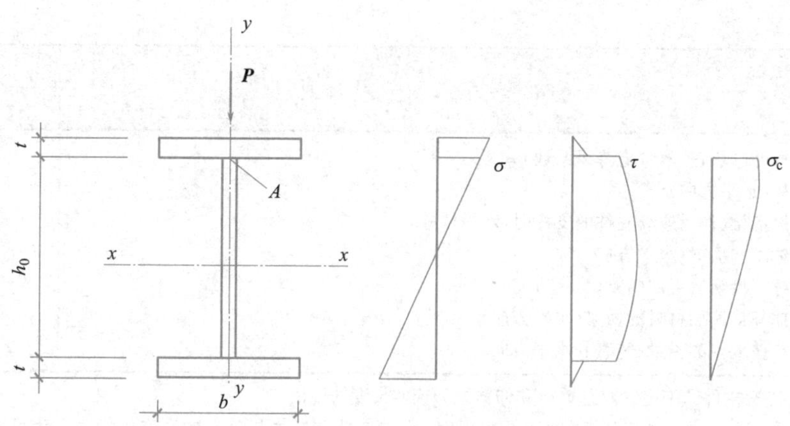

图 3-45　折算应力的验算截面

2. 钢梁的刚度

梁必须具有一定的刚度才能保证正常使用。刚度不足时，会产生较大的挠度。如平台挠度过大，会使人产生不舒适和不安全感，并影响操作；吊车梁挠度过大，可能使吊车不能正常运行，因此需按下式验算梁的刚度：

$$v \leqslant [v] \tag{3-44}$$

式中：v——荷载标准值作用下梁的最大挠度；

$[v]$——梁的挠度容许值，见表 3-8。

受弯构件的挠度容许值　　　　表 3-8

项次	构件类别	挠度容许值	
		$[v_T]$	$[v_Q]$
1	吊车梁和吊车桁架(按自重和起重量最大的一台吊车计算挠度) 1)手动起重机和单梁起重机(含悬挂起重机) 2)轻级工作制桥式起重机 3)中级工作制桥式起重机 4)重级工作制桥式起重机	 $l/500$ $l/750$ $l/900$ $l/1000$	—
2	手动或电动葫芦的轨道梁	$l/400$	—
3	有重轨(重量等于或大于 38kg/m)轨道的工作平台梁 有轻轨(重量等于或小于 24kg/m)轨道的工作平台梁	$l/600$ $l/400$	—
4	楼(屋)盖梁或桁架，工作平台梁(第 3 项除外)和平台板 1)主梁或桁架(包括设有悬挂起重设备的梁和桁架) 2)仅支承压型金属板屋面和冷弯型钢檩条 3)除支承压型金属板屋面和冷弯型钢檩条外，尚有吊顶 4)抹灰顶棚的次梁 5)除 1)～4)款外的其他梁(包括楼梯梁) 6)屋盖檩条 支承压型金属板屋面者 支承其他屋面材料者 有吊顶 7)平台板	 $l/400$ $l/180$ $l/240$ $l/250$ $l/250$ $l/150$ $l/200$ $l/240$ $l/150$	 $l/500$ $l/350$ $l/300$ — — — —

续表

项次	构件类别	挠度容许值	
		$[v_T]$	$[v_Q]$
5	墙梁构件(风荷载不考虑阵风系数)		
	1)支柱(水平方向)	—	$l/400$
	2)抗风桁架(作为连续支柱的支撑时,水平位移)	—	$l/1000$
	3)砌体墙的横梁(水平方向)	—	$l/300$
	4)支撑压型金属板的横梁(水平方向)	—	$l/100$
	5)支撑其他墙面材料的横梁(水平方向)	—	$l/200$
	6)带有玻璃窗的横梁(竖直和水平方向)	$l/200$	$l/200$

注：1. l 为受弯构件的跨度（对悬臂梁和伸臂梁为悬伸长度的 2 倍）；

2. $[v_T]$ 为永久和可变荷载标准值产生的挠度（如有起拱应减去拱度）的容许值，$[v_Q]$ 为可变荷载标准值产生的挠度的容许值；

3. 当吊车梁或吊车桁架跨度大于 12m 时，其挠度容许值 $[v_T]$ 应乘以 0.9 的系数；

4. 当墙面采用延性材料或与结构采用柔性连接时，墙架构件的支柱水平位移容许值可采用 $l/300$，抗风桁架（作为连续支柱的支撑时）水平位移容许值可采用 $l/800$。

3. 钢梁的整体稳定

(1) 整体稳定的概念

梁的最大刚度平面内，受有垂直荷载作用时，如梁的侧面未设支承点或支承点很少，在荷载作用下，梁将发生侧向弯曲（绕弱轴弯曲）和扭转，并丧失继续承载的能力，这种现象叫梁的弯曲扭转屈曲（弯扭屈曲）或梁丧失整体稳定。

现以工字形截面梁为例对梁的整体稳定概念作进一步阐述（图 3-46）。从受力特性上看，梁上部受压、下部受拉，当压应力增加到一定数值时，受压翼缘将沿其侧向压曲，并带动梁整个截面一起侧向位移，即整体失稳。梁失稳时表现为不同程度（受压翼缘大，受拉翼缘小）侧向变形的弯扭屈曲，因此梁丧失整体稳定，又称为梁发生侧向弯曲扭转屈曲。

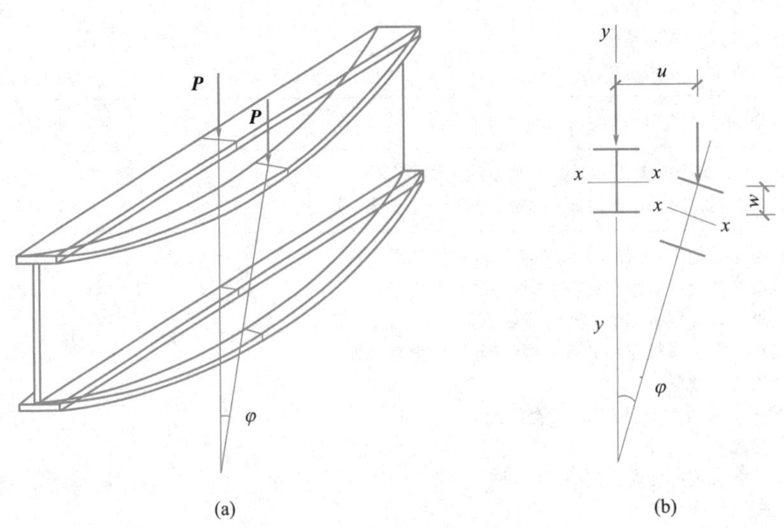

图 3-46　梁丧失整体稳定

(2) 梁整体稳定计算

1) 梁整体稳定性应按下式计算：

$$\frac{M_x}{\varphi_b W_x f} \leqslant 1.0 \tag{3-45}$$

式中：M_x——绕强轴作用的最大弯矩设计值；

W_x——按受压最大纤维确定的梁毛截面模量，当截面板件宽厚比等级为 S1、S2、S3 或 S4 级时，应取全截面模量，当截面板件宽厚比等级为 S5 级时，应取有效截面模量，均匀受压翼缘有效外伸宽度可取 $15\sqrt{\frac{235}{f_y}}$，腹板有效截面可按《钢结构设计标准》GB 50017—2017 第 8.4.2 条的规定采用；

φ_b——梁的整体稳定系数。

注：① 当铺板密铺在梁的受压翼缘上并与其牢固相连，能阻止梁受压翼缘的侧向位移时，可不计算梁的整体稳定性。

② 当箱形截面简支梁符合①的要求或其截面尺寸（图 3-47）满足 $h/b_0 \leqslant 6$，$l_1/b_0 \leqslant 95\frac{235}{f_y}$ 时，可不计算整体稳定性，l_1 为受压翼缘侧向支承点间的距离（梁的支座处视为有侧向支承）。

③ 梁的支座处应采取构造措施，以防止梁端截面的扭转。当简支梁仅腹板与相邻构件相连，钢梁稳定性计算时侧向支承点距离应取实际距离的 1.2 倍。

当梁的整体稳定承载力不足时，可采用加大梁的截面尺寸，以增大受压翼缘的宽度最有效。

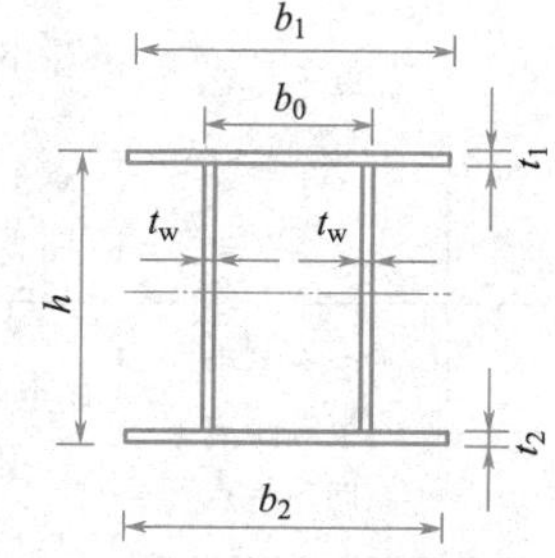

图 3-47　箱形截面

2) 梁的整体稳定系数 φ_b

① 等截面焊接工字形和轧制 H 型钢简支梁的整体稳定系数 φ_b 应按下列公式计算：

$$\varphi_b = \beta_b \frac{4320Ah}{\lambda_y^2 W_x}\left[\sqrt{1+\left(\frac{\lambda_y t_1}{4.4h}\right)^2} + \eta_b\right]\varepsilon_k \tag{3-46}$$

式中：β_b——梁整体稳定的等效弯矩系数，应按表 3-9 采用；

λ_y——梁在侧向支承点间对截面弱轴 y-y 的长细比，$\lambda_y = \frac{l_1}{i_y}$；

A——梁的毛截面面积；

h、t_1——梁截面的全高和受压翼缘厚度，等截面铆接（或高强度螺栓连接）简支梁，其受压翼缘厚度包括翼缘角钢厚度在内；

η_b——截面不对称影响系数，对双轴对称截面［如图 3-48（a）（d）所示］，$\eta_b = 0$；对单轴对称截面［如图 3-48（b）（c）所示］，加强受压翼缘 $\eta_b = 0.8(2\alpha_b - 1)$，加强受拉翼缘 $\eta_b = 2\alpha_b - 1$，其中 $\alpha_b = \frac{I_1}{I_1 + I_2}$；

ε_k——钢号修正系数，$\varepsilon_k = \sqrt{\frac{235}{f_y}}$；

l_1——梁受压翼缘侧向支承点之间的距离；

i_y——梁毛截面对 y 轴的回转半径；

I_1、I_2——分别为受压翼缘和受拉翼缘对 y 轴的惯性矩。

《钢结构设计标准》GB 50017—2017 规定：按公式（3-46）算得的 $\varphi_b > 0.6$ 时，应用下式计算的 φ'_b 代替 φ_b 值：

$$\varphi'_b = 1.07 - \frac{0.282}{\varphi_b} \leqslant 1.0 \tag{3-47}$$

H 型钢和等截面工字形简支梁的系数 β_b 表 3-9

项次	侧向支承	荷载		$\xi \leqslant 2.0$	$\xi > 2.0$	适用范围
1	跨中无侧向支撑	均布荷载作用在	上翼缘	$0.69+0.13\xi$	0.95	图 3-48(a)(b)(d)的截面
2			下翼缘	$1.73-0.20\xi$	1.33	
3		集中荷载作用在	上翼缘	$0.73+0.18\xi$	1.09	
4			下翼缘	$2.23-0.28\xi$	1.67	
5	跨度中点有一个侧向支点	均布荷载作用在	上翼缘	1.15		图 3-48 中所有截面
6			下翼缘	1.40		
7		集中荷载作用在截面高度上任意位置		1.75		
8	跨中有不少于两个等距离侧向支承点	任意荷载作用在	上翼缘	1.20		
9			下翼缘	1.40		
10	梁端有弯矩，但跨中无荷载作用			$1.75-1.05\left(\frac{M_2}{M_1}\right)+0.3\left(\frac{M_2}{M_1}\right)^2$，但 $\leqslant 2.3$		

注：1. ξ 为参数，$\xi=\frac{l_1 t_1}{b_1 h}$，其中 b_1 为受压翼缘宽度；

2. M_1 和 M_2 为梁的端弯矩，使梁产生同向曲率时 M_1 和 M_2 取同号，产生反向曲率时取异号，$|M_1| \geqslant |M_2|$；

3. 表中项次 3、4 和 7 的集中荷载是指一个或少数几个集中荷载位于跨中央附近的情况，对其他情况的集中荷载，应按表中项次 1、2、5、6 内的数值采用；

4. 表中项次 8、9 的 β_b，当集中荷载作用在侧向支撑点处时，取 $\beta_b=1.20$；

5. 荷载作用在上翼缘系指荷载作用点在翼缘表面，方向指向截面形心；荷载作用在下翼缘系指荷载作用点在翼缘表面，方向背向截面形心；

6. 对 $\alpha_b > 0.8$ 的加强受压翼缘工字形截面，下列情况的 β_b 值应乘以相应的系数：

项次 1：当 $\xi \leqslant 1.0$ 时，乘以 0.95；项次 3：当 $\xi \leqslant 0.5$ 时，乘以 0.90；当 $0.5 < \xi \leqslant 1.0$ 时，乘以 0.95。

② 轧制普通工字形简支梁的整体稳定系数 φ_b 应按表 3-10 采用，当所得的 φ_b 值大于 0.6 时，应取式（3-47）算得的代替值。

③ 均匀弯曲的受弯构件，当 $\lambda_y \leqslant 120\varepsilon_k$ 时，其整体稳定系数 φ_b 可按下列近似公式计算：

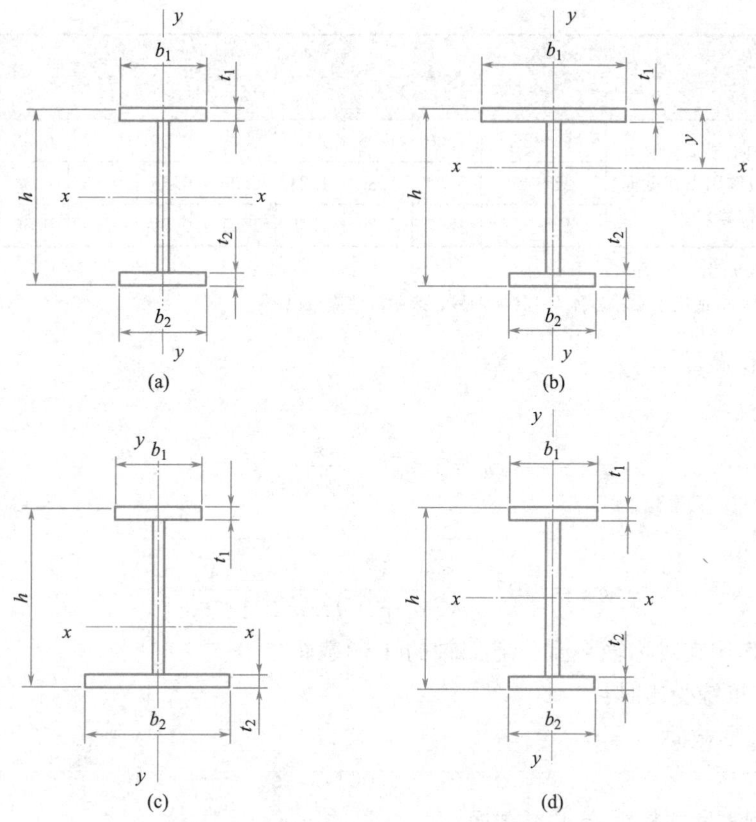

图 3-48　焊接工字形和轧制 H 型钢

（a）双轴对称焊接工字形截面；（b）加强受压翼缘的单轴对称焊接工字形截面；（c）加强受拉翼缘的单轴对称焊接工字形截面；（d）轧制 H 型钢截面

轧制普通工字钢简支梁的 φ_b　　表 3-10

项次	荷载情况			工字钢型号	自由长度 l_1（mm）								
					2	3	4	5	6	7	8	9	10
1	跨中无侧向支撑点的梁	集中荷载作用于	上翼缘	10～20	2.00	1.30	0.99	0.80	0.68	0.58	0.53	0.48	0.43
				22～32	2.40	1.48	1.09	0.86	0.72	0.62	0.54	0.49	0.45
				36～63	2.80	1.60	1.07	0.83	0.68	0.56	0.50	0.45	0.40
2			下翼缘	10～20	3.10	1.95	1.34	1.01	0.82	0.69	0.63	0.57	0.52
				22～40	5.50	2.80	1.84	1.37	1.07	0.86	0.73	0.64	0.56
				45～63	7.30	3.60	2.30	1.62	1.20	0.96	0.80	0.69	0.60
3		均布荷载作用于	上翼缘	10～20	1.70	1.12	0.84	0.68	0.57	0.50	0.45	0.41	0.37
				22～40	2.10	1.30	0.93	0.73	0.60	0.51	0.45	0.40	0.36
				45～63	2.60	1.45	0.97	0.73	0.59	0.50	0.44	0.38	0.35
4			下翼缘	10～20	2.50	1.55	1.08	0.83	0.68	0.56	0.52	0.47	0.42
				22～40	4.00	2.20	1.45	1.10	0.85	0.70	0.60	0.52	0.46
				45～63	5.60	2.80	1.80	1.25	0.95	0.78	0.65	0.55	0.49

续表

项次	荷载情况	工字钢型号	自由长度 l_1 (mm)								
			2	3	4	5	6	7	8	9	10
5	跨中有侧向支撑点的梁（不论荷载作用点在截面高度上的位置）	10～20	2.20	1.39	1.01	0.79	0.66	0.57	0.52	0.47	0.42
		22～40	3.00	1.80	1.24	0.96	0.76	0.65	0.56	0.49	0.43
		45～63	4.00	2.20	1.38	1.01	0.80	0.66	0.56	0.49	0.43

注：1. 同表 3-9 的注 3、注 5；

2. 表中的 φ_b 适用于 Q235 钢。对其他钢号，表中数值应乘以 ε_k^2。

a）工字形截面：

双轴对称

$$\varphi_b = 1.07 - \frac{\lambda_y^2}{44000\varepsilon_k^2} \tag{3-48}$$

单轴对称

$$\varphi_b = 1.07 - \frac{W_x}{(2\alpha_b + 0.1)Ah} \cdot \frac{\lambda_y^2}{14000\varepsilon_k^2} \tag{3-49}$$

b）弯矩作用在对称轴平面，绕 x 轴的 T 形截面：

当弯矩使翼缘受压时：

双角钢 T 形截面

$$\varphi_b = 1 - 0.0017\lambda_y/\varepsilon_k \tag{3-50}$$

剖分 T 型钢和两板组合 T 形截面

$$\varphi_b = 1 - 0.0022\lambda_y/\varepsilon_k \tag{3-51}$$

当弯矩使翼缘受拉且腹板宽厚比不大于 $18\varepsilon_k$ 时：

$$\varphi_b = 1 - 0.0005\lambda_y/\varepsilon_k \tag{3-52}$$

当按式（3-48）和式（3-49）算得的 φ_b 值大于 1.0 时，取 $\varphi_b = 1.0$。

④ 轧制槽钢简支梁的整体稳定系数以及双轴对称工字形等截面悬臂梁的整体稳定系数分别按《钢结构设计标准》GB 50017—2017 附录 C.0.3 以及 C.0.4 条计算。

4. 钢梁的局部稳定

组合梁一般由翼缘和腹板焊接而成，如果采用的板件宽（高）而薄，板中压应力或剪应力达到某数值后，腹板或受压翼缘有可能偏离其平面位置，出现波形凸曲，这种现象称为梁局部失稳，如图 3-49 所示。热轧型钢板件宽厚比较小，能满足局部稳定要求，不需要计算。

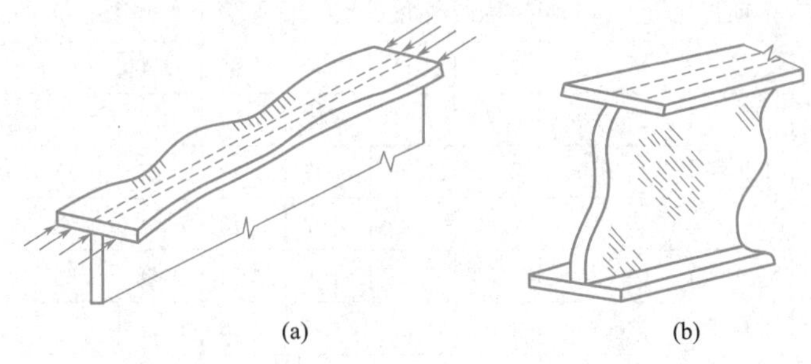

图 3-49 梁局部失稳

（1）截面板件宽厚比等级及限值

进行受弯和压弯构件计算时，截面板件宽厚比等级及限值应符合表 3-11 的规定，其中参数 α_0 应按下式计算：

$$\alpha_0=\frac{\sigma_{max}-\sigma_{min}}{\sigma_{max}} \tag{3-53}$$

式中：σ_{max}——腹板计算边缘的最大压应力；

σ_{min}——腹板计算高度另一边缘相应的应力，压应力取正值，拉应力取负值。

压弯和受弯构件的截面板件宽厚比等级及限值　　表 3-11

构件	截面板件宽厚比等级		S1 级	S2 级	S3 级	S4 级	S5 级
压弯构件（框架柱）	H 形截面	翼缘 b/t	$9\varepsilon_k$	$11\varepsilon_k$	$13\varepsilon_k$	$15\varepsilon_k$	20
		腹板 h_0/t_w	$(33+13\alpha_0^{1.3})\varepsilon_k$	$(38+13\alpha_0^{1.39})\varepsilon_k$	$(40+18\alpha_0^{1.5})\varepsilon_k$	$(45+25\alpha_0^{1.66})\varepsilon_k$	250
	箱形截面	壁板（腹板）间翼缘 b_0/t	$30\varepsilon_k$	$35\varepsilon_k$	$40\varepsilon_k$	$45\varepsilon_k$	—
	圆钢管截面	径厚比 D/t	$50\varepsilon_k^2$	$70\varepsilon_k^2$	$90\varepsilon_k^2$	$100\varepsilon_k^2$	—
受弯构件（梁）	工字形截面	翼缘 b/t	$9\varepsilon_k$	$11\varepsilon_k$	$13\varepsilon_k$	$15\varepsilon_k$	20
		腹板 h_0/t_w	$65\varepsilon_k$	$72\varepsilon_k$	$93\varepsilon_k$	$124\varepsilon_k$	250
	箱形截面	壁板（腹板）间翼缘 b_0/t	$25\varepsilon_k$	$32\varepsilon_k$	$37\varepsilon_k$	$42\varepsilon_k$	—

注：1. ε_k 为钢号修正系数，其值为 235 与钢材牌号中屈服点数值的比值的平方根；

2. b 为工字形、H 形截面的翼缘外伸宽度，t、h_0、t_w 分别是翼缘厚度、腹板净高和腹板厚度，对轧制型截面，腹板净高不包括翼缘腹板过渡处圆弧段；对于箱形截面，b_0、t 分别为壁板间的距离和壁板厚度；D 为圆管截面外径；

3. 箱形截面梁及单向受弯的箱形截面柱，其腹板限值可根据 H 形截面腹板采用；

4. 腹板的宽厚比可通过设置加劲肋减小；

5. 当按国家标准《建筑抗震设计规范》GB 50011—2010（2016 年版）第 9.2.14 条第 2 款的规定设计，且 S5 级截面的板件宽厚比小于 S4 级经 ε_σ 修正的板件宽厚比时，可视作 C 类截面，归属为 S4 级截面，ε_σ 为应力修正因子，$\varepsilon_\sigma=\sqrt{f_y/\sigma_{max}}$。

（2）加劲肋的设置

为了提高腹板的稳定性，可增加腹板的厚度，也可设置加劲肋，设置加劲肋更为经济。对于由剪应力和局部压应力引起的受剪屈曲，应设置横向加劲肋，对于由弯曲应力引起的受弯屈曲，应设置纵向加劲肋，局部压应力很大的梁，必要时尚宜在受压区配置短加劲肋。

焊接截面梁腹板配置加劲肋应符合下列规定：

1）当 $h_0/t_w\leqslant 80\varepsilon_k$ 时，对有局部压应力的梁，宜按构造配置横向加劲肋；当局部压应力较小时，可不配置加劲肋。

2）直接承受动力荷载的吊车梁及类似构件，应按下列规定配置加劲肋（图 3-50）：

① 当 $h_0/t_w > 80\varepsilon_k$ 时，应配置横向加劲肋。

② 当受压翼缘扭转受到约束且 $h_0/t_w > 170\varepsilon_k$，受压翼缘扭转未受到约束且 $h_0/t_w > 150\varepsilon_k$，或按计算需要时，应在弯曲应力较大区格的受压区增加配置纵向加劲肋。局部压应力很大的梁，必要时尚宜在受压区配置短加劲肋；对单轴对称梁，当确定是否要配置纵向加劲肋时，h_0 应取腹板受压区高度 h_c 的 2 倍。

3）不考虑腹板屈曲后强度时，当 $h_0/t_w > 80\varepsilon_k$ 时，宜配置横向加劲肋。

4）h_0/t_w 不宜超过 250。

5）梁的支座处和上翼缘受有较大固定集中荷载处，宜设置支承加劲肋。

6）腹板的计算高度 h_0 应按下列规定采用：对轧制型钢梁，为腹板与上、下翼缘相接处两内弧起点间的距离；对焊接截面梁，为腹板高度；对高强度螺栓连接（或铆接）梁，为上、下翼缘与腹板连接的高强度螺栓（或铆钉）线间最近距离（图 3-50）。

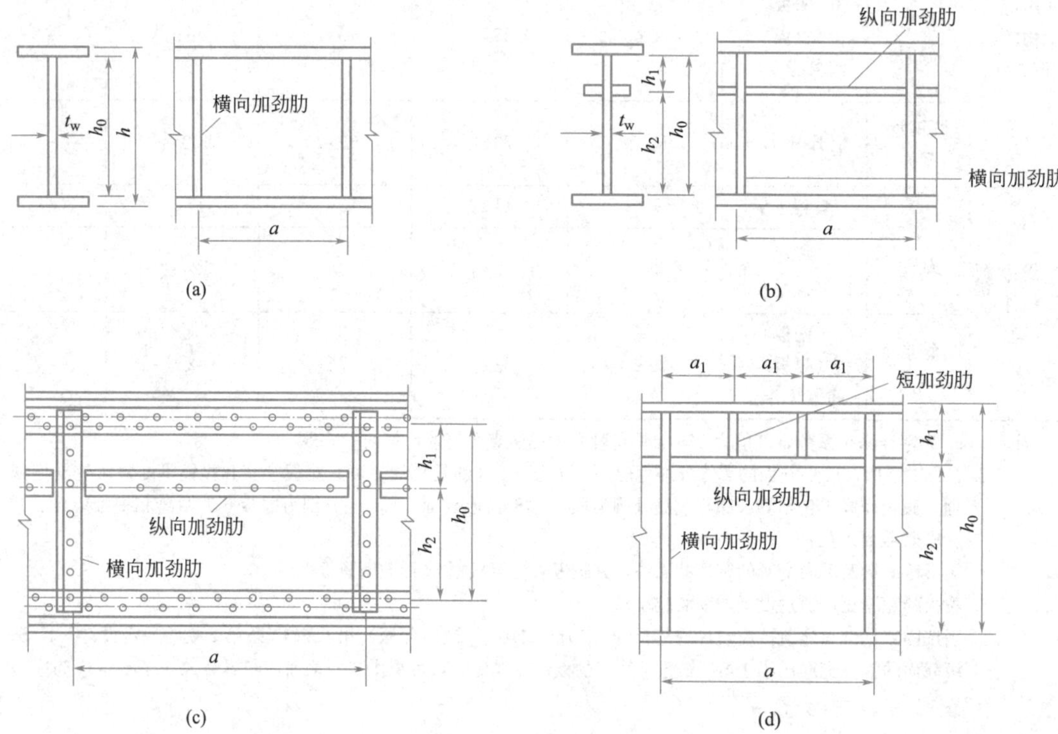

图 3-50 加劲肋布置

（3）加劲肋的构造要求

1）加劲肋一般采用钢板制作，宜在腹板两侧对称配置，也可单侧配置，但对于支承加劲肋、重级工作制吊车梁的加劲肋不应单侧配置。

2）横向加劲肋的最小间距应为 $0.5h_0$，除无局部压应力的梁，当 $h_0/t_w \leqslant 100$ 时，最大间距可采用 $2.5h_0$ 外，最大间距应为 $2h_0$。纵向加劲肋至腹板计算高度受压边缘的距离应为 $h_c/2.5 \sim h_c/2$，h_c 为梁腹板弯曲受压区高度，对双轴对称截面 $2h_c = h_0$。

3）在腹板两侧成对配置的钢板横向加劲肋，其截面尺寸应符合下列公式规定：

外伸宽度：

$$b_s = \frac{h_0}{30} + 40(\text{mm}) \tag{3-54}$$

厚度：承压加劲肋 $t_s \geqslant \frac{b_s}{15}$，不受力加劲肋 $t_s \geqslant \frac{b_s}{19}$　　(3-55)

4）在腹板一侧配置的横向加劲肋，其外伸宽度应大于按式（3-54）算得的 1.2 倍，厚度应符合式（3-55）的规定。

5）在同时采用横向加劲肋和纵向加劲肋加强的腹板中，应在其相交处切断纵向肋而使横向肋保持连续（图 3-51）。此时，横向加劲肋的截面尺寸除符合上述规定外，其截面惯性矩 I_z 尚应符合下式要求：

$$I_z \geqslant 3h_0 t_w^3 \tag{3-56}$$

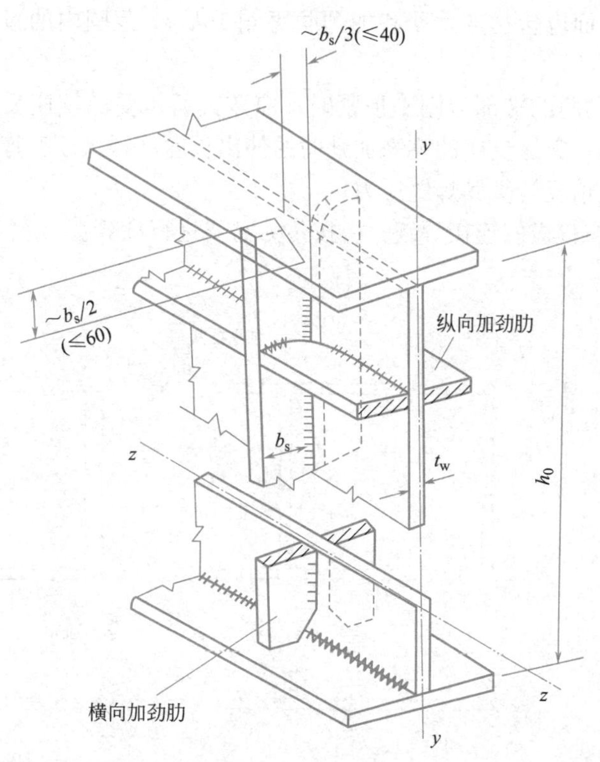

图 3-51　加劲肋

纵向加劲肋的截面惯性矩 I_y，应符合下列公式要求：

当 $a/h_0 \leqslant 0.85$ 时，$I_y \geqslant 1.5h_0 t_w^3$　　(3-57)

当 $a/h_0 > 0.85$ 时，$I_y \geqslant \left(2.5 - 0.45\frac{a}{h_0}\right)\left(\frac{a}{h_0}\right)^2 h_0 t_w^3$　　(3-58)

6）短加劲肋的最小间距为 $0.75h_1$。短加劲肋外伸宽度应取横向加劲肋外伸宽度的 0.7～1.0 倍，厚度不应小于短加劲肋外伸宽度的 1/15。

7）用型钢（H 型钢、工字钢、槽钢、肢尖焊于腹板的角钢）做成的加劲肋，其截面惯性矩不得小于相应钢板加劲肋的惯性矩。在腹板两侧成对配置的加劲肋，其截面惯性矩应按梁腹板中心线为轴线进行计算。在腹板一侧配置的加劲肋，其截面惯性矩应按加劲肋相连的腹板边缘为轴线进行计算。

8）焊接梁的横向加劲肋与翼缘板、腹板相接处应切角，当作为焊接工艺孔时，切角宜采用半径 $R=30$mm 的 1/4 圆弧。

此外，为了避免焊缝交叉，在加劲肋端部应切去宽约 $b_s/3$，高约 $b_s/2$ 的斜角。对直接承受动力荷载的梁（如吊车梁），中间横向加劲肋下端不应与受拉翼缘焊接，一般在距受拉翼缘 50～100mm 处断开。

（4）支承加劲肋的构造

支承加劲肋系指承受固定集中荷载或者支座反力的横向加劲肋（图 3-52）。梁的支承加劲肋应符合下列规定：

1）应按承受梁支座反力或固定集中荷载的轴心受压构件计算其在腹板平面外的稳定性；此受压构件的截面应包括加劲肋和加劲肋每侧 $15h_w\varepsilon_k$ 范围内的腹板面积，计算长度取 h_0；

2）当梁支承加劲肋的端部为刨平顶紧时，应按其所承受的支座反力或固定集中荷载计算其端面承压应力；突缘支座的突缘加劲肋的伸出长度不得大于其厚度的 2 倍；当端部为焊接时，应按传力情况计算其焊缝应力；

3）支承加劲肋与腹板的连接焊缝，应按传力需要进行计算。

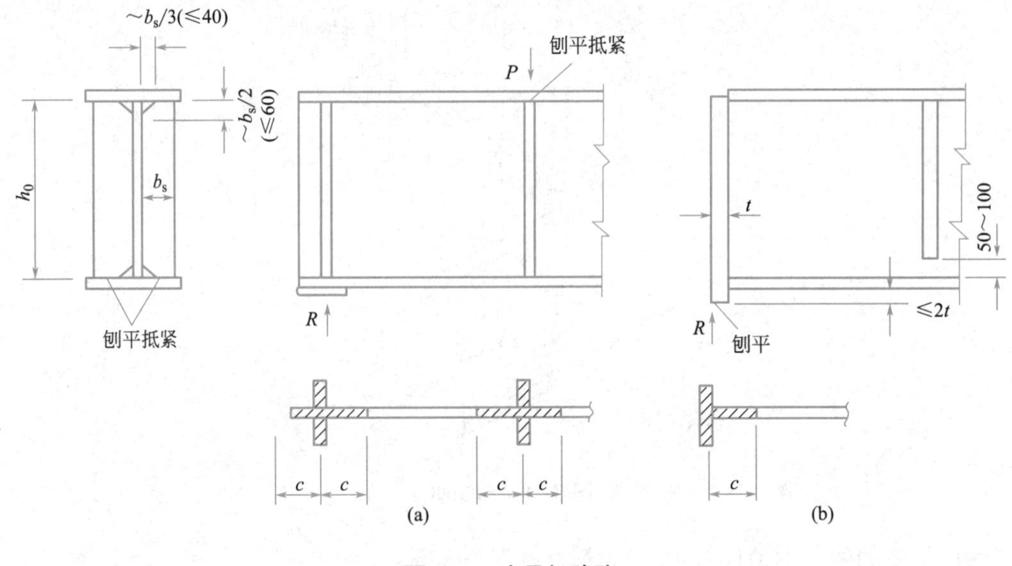

图 3-52　支承加劲肋

3.3.3　钢梁的连接

1. 梁的拼接

梁的拼接按施工条件分为工厂拼接和工地拼接。由于钢材尺寸限制，梁的翼缘或腹板常常需接长或拼大，这种拼接在工厂中进行时，称为工厂拼接。由于运输或安装条件限制，梁需分段制作和运输，然后在现场拼装，即工地拼接。

(1) 工厂拼接

工厂拼接常采用焊接连接。型钢梁常在同一截面处采用对接焊缝或加盖板的角焊缝拼接，其位置宜在弯矩较小处。

组合梁拼接的位置由钢板尺寸并考虑梁的受力确定。施工时，先将梁的翼缘和腹板分别接长，然后再拼装成整体。但要注意翼缘和腹板的拼接位置最好错开，并避免与加劲肋以及次梁的连接处重合，以防焊缝密集与交叉。腹板的拼接焊缝与平行于它的加劲肋间至少应相距 $10t_w$，如图 3-53 所示。

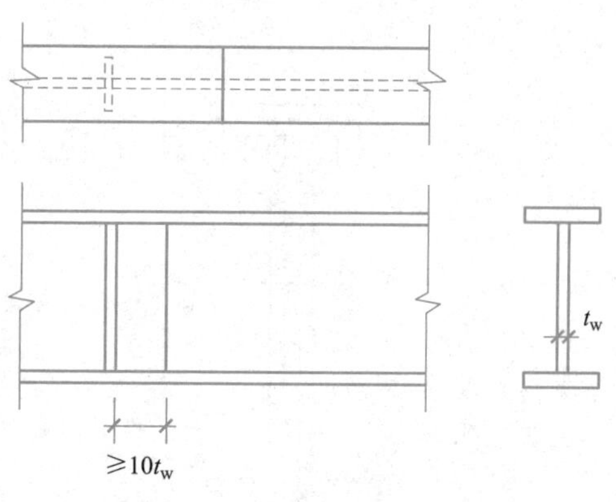

图 3-53　焊接梁的工厂拼接

腹板和翼缘的拼接宜采用对接焊缝拼接，并用引弧板。对于一级、二级质量检测级别的焊缝不需要进行焊缝验算。当采用三级焊缝时，可采用斜焊缝或将拼接位置布置在应力较小的区域。斜焊缝连接比较费工费料，特别是对于较宽的腹板不宜采用斜焊缝。

(2) 工地拼接

工地拼接的位置主要由运输及安装条件确定。但最好布置在弯矩较小处，一般应使翼缘和腹板在同一截面和接近于同一处断开，以便于分段运输。当在同一截面断开时(图 3-54a)，端部平齐，运输时不易碰损，但同一截面拼接导致薄弱位置集中。为了提高焊接质量，上、下翼缘要做成向上的 V 形坡口，以便俯焊。为使焊缝收缩比较自由，减小焊接残余应力，靠近拼接处的翼缘板要预留出 500mm 长度在工厂不焊，在工地焊接时再按照图 3-54 (a) 所示序号施焊。

图 3-54 (b) 所示为翼缘和腹板拼接位置相互错开的拼接方式，这种拼接受力较好，但端部突出部分在运输、吊装时易碰损，应注意保护。

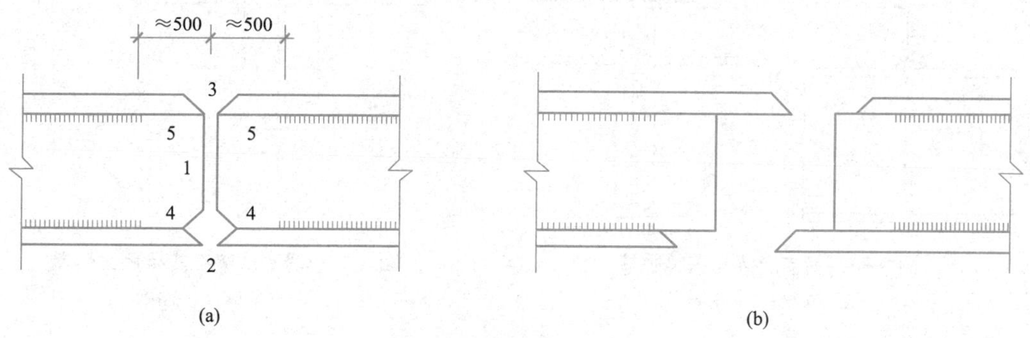

图 3-54　焊接梁的工地拼接

对于需要在高空拼接的梁，考虑到高空焊接操作困难，常常采用摩擦型高强度螺栓连接。这时梁的腹板和翼缘在同一截面断开，吊装就位后用拼接板和螺栓连接，如图 3-55 所示。设计时取拼接处的剪力全部由腹板承担，弯矩则由腹板和翼缘共同承担，并根据各自刚度按比例分配。

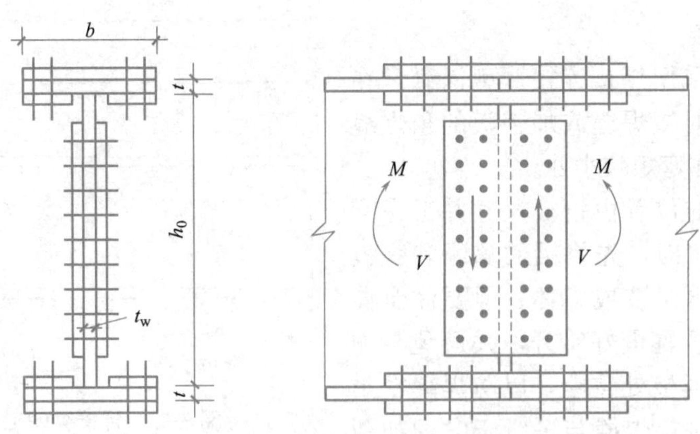

图 3-55 梁的高强度螺栓工地拼接

2. 主次梁的连接

主梁和次梁的连接分为铰接和刚性连接两种，铰接应用较多，刚性连接只在次梁设计成连续梁时采用。

(1) 铰接

主、次梁铰接时，连接主要传递次梁反力，按构造可分为叠接和侧面连接两种形式。图 3-56 所示为主、次梁叠接，这种连接是把次梁直接放到主梁顶面，并用螺栓或焊缝相连，它构造简单，方便施工，但所占结构高度较大，连接刚度较差。图 3-57 所示为次梁在主梁侧面连接，侧面连接是将次梁端部上翼缘切去，端部下翼缘则切去一边，然后将次梁端部与主梁加劲肋用螺栓相连。

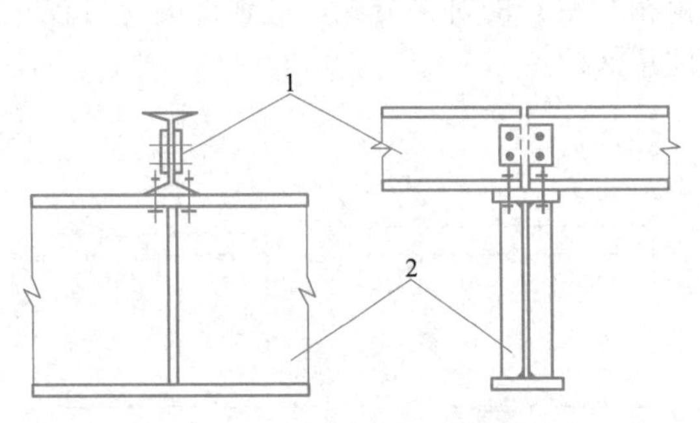

图 3-56 简支次梁与主梁叠接

1—次梁；2—主梁

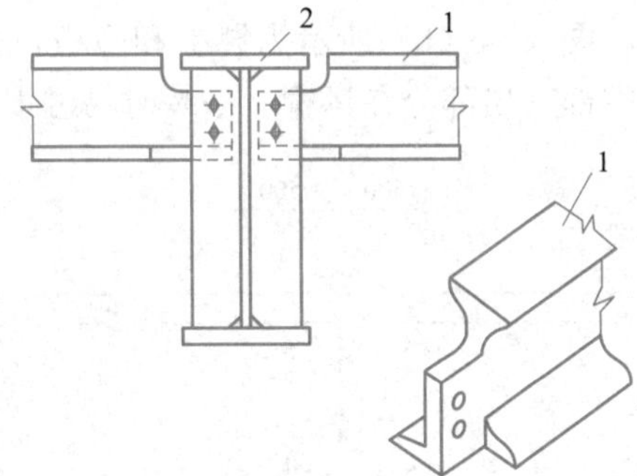

图 3-57 简支次梁在主梁侧面连接

1—次梁；2—主梁

(2) 刚性连接

刚性连接也可采用叠接和侧面连接。叠接可使次梁在主梁上连接贯通，施工较简便，缺点也是结构高度较大。侧面连接的构造如图 3-58 所示，次梁的支座反力由承托传至主梁。连接构造设计形式多样，要根据具体情况采用不同的构造方法。

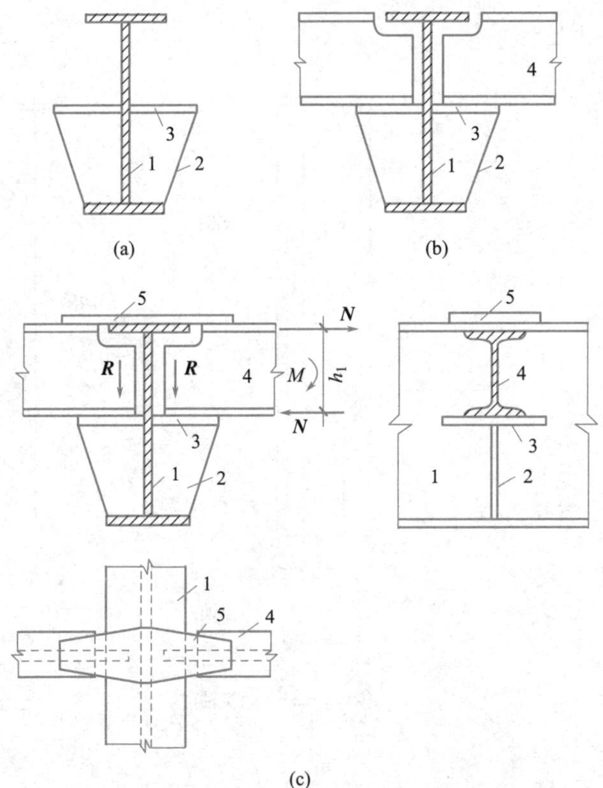

图 3-58　连续次梁与主梁刚性连接

1—主梁；2—承托竖板；3—承托顶板；4—次梁；5—连接盖板

3.4 钢柱设计与校核

3.4.1　钢柱的分类及应用

1. 轴心受力构件的分类及应用

轴心受力构件是指只受通过构件截面形心轴线的轴向力作用的构件。当轴向力为拉力时，称为轴心受拉构件；当轴向力为压力时，称为轴心受压构件。轴心受力构件广泛用于网架、网壳、桁架、屋架、托架和塔架等各类承重体系以及支撑体系中。轴心受力构件按其截面形式，可分为实腹式构件和格构式构件两种，如图 3-59 所示。

实腹式截面常见的有三种形式，第一种是热轧型钢截面，有圆钢、方管、角钢、槽钢、工字钢、H 型钢、T 型钢等，其中最常用的是工字钢或 H 型钢；第二种是冷弯型钢截面，有卷边和不卷边的方管、槽钢和角钢；第三种是型钢或钢板连接而成的组合截面。

格构式截面一般由两个或多个分肢用缀件连接而成，常用的是双肢格构式构件。通过

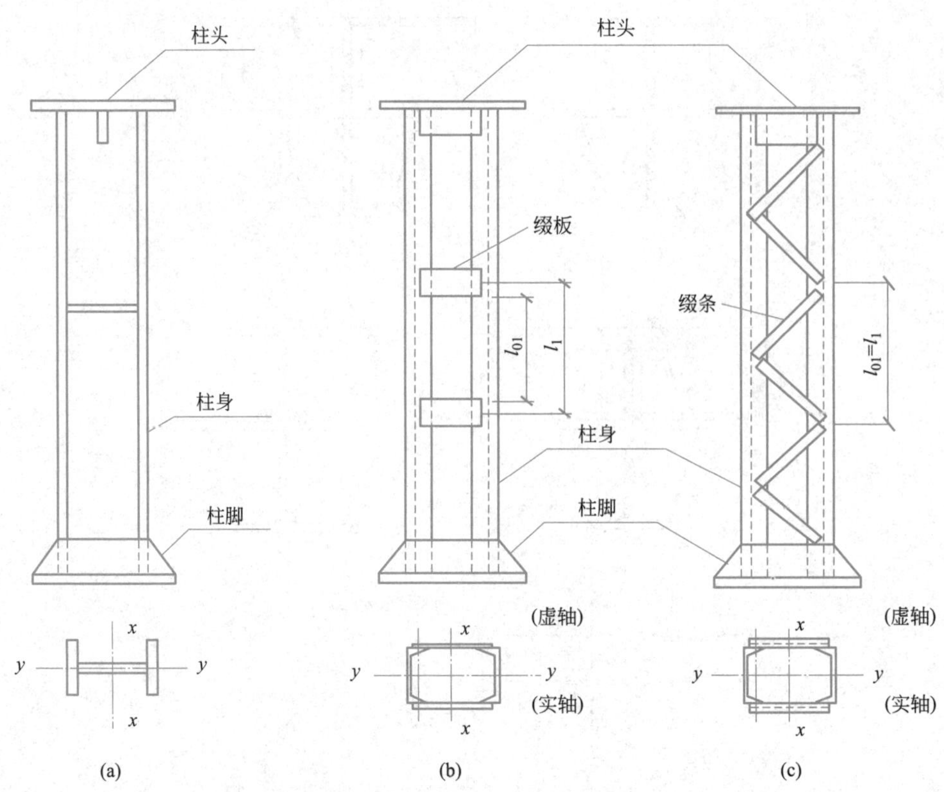

图 3-59　轴心受压柱的截面形式

(a) 实腹式柱；(b) 格构式柱（缀板式）；(c) 格构式柱（缀条式）

分肢腹板上的主轴称为实轴，通过分肢缀件的主轴称为虚轴。分肢通常采用轧制槽钢或工字钢，承受荷载较大时可采用焊接 H 形组合截面。缀件设置在分肢翼缘两侧平面内，其作用是将各分肢连成整体，使其共同受力，并承受绕虚轴弯曲时产生的剪力。

实腹式构件比格构式构件构造简单，制造方便，整体受力和抗剪性能好，但截面尺寸较大时耗钢量多；而格构式构件容易实现两个主轴方向的稳定性，刚度较大，抗扭性能好，用料较省。

2. 偏心受力构件的分类及应用

构件同时承受轴心拉力和弯矩作用，称为拉弯构件，又称为偏心受拉构件。如图 3-60 所示，有偏心拉力作用的构件、有横向荷载作用的拉杆都为拉弯构件。

构件同时承受轴心压力和弯矩作用，称为压弯构件，又称为偏心受压构件。如图 3-61 所示，承受偏心压力的构件、端弯矩作用的压杆、中间作用有横向荷载的受压杆件都属于压弯构件。

拉弯、压弯构件的截面形式可分为型钢截面和组合截面两类。组合截面又分为实腹式和格构式两种。当弯矩较小时，拉弯、压弯构件的截面形式与轴心受力构件相同；当弯矩较大时，除采用双轴对称截面图 3-62（a）外，还可采用如图 3-62（b）所示的单轴对称截面，当弯矩很大并且构件较大时，可选用格构式截面图 3-62（c），以获得较好的经济效果。

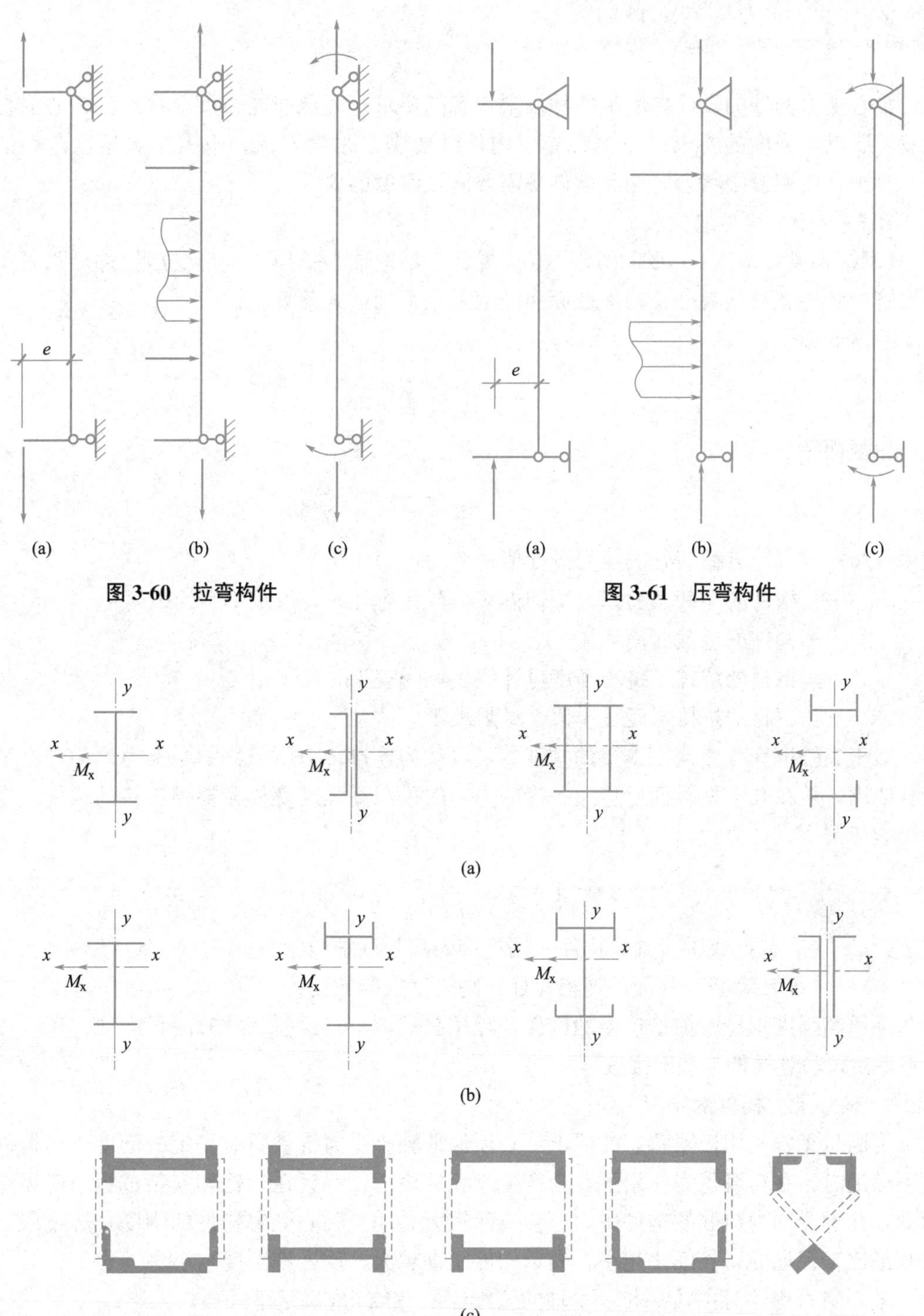

图 3-60　拉弯构件

图 3-61　压弯构件

图 3-62　偏心受力构件的组合截面

3.4.2 轴心受力构件的截面设计

轴心受力构件的设计要满足两种极限状态的要求。对承载能力极限状态，轴心受拉构件只需要满足强度的要求；而轴心受压构件既要满足强度要求，也需要满足稳定性的要求。对正常使用极限状态，两类构件都需要满足刚度的要求。

1. 轴心受力构件的强度

《钢结构设计标准》GB 50017—2017 规定，不论轴心受拉或轴心受压构件，除采用高强度螺栓摩擦型连接者外，构件截面强度应采用下列公式计算：

毛截面屈服：

$$\sigma=\frac{N}{A}\leqslant f \tag{3-59}$$

净截面断裂：

$$\sigma=\frac{N}{A_n}\leqslant 0.7f_u \tag{3-60}$$

式中：N——所计算截面处的拉力设计值；

A_n——构件的净截面面积，当构件多个截面有孔时，取最不利的截面；

A——构件的毛截面面积；

f——钢材的抗拉、抗压强度设计值，见附表 1；

f_u——钢材的抗拉强度最小值，见附表 1。

对于高强度螺栓摩擦型连接的构件，可以认为连接传力所依靠的摩擦力均匀分布于螺栓孔四周，故在孔前接触面已传递一半的力，故采用高强度螺栓摩擦型连接的构件，净截面断裂应按下式计算：

$$\sigma=\left(1-0.5\frac{n_1}{n}\right)\frac{N}{A_n}\leqslant 0.7f_u \tag{3-61}$$

式中：n——在节点或拼接处，构件一端连接的高强度螺栓数目；

n_1——所计算截面（最外列螺栓处）高强度螺栓数目。

采用高强度螺栓摩擦型连接的构件，除按公式（3-61）验算净截面强度外，还应按公式（3-59）验算构件毛截面强度。

2. 轴心受力构件的刚度

为满足正常使用极限状态的要求，必须保证轴心受力构件具有一定的刚度。当构件刚度不满足时，在自身重力作用下，会产生过大的挠度，并且在运输和安装过程中容易造成弯曲，在承受动力荷载的构件中，还会引起较大晃动。轴心受力构件的刚度是通过限制构件长细比来保证的，长细比越小，表示构件刚度越大，反之则刚度越小。

轴心受力构件对主轴 x 轴、y 轴的长细比 λ_x 和 λ_y 应满足下式要求：

$$\lambda_x=\frac{l_{0x}}{i_x}\leqslant[\lambda] \qquad \lambda_y=\frac{l_{0y}}{i_y}\leqslant[\lambda] \tag{3-62}$$

式中：l_{0x}、l_{0y}——分别为构件对截面主轴 x 和 y 的计算长度，根据《钢结构设计标准》GB 50017—2017 第 7.4 节的规定采用；

i_x、i_y ——分别为构件截面对主轴 x 和 y 的回转半径，$i=\sqrt{\dfrac{I}{A}}$ ；

I、A ——构件截面的惯性矩和截面面积；

$[\lambda]$ ——受拉构件或受压构件的容许长细比，按表 3-12 或表 3-13 选用。

受拉构件的容许长细比　　表 3-12

构件名称	承受静力荷载或间接承受动力荷载的结构			直接承受动力荷载的结构
	一般建筑结构	对腹杆提供平面外支点的弦杆	有重级工作制起重机的厂房	
桁架的构件	350	250	250	250
吊车梁或吊车桁架以下柱间支撑	300	—	200	—
除张紧的圆钢外的其他拉杆、支撑、系杆等	400	—	350	—

注：1. 除对腹杆提供平面外支点的弦杆外，承受静力荷载的结构受拉构件，可仅计算竖向平面内的长细比；
2. 中、重级工作制吊车桁架下弦杆的长细比不宜超过 200；
3. 在设有夹钳或刚性料耙等硬钩起重机的厂房中，支撑的长细比不宜超过 300；
4. 受拉构件在永久荷载与风荷载组合作用下受压时，其长细比不宜超过 250；
5. 跨度等于或大于 60m 的桁架，其受拉弦杆和腹杆的长细比，承受静力荷载或间接承受动力荷载时不宜超过 300，直接承受动力荷载时，不宜超过 250；
6. 柱间支撑按拉杆设计时，竖向荷载作用下柱子的轴力应按无支撑时考虑。

受压构件的长细比容许值　　表 3-13

构件名称	容许长细比
轴心受压柱、桁架和天窗架中的压杆	150
柱的缀条、吊车梁或吊车桁架以下的柱间支撑	150
支撑	200
用以减少受压构件计算长度的杆件	200

注：1. 当杆件内力设计值不大于承受能力的 50%时，容许长细比值可取 200；
2. 跨度等于或大于 60m 的桁架，其受压弦杆、端压杆和直接承受动力荷载的受压腹杆的长细比不宜大于 120。

【例 3-6】 试确定如图 3-63 所示截面的轴心受拉构件的最大承载力设计值和最大容许计算长度，钢材为 Q235 钢，$[\lambda]=350$。

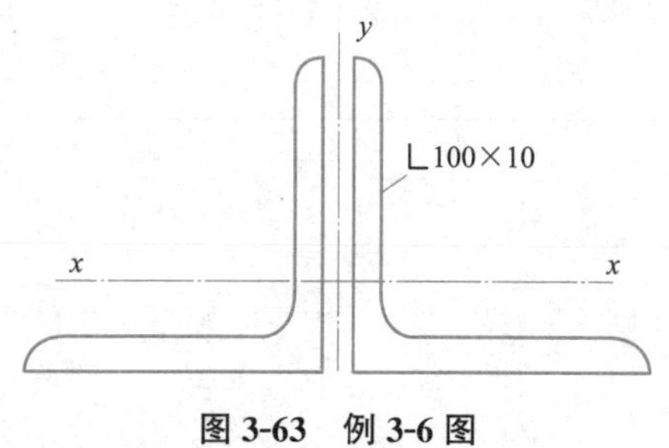

图 3-63　例 3-6 图

解：查附表 1，$f=215\text{N/mm}^2$，$f_u=370\text{N/mm}^2$

由等边角钢的规格和截面特征，可知：

$$A=A_n=19.26\times2=38.5\text{cm}^2,$$

$$i_x=3.05\text{cm},\ i_y=4.52\text{cm}$$

由轴心受力构件的强度公式 $\sigma=\dfrac{N}{A_n}\leqslant0.7f_u$ 及 $\sigma=\dfrac{N}{A}\leqslant f$ 得，该轴心拉杆的最大承载能力设计值为：$N=Af=38.5\times10^2\times215\times10^{-3}=827.8\text{kN}$

由轴心受力构件的刚度公式 $\lambda=\dfrac{l_0}{i}\leqslant[\lambda]$ 得，该轴心拉杆的最大容许计算长度为：

$$l_{0x}=[\lambda]i_x=350\times3.05\times10^{-2}=10.67\text{m}$$

$$l_{0y}=[\lambda]i_y=350\times4.52\times10^{-2}=15.82\text{m}$$

3. 实腹式轴心受压构件的整体稳定

轴心受压构件的受力性能与轴心受拉构件差别很大，轴心受压构件除了较为短粗或截面有很大削弱时，可能因其净截面的平均应力达到屈服强度而丧失承载能力破坏外，一般情况下，轴心受压构件的承载能力是由稳定条件决定的。国内外因压杆突然失稳而导致结构倒塌的重大事故屡有发生，需要加以重视。

轴心受压构件的稳定性计算应符合下式要求：

$$\frac{N}{\varphi Af}\leqslant1.0 \tag{3-63}$$

式中：N——轴心压力设计值；

A——构件的毛截面面积；

f——钢材的抗压强度设计值；

φ——轴心受压构件的稳定系数（取截面两主轴稳定系数中的较小者），根据构件的长细比（或换算长细比）、钢材屈服强度和表 3-14 和表 3-15 的截面分类，按附录 5 采用。

轴心受压构件的截面分类（板厚 $t<40$mm）　　**表 3-14**

截面形式		对 x 轴	对 y 轴
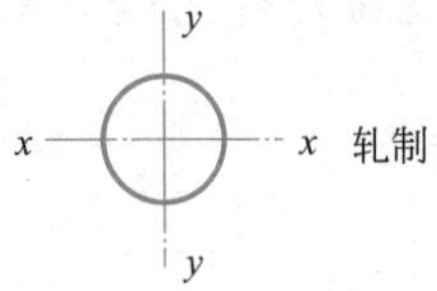		a 类	a 类
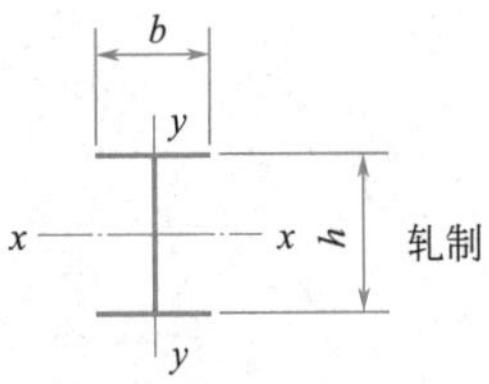	$b/h\leqslant0.8$	a 类	b 类
	$b/h>0.8$	a* 类	b* 类

续表

截面形式		对 x 轴	对 y 轴
轧制等边角钢		a* 类	a* 类
焊接、翼缘为焰切边	焊接	b 类	b 类
轧制			
轧制、焊接(板件宽厚比＞20)	轧制或焊接		
焊接	轧制截面和翼缘为焰切边的焊接截面	b 类	b 类
格构式	焊接，板件边缘焰切		
焊接，翼缘为轧制或剪切边		b 类	c 类

续表

截面形式		对 x 轴	对 y 轴
焊接，板件边缘轧制或剪切	轧制、焊接(板件宽厚比≤20)	c类	c类

注：1. a^* 类含义为 Q235 钢取 b 类，Q345、Q390、Q420 和 Q460 钢取 a 类；b^* 类含义为 Q235 钢取 c 类，Q345、Q390、Q420 和 Q460 钢取 b 类；

2. 无对称轴且剪心和形心不重合的截面，其截面分类可按有对称轴的类似截面确定，如不等边角钢采用等边角钢的类别；当无类似截面时，可取 c 类。

轴心受压构件的截面分类（板厚 $t \geqslant 40$mm） 表 3-15

截面形式		对 x 轴	对 y 轴
轧制工字形或H形截面	$t < 80$mm	b类	c类
	$t \geqslant 80$mm	c类	d类
焊接工字形截面	翼缘为焰切边	b类	b类
	翼缘为轧制或剪切边	c类	d类
焊接箱形截面	板件宽厚比＞20	b类	b类
	板件宽厚比≤20	c类	c类

计算双轴对称或极对称的轴心受压构件的整体稳定性时，构件长细比 λ 应按照式（3-62）计算确定，为避免发生扭转屈曲，对双轴对称十字形截面构件，λ_x 或 λ_y 取值不得小于 $5.07b/t$（其中 b/t 为悬伸板件宽厚比）。

轴心受压构件的稳定系数 φ 是一个小于等于 1.0 的数，对比轴心受压构件强度计算公式和稳定性计算公式，我们可以发现绝大部分情况下稳定条件要比强度条件难以满足，也就是说轴心受压构件基本上是由稳定性来控制的，而不是由强度来控制的（除非构件截面被削弱较严重时才发生强度破坏）。

4. 实腹式轴压构件的局部稳定

轴心受压构件截面设计时常选用肢宽壁薄的截面，以提高其整体稳定性，但如果这些板件的宽厚比很小，即板较薄时，在板平面内压力作用下，将可能发生平面的凹凸变形，从而丧失局部稳定。构件局部失稳后，虽然构件还能继续承受荷载，但由于鼓曲部分退出工作，使构件应力分布恶化，可能导致构件提早破坏，因此《钢结构设计标准》要求设计轴心受压构件时必须保证构件的局部稳定。

热轧型钢（工字钢、H 型钢、槽钢、T 型钢、角钢等）的翼缘和腹板一般都有较大厚度，宽（高）厚比相对较小，都能满足局部稳定要求，可不做验算。对焊接组合截面构件，通常采用限制板件宽（高）厚比的方法来保证局部稳定。

1）板件宽（高）厚比的限制

① H 形截面

翼缘
$$\frac{b}{t} \leqslant (10 + 0.1\lambda)\varepsilon_k \tag{3-64}$$

腹板
$$\frac{h_0}{t_w} \leqslant (25 + 0.5\lambda)\varepsilon_k \tag{3-65}$$

式中：λ——构件的较大长细比；当 $\lambda < 30$ 时，取为 30；当 $\lambda > 100$ 时，取为 100；

b、t——分别为翼缘板自由外伸宽度和厚度，按表 3-11 注 2 取值；

h_0、t_w——分别为腹板计算高度和厚度，按表 3-11 注 2 取值。

② 箱形截面壁板

$$\frac{b_0}{t} \leqslant 40\varepsilon_k \tag{3-66}$$

式中：b_0——壁板的净宽度，当箱形截面设有纵向加劲肋时，为壁板与加劲肋之间的净宽度。

③ T 形截面

T 形截面翼缘宽厚比限值按式（3-64）确定。腹板宽厚比限值为：

热轧剖分 T 形钢
$$\frac{h_0}{t_w} \leqslant (15 + 0.2\lambda)\varepsilon_k \tag{3-67}$$

焊接 T 形钢
$$\frac{h_0}{t_w} \leqslant (13 + 0.17\lambda)\varepsilon_k \tag{3-68}$$

对焊接构件，h_0 取腹板高度 h_w；对热轧构件，h_0 取腹板平直段长度，简要计算时可取 $h_0 = h_w - t$，但不小于 $(h_w - 20)\text{mm}$。

以上各式中，各截面尺寸如图 3-64 所示。

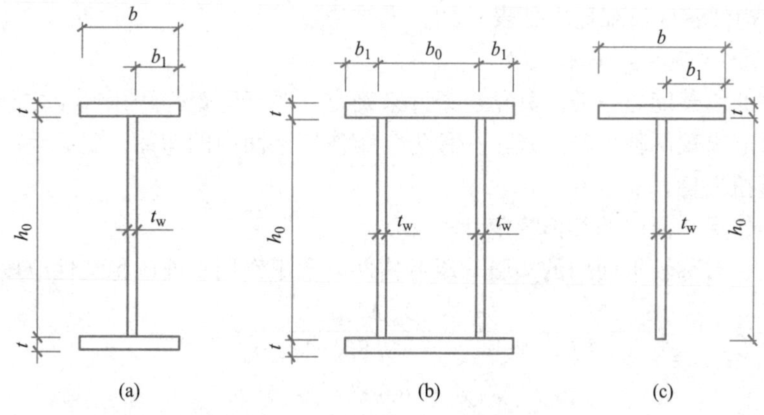

图 3-64 H 形、箱形及 T 形截面尺寸

2）构造规定

H形、工字形和箱形截面轴心受压构件的腹板，当用纵向加劲肋加强以满足宽厚比限值时，加劲肋宜在腹板两侧成对配置，其一侧外伸宽度不应小于 $10t_w$，厚度不应小于 $0.75t_w$。

3.4.3 偏心受力构件的截面设计

1. 拉弯压弯构件的强度、刚度

（1）拉弯压弯构件的强度

拉弯、压弯构件在轴心力和弯矩共同作用下，最终以危险截面（σ_{max} 处）形成塑性铰而达到强度承载能力极限状态。《钢结构设计标准》GB 50017—2017 规定：弯矩作用在两个主平面内的拉弯构件和压弯构件，其截面强度应按下式计算：

$$\frac{N}{A_n}\pm\frac{M_x}{\gamma_x W_{nx}}\pm\frac{M_y}{\gamma_y W_{ny}}\leqslant f \tag{3-69}$$

式中：N——同一截面处轴心压力设计值；

M_x、M_y——分别为同一截面处对 x 轴和 y 轴的弯矩设计值；

γ_x、γ_y——截面塑性发展系数，根据其受压板件的内力分布情况确定其截面板件宽厚比等级，当截面板件宽厚比等级不满足 S3 级要求时，取 1.0，满足 S3 级要求时，按表 3-7 采用；需要验算疲劳强度的拉弯、压弯构件，宜取 1.0；

A_n——构件净截面面积；

W_n——构件的净截面模量。

（2）拉弯、压弯构件的刚度

拉弯、压弯构件的刚度仍然采用容许长细比来控制，其容许长细比取轴心受力构件的容许长细比。刚度按下式计算：

$$\lambda=\frac{l_0}{i}\leqslant[\lambda] \tag{3-70}$$

式中：l_0——构件对主轴的计算长度；

i——截面对主轴的回转半径；

$[\lambda]$——构件容许长细比，见表 3-12、表 3-13。

2. 实腹式压弯构件的整体稳定

压弯构件的承载能力一般由其稳定条件来确定。对于弯矩作用于一个主平面内的单向压弯构件，可能出现两种失稳形式：一种为弯矩作用平面内的弯曲失稳，另一种为弯矩作用平面外的弯扭失稳。

（1）弯矩作用平面内的整体稳定计算

弯矩作用在对称轴平面内的实腹式压弯构件，弯矩作用平面内稳定性应按下式计算：

$$\frac{N}{\varphi_x A f}+\frac{\beta_{mx}M_x}{\gamma_x W_{1x}(1-0.8N/N'_{Ex})f}\leqslant 1.0 \tag{3-71}$$

$$N'_{Ex}=\pi^2 EA/(1.1\lambda_x^2) \tag{3-72}$$

式中：N——所计算构件范围内轴心压力设计值；

N'_{Ex}——参数，按式（3-72）计算；

φ_x——弯矩作用平面内轴心受压构件稳定系数，由附表 5 查得；

M_x——所计算构件段范围内的最大弯矩设计值；

W_{1x}——在弯矩作用平面内对受压最大纤维的毛截面模量；

β_{mx}——等效弯矩系数，应按下列规定采用：

1）无侧移框架柱和两端支撑的构件

① 无横向荷载作用时：$\beta_{mx}=0.6+0.4\dfrac{M_2}{M_1}$，$M_1$ 和 M_2 为端弯矩，使构件产生同向曲率（无反弯点）时取同号，使构件产生反向曲率（有反弯点）时取异号，$|M_1|\geqslant|M_2|$；

② 无端弯矩但有横向荷载作用时，β_{mx} 应按下列公式计算：跨中单个集中荷载时，$\beta_{mx}=1-0.36N/N_{cr}$；全跨均布荷载时，$\beta_{mx}=1-0.18N/N_{cr}$，式中 N_{cr} 为弹性临界力，$N_{cr}=\dfrac{\pi^2 EI}{(\mu l)^2}$，$\mu$ 为构件的计算长度系数；

③ 端弯矩和横向荷载同时作用时：式（3-71）中 $\beta_{mx}M_x=\beta_{mqx}M_{qx}+\beta_{m1x}M_1$，式中 M_{qx} 为横向荷载产生的弯矩最大值，M_1 为跨中单个横向集中荷载产生的弯矩，β_{mqx} 为取②条计算的等效弯矩系数，β_{m1x} 为取①条计算的等效弯矩系数。

2）有侧移框架柱和悬臂构件

① 有横向荷载的柱脚铰接的单层框架柱和多层框架的底层柱：$\beta_{mx}=1.0$；

② 除前述规定之外的框架柱：$\beta_{mx}=1-0.36N/N_{cr}$；

③ 自由端作用有弯矩的悬臂柱：$\beta_{mx}=1-0.36(1-m)N/N_{cr}$，$m$ 为自由端弯矩与固定端弯矩之比，当弯矩图无反弯点时取正号，有反弯点时取负号。

对单轴对称压弯构件，当弯矩作用在对称轴平面内且翼缘受压时，有可能使受拉区首先进入塑性状态，并发展而导致构件破坏，对这类构件，除应按式（3-71）计算其稳定性外，尚应按下式计算：

$$\left|\frac{N}{Af}-\frac{\beta_{mx}M_x}{\gamma_x W_{2x}(1-1.25N/N'_{Ex})f}\right|\leqslant 1.0 \tag{3-73}$$

式中：W_{2x}——无翼缘端的毛截面模量。

（2）弯矩作用平面外的整体稳定计算

当压弯构件的弯矩作用于截面的较大刚度平面内时，如果构件在侧向没有可靠的支承阻止其侧向挠曲变形，则构件在垂直于弯矩作用平面的刚度较小，构件就可能在弯矩作用平面外发生侧向弯扭屈曲而破坏，如图 3-65 所示。

《钢结构设计标准》GB 50017—2017 规定，弯矩作用平面外的稳定性应按下式计算：

$$\frac{N}{\varphi_y Af}+\eta\frac{\beta_{tx}M_x}{\varphi_b W_{1x}f}\leqslant 1.0 \tag{3-74}$$

式中：φ_y——弯矩作用平面外的轴心受压构件稳定系数，由附表 5 查得；

η——截面影响系数，闭口截面 $\eta=0.7$，其他截面 $\eta=1.0$；

φ_b——均匀弯曲的受弯构件整体稳定系数，对闭口截面取 $\varphi_b=1.0$，对工字形和 T 形截面的非悬臂构件，可按 3.3.2 节计算；

β_{tx}——等效弯矩系数，应按下列规定采用：

1）在弯矩作用平面外有支撑的构件，应根据两相邻支撑间构件段内的荷载和内力情况确定：

① 无横向荷载作用时，$\beta_{tx}=0.65+0.35\dfrac{M_2}{M_1}$；

② 端弯矩和横向荷载同时作用时，β_{tx} 应按下列规定取值：使构件产生同向曲率时，$\beta_{tx}=1.0$；使构件产生反向曲率时，$\beta_{tx}=0.85$；

③ 无端弯矩有横向荷载作用时，$\beta_{tx}=1.0$；

2）弯矩作用平面外为悬臂的构件，$\beta_{tx}=1.0$。

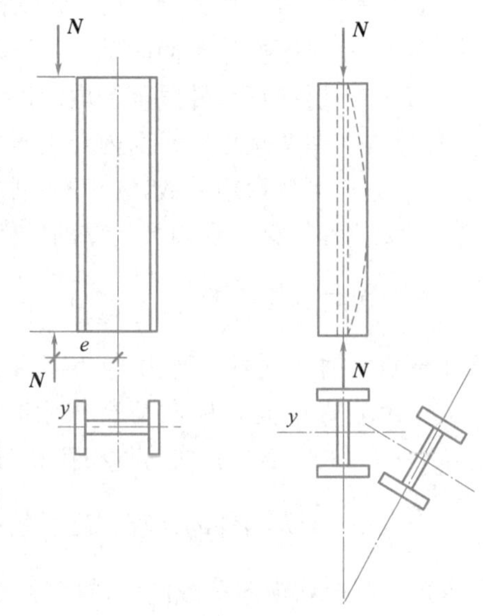

图 3-65　弯矩作用平面外的弯扭屈曲

3. 实腹式压弯构件的局部稳定

实腹压弯构件要求不出现局部失稳者，其腹板高厚比、翼缘宽厚比应符合本单元表 3-11 规定的压弯构件 S4 级截面要求。

工字形和箱形截面压弯构件的腹板高厚比超过本单元表 3-11 规定的 S4 级截面要求时，其构件设计应符合《钢结构设计标准》GB 50017—2017 第 8.4.2 条的规定。

压弯构件的板件当用纵向加劲肋加强以满足宽厚比限值时，加劲肋宜在板件两侧成对配置，其一侧外伸宽度不应小于板件厚度 t 的 10 倍，厚度不宜小于 $0.75t$。

3.4.4　钢柱的连接

1. 柱头

柱头是指柱的顶部与梁（或桁架）连接的部分，其作用是将梁等上部结构的荷载传到柱身，有铰接与刚接两种形式。轴心受压柱应为铰接柱头。当为刚接时，柱产生弯矩而成为压弯构件。压弯构件多出现在框架结构中，框架结构梁柱连接一般采用刚性连接。刚性连接对制造和安装的要求高，施工较复杂。

（1）铰接

图 3-66（a）所示为实腹式柱柱头。柱顶设支承板，板厚一般采用 16～25mm，平面尺寸一般向柱四周外伸 20～30mm。梁搁置时使梁的支承加劲肋与柱翼缘相对，为了便于制造和安装，两相邻梁相接处预留 10～20mm 间隙，待安装就位后，在靠近梁下翼缘处的梁支座加劲肋间用连接板和构造螺栓固定。此种连接构造简单，对制造和安装要求都不高，且传力明确。但当两相邻梁的反力不等时，将使柱偏心受压。当梁支座反力较大时，为了提高顶板的抗弯刚度，可在顶板上面加焊一块垫板，在顶板的下面设加劲肋。这样，柱顶板本身不需要太厚，一般≥14mm 即可。梁端支承加劲肋采用突缘板形式，其底部刨平（或铣平），与柱顶板直接顶紧。另外，两相邻梁之间应留 10mm 间隙，以便于梁的安装就位，待梁调整好后，余留间隙嵌入填板并用构造螺栓固定，如图 3-66（b）所示。格构式柱柱头设支承板，支承板下两肢之间设隔板，柱顶上部应设缀板，如图 3-66（c）所示。梁与柱也可侧面连接，梁支承在柱侧面的支托上，见图 3-66（d），并用螺栓与柱连接。

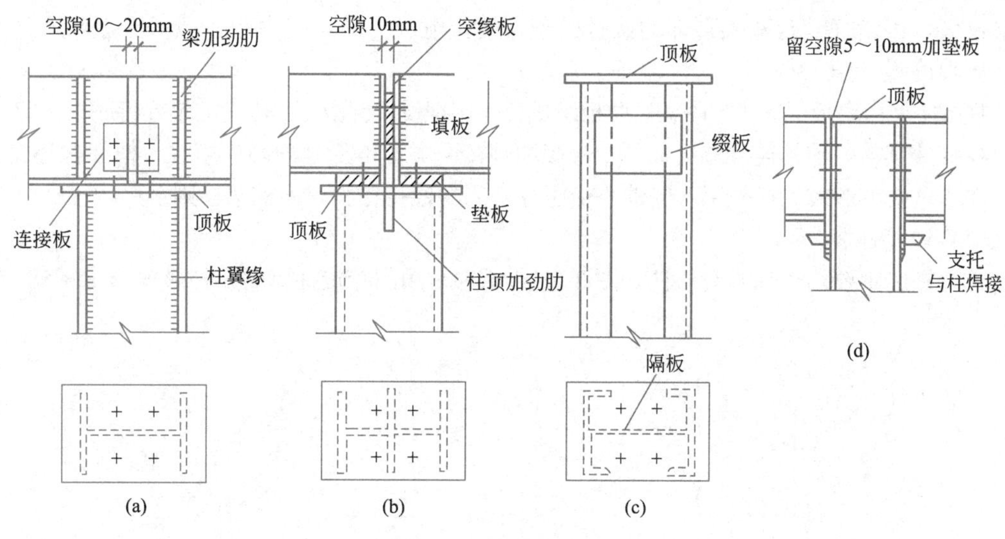

图 3-66　梁与柱的铰接

（2）刚接

梁与柱的刚性连接，不仅要传递梁端剪力和弯矩，同时还要具有足够的刚度，使连接不产生明显的相对转动，因此不论梁位于柱顶或位于柱身，均应将梁支承于柱侧。

图 3-67（a）为全焊缝刚性连接，梁翼缘用坡口焊缝，梁腹板则直接用角焊缝与柱连接。坡口焊缝须设引弧板和坡口下面垫板（预先焊于柱上），梁腹板则在端头上、下各开 $r \approx 30\text{mm}$ 的弧形缺口，上缺口是为了留出垫板位置，下缺口则是为了便于施焊操作。图 3-67（b）是将梁腹板与柱的连接改用高强度螺栓，梁翼缘与柱的连接则用坡口焊缝，这类栓焊混合连接便于安装，故目前在高层框架钢结构中应用普遍。图 3-67（c）所示为采用高强度螺栓连接的梁与柱的刚接。它是预先在柱上焊接一小段和横梁截面相同的短梁，安装时，采用连接盖板和高强度螺栓进行拼接，施工也较方便。

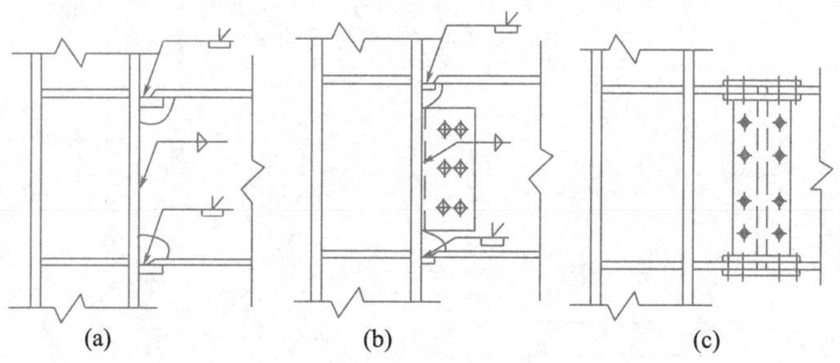

图 3-67　梁与柱的刚接

为了防止柱翼缘在水平拉力作用下向外弯曲，柱腹板在水平压力作用下局部失稳，应在柱腹板位于梁的上、下翼缘处设置横向加劲肋。其厚度一般与梁翼缘相等，这样相当于将两相邻的梁连成一整体。

2. 柱脚

柱下端与基础相连的部分称为柱脚。其作用是将柱身所受的力传递和分布到基础，并将柱固定于基础。基础一般由钢筋混凝土做成，其强度远比钢材低。为此，需要将柱身的底端放大，以增加其与基础顶部的接触面积，使接触面上的压应力小于或等于基础混凝土的抗压强度设计值。

柱脚主要由底板、靴梁、隔板、肋板组成，并用埋设于混凝土基础内的锚栓将底板固定。

柱脚按其与基础的连接方式，分为铰接和刚接两类。不论是轴心受压柱、框架柱还是压弯构件，这两种形式均有采用。但轴心受压柱常用的铰接柱脚，而框架柱则多用刚接柱脚。

（1）铰接柱脚

铰接柱脚主要用于轴心受压柱，图 3-68 所示为常用的铰接柱脚的几种形式。图 3-68（a）

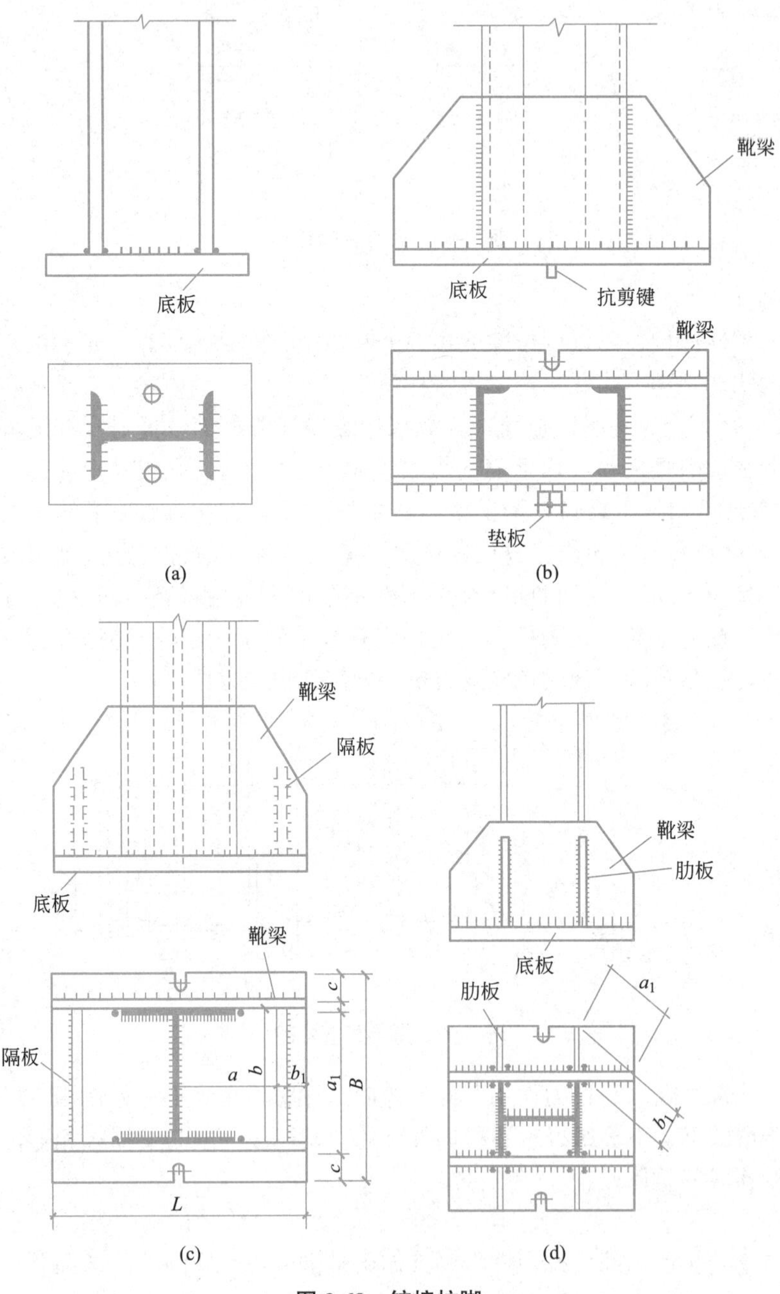

图 3-68　铰接柱脚

所示为铰接柱脚的最简单形式，柱身压力通过柱端与底板间的焊接传给底板，底板再传给基础，它只适用于柱轴力很小的柱。当柱轴力较大时，可采用图 3-68（b）～图 3-68（d）的形式，由于增设了靴梁、隔板、肋板，所以可使柱端和底板在基础反力作用产生的弯矩大为减小，故底板厚度亦可减小。当采用靴梁后，底板的弯矩值仍较大时，可再采用隔板和肋板。

（2）刚接柱脚

刚接柱脚一般除承受轴心压力外，同时还承受弯矩和剪力。刚接柱脚的构造形式有整体式和分离式，实腹式压弯构件的柱脚采用整体式的构造形式，如图 3-69 所示，为便于安装和保证柱与基础能可靠地形成刚性连接，锚栓不固定在底板上，而是从底板外缘穿过并固定在靴梁两侧由肋板和水平板（横板）组成的支座上。

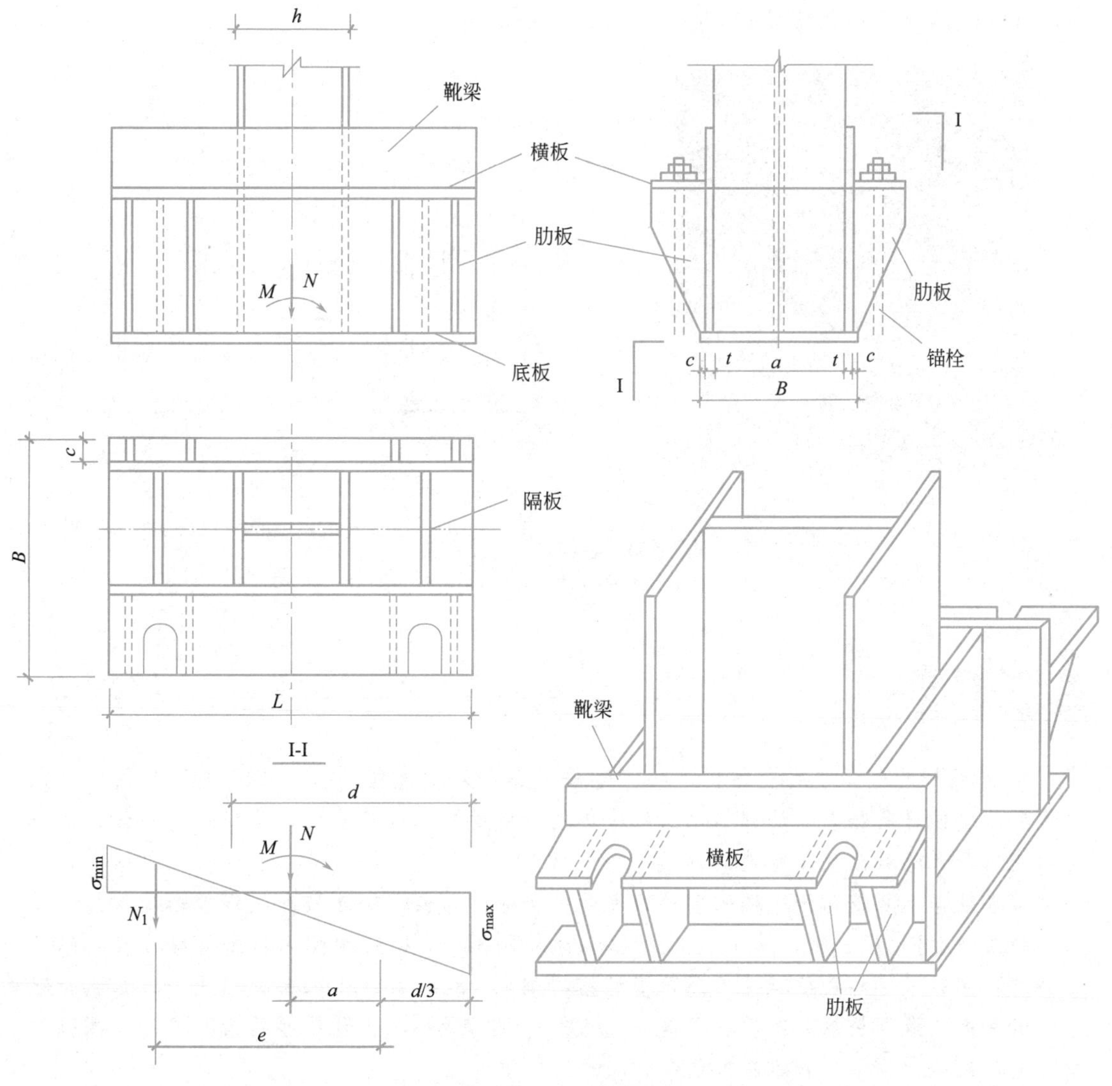

图 3-69　刚接柱脚

(3) 锚栓

对于铰接柱脚，锚栓的直径一般为 20～25mm。为便于柱的安装和调整，底板上的锚栓孔的孔径应比锚栓直径大 1～1.5 倍或做成 U 形缺口。最后固定时，应用孔径比锚栓直径大 1～2mm 的锚栓垫板套住并与底板焊固。在铰接柱脚中，锚栓不需要计算。

对于刚接柱脚，靴梁沿柱脚底板长方向布置，锚栓布置在靴梁的两侧，并尽量远离弯矩所绕轴线。锚栓要固定在柱脚具有足够刚度的部位，由于底板刚度不足，不能保证锚栓受拉时的可靠性，因此锚栓不宜直接连接于底板上，通常是固定在由靴梁挑出的承托上。刚性柱脚底板拉力由锚栓承受，所以锚栓的数量和直径需要通过计算决定，锚栓直径一般不小于 30mm。

锚栓长度由《钢结构设计手册》确定。

柱脚的剪力主要依靠柱底板与基础间的摩擦力抵抗，若摩擦力不足以抵抗剪力，则需在柱底焊接抗剪键以增大抗剪能力，如图 3-70 所示。

(a)

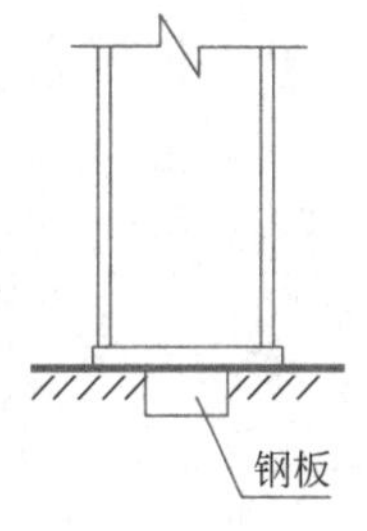

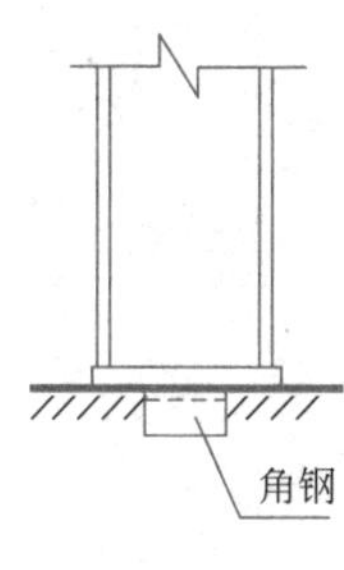

(b)

图 3-70 基础锚栓与抗剪键

(a) 基础锚栓；(b) 抗剪键

单元总结

1. 钢结构的连接方法有焊接连接、螺栓连接和铆钉连接三种。焊缝连接是通过电弧产生的热量使焊条和焊件局部融化，经冷却凝结成焊缝，从而将焊件连接成为一体，焊接连接是当前钢结构最主要的连接方式。

螺栓连接也是钢结构连接的重要方式之一，分为普通螺栓连接和高强度螺栓连接。普通螺栓分 A、B、C 三级，其中 A 级和 B 级为精制螺栓，C 级螺栓为粗制螺栓，在钢结构工程中应用较多。高强度螺栓用高强度的钢材制作，螺栓杆产生很大的预应力，依靠接触面间的摩擦力或螺杆抗剪及承压强度来阻止部件相对滑移，达到传递外力的目的，高强度螺栓连接可分为摩擦型和承压型两种。

2. 钢结构焊缝存在缺陷，验收规范规定焊缝按其检验方法和质量要求分为一级、二级和三级。三级焊缝只要求对全部焊缝作外观检查且符合三级质量标准；一级、二级焊缝则除外观检查外，还要求一定数量的超声波探伤检验，超声波探伤不能对缺陷作出判断时，应采用射线探伤检验，并应符合国家相应质量标准的要求。

3. 对接焊缝按所受力的方向分为正对接焊缝和斜对接焊缝，对接焊缝的连接计算方法同构件强度计算相似。

4. 角焊缝按其长度方向和外力作用方向的不同可分为侧面角焊缝、正面角焊缝和斜向角焊缝。角焊缝的构造有以下几方面：最小焊脚尺寸、最大焊脚尺寸、最小计算长度、搭接连接要求、绕角焊等。

角钢与连接板的角焊缝连接常采用三种形式：两侧缝连接、三面围焊连接和 L 形围焊。

5. 螺栓连接需要满足规格、排列要求，此外，根据不同情况应满足不同构造要求。普通螺栓的受力性能和计算包括抗剪承载力计算、抗拉承载力、构件强度验算、螺栓群连接计算。高强螺栓分为摩擦型和承压型两种，构造要求与普通螺栓连接相同，摩擦型高强螺栓连接计算与普通螺栓不同，承压型高强螺栓连接计算与普通螺栓相同。

6. 钢梁截面上存在弯矩和剪力，钢梁应进行抗弯强度和抗剪强度的计算。当梁存在集中荷载作用时还需考虑局部承压计算。此外，梁内弯曲应力、剪应力和局部压应力共同作用的位置还应验算折算应力。

7. 钢梁刚度不足时，在横向荷载作用下会产生较大的挠度，给人不安全感，吊车梁挠度过大还会使吊车在运行时产生剧烈振动，影响建筑正常使用，因此，必须进行刚度验算。

8. 梁的最大刚度平面内，受垂直荷载作用时，如梁的侧面未设支承点或支承点很少，在荷载作用下，梁将发生弯曲扭转屈曲或梁丧失整体稳定。组合梁的翼缘与腹板均宽而薄，在荷载作用下易发生局部屈曲，称为梁的局部失稳。通过稳定性验算或构造措施保证梁的整体稳定和局部稳定。

9. 钢梁的拼接分为工厂拼接和工地拼接；主次梁的连接有铰接与刚接两种。

10. 轴心受力构件可分为轴心受拉构件和轴心受压构件；偏心受力构件分为偏心受拉和偏心受压构件。以上构件在建筑钢结构中应用相当广泛。

11. 轴心受力构件均应计算强度和刚度，轴心受压构件尚应进行整体稳定验算，组合截面柱还应验算局部稳定性。

12. 拉弯构件应进行强度和刚度验算，压弯构件除计算强度和刚度外，还应计算整体稳定性，包括弯矩作用平面内和弯矩作用平面外的稳定性，对实腹式压弯构件还需保证局部稳定性。

13. 轴心受压柱与梁及基础的连接均为铰接连接，只承受剪力和轴心压力；压弯和拉弯构件与梁及基础的连接，可分为铰接和刚接，铰接与轴心受压柱相同，刚接要传递剪力、轴力和弯矩。

思考及练习

1. 填空题

(1) 钢结构常用的连接方法有________、________和________。

(2) 焊缝连接主要有________和________两种基本形式。

(3) 焊缝符号有________ 和________组成，必要时还加上________、________和焊缝尺寸符号。

(4) 在钢结构施工验收规范规定，焊缝按质量检验标准分为________级。

(5) 角焊缝按其与外力作用方向的不同可分为________、________和与力作用方向成斜角的斜向角焊缝。

(6) 螺栓连接可分为________和________连接两类。

(7) 螺栓的排列采用________和________。

(8) 高强度螺栓连接有________和________ 。

(9) 螺栓连接中，由于螺栓孔削弱了构件截面，因此需要验算________。

(10) 高强度螺栓连接中，抗滑移系数的大小与________和________有关。

(11) 钢梁的设计应满足________、________、________和________。

(12) 梁的拼接按施工条件分为________和________。

(13) 普通轴心受压构件的承载力经常决定于________ 。

(14) 柱脚按其与基础的连接方式，分为________和________。轴心受压柱采用________；厂房框架柱采用________。

(15) 在我国，钢框架梁柱连接有________和________。

(16) 在外压力作用下，截面的某些板件部分，不能继续维持平面平衡状态而产生凸曲现象，称为________。

2. 选择题

(1) 钢结构连接中所使用的焊条应与被连接构件的强度相匹配，通常在被连接构件选用 Q345 时，焊条选用（　　）。

A. E55　　B. E50

C. E43　　D. 前三种均可

(2) 在焊接施工过程中，下列（　　）焊缝最难施焊，而且焊缝质量最难以控制。

A. 仰焊　　B. 平焊　　C. 横焊　　D. 立焊

(3) 可不进行验算对接焊缝是（　　）。

A. Ⅰ级焊缝

B. 当焊缝与作用力间的夹角满足 $\tan\theta \leqslant 1.5$ 时的焊缝

C. Ⅱ级焊缝

D. A、B、C 都正确

(4) 对接焊缝施焊时的起点和终点，常因起弧和灭弧出现弧坑和缺陷，极易产生应力集中和裂纹，计算长度我们取实际长度减（　　）。

A. t　　B. $2t$　　C. $3t$　　D. $4t$

(5) 直角角焊缝的有效厚度为（　　）。

A. $0.7h_f$　　B. 4mm　　C. $1.2h_f$　　D. $1.5h_f$

(6) 如图所示承受静力荷载的 T 形连接，采用双面角焊缝，手工焊，按构造要求所确定的合理焊脚尺寸应为（　　）。

A. 4mm　　B. 6 mm　　C. 10mm　　D. 12mm

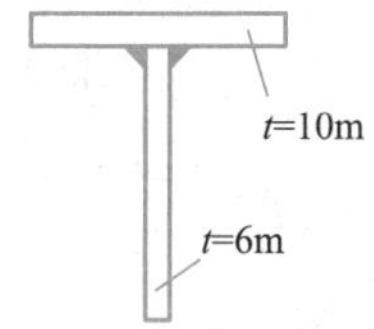

(7) 某侧面直角角焊缝 $h_f=4mm$，由计算得到该焊缝所需计算长度 30mm，施焊时有引弧板，设计时该焊缝实际长度取为（　　）。

A. 30mm　　B. 38mm　　C. 40mm　　D. 50mm

(8) 在承受静力荷载的角焊缝连接中，与侧面角焊缝相比，正面角焊缝（　　）。

A. 承载能力低，而塑性变形能力却较好

B. 承载能力高，同时塑性变形能力也较好

C. 承载能力高，而塑性变形能力却较差

D. 承载能力低，同时塑性变形能力也较差

(9) 一个普通剪力螺栓在抗剪连接中的承载力是（　　）。

A. 螺杆的抗剪承载力　　B. 被连接构件（板）的承压承载力

C. A、B 中的较大值　　D. A、B 中的较小值

(10) 高强度螺栓摩擦型连接与承压型连接的主要区别是（　　）。

A. 接触面处理不同　　B. 材料不同

C. 预拉力不同　　D. 承载力的计算方法不同

(11) 下列各种因素中（　　）影响高强度螺栓的预拉力。

A. 连接表面的处理方法　　B. 荷载的作用方式

C. 构件的钢号　　D. 螺栓的性能等级及螺栓杆的直径

(12) 承压型螺栓连接比摩擦型螺栓连接（　　）。

A. 承载力低，变形大　　B. 承载力高，变形大

C. 承载力低，变形小　　D. 承载力高，变形小

(13) 钢梁必须具有一定的（　　）才能保证正常使用。

A. 抗弯强度　　B. 刚度

C. 稳定性　　D. 抗剪强度

(14) 下列论述正确的是（　　）

A. 冷弯薄壁型钢梁需要进行局部稳定性验算

B. 热轧型钢梁一般不需要进行局部稳定性验算

C. 组合梁一般不需要进行局部稳定性验算

D. H 型钢梁一般需要进行局部稳定性验

(15) 实腹式轴心受压构件应进行（　　）。

A. 强度计算

B. 强度和长细比计算

C. 强度、整体稳定和长细比计算

D. 强度、整体稳定性、局部稳定和长细比计算

(16) 工字形截面轴心受压柱，经验算翼缘的局部稳定不满足要求，可采取的合理措

施是（　　）。

A. 将钢材由 Q235 改为 Q345　　B. 增加翼缘厚度，宽度不变

C. 增加翼缘宽度，厚度不变　　D. 利用翼缘的屈曲后强度

3. 简答题

（1）简述焊缝焊接质量等级及其检测方法。

（2）焊脚尺寸是越大越好还是越小越好？为什么？

（3）螺栓连接的优缺点是什么？

（4）简述普通螺栓受剪连接的各种破坏形式。

（5）简述哪些梁可不必计算整体稳定。

（6）什么是梁的局部稳定？翼缘或腹板出现局部失稳会造成什么影响？

（7）简述轴心受力构件的截面形式。

（8）轴心受压构件的稳定承载力与哪些因素有关？

教学单元4 钢结构详图深化设计

Chapter 04

教学目标

1. 知识目标

掌握建筑钢结构制图标准；掌握建筑钢结构图纸表达规定；掌握建筑钢结构施工图的组成与识读方法；掌握建筑钢结构施工详图绘制方法。

2. 能力目标

具备识读建筑钢结构施工图的能力；具备进行钢结构详图深化设计的能力。

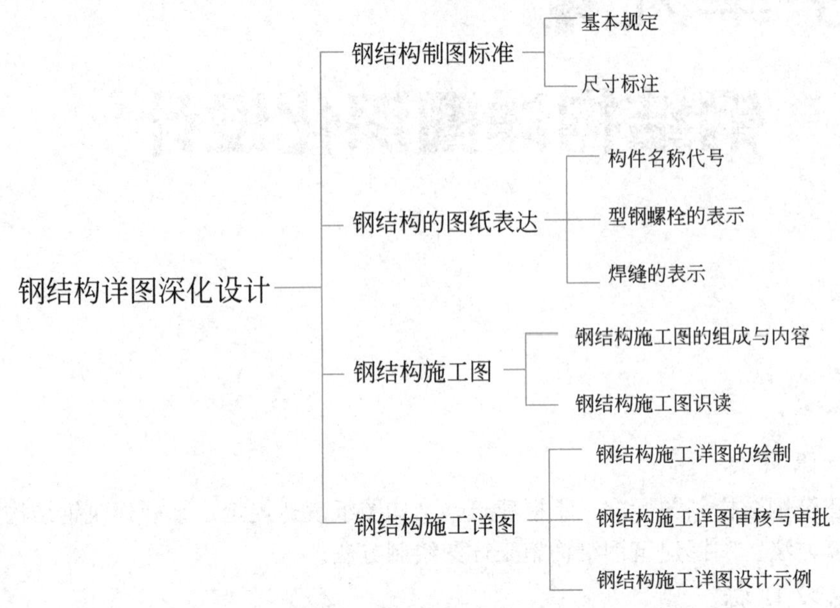

建筑施工图是建筑工程技术人员用于交流的语言，应按照现行国家标准的相关规定绘制。在建筑钢结构中，钢结构施工图一般可分为钢结构设计图和钢结构施工详图两部分。钢结构设计图是由设计单位编制完成的；而钢结构施工详图是以前者为依据，一般由钢结构制造厂或施工单位深化编制完成，并直接作为加工与安装的依据。

4.1 钢结构制图标准

钢结构施工图中，图形所用的图线、字体、比例、符号等均按照现行国家标准《房屋建筑制图统一标准》GB/T 50001—2017、《建筑结构制图标准》GB/T 50105—2010、《焊缝符号表示法》GB/T 324—2008 等相关规定采用。

4.1.1 基本规定

1. 图纸幅面规定

钢结构的图纸幅面规格应按照《房屋建筑制图统一标准》GB/T 50001—2017 执行。图纸的幅面及图框尺寸见表 4-1。图纸以短边作为垂直边应为横式，以短边作为水平边应为立式，见图 4-1。A0～A3 图纸宜横式使用，必要时，也可以立式使用。同一个工程设计中，每个专业所使用的图纸不宜多于两种幅面，不含目录及表格所采用的 A4 幅面。

图纸幅面及图框尺寸（mm）　　表 4-1

尺寸代号	幅面代号				
	A0	A1	A2	A3	A4
$b\times l$	841×1189	594×841	420×594	297×420	210×297
c	10			5	
a	25				

注：表中 b 为幅面短边尺寸，l 为幅面长边尺寸，c 为图框线与幅面线间宽度，a 为图框线与装订边间宽度。

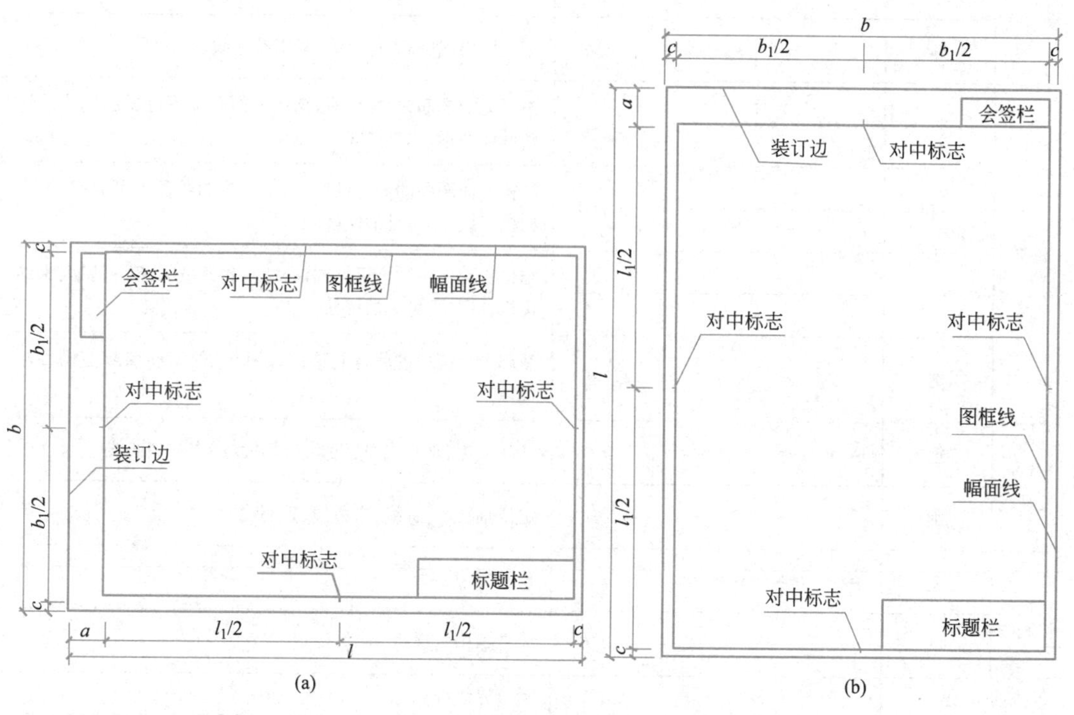

图 4-1　图纸幅面

（a）横式；（b）立式

2. 图纸线型规定

图纸中的线型按照粗细的不同可分为粗实线、中粗实线、中实线、细实线四种，当选定的基本线宽度为 b 时，则粗实线为 b，中粗实线为 $0.7b$，中实线为 $0.5b$，细实线为 $0.25b$。在结构施工图中，图线的宽度 b 通常为 1.4mm、1.0mm、0.7mm、0.5mm。每个图样应根据复杂程度与比例大小，先选用适当基本线宽度 b，再选用相应的线宽。根据表达内容的层次，基本线宽 b 和线宽比可适当增加或减少。建筑制图中各种线型及线宽所表示的内容见表 4-2。

3. 比例

绘制钢结构施工图时，根据图样的用途、被绘物体的复杂程度，一般选择结构平面图和基础平面图的比例为 1∶50、1∶100、1∶150，详图比例为 1∶10、1∶20、1∶50，特殊情况下也可以选择其他比例。当构件的纵、横向断面尺寸相差悬殊时，可在同一详图中的纵、横向选用不同的比例绘制，轴线尺寸与构件尺寸也可选用不同的比例绘制。

建筑制图中各种线型及线宽 表 4-2

名称		线型	线宽	一般用途
实线	粗		b	螺栓、钢筋线、结构平面图中的单线结构构件线，钢、木支撑及系杆线，图名下横线、剖切线
	中粗		$0.7b$	结构平面图及详图中剖到或可见的墙身轮廓线，基础轮廓线，钢、木结构轮廓线，钢筋线
	中		$0.5b$	结构平面图及详图中剖到或可见的墙身轮廓线、基础轮廓线、可见的钢筋混凝土构件轮廓线、钢筋线
	细		$0.25b$	标注引出线、标高符号线、索引符号线、尺寸线
虚线	粗		b	不可见的钢筋线、螺栓线，结构平面图中不可见的单线结构构件线及钢、木支撑线
	中粗		$0.7b$	结构平面图中的不可见构件、墙身轮廓线及不可见钢、木结构构件线，不可见的钢筋线
	中		$0.5b$	结构平面图中的不可见构件、墙身轮廓线及不可见钢、木结构构件线，不可见的钢筋线
	细		$0.25b$	基础平面图中的管沟轮廓线、不可见的钢筋混凝土构件轮廓线
单点长画线	粗		b	柱间支撑、垂直支撑、设备基础轴线图中的中心线
	细		$0.25b$	定位轴线、对称线、中心线、重心线
双点长画线	粗		b	预应力钢筋线
	细		$0.25b$	原有结构轮廓线
折断线			$0.25b$	断开界线
波浪线			$0.25b$	断开界线

4. 剖切符号

剖切符号宜优先选择国际通用方法表示，也可采用常用方法表示，同一套图纸应选用一种表示方法。

采用国际通用剖视表示方法时，剖面剖切索引符号应由直径为 8～10mm 的圆和水平直径以及两条相互垂直且外切圆的线段组成，水平直径上方应为索引编号，下方应为图纸编号，线段与圆之间应填充黑色并形成箭头表示剖视方向，索引符号应位于剖线两端；断面及剖视详图剖切符号的索引符号应位于平面图外侧一端，另一端为剖视方向线，长度宜为 7～9mm，宽度宜为 2mm。剖切线与符号线线宽应为 $0.25b$，需要转折的剖切位置线应连续绘制，剖号的编号宜由左至右、由下至上连续编排，见图 4-2。

采用常用方法表示时，剖面的剖切符号应由剖切位置线及剖视方向线组成，均应以粗实线绘制，线宽宜为 b。剖切位置线的长度宜为 6～10mm，剖视方向线应垂直于剖切位置线，长度应短于剖切位置线，宜为 4～6mm，绘制时，剖视剖切符号不应与其他图线相接

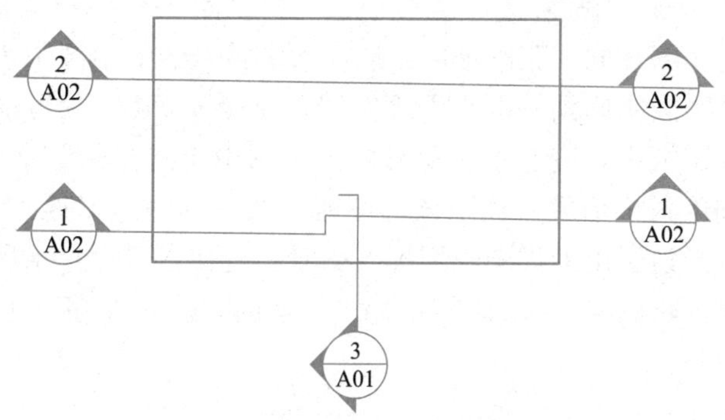

图 4-2　国际通用剖视的剖切符号

触。剖视剖切符号的编号宜采用粗阿拉伯数字，按剖切顺序由左至右、由下向上连续编排，并应注写在剖视方向线的端部，见图 4-3。需要转折的剖切位置线，应在转角的外侧加注与该符号详图的编号。

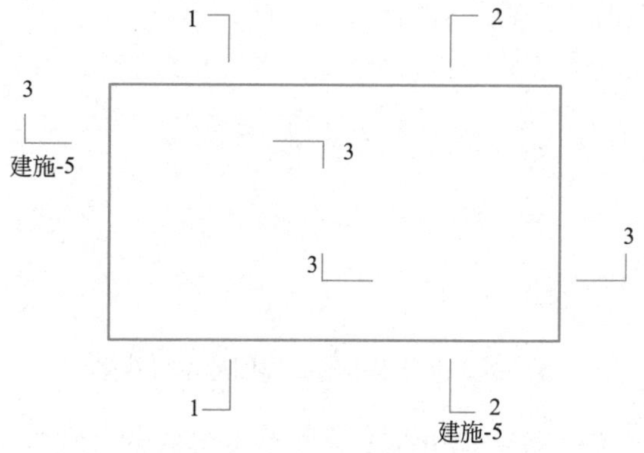

图 4-3　常用方法剖视的剖切符号

断面的剖切符号应仅用剖切位置线表示，其编号应注写在剖切位置线的一侧；编号所在的一侧应为该断面的剖视方向，其余同剖面的剖切符号。当与被剖切图样不在同一张图内，应在剖切位置线的另一侧注明其所在图纸的编号，也可在图上集中说明，见图 4-4。

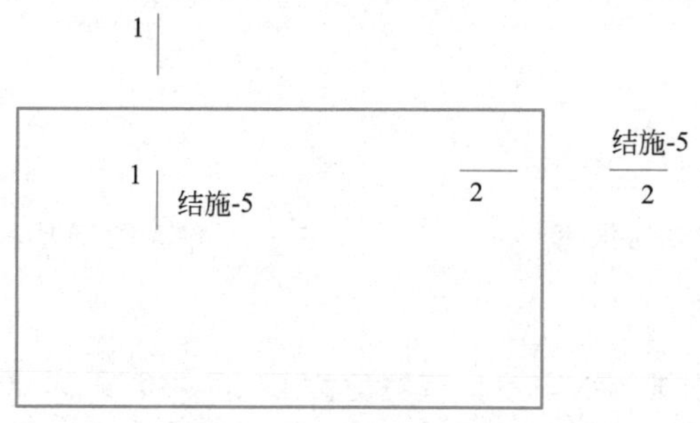

图 4-4　断面的剖切符号

5. 索引符号和详图符号

图样中的某一局部或构件，如需另见详图，应以索引符号索引，见图 4-5（a）。索引符号应由直径为 8～10mm 的圆和水平直径组成，圆及水平直径线宽宜为 0.25b。当索引出的详图与被索引的详图在同一张图纸内，应在索引符号的上半圆中用阿拉伯数字注明该详图的编号，并在下半圆中间画一端水平细实线，见图 4-5（b）。当索引出的详图与被索引的详图不在同一张图纸中，应在索引符号的上半圆中用阿拉伯数字注明该详图的编号，在索引符号的下半圆用阿拉伯数字注明该详图所在图纸的编号，见图 4-5（c）。数字较多时，可加文字标注。当索引出的详图采用标准图时，应在索引符号水平直径的延长线上加注该标准图集的编号，见图 4-5（d）。需要标注比例时，应在文字的索引符号右侧或延长线下方，与符号下对齐。

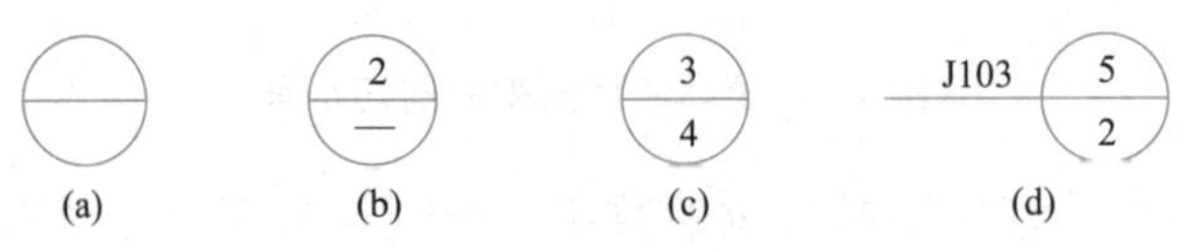

图 4-5　索引符号

当索引符号用于索引剖视详图时，应在被剖切的部位绘制剖切位置线，并以引出线引出索引符号，引出线所在的一侧应为剖视方向，见图 4-6。

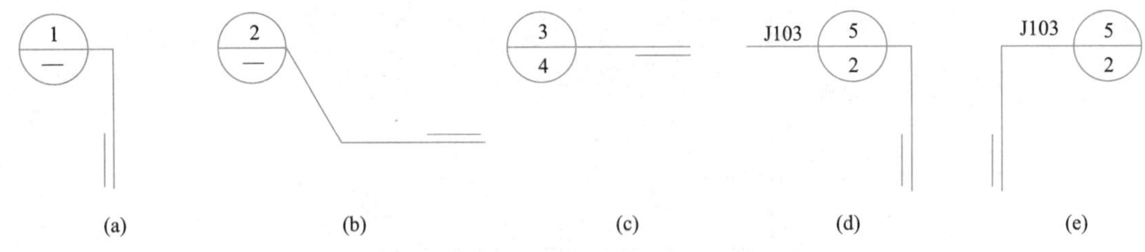

图 4-6　用于索引剖视详图的索引符号

零件、钢筋、杆件及消火栓、配电箱、管井等设备的编号宜以直径为 4～6mm 的圆表示，圆线宽为 0.25b，同一图样应保持一致，其编号应用阿拉伯数字按顺序编写，见图 4-7。

详图的位置和编号应以详图符号表示。详图符号的圆直径应为 14mm，线宽为 b。当详图与被索引的图样同在一张图纸内时，应在详图符号内用阿拉伯数字注明详图的编号，见图 4-8（a）。当详图与被索引的图样不在同一张图纸内时，应用细实线在详图符号内画一水平直径，在上半圆中注明详图符号，在下半圆中注明被索引的图纸的编号，见图 4-8（b）。

图 4-7　零件、钢筋等的编号

图 4-8　详图符号

6. 引出线

施工图中的引出线用细实线表示，线宽应为 0.25b，宜采用水平方向的直线，或与水平方向成 30°、45°、60°、90°的直线，并经上述角度再折成水平线。文字说明宜注写在水平线的上方，也可注写在水平线的端部，索引详图的引出线，应与水平直径线相连接，见图 4-9。

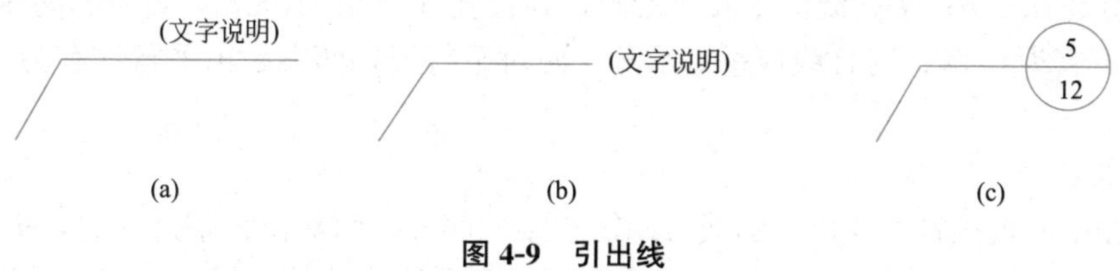

图 4-9　引出线

同时引出的几个相同部分的引出线，宜互相平行，见图 4-10（a），也可画成集中于一点的放射线，见图 4-10（b）。

图 4-10　共同引出线

多层构造或多层管道共用引出线，应通过被引出的各层，并用圆点示意对应各层次。文字说明宜注写在水平线的上方，或注写在水平线的端部，说明的顺序应由上至下，并应与被说明的层次对应一致；如层次为横向排序，则由上至下的说明顺序应与由左至右的层次对应一致，见图 4-11。

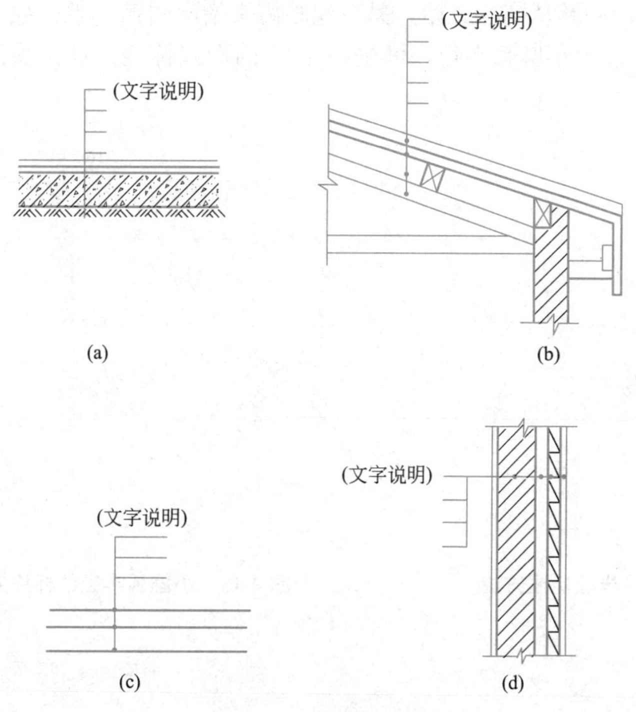

图 4-11　多层引出线

7. 对称符号

施工图中对称符号应由对称线和两端的两对平行线组成。对称线应用单点长画线绘制，线宽宜为 $0.25b$；平行线应用实线绘制，其长度宜为 6～10mm，每对的间距宜为 2～3mm，线宽宜为 $0.5b$；对称线应垂直平分于两对平行线，两端超出平行线宜为 2～3mm，见图 4-12。

8. 连接符号

施工图中的连接符号应以折断线表示需连接的部分。两部位相距过远时，折断线两端靠图样一侧应标注大写英文字母表示连接编号。两个被连接的图样应用相同的字母编号，见图 4-13。

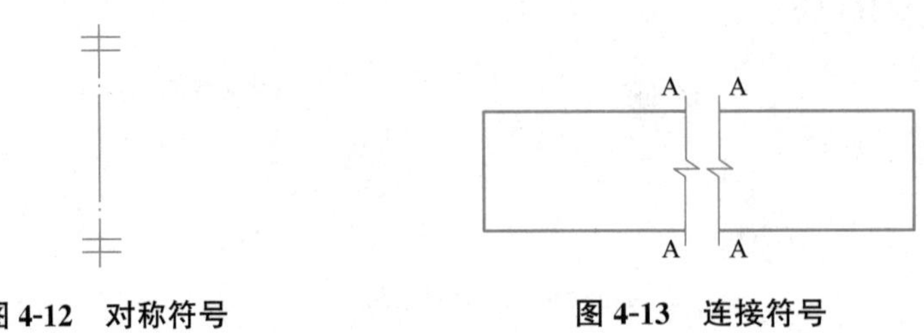

图 4-12　对称符号

图 4-13　连接符号

4.1.2　尺寸标注

1. 半径、直径和球的尺寸标注

半径的尺寸线应一端从圆心开始，另一端画箭头指向圆弧。半径数字前应加注半径符号“R”，见图 4-14。较小圆弧半径，可按图 4-15 的形式标注。较大圆弧的半径，可按图 4-16 的形式标注。

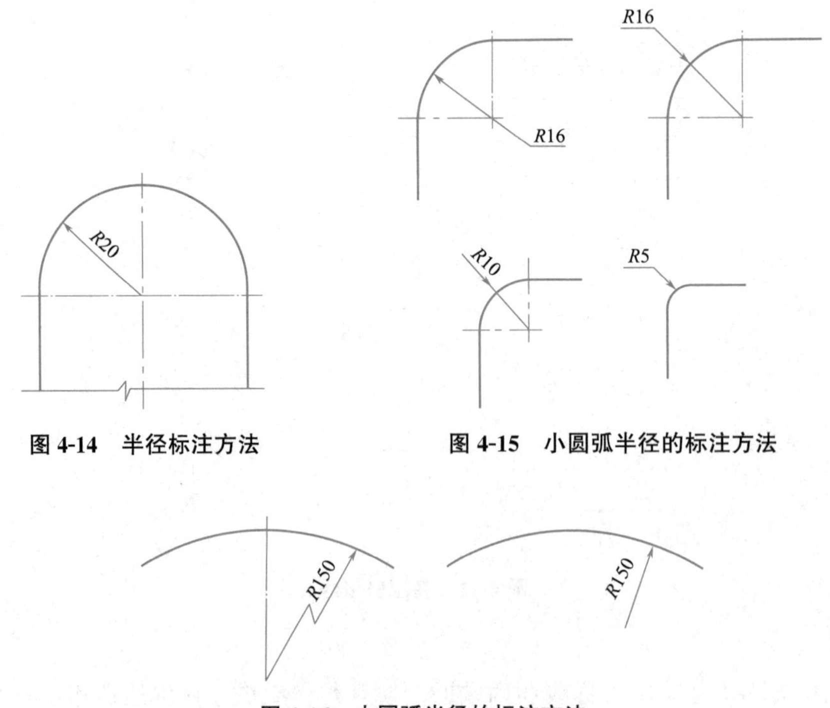

图 4-14　半径标注方法

图 4-15　小圆弧半径的标注方法

图 4-16　大圆弧半径的标注方法

标注圆的直径尺寸时，直径数字前应加直径符号“ϕ”。在圆内标注的尺寸线应通过圆心，两端画箭头指至圆弧，见图 4-17。较小圆的直径尺寸，可标注在圆外，见图 4-18。

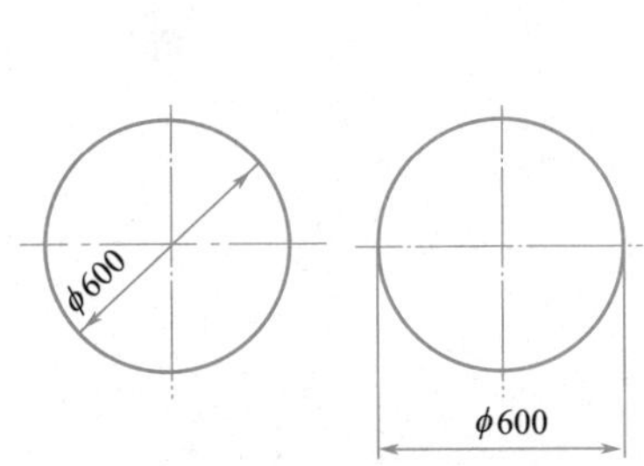

图 4-17　圆直径的标注方法

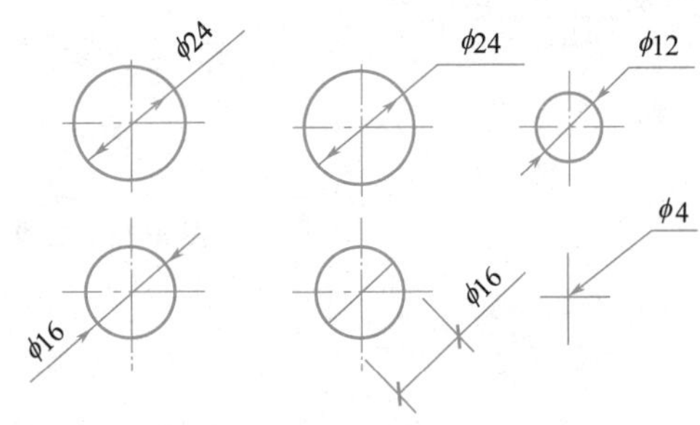

图 4-18　小圆直径的标注方法

标注球的半径尺寸时，应在尺寸前加注符号“*SR*”。标注球的直径尺寸时，应在尺寸数字前加注符号“$S\phi$”。注写方法与圆弧半径和圆直径的尺寸标注方法相同。

2. 角度、弧长、弦长的尺寸标注

角度的尺寸线应以圆弧表示，该圆弧的圆心应是该角的顶点，角的两条边为尺寸界线，起止符号应以箭头表示，如没有足够位置画箭头，可用圆点代替，角度数字应沿尺寸线方向注写，见图 4-19。

标注圆弧的弧长时，尺寸线应以与该圆弧同心的圆弧线表示，尺寸界线应指向圆心，起止符号用箭头表示，弧长数字上方或前方应加注圆弧符号“⌒”，见图 4-20。

标注圆弧的弦长时，尺寸线应以平行于该弦的直线表示，尺寸界线应垂直于该弦，起止符号用中粗斜短线表示，见图 4-21。

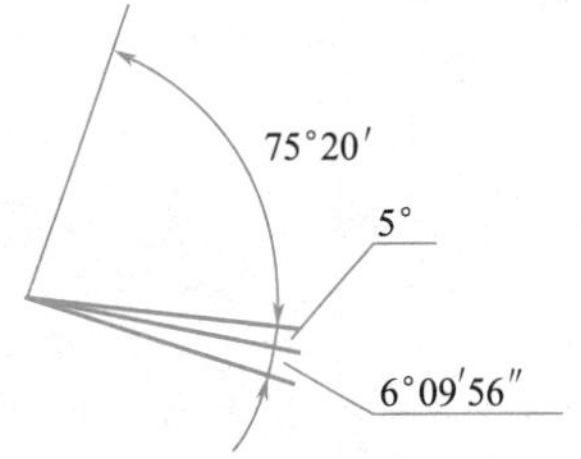

图 4-19　角度标注方法

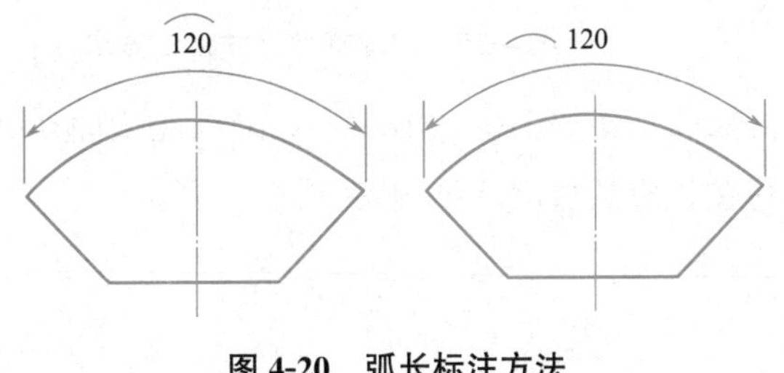

图 4-20　弧长标注方法

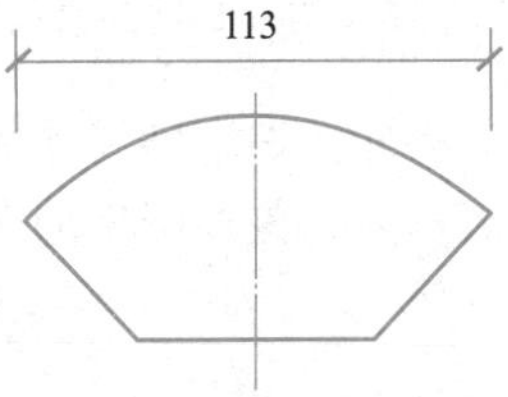

113

图 4-21　弦长标注方法

3. 尺寸的简化标注

杆件或管线的长度，在单线图（桁架简图、钢筋简图、管线简图）上，可直接将尺寸数字沿杆件或管线的一侧注写，见图 4-22。

连续排列的等长尺寸，可用“等长尺寸×个数=总长”或“总长（等分个数）”的形式标注，见图 4-23。

构配件内的构造要素（如孔、槽等）如相同，可仅标注其中一个要素的尺寸，见图 4-24。

对称构配件采用对称省略画法时，该对称构配件的尺寸线应略超过对称符号，仅在尺

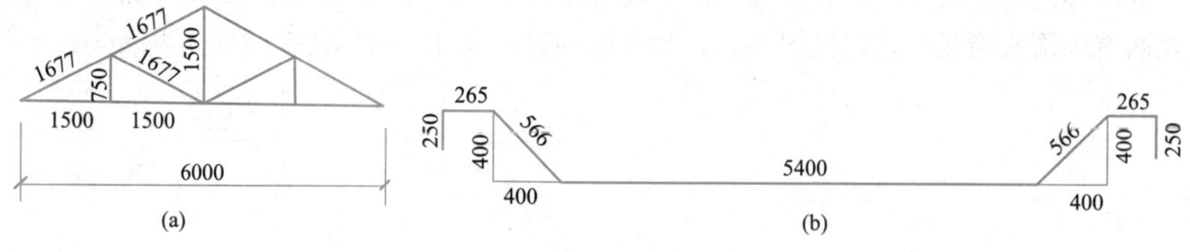

图 4-22 单线尺寸标注方法

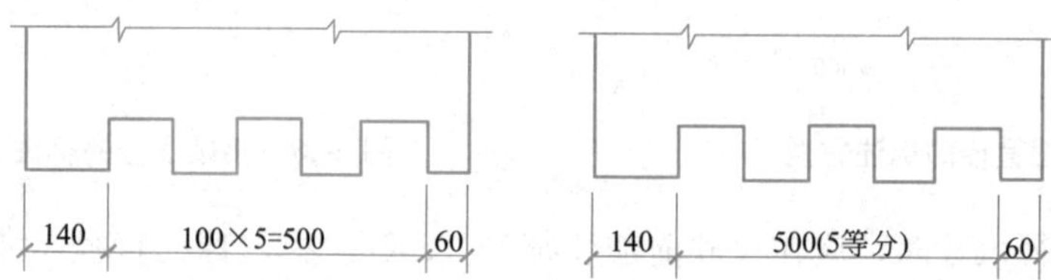

图 4-23 等长尺寸简化标注方法

寸线的一端画尺寸起止符号，尺寸数字应按整体全尺寸注写，其注写位置宜与对称符号对齐，见图 4-25。

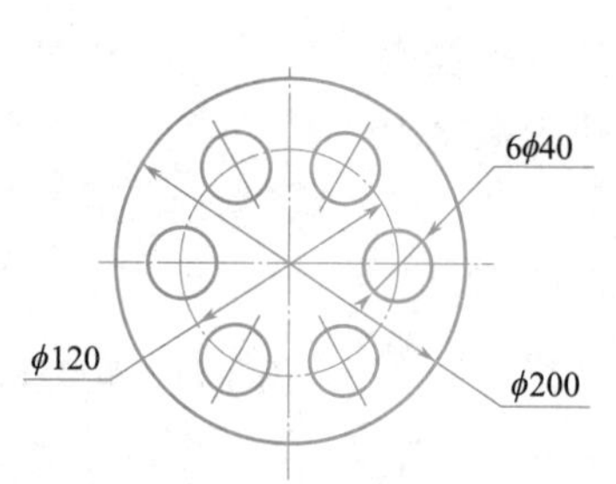

图 4-24 相同要素尺寸标注方法

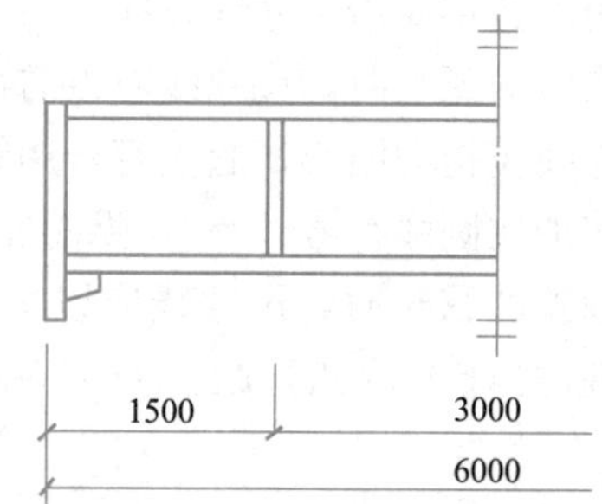

图 4-25 对称构件尺寸标注方法

两个构配件如个别尺寸数字不同，可在同一图样中将其中一个构配件的不同尺寸数字注写在括号内，该构配件的名称也应注写在相应括号内，见图 4-26。

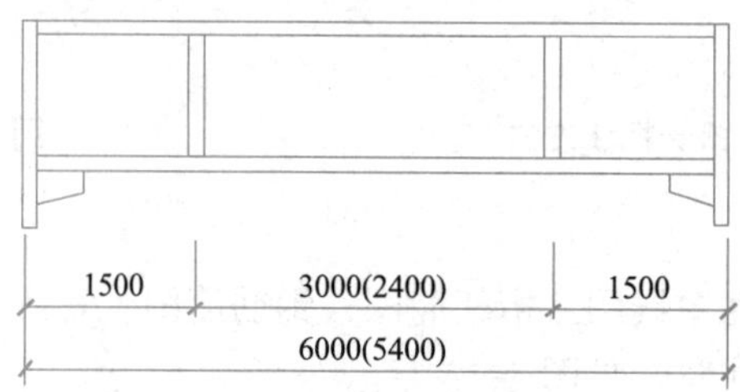

图 4-26 相似构件尺寸标注方法

数个构配件如仅某些尺寸不同，这些有变化的尺寸数字，可用拉丁字母注写在同一图样中，另列表格写明其具体尺寸，见图 4-27。

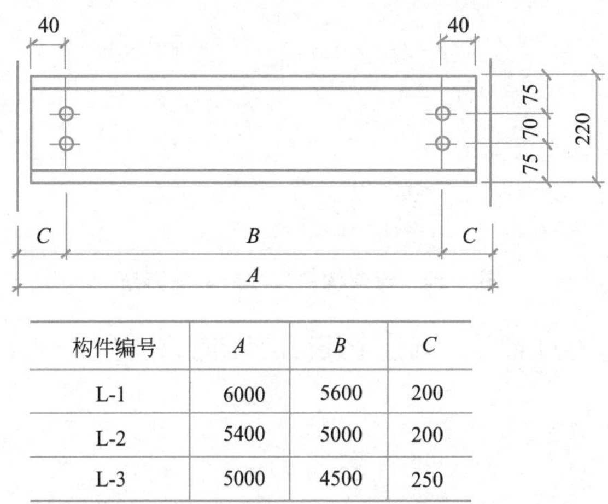

构件编号	A	B	C
L-1	6000	5600	200
L-2	5400	5000	200
L-3	5000	4500	250

图 4-27 相似构配件尺寸表格式标注方法

4. 桁架标注

结构施工图中桁架结构的几何尺寸用单线图表示，杆件的轴线长度尺寸标注在构件的上方，见图 4-28。当桁架结构杆件布置和受力均为对称时，在桁架单线图的左半部分标注杆件的几何轴线尺寸，右半部分标注杆件的内力值和反力值。当桁架结构杆件布置和受力非对称时，桁架单线图的上方标注杆件的几何轴线尺寸，下方标注杆件的内力值和反力值。竖杆的几何尺寸标注在左侧，内力值标注在右侧。

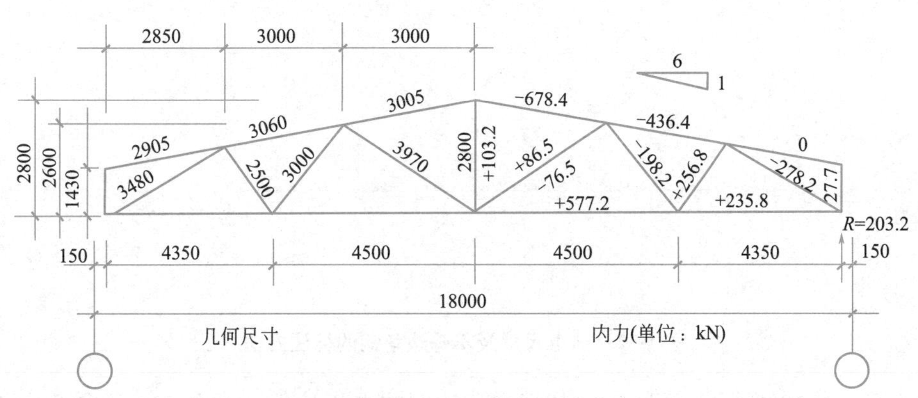

图 4-28 桁架尺寸标注和内力标注方法

5. 构件尺寸标注

两构件的两条很近的重心线，应按图 4-29 的规定在交汇处将其各自向外错开。

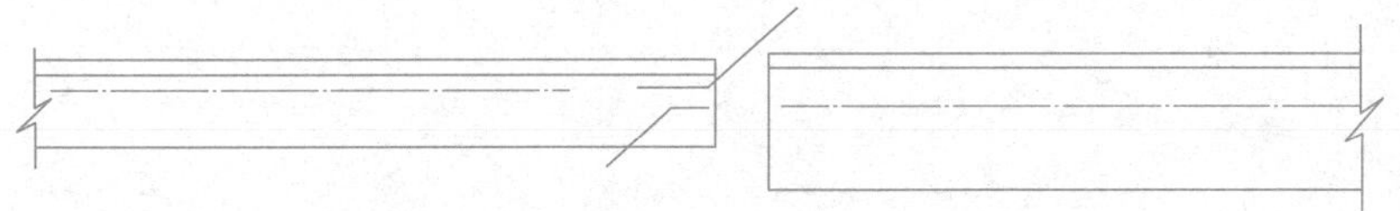

图 4-29 两构件重心不重合的表示方法

弯曲构件的尺寸应按图 4-30 的规定沿其弧度的曲线标注弧的轴线长度。

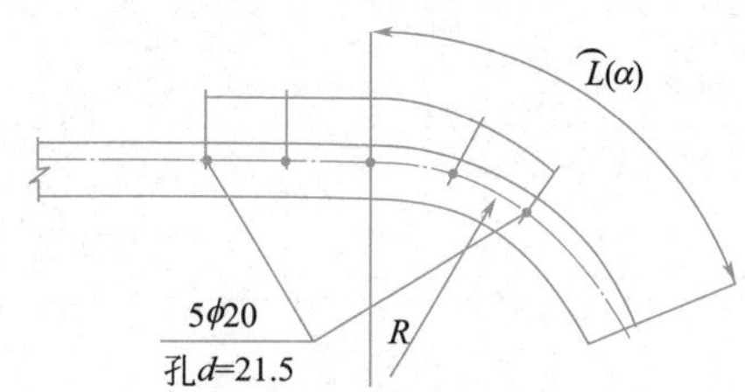

图 4-30　弯曲构件尺寸的标注方法

切割的板材应按图 4-31 的规定标注个线段的长度及位置。

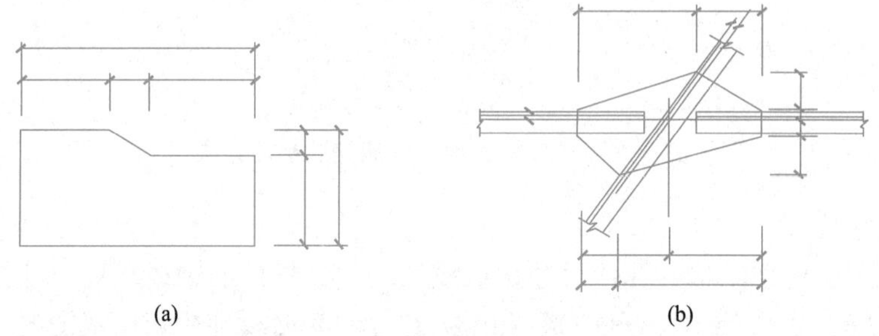

图 4-31　切割板材尺寸的标注方法

不等边角钢的构件，应按图 4-32 的规定标注出角钢一肢的尺寸。

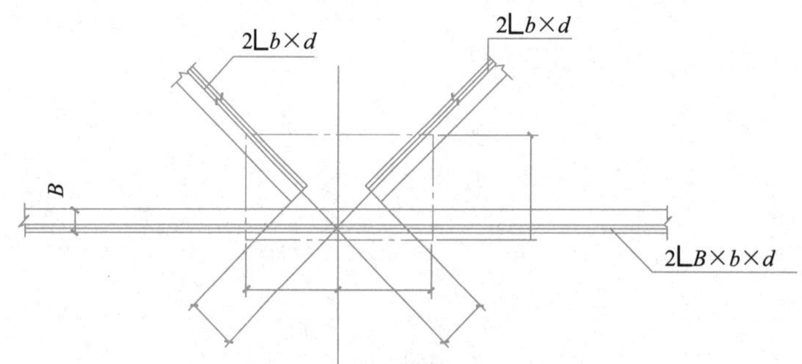

图 4-32　节点尺寸及不等边角钢的标注方法

节点尺寸应按图 4-32 和图 4-33 的规定，注明节点板的尺寸和各杆件螺栓孔中心或中

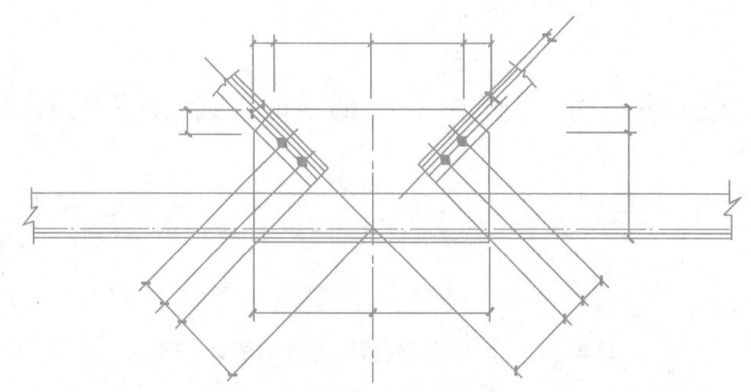

图 4-33　节点尺寸的标注方法

心距，以及杆件端部至几何中心线交点的距离。

双型钢组合截面的构件，应按图 4-34 的规定注明缀板的数量及尺寸。引出横线上方标注缀板的数量及缀板的宽度、厚度，引出横线下方标注缀板的长度尺寸。

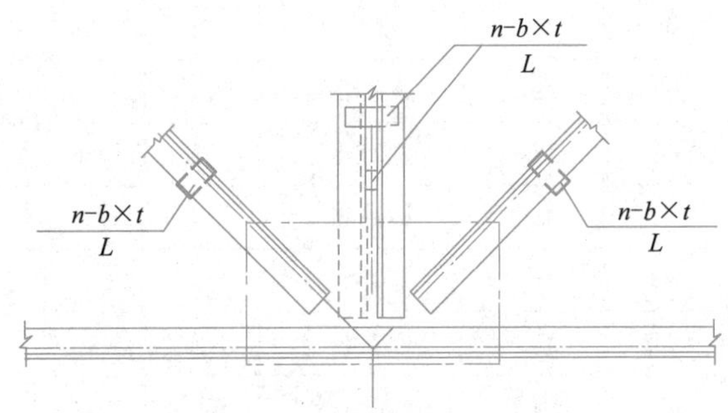

图 4-34　缀板的标注方法

非焊接的节点板，应按图 4-35 的规定注明节点板的尺寸和螺栓孔中心与几何中心线交点的距离。

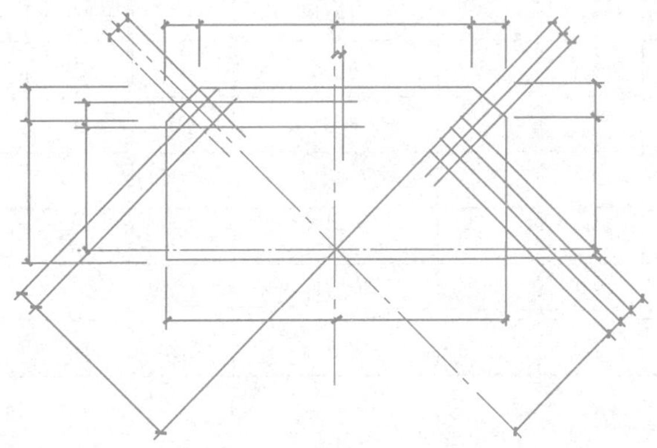

图 4-35　非焊接节点板尺寸的标注方法

4.2 钢结构的图纸表达

4.2.1　构件名称代号

构件名称可用代号来表示，一般用汉字拼音的第一个字母。当材料为钢材时，前面加“G”，代号后标注的阿拉伯数字为该构件的型号或编号，或构件的顺序号。构件的顺序号可采用不带角标的阿拉伯数字连续编排，如 GWJ-1 表示编号为 1 的钢屋架。常用构件代号见表 4-3。

常用构件代号 表 4-3

序号	名称	代号	序号	名称	代号	序号	名称	代号
1	板	B	19	圈梁	QL	37	承台	CT
2	屋面板	WB	20	过梁	GL	38	设备基础	SJ
3	空心板	KB	21	连系梁	LL	39	桩	ZH
4	槽形板	CB	22	基础梁	JL	40	挡土墙	DQ
5	折板	ZB	23	楼梯梁	TL	41	地沟	DG
6	密肋板	MB	24	框架梁	KL	42	柱间支撑	ZC
7	楼梯板	TB	25	框支梁	KZL	43	垂直支撑	CC
8	盖板或沟盖板	GB	26	屋面框架梁	WKL	44	水平支撑	SC
9	挡雨板或檐口板	YB	27	檩条	LT	45	梯	T
10	吊车安全走道板	DB	28	屋架	WJ	46	雨篷	YP
11	墙板	QB	29	托架	TJ	47	阳台	YT
12	天沟板	TGB	30	天窗架	CJ	48	梁垫	LD
13	梁	L	31	框架	KJ	49	预埋件	M
14	屋面梁	WL	32	刚架	GJ	50	天窗端壁	TD
15	吊车梁	DL	33	支架	ZJ	51	钢筋网	W
16	单轨吊车梁	DDL	34	柱	Z	52	钢筋骨架	G
17	轨道连接	DGL	35	框架柱	KZ	53	基础	J
18	车档	CD	36	构造柱	GZ	54	暗柱	AZ

4.2.2 型钢、螺栓的表示

型钢的表示方法见表 4-4。

型钢表示方法 表 4-4

序号	名称	截面	标注	说明
1	等边角钢	∟	∟$b\times t$	b 为肢宽 t 为肢厚
2	不等边角钢	B ∟	∟$B\times b\times t$	B 为长肢宽 b 为短肢宽 t 为肢厚
3	工字钢	I	I N　　Q I N	轻型工字钢加注 Q 字

续表

序号	名称	截面	标注	说明
4	槽钢	[	[N　Q [N	轻型槽钢加注Q字
5	方钢	b	□ b	—
6	扁钢	b	— $b \times t$	—
7	钢板	—	$-\frac{-b \times t}{L}$	宽×厚 板长
8	圆钢	○	ϕd	—
9	钢管	○	$\phi d \times t$	d 为外径 t 为壁厚
10	薄壁方钢管	□	B □ $b \times t$	薄壁型钢加注B字 t 为壁厚
11	薄壁等肢角钢	∟	B ∟ $b \times t$	
12	薄壁等肢卷边角钢	a	B ∟ $b \times a \times t$	
13	薄壁槽钢	h	B [$h \times b \times t$	
14	薄壁卷边槽钢	a	B [$h \times b \times a \times t$	
15	薄壁卷边Z型钢	h　a　b	B ⌐ $h \times b \times a \times t$	
16	T型钢	T	TW　×× TM　×× TN　××	TW为宽翼缘T型钢 TM为中翼缘T型钢 TN为窄翼缘T型钢
17	H型钢	H	HW　×× HM　×× HN　××	HW为宽翼缘H型钢 HM为中翼缘H型钢 HN为窄翼缘H型钢
18	起重机钢轨		QU××	详细说明产品规格型号
19	轻轨及钢轨		××kg/m钢轨	

螺栓、孔、电焊铆钉的表示方法见表 4-5。

螺栓、孔、电焊铆钉的表示方法　　表 4-5

序号	名称	图例	说明
1	永久螺栓	M ϕ	1. 细"+"线表示定位线； 2. M 表示螺栓型号； 3. ϕ 表示螺栓孔直径； 4. d 表示膨胀螺栓、电焊铆钉直径； 5. 采用引出线标注螺栓时，横线上标注螺栓规格，横线下标注螺栓孔直径
2	高强螺栓	M ϕ	
3	安装螺栓	M ϕ	
4	膨胀螺栓	d	
5	圆形螺栓孔	ϕ	
6	长圆形螺栓孔	ϕ b	
7	电焊铆钉	d	

4.2.3 焊缝的表示

在钢结构施工图上要用焊缝代号表明焊缝形式、尺寸和辅助要求。根据《焊缝符号表示法》GB/T 324—2008，焊缝符号主要由引出线和表示焊缝截面形状的基本符号组成，必要时还可以加上补充符号和焊缝尺寸符号。

引出线由带箭头的指引线（简称箭头线）和两条基准线（一条为细实线，另一条为细虚线）两部分组成，如图 4-36 所示。基准线的虚线可以画在实线的上侧，也可以画在实线的下侧；基准线一般应与图纸的底边相平行，特殊情况也可与底边相垂直。

基本符号用以表示焊缝的基本截面形式，符号的线条宜粗于引出线。基本符号标注在基准线上，其相对位置规定如下：如果焊缝在接头的箭头侧，则应将基本符号标注在基准线实线侧；如果焊缝在接头的非箭头侧，则应将基本符号标注在基准线虚线侧（图 4-37），这与符号标注的上下位置无关。如果为双面对称焊缝，基准线可以不加虚线（图 4-38）。箭头线相对于焊缝位置一般无特殊要求，对有坡口的焊缝，箭头线应指向带有坡口的一侧（图 4-39）。在实际应用中，为方便起见，往往将虚线省略。

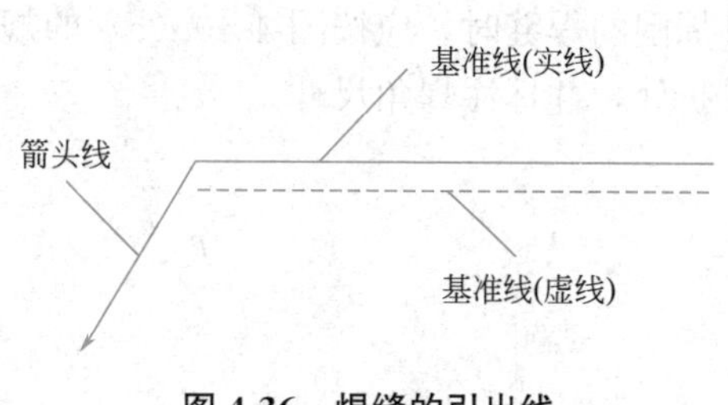

图 4-36　焊缝的引出线

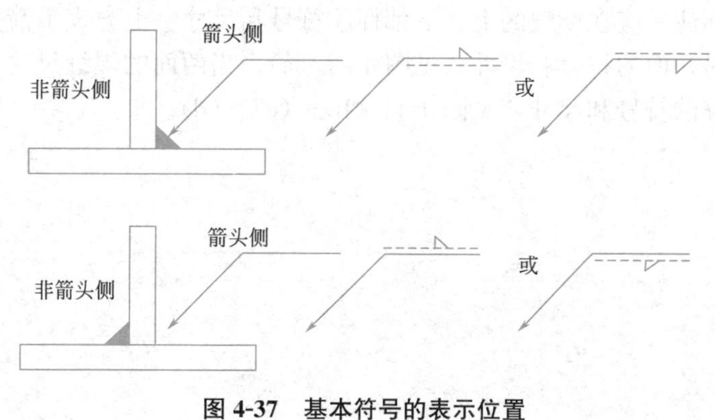

图 4-37　基本符号的表示位置

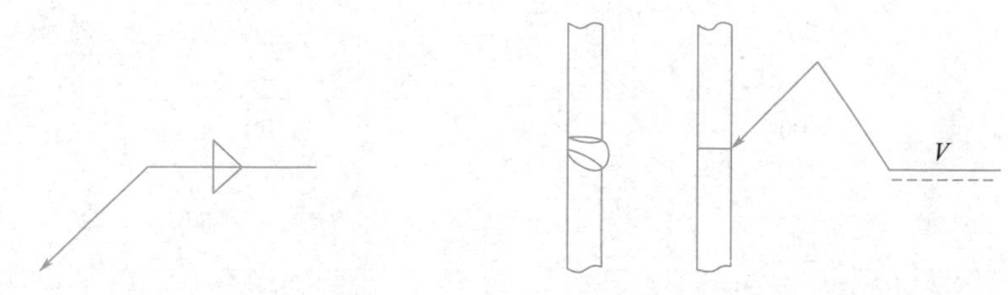

图 4-38　双面焊缝表示方法

图 4-39　单边 V 形焊缝引出线

补充焊缝是为了补充说明焊缝的某些特征而采用的符号，如焊缝表面形状、三面围焊、周边焊缝、在工地现场施焊的焊缝和焊缝底部有垫板等。

焊缝的基本符号、补充符号均用粗实线表示，并与基准线相交或相切。但尾部符号除外，尾部符号用细实线表示，并且在基准线的尾端。

焊缝尺寸标注在基准线上。这里应注意的是，不论箭头线方向如何，有关焊缝横截面的尺寸（如角焊缝的焊角尺寸）一律标在焊缝基本符号的左边，有关焊缝长度方向的尺寸（如焊缝长度）则一律标在焊缝基本符号的右边。此外，对接焊缝中有关坡口的尺寸应标在焊缝基本符号的上侧或下侧。

当焊缝分布不规则时，在标注焊缝符号的同时，还可以在焊缝位置处加栅线表示。

单面焊缝的标注方法应符合下列规定：当箭头指向焊缝所在的一面时，应将图形符号和尺寸标注在横线的上方，见图 4-40（a）；当箭头指向焊缝所在另一面（相对应的那面）时，应按图 4-40（b）的规定执行，将图形符号和尺寸标注在横线的下方。表示环绕工作件周围的焊缝时，应按图 4-40（c）的规定执行，其围焊焊缝符号为圆圈，绘在引出线的转折处，并标注焊角尺寸。

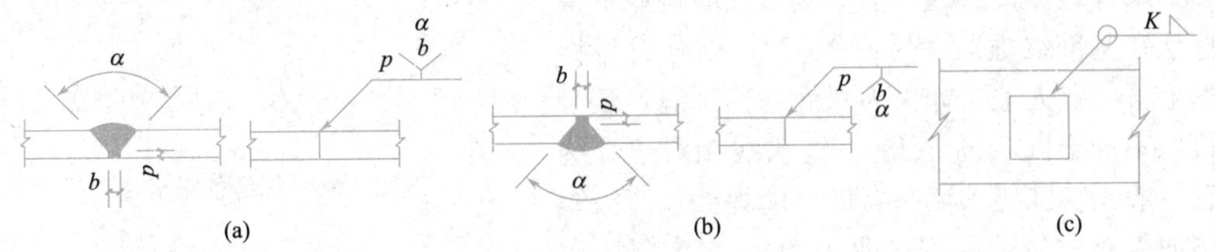

图 4-40　单面焊缝的标注方法

双面焊缝的标注，应在横线的上、下都标注符号和尺寸。上方表示箭头一面的符号和尺寸，下方表示另一面的符号和尺寸，见图 4-41（a）；当两面的焊缝尺寸相同时，只需在横线上方标准焊缝的符号和尺寸，见图 4-41（b）、（c）、（d）。

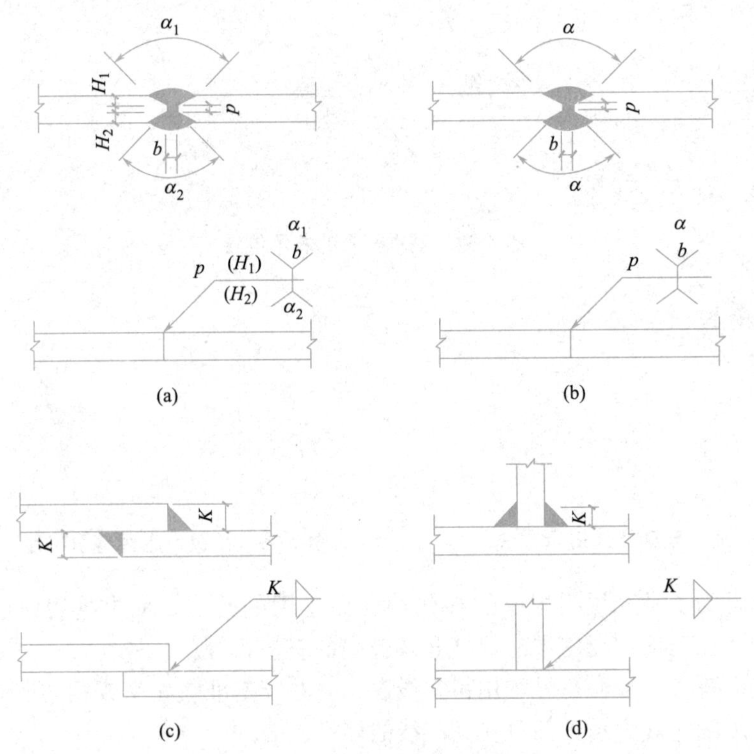

图 4-41　双面焊缝的标注方法

三个及三个以上的焊件相互焊接的焊缝，不得作为双面焊缝标注，其焊缝符号和尺寸应分别标注，见图 4-42。

相互焊接的两个焊件中，当只有一个焊件带坡口时（如单边 V 形），引出线箭头必须指向带坡口的焊件，见图 4-43。

相互焊接的两个焊件，当为单面带双边不对称坡口焊缝时，应按图 4-44 的规定，引出线箭头应指向较大坡口的焊件。

当焊缝分布不规则时，在标准焊缝符号的同时，可按图 4-45 的规定，宜在焊缝处加

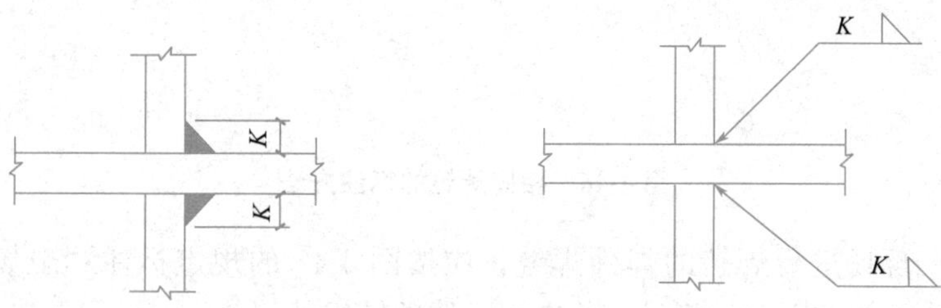

图 4-42　三个及以上焊件的焊缝标注方法

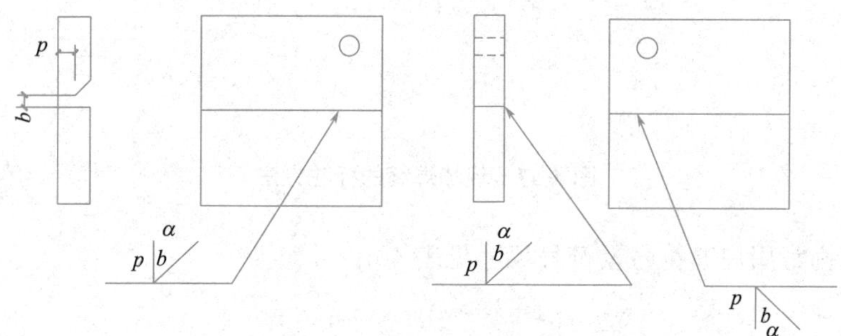

图 4-43　一个焊件带坡口的焊缝标注方法

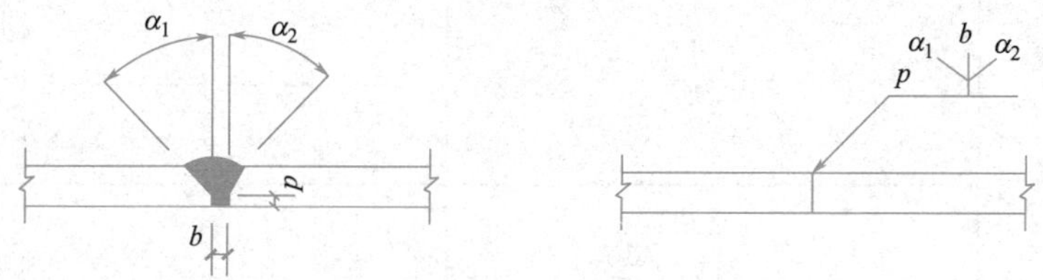

图 4-44　不对称坡口焊缝的标注方法

中实线（表示可见焊缝），或加细栅线（表示不可见焊缝）。

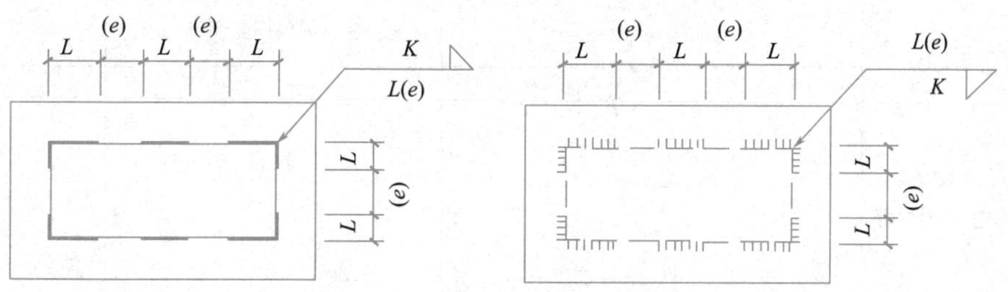

图 4-45　不规则焊缝的标注方法

相同焊缝符号应按下列方法表示：在同一图形上，当焊缝形式、断面尺寸和辅助要求均相同时，应按图 4-46（a）的规定，可只选择一处标注焊缝的符号和尺寸，并加注“相同焊缝符号”，相同焊缝符号为 3/4 圆弧，绘在引出线的转折处。在同一图形上，当有数种相同的焊缝时，宜按图 4-46（b）的规定，可将焊缝分类编号标注。在同一类焊缝中可选择一处标注焊缝符号和尺寸。分类编号采用大写的拉丁字母 A、B、C。

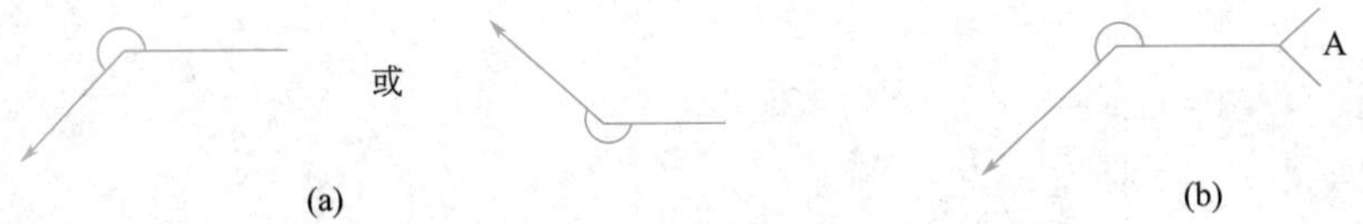

图 4-46　相同焊缝的标注方法

需要在施工现场进行焊接的焊件焊缝，应按图 4-47 的规定标注“现场焊缝”符号。现场焊缝符号为涂黑的三角形旗号，绘在引出线的转折处。

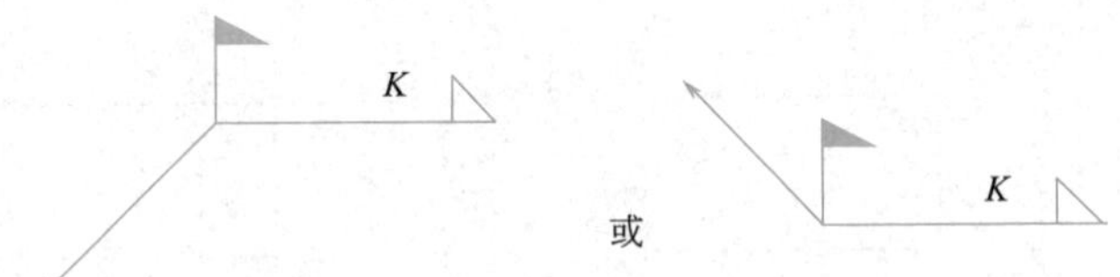

图 4-47　现场焊缝的标注方法

建筑钢结构常用焊缝符号及符号尺寸见表 4-6。

建筑钢结构常用焊缝符号及符号尺寸　　表 4-6

序号	焊缝名称	形式	标注法	符号尺寸(mm)
1	I形焊缝	b	b	1～2 4
2	单边 V 形焊缝	β b	β b 注：箭头指向剖口	45° 4
3	带钝边 单边 V 形焊缝	β p b	β p b	45° 1 3
4	带垫板 带钝边 单边 V 形焊缝	β p b	β p b 注：箭头指向剖口	3 7

续表

序号	焊缝名称	形式	标注法	符号尺寸(mm)
5	带垫板 V 形焊缝	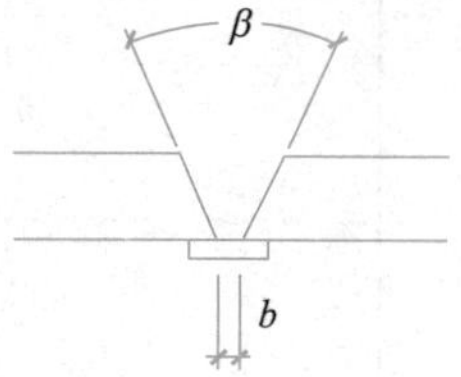 β b	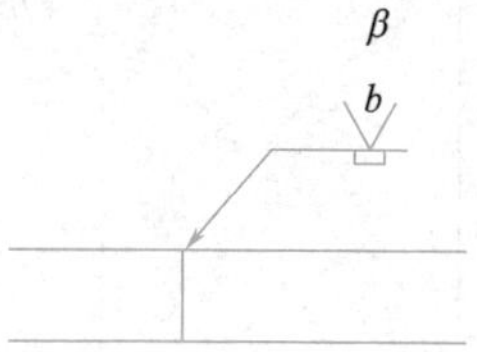 β b	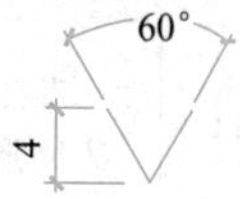 60° 4
6	Y 形焊缝	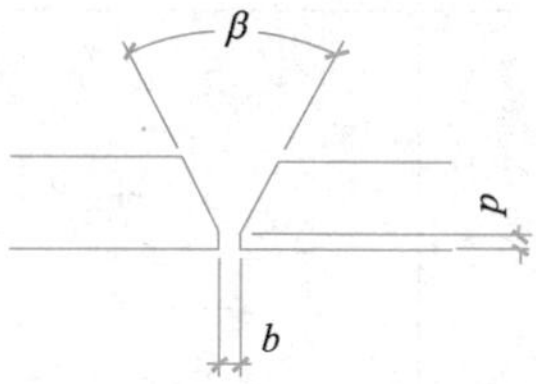 β p b	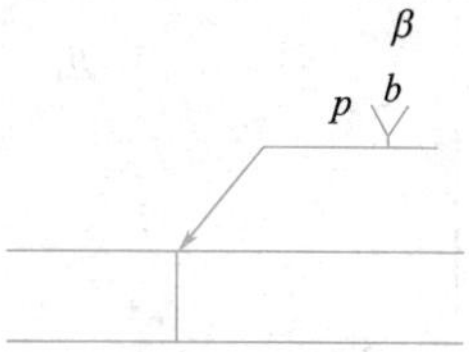 β p b	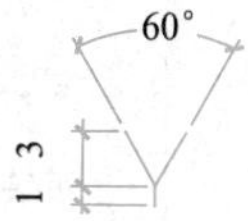 60° 1 3
7	带垫板 Y 形焊缝	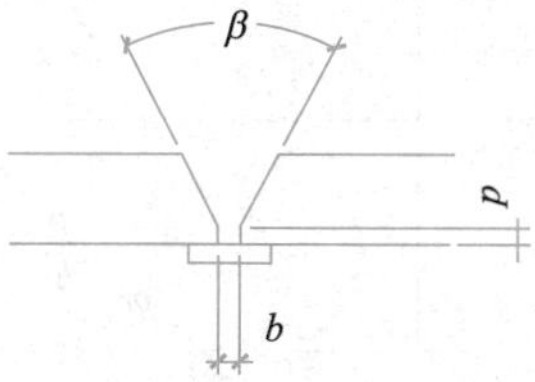 β p b	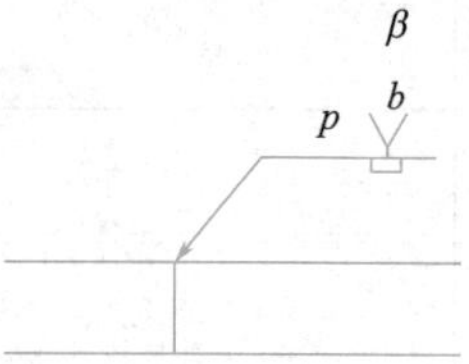 β p b	—
8	双单边 V 形焊缝	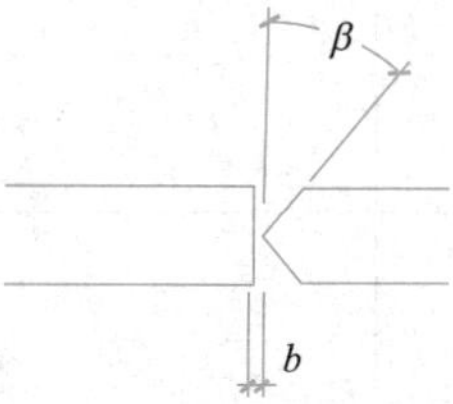 β b	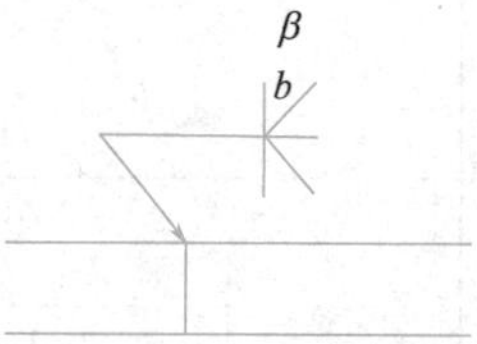 β b	—
9	双 V 形 焊缝	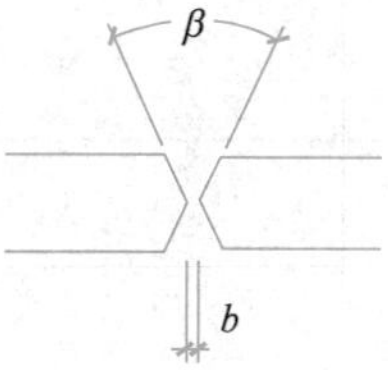 β b	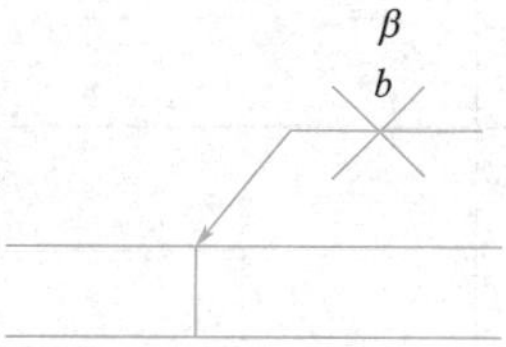 β b	—
10	带钝边 U 形焊缝	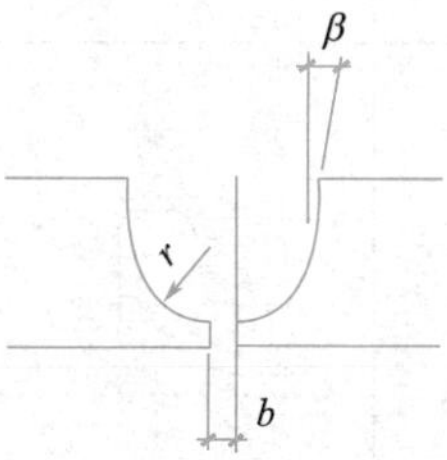 β r b	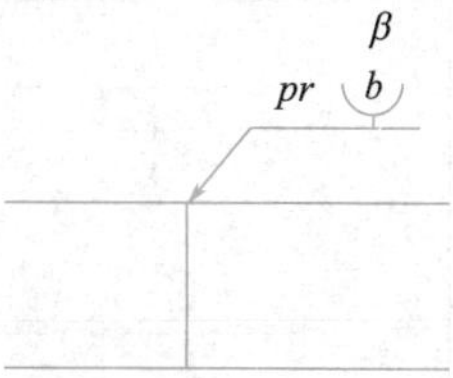 β pr b	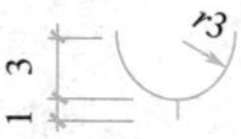 1 3 r3

续表

序号	焊缝名称	形式	标注法	符号尺寸(mm)
11	带钝边 双U形焊缝	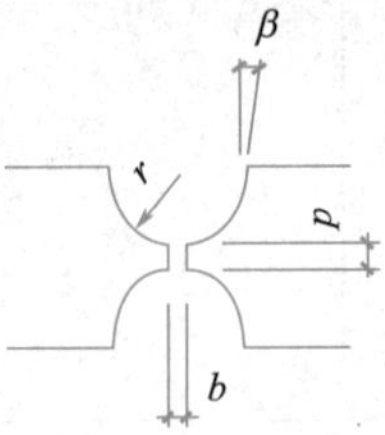 β r p b	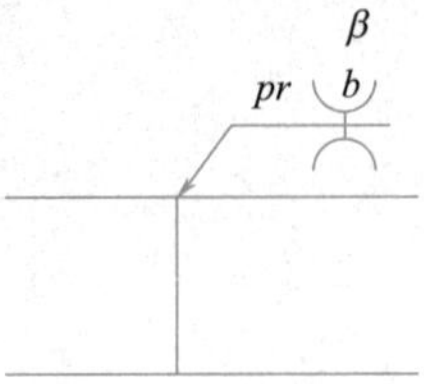 β pr b	—
12	带钝边 J形焊缝	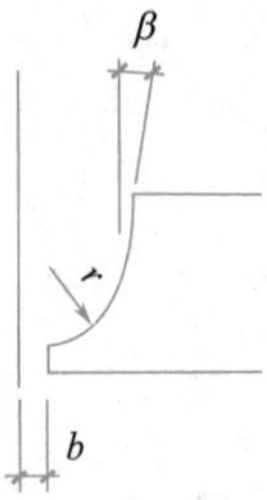 β r b	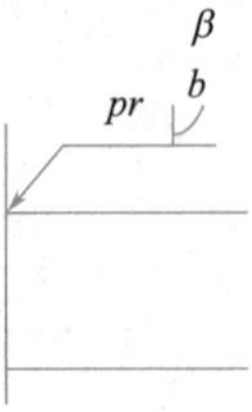 β pr b	 1 3 r3
13	带钝边 双J形焊缝	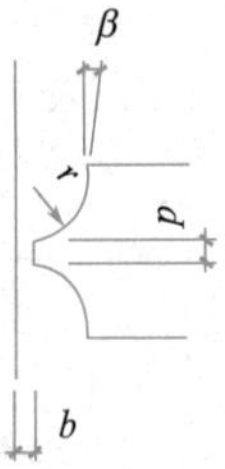 β r p b	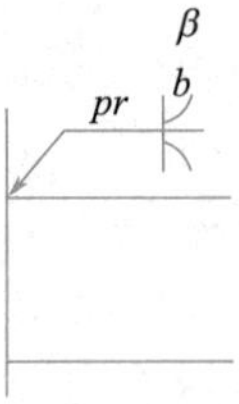 β pr b	—
14	角焊缝	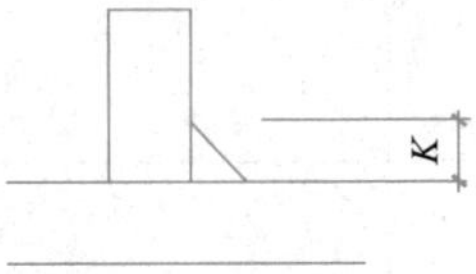 K	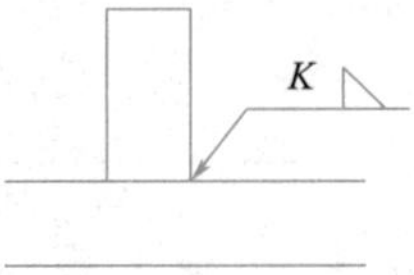 K	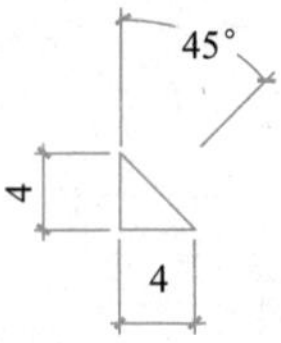 45° 4 4
15	双面 角焊缝	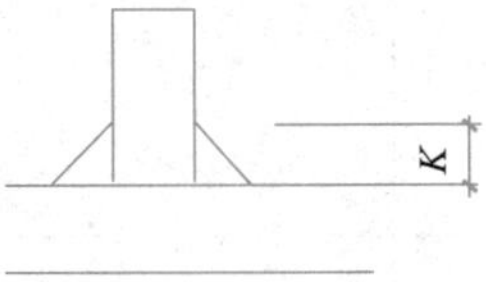 K	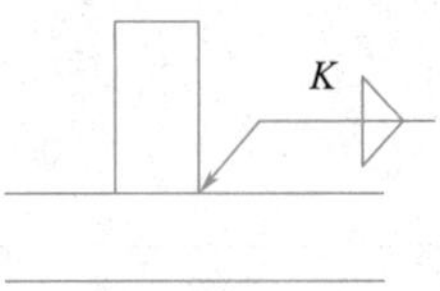 K	—
16	剖口 角焊缝	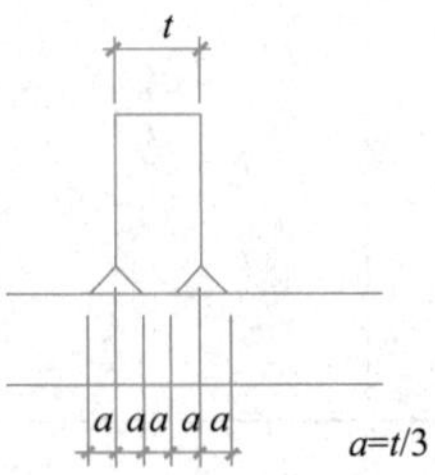 t a a a a a $a=t/3$	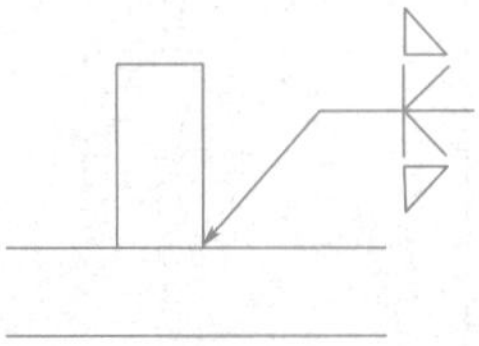	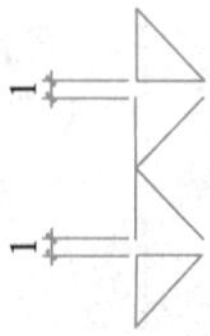 1 1

续表

序号	焊缝名称	形式	标注法	符号尺寸(mm)
17	喇叭形焊缝	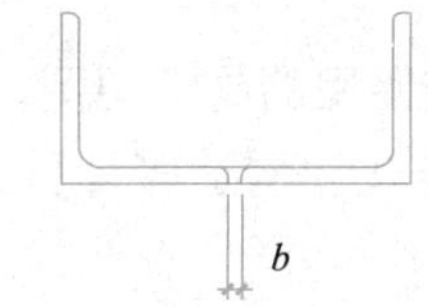 b	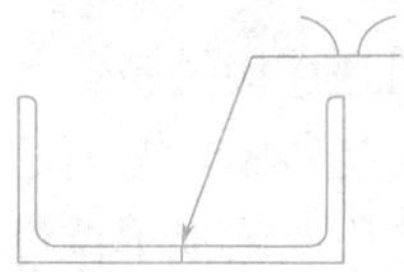	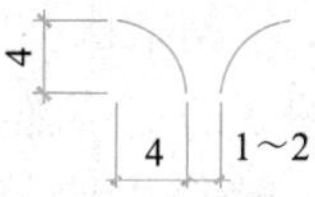 4 4　1～2
18	双面喇叭形焊缝	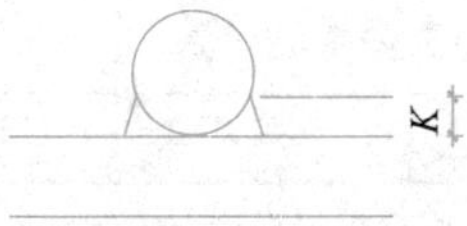 K	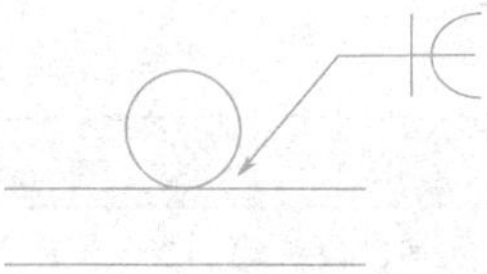	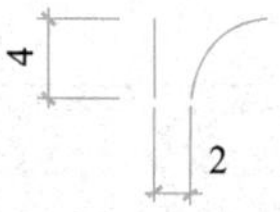 4 2
19	塞焊	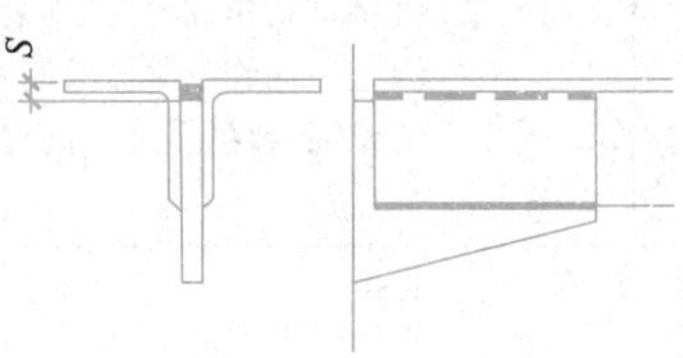 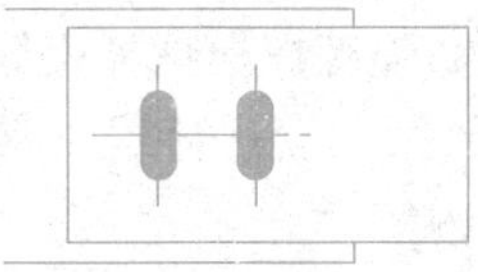 S	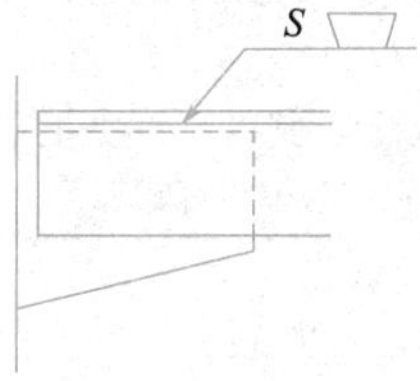 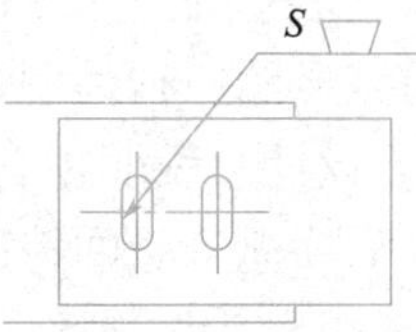 S S	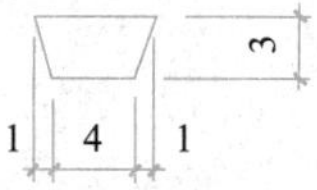 3 1　4　1

4.3 钢结构施工图

4.3.1 建筑钢结构施工图的组成与内容

1. 钢结构施工图的组成

在建筑钢结构中，钢结构施工图一般可分为钢结构设计图和钢结构施工详图两部分。钢结构设计图是由设计单位编制完成的；而钢结构施工详图是以前者为依据，一般由钢结构制造厂或施工单位深化编制完成，并直接作为加工与安装的依据。

（1）钢结构设计图

钢结构设计图应根据钢结构施工工艺、建筑要求进行初步设计，然后制定施工设计方案，并进行计算，根据计算结果编制而成。其目的、深度及内容均应为钢结构施工详图的编制提供依据。

结构设计图一般简明，使用的图纸量也比较少，其内容一般包括设计总说明、布置图、构件图、节点图及钢材订货表等。

(2) 钢结构施工详图

钢结构施工详图是直接供制造、加工及安装使用的施工用图，是直接根据结构设计图编制的工厂施工及安装详图，有时也含有少量连接、构造等计算。它只对深化设计负责，一般多由钢结构制造厂或施工单位进行编制。

钢结构设计图与施工详图的区别见表 4-7。

钢结构设计图与施工详图的区别　　表 4-7

设计图	施工详图
1. 根据工艺、建筑要求及初步设计等，并经施工设计方案与计算等工作而编制的较高阶段施工设计图。 2. 目的、深度及内容均仅为编制详图提供依据。 3. 由设计单位编制。 4. 图纸表示简明，图纸量较少，其内容一般包括设计总说明与布置图、构件图、节点图、钢材订货表等	1. 直接根据设计图编制的工程施工及安装详图(可含有少量连接、构造与计算)，只对深化设计负责。 2. 目的为直接供制作、加工及安装的施工用图。 3. 一般由制造厂或施工单位编制。 4. 图纸表示详细，数量多，内容包括构件安装布置图及构件详图

2. 钢结构施工图的内容

(1) 钢结构设计图的内容

钢结构设计图的内容一般包括图纸目录、设计总说明、柱脚锚栓布置图、纵横立面图、构件布置图、节点详图、构件图、钢材及高强度螺栓估算表等。

1) 设计总说明。设计总说明中含有设计依据、设计荷载资料、设计简介、材料的选用、制作安装要求、需要做实验的特殊说明等内容。

2) 柱脚锚栓布置图。首先按照一定的比例绘制出柱网平面布置图，然后在该图上标注出各个钢柱柱脚锚栓的位置，即相对于纵横轴线的位置尺寸，并在基础剖面图上标出锚栓空间位置标高，标明锚栓规格数量及埋置深度。

3) 纵、横立面图。当房屋钢结构比较高大或平面布置比较复杂、柱网不太规则，或立面高低错落时，为表达清楚整个结构体系的全貌，宜绘制纵、横立面图，主要表达结构的外形轮廓、相关尺寸和标高、纵横轴线编号及跨度尺寸和高度尺寸，剖面宜选择具有代表性的或需要特殊表示清楚的地方。

4) 构件布置图。构件布置图主要表达各个构件在平面中所处的位置并对各种构件选用的截面进行编号。屋盖平面布置图中包括屋架布置图（或刚架布置图）、屋盖檩条布置图和屋盖支撑布置图。屋盖檩条布置图主要标明檩条间距和编号，以及檩条之间设置的直拉条、斜拉条布置及编号。屋盖支撑布置图主要表示屋盖水平支撑、纵向刚性支撑、屋面梁的支撑等的布置及编号。

柱子平面布置图主要表示钢柱（或门式刚架）和山墙柱的布置及编号，其纵剖面表示柱间支撑及墙梁布置与编号，包括墙梁的直拉条和斜拉条布置与编号、柱隔撑布置与编号，横剖面重点表示山墙柱间支撑、墙梁及拉条布置与编号。

吊车梁平面布置表示吊车梁、车档及其支撑布置与编号。

除主要构件外，楼梯结构系统构件上开洞、局部加强、围护结构等可根据不同内容分别编制专门的布置图及相关节点图，与主要平、立面布置图配合使用。

布置图应注明柱网的定位轴线编号、跨度和柱距，在剖面图中主要构件在有特殊连接或特殊变化处（如柱子上的牛腿或支托处、安装接头、柱梁接头或柱子变截面处）应标注标高。

对构件编号时，首先必须按《建筑结构制图标准》GB/T 50105—2010 的规定使用常用构件代号作为构件编号。在实际工程中，可能会有在一个项目里同样名称而不同材料的构件，为了便于区分，可在构件代号前加注材料代号，但要在图纸中加以说明。一些特殊构件代号中未作出规定，可参照规定的编制方法用汉语拼音字头编代号，在代号后面可用阿拉伯数字按构件主次顺序进行编号。一般来说只在构件的主要投影面上标注一次。不要重复编写，以防出错。一个构件如截面和外形相同，长度虽不同，可以编为同一个号。如果组合梁截面相同而外形不同，则应分别编号。

每张构件布置图均应列出构件表，见表 4-8。

构件表 表 4-8

编号	名称	截面(mm)	内力		
			M(kN·m)	N(kN)	V(kN)

5）节点详图。节点详图在设计阶段应表示清楚各构件间的相互关系及其构造特点，节点上应标明在整个结构物上的相关位置，即应标出轴线标号、相关尺寸、主要控制标高、构件编号或截面规格、节点板厚度及加劲肋做法。构件与节点板采用焊接连接时，应标明焊脚尺寸及焊缝符号。构件采用螺栓连接时，应标明螺栓类型、直径、数量。设计阶段的节点详图具体构造做法必须交代清楚。

节点选择部位主要是相同构件的拼接处、不同构件的拼接处、不同结构材料连接处，以及需要特殊交代的部位。节点图的圈定范围应根据设计者要表达的设计意图来确定，如屋脊与山墙部分、纵横墙及柱与山墙部位等。

6）构件图。格构式构件、平面桁架和立体桁架及截面较为复杂的组合构件等需要绘制构件图，门式刚架由于采用变截面，故也要绘制构件图，以便通过构件图表达构件外形、几何尺寸及构件中的杆件（或板件）的截面尺寸，以方便绘制施工详图。

（2）钢结构施工详图的内容

施工详图内容包括设计与绘制两部分。

1）施工详图的设计内容。设计图在深度上，一般只绘出构件布置、构件截面与内力及主要节点构造，所以在详图设计中需补充进行部分构造设计与连接计算，具体内容见表 4-9。

施工详图设计内容 表 4-9

序号	内容	说明
1	构造设计	桁架、支撑等节点板设计与放样；梁支座加劲肋或纵横加劲肋构造设计；组合截面构件缀板、填板布置与构造；螺栓群与焊缝群的布置与构造等。构件运送单元横隔设计，张紧可调圆钢支撑构造、拼接、焊接坡口及构造、切槽构造等
2	构造及连接计算	构件与构件间的连接部位，应按设计图提供的内力及节点构造进行连接计算及螺栓与焊缝的计算，选定螺栓数量、焊缝厚度及焊缝长度；对组合截面构件还应确定缀板的截面与间距。材料或构件焊缝变形调整余量及加工余量，对连接板、节点板、加劲板等，按构造要求进行配置放样及必要的计算等

2）施工详图绘制内容见表 4-10。

施工详图绘制内容　　表 4-10

序号	内容	说明
1	图纸目录	视工程规模的大小,可以按子项工程或以结构系统为单位编制
2	钢结构设计总说明	应根据设计图总说明编写,内容一般应有设计依据(如工程设计合同书、有关工程设计的文件、设计基础资料及规范、规程等)、设计荷载、工程概况和钢材的钢号、性能要求、焊条型号和焊接方法、质量要求等;图中未注明的焊缝和和螺栓孔尺寸要求、高强度螺栓摩擦面抗滑移系数、预应力、构件加工、预装、除锈与涂装等施工要求和注意事项等以及图中未能表达清楚的一些内容,都应在总说明中加以说明
3	结构布置图	主要供现场安装用。以钢结构设计图为依据,分别以同一类构件系统(如屋盖系统、刚架系统、起重机梁系统、平台等)为绘制对象,绘制本系统的平面布置和剖面布置(一般有横向剖面和纵向剖面),并对所有的构件编号;布置图尺寸应注明各构件的定位尺寸、轴线关系、标高等,布置图中一般附有构件表、设计总说明等
4	构件详图	以设计图及布置图中的构件编号编制,主要供构件加工组装用,也是构件出厂运输的构件单元图,绘制时应按主要表示面绘制每一构件的图形零配件及组装关系,并对每一构件中的零件编号,编制各构件的材料表和本图构件的加工说明等。绘制桁架式构件时,应放大样确定杆件端部尺寸和节点板尺寸
5	安装节点详图	施工详图中一般不再绘制安装节点详图,当构件详图无法清楚表示构件相互连接处的构造关系时,可绘制相关的节点图

4.3.2　建筑钢结构施工图的识读

1. 钢结构施工图识读目的

钢结构施工图识读目的主要有以下几点：

1）进行工程量的统计与计算

虽然目前进行工程量统计的软件有很多，但这些软件对施工图的精准性要求很高，而施工图可能会出现一些变更，此时需要参照施工图人工进行计算；此外，这些软件在许多施工单位还没有普及，因此在很长一段时间内，照图人工计算工程量仍然是施工人员应具备的一项能力。

2）进行结构构件的材料选择和加工

钢结构与其他常见结构（如砖混结构、钢筋混凝土结构）相比，需要现场加工的构件很少，大多数构件都是在加工厂预先加工好，再运到现场直接安装的。因此，需要根据施工图纸明确构件选择的材料以及构件的构造组成。在加工厂，往往还要把施工图进一步分解，形成分解图纸，再据此进行加工。

3）进行构件的安装与施工

要进行构件的安装和结构的拼装，必须要能够识读图纸上的信息，才能够真正做到照图施工。

2. 钢结构施工图识读技巧

钢结构施工图在识读时，为了更清晰、更准确，可以按照以下步骤进行：

（1）首先应仔细阅读结构设计总说明，弄清结构的基本概况，明确各种结构构件的选材，尤其要注意一些特殊的构造做法，该处表达的信息通常都是后面图纸中一些共性的内容。

（2）基础平面布置图和基础详图。在识读基础平面布置图时，首先应明确该建筑物的基础类型，再从图中找出该基础的主要构件，然后对主要构件的类型进行归类汇总，最后按照汇总后的构件类型找到其详图，明确构件的尺寸和构造做法。

（3）识读结构平面布置图

结构平面布置图通常是按层划分的，若各层的平面布置相同，可采用同一张图纸表达，只需在图名中进行说明。读结构平面布置图时，首先应明确该图中结构体系的种类及布置方案，然后应从图中找出各主要承重构件的布置位置、构件之间的连接方法以及构件的截面选取，接着对每一种类的构件按截面不同进行种类细分，并统计出每类构件的数量。读完结构平面布置图后，应对建筑物整体结构有一个宏观的认识。

（4）识读构件详图与节点详图

识读各构件与节点详图时，应仔细对照构件编号，明确各种构件的具体制作方法以及构件与构件连接节点的详细制作方法，对于复杂的构件还需要识读一些板件的制作详图。

3. 钢结构施工图识读注意事项

识读钢结构施工图的注意事项有以下几点：

（1）注意每张图纸上的说明

在施工图中除了有一个设计总说明以外，在其他图纸上也会出现一些简单的说明。在读该张图纸时应首先阅读该说明，这里面往往涉及图中一些共性的问题，在此采用文字说明后，图中往往不再体现。初学者拿到图后总习惯先看图样，结果发现图中缺少一些信息，而这些一般在说明中早有体现。

（2）注意图纸之间的联系和对照

初学者在读图时，总习惯一张图读完后再读另一张，孤立地读某一张，而不注意与其他图纸进行联系与比较。一套施工图是根据不同的投影方向，对同一个建筑进行投影得到的，当读图者只从一个投影方向识图、无法理解图式含义时，应考虑与其他投影方向的图进行对照，从而得到准确的答案。

在读构件详图时更要注意这个问题，往往结构体系的布置图和构件的详图不会出现在同一张图纸上，此时要使详图与构件位置统一，必须要注意图纸之间的联系，一般情况下可以根据索引符号和详图符号进行联系。

（3）注意构件种类的汇总

钢结构施工图的图样对一个初学者来讲十分繁杂，一时不知该从何下手，而且看完以后不容易记住。因此这就需要边看图，边记笔记，把图纸上复杂的东西进行归类，尤其是没有用钢量统计表的图纸，这一点显得尤为重要。如果图纸上有用钢量统计表，可以借助用钢量统计表来汇总构件的种类，或者对其再进行进一步的细分。用来进行汇总的表格可以根据读者需要自行设计，建议初学者读图时能够养成这样一个习惯，等熟练后则可不必再将表格写出。

(4) 注意考虑其施工方法的可行性和难易程度

在建筑工程施工前，往往都要召开一个图纸会审的会议，需要设计方、施工方、建设方、监理方共同对图纸进行会审，共同来解决图纸上存在的问题。作为施工方此时不仅要找出图纸上存在的错误和存在歧义的地方，还要考虑到后续施工过程中的可行性和难易程度。毕竟能够满足建筑需求的结构方案有很多，但并不是每一种结构方案都比较容易施工，这就需要施工方提前把握。对于初学者要做到这一点还比较困难，但这的确是在识图过程中需要特别注意的问题，需要不断的经验积累。

4.4 钢结构施工详图

4.4.1 钢结构施工详图的绘制

1. 布置图的绘制方法

(1) 绘制结构的平面、立面布置图，构件以粗单线或简单外形图表示，并在其旁侧注明标号，对规律布置的较多同号构件，也可以指引线统一注明标号。

(2) 构件编号一般应标注在表示构件的主要平面和剖面图上，在一张图上同一构件编号不宜在不同图形中重复表示。

(3) 同一张布置图中，只有当构件截面、构造样式和施工要求完全一样时才能编同一个号，只要尺寸略有差异或制造上要求不同（例如有支撑屋架需要多开几个支撑孔）的构件均应单独编号，对安装关系相反的构件，一般可将标号加注角标来区别，杆件编号均应有字首代号，一般可采用同音的拼音字母。

(4) 每一构件均应与轴线有定位的关系尺寸，对槽钢、C型钢截面应标示肢背方向。

(5) 平面布置图一般可用1∶100或1∶200的比例；图中剖面宜利用对称关系、参照关系或转折剖面简化图形。

(6) 一般在布置图中，根据施工的需要，对于安装时有附加要求的部位、不同材料构件连接处及主要的安装拼接接头处宜选取节点进行绘制。

2. 构件图的绘制方法

(1) 构件图以粗实线绘制。构件详图应按布置图上的构件编号按类别依次绘制成，不应前后颠倒随意顺手拈来画。所绘构件主要投影面的位置应与布置图相一致，水平者，水平绘制；垂直者，垂直绘制；斜向者，倾斜绘制。构件编号用粗线标注在图形下方。图纸内容及深度应能满足制造加工要求。

绘制内容应包括：构件本身的定位尺寸、几何尺寸；标注所有组成构件的零件间的相互定位尺寸，连接关系；标注所有零件间的连接焊缝符号及零件上的孔、洞及其相互关系尺寸；标注零件的切口、切槽、裁切的大样尺寸；构件上零件编号及材料表；有关本图构件制作的说明（如相关布置图号、制孔要求、焊缝要求等）。

(2) 构件图形一般应选用合适的比例绘制，常采用的比例有 1∶15、1∶20、1∶50等，一般规定为：构件的几何图形采用 1∶20～1∶25；构件截面和零件采用 1∶10～1∶15；零件详图采用 1∶5。对于较长、较高的构件，其长度、高度与截面尺寸可以用不同的比例表示。

(3) 构件中每一零件均应编零件号，编号应尽量先编主要零件（如弦材、翼缘板、腹板等）再编次要较小构件，相反零件可用相同编号，但在材料表内的正反栏内注明。材料表中应注明零件规格、数量、重量及制作要求等，对焊接构件宜在材料表中附加构件重量1.5%的焊缝重量。

(4) 一般尺寸注法宜分别标注构件控制尺寸、各零件相关尺寸，对斜尺寸应注明其斜度。当构件为多弧形构件时，应分别标明每一弧形尺寸相对应的曲率半径。

(5) 构件详图中，对较复杂的零件，在各个投影面上均不能表示其细部尺寸时，应绘制该零件的大样图，或绘制展开图来标明细部的加工尺寸及符号。

(6) 构件间以节点板相连时，应在节点板连接孔中心线上注明斜度及相连的构件号。

(7) 一般情况下，一个构件应单独画在一张图纸上，只在特殊情况下才允许画在两张或两张以上的图纸上，此时，每张图纸应在所绘该构件一段的两端画出相关联尺寸的移植线，并在其侧注明相关联的图号。

3. 钢结构施工详图编制中易出现的错误

(1) 计算机制图错误

计算机制图常见错误有：①精确度不高。工厂里生产的构件只要求精确到毫米，角度到度。②图形修改引起的错误。有些工程人员为方便了事，当画出构件与实际不符时，常常修改尺寸标注的数字了事，但却不知这样一来会引起更大的误差，同时为计算拉杆、系杆、隅撑长度造成错误。因此要按实际尺寸画，这是非常关键的一点。③放样造成的错误。这是最严重的错误，因为图纸深化是以整个放样为基础，若是这里出错，那后面的工作就没有任何实用价值。

(2) 设计变更引起的错误。这是图纸深化最常遇到的，所以应同设计院保持紧密联系。当有设计变更要弄清楚改变的是哪些部分，哪些不变。遇到一些变更较大的工程，最好的办法就是重做。

(3) 与实际不符造成的错误。这也是与设计院有关的，因为有时设计院出的图纸与实际尺寸不符合，作为详图人员就不能按照其进行图纸深化，而应当根据实际情况及时对设计院提出来；同时还要注意有时施工队柱脚螺栓预埋和设计图纸误差较大（与施工队水平有关），那么有可能制作的柱子安装不上，这时候应及时调整详图图纸的柱脚螺栓孔的位置，应以实际为准，误差不能超过 1mm。

关于图纸深化的要求，可以用几句话来概括，那就是“能够在图上做的不要留在工厂做；能够在工厂做的不要留在工地做；能够在地上做的不要到天上做”。

总之，要想编制适用的施工详图，首先要理解设计者的思想，然后顺着设计者的思路进行详图设计，其中要注意梁柱的编号，活用对称和反对称，尽量将截面相同的构件编在一起。做到用最少的图纸拆出最多的构件，而且要让生产车间工人看懂，注意不能有太多的文字叙述，此外还要注意材料表，因为工人制作是按材料表来下料的。

4.4.2 钢结构施工详图审核与审批

1. 图纸审核的目的

审核图纸的目的一方面是检查图纸设计的深度能否满足施工的要求，核对图纸上构件的数量和安装尺寸，检查构件之间有无矛盾等；另一方面也对图纸进行工艺审核，即审查在技术上是否合理，构造是否便于施工，图纸上的技术要求按加工单位的施工水平能否实现等。

设计图审核过程中，制造企业要与甲方、设计方、监理方等参与人员进行充分沟通，了解设计意图。施工详图编制后，审图人员要结合本单位的设备、技术条件，工地现场的实际起重能力和运输条件，核对施工图中钢结构的分段是否满足要求；工厂工地的工艺条件是否能满足设计要求。施工详图应经原设计工程师会签及由合同文件规定的监理工程师批准方可施工。如果是由加工单位自己设计施工详图，在制图期间又已经过审查，则审图的程序可相应简化。

2. 图纸审核的内容

图纸审核的主要内容包括以下项目：（1）设计文件是否齐全；设计文件包括设计图、施工图、图纸说明和设计变更通知单等；（2）构件的几何尺寸和相关构件的连接尺寸是否标注齐全和正确；（3）节点是否清楚，是否符合国家标准；（4）标题栏内构件的数量是否符合工程的总数量；（5）构件之间的连接形式是否合理；（6）加工符号、焊接符号是否齐全，清楚；（7）结合本单位的设备和技术条件考虑，能否满足图纸上的技术要求；（8）图纸的标准化是否符合国家规定等。

3. 钢结构施工详图审批

钢结构施工详图审批主要由原设计单位签认审定，其目的是验证施工详图与结构设计施工图的符合性。当钢结构工程项目较大时，施工详图数量相对较多，为保证施工工期，施工详图一般分批提交设计单位批准。

图纸审核过程中发现的问题应报原设计单位处理，当由于设计文件变更或制作、运输和安装原因（如材料代用、工艺要求或其他原因）对设计文件修改而导致的施工详图修改时必须取得原设计单位的同意并签署书面设计变更文件。

4. 技术交底准备

图纸审查后要做技术交底准备，其内容主要有：（1）根据构件尺寸考虑原材料对接方案和接头在构件中的位置；（2）考虑总体的加工工艺方案及重要的工装方案；（3）对构件的结构不合理处或施工有困难的地方，要与需方或者设计单位做好变更签证的手续；（4）列出图纸中的关键部位或者有特殊要求的地方，加以重点说明。

4.4.3 钢结构施工详图设计示例

现以门式刚架结构为例，说明施工详图所表达的内容。

1. 钢柱

（1）钢构件材质、规格、数量；（2）柱底板标高、基础顶面标高、柱顶标高，地脚螺栓孔位置、尺寸；(3) 檩托板标高、方向（包括角柱檩托板的长度、位置、标高）；(4) 柱间支撑开孔或连接板搁置位置、间距；(5) 抗剪键的设置；(6) 梁柱连接板的孔径、孔位、板厚、第一孔至柱顶盖板的距离；(7) 系杆搁置的位置（上标高、水平位置）是否影响天沟、屋面内板或雨水管的安装；(8) 系杆连接板的孔位距腹板中线的距离；(9) 屋面坡度，即柱顶盖板坡度或高差；(10) 吊车轨道标高及轨道中心线位置，并计算吊车梁及牛腿的标高，与吊车梁连接的耳板标高、位置、孔径、孔距是否与吊车梁孔对应；(11) 吊车轨道中心线与主柱的位置关系，牛腿与主柱有无特殊的焊接要求，吊车的计算跨度是否符合吊车生产模数；(12) 各处屋面梁或桁架与吊车梁的距离是否满足吊车净高的要求；(13) 抗风柱的位置；(14) 柱头最后一道檩托板是否考虑天沟的设置；(15) 是否有墙面隅撑，位置是否正确，孔中与柱的关系是否正确；(16) 门窗的位置及檩托板的方向是否与其对应（结构与建筑是否对应）；(17) 施工图中是否有色带等特殊的效果要求，是否需要增加墙梁或收边等；(18) 最后一道檩条的位置是否满足内天沟包件的安装要求；(19) 施工图中有无特殊工艺及施工要求。

2. 钢梁

(1) 钢构件的材质、规格、数量；(2) 屋面坡度、屋脊标高；(3) 对照钢柱截面计算单跨梁的跨度，即梁单跨屋面梁的长度是否正确，注意轴线的位置；(4) 屋面檩托板的位置、间距；(5) 水平支撑孔径、孔位的设置；(6) 与抗风柱的连接方式；(7) 杆连接板的孔径、孔中距腹板中心线的距离；(8) 端板厚度、孔径、孔位，第一孔距梁上翼缘板的距离；(9) 隅撑的连接方式、孔径、孔中距腹板中心线及下翼缘板的距离；(10) 屋脊处第一道檩条的设置是否考虑脊瓦的安装；(11) 最后一道檩条的设置是否考虑天沟的尺寸，是否满足内天沟包件的安装要求；(12) 檩托板的方向、尺寸；(13) 系杆安装后是否影响屋面内板的安装；(14) 有无气窗、气楼，其安装位置的确定；(15) 有无特殊工艺及施工要求；(16) 钢柱、钢梁是否存在连接螺栓安装无法穿入的工艺性问题，以及扭剪型高强螺栓施工工具无法使用问题。

3. 柱间支撑

(1) 材质、规格、数量；(2) 按柱上（成型拼装图）孔距计算支撑长度；(3) 柱间支撑、系杆的位置是否与雨水管（内置）有交叉现象，雨水管有无与推拉门交叉现象并提出初步解决方案。

4. 水平支撑

(1) 材质、规格、数量；(2) 按梁上（成型拼装图）孔距计算支撑长度；(3) 按梁上（成型拼装图）连接板孔位计算支撑长度。

5. 系杆

(1) 材质、规格、数量；(2) 按柱（梁）上系杆连接板孔中心距腹板中心线的距离计算系杆长度；(3) 系杆安装完毕是否影响屋面内板安装；(4) 系杆上连接板是否能够顺利安装，连接板上孔位设置是否合理，包括孔中心距连接板边缘距离等。

6. 隅撑

(1) 材质、规格、数量；(2) 按梁上隅撑连接板孔中心位置，量取梁在该处截面高度，按施工图中的连接方式计算隅撑的长度及孔距。

7. 檩条

（1）材质、规格、数量；（2）涂装要求；（3）连接孔与对应檩托板孔位、孔径是否相符；（4）长度是否正确，按对应柱距计算檩条连接孔距；（5）标注尺寸是否闭合，拉条孔位、孔径设置是否正确；（6）边跨檩条挑出长度是否正确；（7）门框或窗框长度是否考虑檩条翼缘宽度的影响；（8）檩条布置中门窗布置与建筑图是否相符。

8. 拉条

（1）材质、规格、数量；（2）涂装要求；（3）按屋面梁檩托布置计算直拉条长度，檩托间距加 50mm；（4）按檩条加工图的孔距计算斜拉条的长度，斜向距离加 80mm；（5）如有带形窗或特殊结构需单侧焊接的拉条，应按上述计算结果的基础上加 50mm 折边，保证焊接质量；（6）拉条、撑杆布置应联合应用，确保每道檩条能调平（直），有些设计本身忽略此问题，应及时沟通洽商。

9. 屋面板

（1）彩基板材质、涂层要求、厚度、颜色、型号是否与图纸相符；（2）图纸中未注明或注明的相关信息与报价单是否相符；（3）有无采光带，采光带位置对排版的影响，尽可能降低损耗；（4）彩板是否为现场轧制，是否考虑车辆运输的承运能力；（5）单坡彩板断开是否考虑搭接量，应符合国家规范要求；（6）屋面内板应按两柱间距减屋面梁翼缘宽度排板；（7）屋面外板长度是否考虑伸入天沟的尺寸；（8）板尺寸是否与现场施工人员校对；（9）按实际板面宽度计算彩板数量；（10）排板图中安装方向是否考虑实际上板的方向。

10. 墙面板

（1）彩基板材质、涂层要求、厚度、颜色、型号是否与图纸相符；（2）图纸中未注明或注明的相关信息与报价单是否相符；（3）有无彩带，复合板墙面色带更应注意此点；（4）墙面板长度尺寸应与现场施工人员校对；（5）有坎墙时其标高与墙面檩条是否相符，墙板长度在建筑标高基础上是否加上檩条翼缘宽度；（6）是否考虑包件标准做法的增减长度；（7）墙内板应按两柱间距减柱翼缘宽度进行排板；（8）按实际板面宽度计算彩板数量。

11. 彩板饰边

（1）饰边板材厚度、颜色；（2）依据公司标准做法或施工图纸要求计算包边尺寸；（3）是否有特殊防水处理；（4）是否有与砌体连接处，防水处理、包边具体尺寸应实测实量。

单元总结

本单元主要讲述了钢结构施工图的识读，学习时需注意：

（1）钢结构制图应符合制图标准要求；

（2）钢结构图纸表达应符合规定符号要求，做到清楚、准确；

（3）钢结构施工图识读应注意各部位构造连接关系及构件、板件等具体数量、规格、尺寸；

（4）钢结构施工详图设计应全面、细致、准确，应按照基本规定要求，采取合理的设计方法，避免常见错误。

思考及练习

1. 钢结构设计图和施工详图的区别是什么？
2. 钢结构施工图的读图方法是什么？

教学单元5 Chapter 05

钢结构加工制作

教学目标

1. 知识目标

通过本单元内容的学习，学生应熟悉钢结构的制作流程，掌握钢结构的加工工艺；掌握钢结构零部件加工工艺，了解钢结构各类构件的组装工艺；掌握钢结构常见变形及矫正方法，了解钢结构变形预防措施；了解钢结构涂装材料的种类，掌握涂装工艺流程；掌握钢结构出厂检验程序，了解钢构件运输方式及其选择。

2. 能力目标

学习本单元后，学生应具备钢结构材料进场验收、检测、保管能力；具备对钢结构构件加工制作、连接、组装、涂装进行施工指导及质量检查的能力。

- 钢结构加工制作
  - 钢结构加工制作前期准备
    - 钢结构制造厂的建立
    - 原材料的订货、进场检验与储存管理
    - 钢结构制作工程开工前的准备
  - 钢结构零部件加工
    - 放样
    - 号料
    - 切割
    - 边缘和端部加工
    - 加工成型
    - 制孔
    - 螺栓球和焊接空心球加工
  - 钢结构组装与预拼装
    - 组装
    - H形截面钢构件加工制作
    - 箱形截面钢构件加工制作
    - 十字形截面钢构件加工制作
    - 钢结构预拼装
  - 钢结构变形矫正
    - 钢结构常见变形
    - 钢结构变形矫正
    - 防止和减少变形的措施
  - 钢结构表面处理与防腐涂装
    - 钢结构表面腐蚀
    - 钢结构表面处理
    - 钢结构防腐涂装工程
  - 钢构件出厂检验与运输
    - 钢构件的出厂检验
    - 钢构件的包装
    - 钢构件的运输

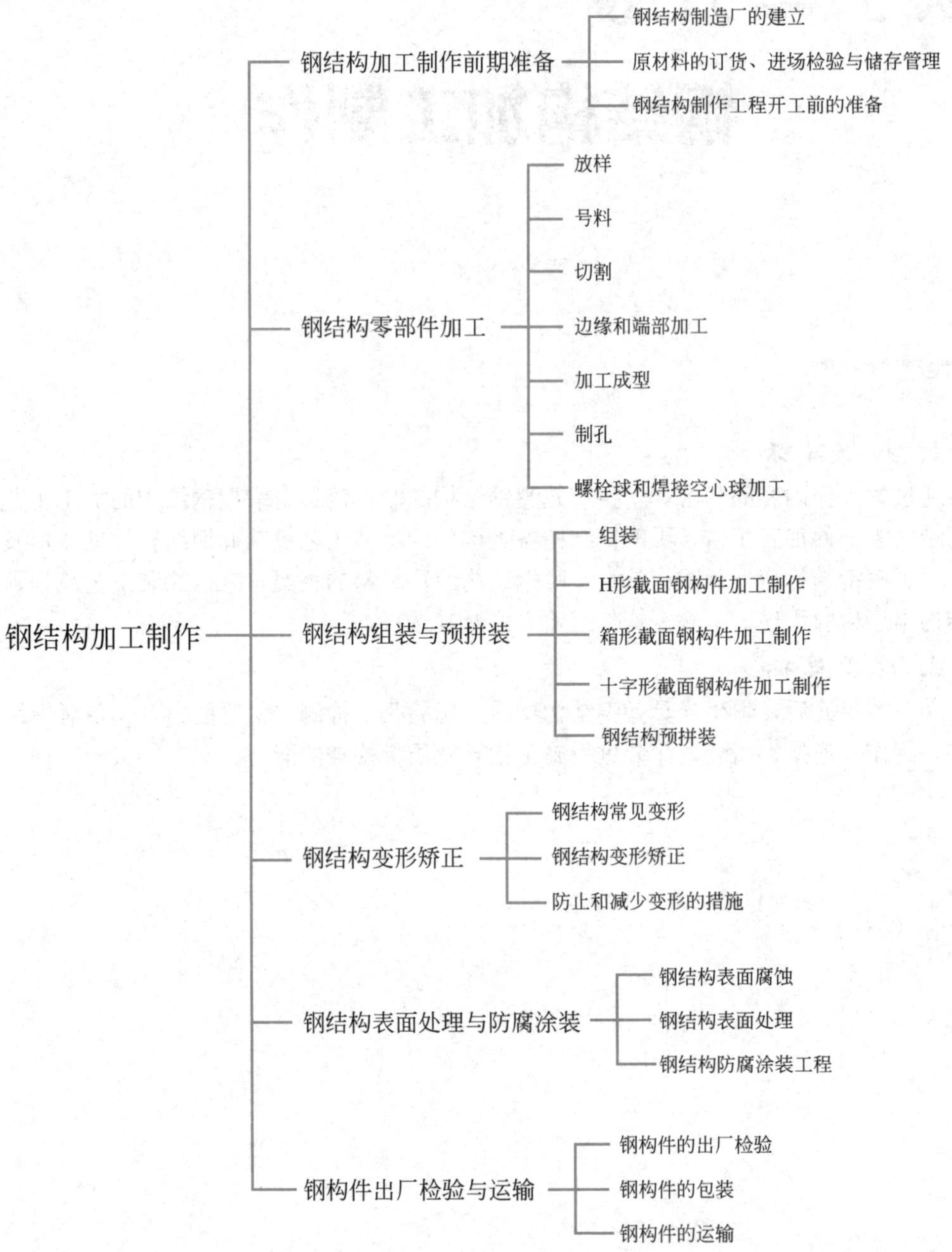

钢结构是由多种规格尺寸的钢板、型钢等钢材，按设计要求剪裁加工成零件，经过组装、连接、校正、涂装、检验等工序后制成成品，然后再运到现场安装而成的。

由于钢结构生产过程中加工对象的材性、自重、精度、质量等特点，其原材料、零部件、半成品以及成品的加工、组拼、移位和运送等工序全需凭借专门的机具及设备来完成，所以要设立专业化的钢结构制作工厂进行工业化生产。工厂的生产部门由原料库、放样车间、机加工车间、焊接车间、喷涂车间、成品库等组成，同时还有设计及质量检查部门。

5.1 钢结构加工制作前期准备

5.1.1　钢结构制造厂的建立

1. 钢结构制造厂的组成

由于钢材的强度高、硬度大，对钢结构制作精度要求较高，因此钢结构构件的制作必须在具有专门机械设备的钢结构制造厂中进行。

钢结构的制作从钢材进厂（图 5-1）到构件出厂，一般要经过生产准备、放样、号料、下料、矫正、成形、边缘加工、装配、焊接、涂装、储存等工序，科学的制作工艺对保证产品质量、缩短生产周期、节约原材料等方面均有重要的影响，因而钢结构制造厂通常由材料仓库、准备车间、放样车间、零件加工车间、半成品仓库、装配车间和喷涂车间等组成。

图 5-1　钢结构制作厂

（1）材料仓库

材料仓库主要有两种：一种是金属材料仓库，主要用于存放、保管钢材；另一种是焊接材料仓库，主要用于存放焊丝、焊剂和焊条。材料仓库主要负责材料的入库验收、分类存放及按规定发放。

（2）准备车间

在准备车间内主要进行材料的预处理，包括矫正、除锈（如打磨、喷丸、酸洗等）、预落料等。

（3）放样车间

在放样车间内根据施工图将材料制成实际尺寸的样板，以供零件加工车间号料用。

（4）零件加工车间

在零件加工车间内进行号料、切割、制孔、边缘加工和弯曲等工序，并将加工后的产品送入半成品仓库存放。

（5）半成品仓库

半成品仓库用来存放已进行一定程度组装但尚未最终装配完毕的构配件。

（6）装配车间

在装配车间内进行零、部件的装配、焊接、铆前扩孔、铆接、端铣和钻安装孔等工序。

（7）喷涂车间

在喷涂车间内进行构件表面处理及涂装工序。

在钢结构整个制作过程中，必须及时对零件或构件进行矫正，以满足设计要求。在装配、焊接及铆接过程中，必须对钢结构进行全面技术检查和验收，验收合格的构件或运输单元送到喷涂车间进行刷漆及编号，然后运往安装工地。

2. 钢结构制造厂生产线的布置

一般来说，钢结构制造厂都属于非定型产品生产企业。尤其在我国，目前尚未达到划分单纯生产某一产品（工业厂房或高层建筑）的钢结构制作厂的程度，大都是在合同范围以销定产，因而它的生产布局也难以采用固定模式。一般大、中型企业均以大流水作业生产的区域划分。小型企业以作坊式一竿子到底，以某一产品类型组织生产。多数厂家则属混合型，即根据产品类型进行区域性的生产布置，其设备据此做相应的固定性配置。大流水作业生产的工艺流程见图 5-2，流水生产区域划分见图 5-3。

（1）流水生产布置

流水生产布置方式的特点是以工艺流程为主导，线条清晰，厂房以长条形为佳；操作单一，便于计划控制和生产管理，一旦某区域发生障碍，不致影响其他区域和工序的正常生产；占用厂房场地较大，工艺装备固定。

（2）固定式生产布置

固定式生产布置即产品固定在区域内基本不流动，一道工序完成，移动配置设备，下道工序继续在原区域内生产直至完成，这是一种传统、原始的作坊式生产形式，小型企业采用较多。其特点是占用生产场地较小；操作者必须具备多种工序操作能力；功效低，一旦出现生产障碍，可能导致全部停顿。

（3）混合式布置

混合式布置方式基本以流水生产（或以固定生产）布置为基础，再考虑流水生产布置和固定式生产布置生产的交叉，按厂房、设备、人员水平、构件的类型（特殊的或一般的）将流水生产布置和固定式生产布置混合使用。这是比较切合实际和调整比较灵活的一种生产布置形式。当然，也可按规模、设备条件进行有倾向性的安排。混合式布置是中型

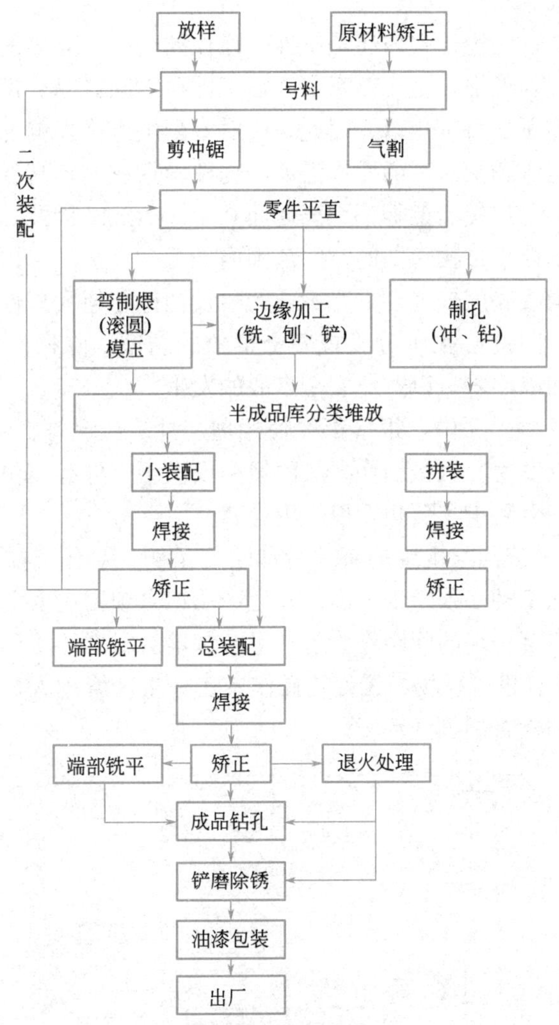

图 5-2　大流水作业生产流程

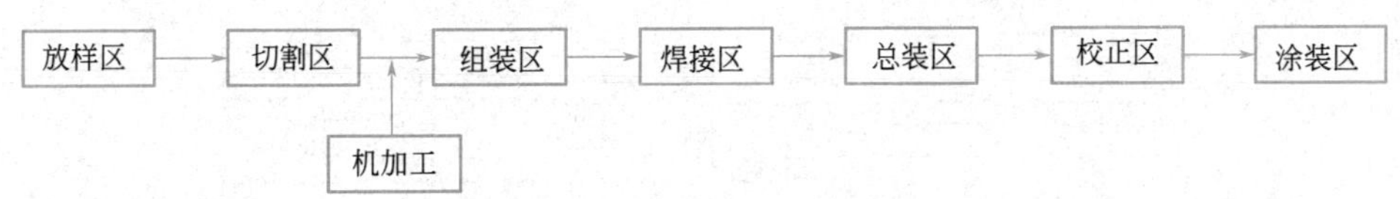

图 5-3　流水生产区域划分

企业采用较多的生产布置形式。

3. 钢结构制造厂的生产条件要求

钢结构制造厂的硬件条件具备后，还需在加工环境、制作安全、环境卫生等方面满足基本的要求，才能具备生产条件。

（1）加工环境要求

为保证钢结构零、部件在加工过程中钢材的原材质不变，在零、部件冷、热加工和焊接时，应按照相关施工规范规定的环境温度和工艺要求进行施工。

(2) 制作安全要求

钢结构生产的现场，无论是室内还是室外，往往处于一个立体的操作空间之内。尤其是在室内流水生产布置条件下，生产效率很高，工件在空间做纵、横向及上、下向的线性运动，几乎遍及生产场所的每个角落。因此，应对安全生产格外重视。

为便于钢结构的制作和操作者的操作活动，构件均宜在一定高度上搁置。所有堆放的搁置架、装配组装胎架、焊接胎架等都距离地面 0.4～1.2m。因此，实际上操作者除在安全通道外，随时随地都处于重物包围的空间范围内。

在制作大型钢结构或高度较大、重心不稳的狭长构件和超大构件时，结构和构件更有倾倒和倾斜的可能性，因此必须十分重视安全事故的防范。除操作者自身应有防护意识外，还应对各方位都加以照看，以避免安全事故的发生。

在钢结构生产的各个工序中，很多都要使用剪、冲、压、锯、钻、磨等的机械设备，被机械损伤的事故时有发生。机械损伤事故的概率仅次于工件起运中坠落事故的概率，故更需做必要的防护。安全防护主要包括以下内容：

1) 自身防范。必须按国家规定的有关劳动法规条例，对各类操作人员进行安全知识普及和安全教育，特殊工种必须持证上岗。在生产场地必须留有安全通道，为保证安全生产，加工设备之间要留有一定的间距作为工作平台和堆放材料、工件等之用，设备之间的最小间距如图 5-4 所示。进入现场，无论是操作者还是生产管理人员，均应穿戴好劳动防护用具，并注意观察和检查周围的环境。

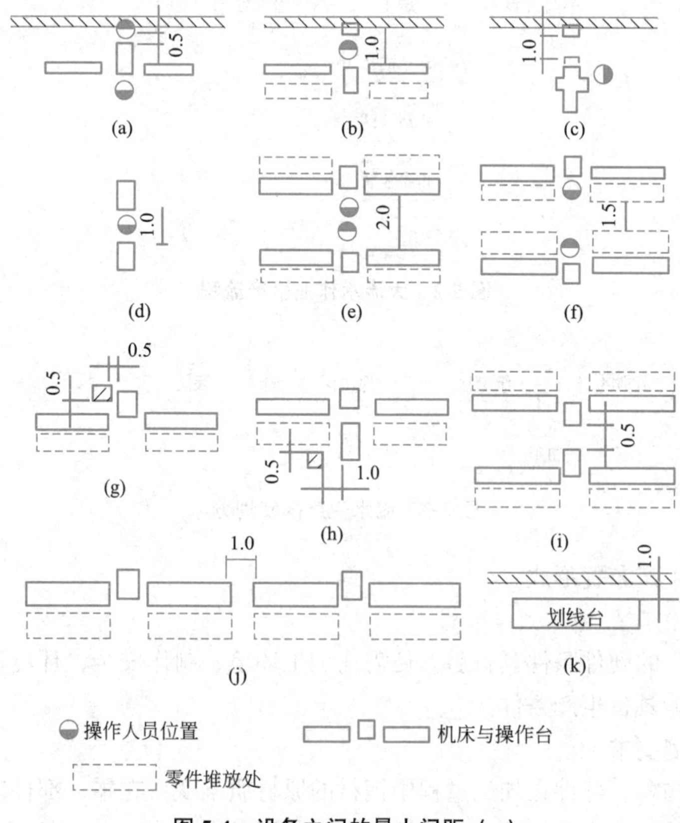

图 5-4 设备之间的最小间距 (m)

2）他人防范。操作者必须严格遵守各岗位的操作规程，以免损及自身和伤害他人，对危险源应做出相应的标志、信号、警戒等，以免现场人员遭受无意的损害。

3）所有构件的堆放、搁置应十分稳固，欠稳定的构件应设支撑或固结定位。构件并列放置时，其间距宜大于自身高度（如吊车梁、屋架、桁架等），以避免多米诺骨牌式的连续倒塌，构件安置要求平稳、整齐，堆垛不得超过两层。

4）索具、吊具要定时检查，不得超过额定荷载；焊接构件时不得留存、连接起吊索具；被碰甩过的钢绳，一律不得使用；正常磨损股丝应按规定更新。

5）所有钢结构制作中半成品和成品胎具的制造与安装，均应进行强度验算，切忌凭经验自行估算。

6）钢结构生产过程的每个工序所使用的乙炔、氧气、丙烷、电源必须有安全防护措施，定期检测其泄露或接地状况。

7）起吊构件的移动和翻身，只能听从一人指挥；起重物件移动时，不得有人在本区域投影范围内滞留、停立或通过。

8）所有制作场地的安全通道必须畅通。

（3）环境卫生要求

钢结构制作的环境卫生，归结为一点就是，应有效地防止污染源的产生。钢结构构件本身并不对环境卫生有直接的影响，但在生产过程中，机械、动力、检测、设备、辅料等方面均会对环境卫生有所伤害，因此，应严格防备、控制污染源的产生。在钢结构制作过程中，常见的能对环境产生影响的项目及相应的应对措施如下：

1）机械噪声。在目前对某些机械的噪声源还无法根治和消除的情况下，应重点控制并采取相应的个人防护，以免给操作者带来职业性疾病。

2）粉尘。将粉尘严格控制在卫生标准内，操作者在操作时应佩戴良好和完善的劳动防护用品加以保护。

3）油漆细雾。油漆场地应空气流通，通风良好，操作者应佩戴完善的个人防护用品。

4）射线检测。在钢结构生产企业中，进行无损检测是不可避免的，其中尤以射线检测中的放射源危害最大。这在密集型生产区域中一定要有实际限制，一般以夜间检测为好，并应在检测区域内划定隔离防范警戒线，进行远距离控制操作。有条件时做铅房隔离最佳。

5.1.2　原材料的订货、进场检验与储存管理

1. 原材料订货

钢结构工程用材应严格按设计要求与现行相关材料技术标准进行订货，订货合同应就材料牌号、质量等级、材料性能（指标）、检验要求、尺寸偏差等有明确的约定。对于定尺材料，应考虑留有复验取样的余量；对于钢材的交货状态，宜按设计文件对钢材的性能要求与供货厂商商定。

（1）钢材订货

钢材订货时，其性能、材质、技术条件与检验要求等均应以设计文件及现行有关钢材的国家标准或行业标准为依据。

钢材表面的质量，若设计文件未提出要求，则在钢材订货或进厂检验时，应要求钢材表面的锈蚀等级不低于B级（主要承重构件）或C级（次要构件），锈蚀等级的判定应符合现行相关国家标准的规定。

（2）焊接材料订货

钢结构焊接材料的材质等应符合现行相关国家标准的规定。焊条、焊丝、焊剂、电渣焊熔嘴等焊接材料的强度应与母材强度相匹配，并符合现行国家标准《钢结构焊接规范》GB 50661—2011的规定。焊接、切割所用的气体可按《钢结构焊接规范》GB 50661—2011选用。

（3）紧固件订货

普通螺栓、高强度大六角头螺栓连接副、扭剪型高强度螺栓连接副应符合现行相关国家标准的规定。高强度大六角头螺栓连接副和扭剪型高强度螺栓连接副应随箱带有扭矩系数和紧固轴力（预拉力）的出厂检验报告。

（4）钢铸件材料订货

焊接结构铸钢节点的钢铸件材料应符合现行相关国家标准、设计文件等的规定。

（5）涂装材料订货

钢结构防腐涂料、稀释剂和固化剂应按设计文件和现行国家标准《涂料产品分类和命名》GB/T 2705—2003的要求选用，其品种、规格、性能等应符合设计文件及现行相关国家标准的要求。钢结构防火涂料的品种和技术性能应符合设计文件、现行国家标准《钢结构防火涂料》GB 14907—2018及其他相关规范的要求。钢结构防火涂料应与防腐涂料兼容。

2. 原材料进场检验与复检

（1）原材料进场检验

原材料进场检验是保证钢结构工程质量的重要环节，应按照现行相关国家标准检验其质量合格证明文件、中文标志及检验报告等。

钢材的检验内容如下：

1）钢材的数量和品种是否与订货单相符。

2）钢材的质量保证书是否与钢材上打印的记号相符；每批钢材必须具备生产厂提供的材质证明书，写明钢材的炉号、钢号、化学成分和机械性能。

3）核对钢材的规格尺寸。各类钢材尺寸的容许偏差可参照有关规定进行核对。

4）钢材表面质量检验。无论是扁钢、钢板还是型钢，其表面均不允许有结疤、裂纹、折叠和分层等缺陷。钢材表面的锈蚀深度不得超过其厚度公差。

（2）原材料复验

原材料复验的内容包括力学性能、工艺性能试验和化学成分分析。其取样、制样及试验方法按现行相关国家标准执行。对属于下列情况之一的钢材，应进行抽样复查并要求见证取样、送样。

1）国外进口钢材。当具有国家进出口质量检验部门的复验商检报告时，可以不再进行复验。

2）钢材混批。由于钢材经过转运、调剂等方式供应到用户后容易产生混炉号，而钢材是按炉号和批号发材质合格证的，因此，对于混批的钢材应进行复验。

3）板厚大于或等于 40mm，且设计有 Z 向（厚度方向）性能要求的厚板。

4）建筑结构安全等级为一级，大跨度钢结构中主要受力构件所采用的钢材。

5）设计有复验要求的钢材。

6）对质量有疑义的钢材。对钢材质量有疑义主要是指有质量合格证明文件但对文件有怀疑的情况，一般包括：对质量证明文件的真伪性有疑义，如复印件、印章签字不清、不全等；对质量证明文件内容有疑义，如化学成分与机械性能有矛盾、钢材某项性能指标过高或过低等；钢材的质量证明文件不全；钢材的质量证明文件中检验项目少于设计要求。

高强度大六角头螺栓连接副和扭剪型高强度螺栓连接副应分别进行扭矩系数和紧固轴力（预拉力）复验。复验用的螺栓应在施工现场从安装的螺栓批中随机抽取。

普通螺栓作为永久性连接螺栓时，当设计有要求或对其质量有疑义时，应进行螺栓实物最小拉力载荷复验，其复验方法和结果应符合现行相关国家标准的规定。

3. 原材料储存及成品管理

原材料的储存管理应由专人负责，管理人员应经企业培训上岗。

（1）储存管理要求

原材料入库前应进行检验，核对材料的牌号、规格、批号、质量合格证明文件、中文标志和检验报告等，检查表面质量、包装等。检验合格的原材料应按品种、规格、批号分类堆放，原材料堆放应有标识。原材料入库和发放应有记录，发料和领料时应核对材料的品种与规格。剩余的材料应回收管理；材料回收入库时，应核对其品种、规格和数量，分类保管。

（2）原材料堆放要求

钢材可露天堆放，也可在有顶棚的仓库内堆放。露天堆放时，堆放场地要平整，并应高于周围地面。堆放时，应尽量使钢材截面的背面向上或向下，以免积雪、积水；两端应有高差，以利于排水，钢材堆放在有顶棚的仓库内时，可直接堆放在地坪上，下垫楞木，对于小钢材也可堆放在架子上，堆与堆之间应留出过道。

钢材堆放时要尽量减少钢材的变形和锈蚀，采用既节约用地又提取方便的堆放方式。材堆放时每隔 5～6 层放置楞木，其间距以不引起钢材明显弯曲变形为宜；楞木要上下对齐，且在同一垂直平面内。为增加堆放钢材的稳定性，可使钢材互相勾连，或采取其他措施。这样，钢材的堆放高度可达到所堆宽度的两倍；否则，钢材堆放的高度不应大于其宽度。钢材堆放时一般应一端对齐，在前面立标牌写清工程名称、钢号、规格、长度、数量。

焊条、焊丝、焊剂等焊接材料应按品种、规格和批号分别存放在干燥、去湿、保温的存储室内；焊条、焊剂及栓钉瓷环在使用前，应按产品说明书的规定进行烘焙和保温。连接用紧固件应防止锈蚀和碰伤，且不得混批储存。涂装材料应按产品说明书的要求进行储存。

（3）钢材的标识

钢材端部应树立标牌，标牌要标明钢材的规格、钢号、数量和材质验收证明书编号。钢材端部根据其钢号涂以不同颜色的油漆，油漆的颜色可按表 5-1 选择，示例见图 5-5。

钢材牌号和色漆对照表　　表 5-1

钢号	Q195	Q215	Q235	Q255	Q275	Q345
油漆颜色	白＋黑	黄色	红色	黑色	绿色	白色

钢材的标牌应定期检查。余料退库时要检查有无标识，当退料无标识时，要及时核查清楚，重新标识后入库。

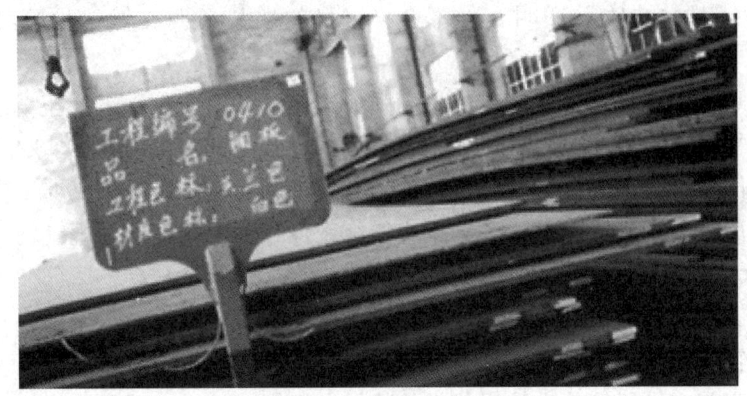

图 5-5　钢材标志及标牌

5.1.3　钢结构制作过程开工前的准备

为了便于对整个制作过程进行控制、管理，使制作过程能够有序进行，优质高效地完成制作任务，在钢结构制作开始之前，应进行充分的准备工作。

1. 审查图样

审查图样的目的，一方面是检查图样设计的深度能否满足施工的要求，核对图样上构件的数量和安装尺寸，检查构件之间有无矛盾等；另一方面应对图样进行工艺审核，即审查在技术上是否合理，在构造上是否便于施工，图样上的技术要求按加工单位的施工水平能否实现等。

如果是由加工单位自己设计施工详图，在制图期间又已经过审查，则审图的程序可相应简化。

审核图样的主要内容包括以下项目：

（1）设计文件是否齐全。设计文件包括设计图、施工图、图样说明和设计变更通知单等。

（2）构件的几何尺寸是否标注齐全。

（3）相关构件的尺寸是否正确。

（4）节点是否清楚，是否符合国家标准。

（5）标题栏内构件的数量是否符合工程的总数量。

（6）构件之间的连接形式是否合理。

（7）加工符号、焊接符号是否齐全。

（8）结合本单位的设备和技术条件考虑，能否满足图样上的技术要求。图样的标准化是否符合国家规定等。

2. 备料和核对

（1）备料

根据图样材料表算出各种材质、规格的材料净用量，再加一定数量的损耗提出材料需用量计划。提料时，需根据使用尺寸合理订货，以减少不必要的拼接和损耗。但钢材如不能按使用尺寸或使用尺寸的倍数订货，则损耗必然会增加。钢材的实际损耗率可参考有关资料给出的数值。工程预算一般可按实际用量所需的数值再增加 10%进行提料和备料。如果技术要求不允许拼接，其实际损耗还要增加。钢材的实际损耗率可参考表 5-2 所给出的数值。

钢板、角钢、工字钢、槽钢损耗率　　表 5-2

编号	材料名称	规格(mm)	损耗率(%)	编号	材料名称	规格	损耗率(%)
1	钢板	1～5	2.00	9	工字钢	14a 以下	3.20
2		6～12	4.50	10		24a 以下	4.50
3		13～25	6.50	11		36a 以下	5.30
4		26～60	11.00	12		60a 以下	6.00
			平均:6.00				平均:4.75
5	角钢	75×75 以下	2.20	13	槽钢	14a 以下	3.00
6		80×80～100×100	3.50	14		24a 以下	4.20
7		120×120～150×150	4.30	15		36a 以下	4.80
8		180×180～200×200	4.80	16		60a 以下	5.20
			平均:3.70				平均:4.30

注：不等边角钢按长边计算，其损耗率与等边角钢同。

（2）核对

核对来料的规格、尺寸和重量，并仔细核对材质。如果进行材料代用，必须经设计部门同意，并将图样上的相应规格和有关尺寸全部进行修改，同时应按下列原则进行：

1）当钢材牌号满足设计要求，而生产厂商提供的材质保证书中缺少设计提出的部分性能要求时，应做补充试验，合格后方可使用。每炉钢材、每种型号规格一般不宜少于 3 个试件。

2）当钢材性能满足设计要求，而钢材牌号的质量优于设计提出的要求时，应注意节约，不应任意地以优质高钢号代替低钢号。

3）当钢材性能满足设计要求，而钢材牌号的质量低于设计提出的要求时，一般不允许代用，如代用必须经设计单位同意。

4）当钢材的钢材牌号和技术性能都与设计提出的要求不符时，首先检查钢材，然后按设计重新计算，改变结构截面、连接方式、连接尺寸和节点构造。

5）对于成批混合的钢材，如用于主要承重结构时，必须逐根进行化学成分和力学性能的试验。

6）当钢材的化学成分允许偏差在规定的范围内可以使用。

7）当采用进口钢材时，应验证其化学成分和力学性能是否满足相应钢材牌号的标准。

8）当钢材规格、品种供应不全时，可根据钢材选用原则灵活调整。建筑结构对材质要求一般是：受拉构件高于受压构件；焊接结构高于螺栓或铆接连接的结构；厚钢板结构高于薄钢板结构；低温结构高于高温结构；受动力荷载的结构高于受静力荷载的结构。

9）当钢材规格与设计要求不符时，不能随意以大代小，须经计算后才能代用。

10）钢材力学性能所需保证项目仅有一项不合格时，当冷弯合格时，抗拉强度的上限值可以不限；伸长率比规定的数值低1%时允许使用，但不宜用于塑性变形构件；冲击功值一组3个试件，允许其中一个单值低于规定值，但不得低于规定值的70%。

3. 编制工艺规程

根据钢结构工程加工制作的要求，加工制作单位应在钢结构工程施工前，按施工图样和技术文件的要求编制制作工艺和安装施工组织设计，制作单位应在施工前编制出完整、正确的施工工艺规程。钢构件的制作是一个严密的流水作业过程，指导这个过程的除生产计划外，主要是依据工艺规程。

制定工艺规程的原则是在一定的生产条件下，操作时能以最快的速度、最少的劳动量和最低的费用，可靠地加工出符合图样设计要求的产品，并且要体现出制定工艺在生产过程中技术上的先进性、经济上的合理性以及良好的劳动条件和安全性。

（1）编制工艺规程的依据

1）工程设计图样和施工详图。

2）图样设计总说明和相关技术文件。

3）图样和合同中规定的国家、技术规范等。

4）制造单位实际能力和设备情况。

（2）工艺规程的内容

1）关键零件的加工方法、精度要求、检查方法和检查工具。

2）主要构件的工艺流程、工序质量标准，为保证构件达到工艺标准而采用的工艺措施（如组装次序、焊接方法等）。

3）采用的加工设备和工艺设备。

工艺规程是钢结构制造中主要的和根本性的指导性技术文件，也是生产制作中最可靠的质量保证措施。因此，工艺规程必须经过一定的审批手续，一经制定就必须严格执行，不得随意更改。

4. 其他工艺准备工作

除了上述准备工作外，还有工号划分、编制工艺流程表、配料与材料拼接、确定焊接收缩量和加工余量、工艺装备、编制工艺卡和零件流水卡、工艺试验、设备和工具的准备等工艺准备工作。

（1）工号划分

根据产品的特点、工程量的大小和安装施工进度，将整个工程划分成若干个生产工号（或生产单元），以便分批投料，配套加工。

生产工号（或生产单元）的划分一般可遵循以下几点原则：

1）条件允许的情况下，同一张图样上的构件宜安排在同一生产工号中加工。

2）相同构件或特点类似且加工方法相同的构件宜放在同一生产工号中加工，如按钢柱、钢梁、桁架、支撑分类划分工号进行加工。

3）工程量较大的工程划分生产工号时要考虑安装施工的顺序，先安装的构件要优先安排工号进行加工，以保证顺利安装的需要。

4）同一生产工号中的构件数量不要过多，可与工程量统筹考虑。

（2）编制工艺流程表

从施工详图中摘出零件，编制出工艺流程表（或工艺过程卡）。加工工艺过程由若干个顺序排列的工序组成，工序内容是根据零件加工的性质而定的，工艺流程表就是反映这个过程的工艺文件。工艺流程表的具体格式虽各厂不同，但所包括的内容基本相同，其中有零件名称、件号、材料编号、规格、件数、工序顺序号、工序名称和内容、所有设备和工艺装备名称及编号、工时定额等。除上述内容外，关键零件还需标注加工尺寸和公差，重要工序还要画出工序图等。

（3）配料与材料拼接

根据来料尺寸和用料要求，统筹安排合理配料。当钢材不是根据所需尺寸采购或零件尺寸过大，无法运输时，还应根据材料的实际需要安排拼接，确定拼接位置。当工程设计对拼接无具体要求时，材料拼接应遵循以下原则进行：

1）板材拼接采取全熔透坡口形式和工艺措施，明确检验手段，以保证接口等强度连接。

2）拼接位置应避开安装孔和复杂部位。

3）双角钢断面的构件，两角钢应在同一处进行拼接。

4）一般接头属于等强度连接，其拼接位置无严格规定，但应尽量布置在受力较小的部位。

5）焊接H形钢的翼缘板、腹板拼接缝应尽量避免在同一断面处，上下翼缘板拼接位置应与腹板拼接位置错开200mm以上。翼缘板拼接长度不应小于2倍板宽；腹板拼接宽度不应小于300mm，长度不应小于600mm。

对接焊缝工厂接头的要求如下：型钢要斜切，一般斜度为45°；肢部较厚的要双面焊，或开成有坡口的接头，保证熔透；焊接时要考虑焊缝的变形，以减少焊后矫正变形的工作量；对工字钢、槽钢要区别受压部位和受拉部位；对角钢要区别拉杆和压杆；受拉部位和拉杆要用斜焊缝，而受压部位和压杆则用直焊缝。

工厂接头的位置按下述情况考虑：在桁架中，接头宜设在受力不大的节间内，或设在节点处。如设在节点处，为焊好构件与节点板，要加用不等肢的连接角钢；工字钢和槽钢梁的接头宜设在跨度离端部1/4～1/3范围内。工字钢和槽钢柱的接头位置可不限；经过计算，并能保证焊接质量者，其接头位置不受上述限制。

（4）确定焊接收缩量和加工余量

焊接收缩量由于受焊肉大小、气候条件、施焊工艺和结构断面等因素影响，其值变化较大。铣刨加工时常常重叠进行操作，尤其长度较大时，材料不宜对齐，在编制加工工艺时要对加工边预留加工余量，一般为5mm。

（5）工艺装备

钢结构制作过程中的工艺装备一般分为两大类：

1）原材料加工过程中所需的工艺装备，如下料、加工用的定位靠山，各种冲切模、压模、切割套模、钻孔钻模等。这一类工艺装备主要应能保证构件符合图样的尺寸要求。

2）拼接焊接所需的工艺装备，如拼装用的定位器、夹紧器、拉紧器、推撑器以及装配焊接用的各种拼装胎、焊接转胎等。这一类工艺装备主要是保证构件的整体几何尺寸和减少变形量。

工艺装备在设计方案取决于规模的大小、产品的结构形式和制作工艺的过程等。由于工艺装备的生产周期较长，因此，要根据工艺要求提前做出准备，争取先行安排加工，以确保使用。

（6）编制工艺卡和零件流水卡

根据工程设计图样和技术文件提出的构件成品要求，确定各加工工序的精度要求和质量要求，结合单位的设备状态和实际加工能力、技术水平，确定各个零件下料、加工的流水顺序，即编制出零件流水卡。

零件流水卡是编制工艺卡和配料的依据，是直接指导生产的文件。工艺卡所包含的内容一般为：确定各工序所采用的设备，确定各工序所采用的工装模具，确定各工序的技术参数、技术要求、加工余量、加工公差和检验方法及标准，确定材料定额和工时定额等。

（7）工艺试验

工艺试验一般可分为三类：

1）焊接性试验。钢材可焊性试验、焊材工艺性试验、焊接工艺评定试验等均属于焊接性试验，而焊接工艺评定试验是各工程制作时最常遇到的试验。焊接工艺评定是焊接工艺的验证，属于生产前的技术准备工作，是衡量制造单位是否具备生产能力的一个重要的基础技术资料。未经焊接工艺评定的焊接方法、技术参数不能用于工程施工。焊接工艺评定同时对提高劳动生产率、降低制造成本、提高产品质量、搞好焊工技能培训是必不可少的。

2）摩擦面的抗滑移系数试验。当钢结构构件的连接采用高强度摩擦型螺栓连接时，应对连接进行技术处理，使其连接面的抗滑系数达到设计规定的数值。连接处摩擦面的技术处理方法一般采用四种：喷砂处理、喷丸处理、酸洗处理、砂轮打磨处理。经喷砂、酸洗或砂轮打磨处理后，生成赤锈，除去浮锈等经过技术处理的摩擦面是否能达到设计规定的抗滑移系数 μ 值，需对摩擦面进行必要的检验性试验，以验证对摩擦面处理方法是否正确，处理后的效果是否达到设计的要求。

3）工艺性试验：对构造复杂的构件，必要时应在正式投产前进行工艺性试验。工艺性试验可以是单工序，也可以是几个工序或全部工序；可以是个别零部件，也可以是整个构件，甚至是一个安装单元或全部安装构件。

（8）设备和工具的准备

根据产品的加工需要来确定加工设备和操作工具。由于工程的特殊需要，有时需要调拨或添置必要的机器设备和工具，此项工作也应提前做好准备。

5. 组织技术交底

钢结构构件的生产从投料开始，经过下料、加工、装配、焊接等一系列的工序过程，最后成为成品。在这样一个综合性的加工生产过程中，要执行设计部门提出的技术要求，确保工程质量，就要求制作单位在投产前必须组织技术交底的专题讨论会。

技术交底会的目的是对某一项钢结构工程中的技术要求进行全面的交底，同时也可对制作中的难题进行研究讨论和协商，以求达到意见统一，解决生产过程中的具体问题，确保工程质量。

技术交底会按工程的实施阶段可分为两个层次：第一层次是工程开工前的技术交底会，第二层次是在投料加工前进行的施工人员技术交底会，这种制作过程中的技术交底会在贯彻设计意图、落实工艺措施方面起着不可替代的作用。

5.2 钢结构零部件加工

钢结构是用钢板、热轧型钢或冷加工成型的薄壁型钢制造而成的结构。

零部件加工

钢结构制作的最小单元为零件，它是组成部件和构件的基本单元，如节点板、肋板等；由若干零件组成的单元称为部件，如焊接 H 形钢、钢牛腿等；由零件或由零件和部件组成的单元称为构件，如梁、柱支撑等。构件的连接可以用焊接、螺栓连接、铆接等多种连接形式。完整的钢结构产品，需要将原材料使用机械设备和成熟的工艺方法进行各种加工处理，达到规定产品的预定要求目标。

5.2.1　放样

放样是整个钢结构制作工艺中的第一道工序，也是至关重要的一道工序。只有放样尺寸准确，才能避免以后各道加工工序的累积误差，才能保证整个工程的质量。

1. 放样的目的

(1) 设计图纸上不可知的尺寸或近似尺寸及三维结构可以在放样时得到。例如，结构中的三曲面构件，通过放样制作立体样箱可以一目了然。

(2) 放样以设计图纸为准，发现问题可及时反馈给设计单位，以便及时改进并完善设计。例如，对于有的大型屋架，在对其托架的上弦杆、下弦杆、竖杆、斜杆汇交节点放样后可绘制确切可行的节点图，提请设计单位认可后便可进行施工。

(3) 通过放样，求得杆件的实长和板件的实际形状后可作为下料的依据。

(4) 有的工程，按设计要求对桁架大梁或实腹板大梁放样应起拱，并从中可见是否引起其结构尺寸的变化，从而获得第一手资料，作为设计和制作的依据。

2. 放样的准备工作

(1) 审图

放样前的审图是一个非常重要的环节，加工前，应进行设计图纸的审核，熟悉设计施工图和施工详图，做好各道工序的工艺准备，结合加工工艺，编制作业指导书。

首先，施工图下达生产车间以后，必须经专业人员认真审核。审图人员必须从设计总配置开始，逐个图号、逐个部位核对，找清相应安装或装配关系。再核对外形几何尺寸、各部件之间尺寸能否互相衔接。之后，再逐个核对各节点、孔距、孔位、孔径等相关尺寸。此外，还要认真核对施工图零件数量、单重和总重，这是重要的一环，因为往往施工材料表标注有误，会造成进料不足及交工结算困难。

发现施工图标注不清的问题要及时向设计部门反映，经设计部门修改，不得擅自修改。以免模糊不清的标注给生产造成困难。如有的施工图只注明涂防锈漆两度，没有注明何种防锈漆、何种颜色及漆膜厚度等，以致造成返工。

(2) 准备工具

放样需在放样平台上进行，平台的面积一般较大，以适应较大的产品或几种产品同时进行放样的需要。材质为钢质或木质，普遍使用钢质平台，放样平台应设在室内，光线要充足，便于看图和号料。

放样号料用的工具及设备有画针、冲子、手锤、粉线、弯尺、直尺、钢卷尺、大钢卷尺、剪子、小型剪板机、折弯机等。其中放样使用的钢尺、直角尺、盘尺，必须经计量单位检验合格，并与土建、安装等有关方面使用的钢尺相核对，以防出现计量误差，造成损失。

3. 放样的方法及样杆、样板的制作

放样方法有实尺放样、展开放样、光学放样、电脑放样等。在钢结构建筑常见形式中，常用的是实尺放样和电脑放样。

实尺放样是根据图样的形状和尺寸，用基本的作图方法，以产品的实际大小画到放样台上。实尺放样前，应看清看懂图样，分析结构设计是否合理，工艺上是否便于加工，并确定哪些线段可按已知尺寸直接画出，哪些线段需要根据连接条件才能画出，这些都应先确定放样基准，然后确定放样程序。

电脑放样，又称计算机辅助放样，在钢结构行业中应用日渐广泛。随着技术软件和加工设备的不断技术更新，人工放样的手工操作都在人机对话中由数控机器自主完成。例如，企业的工程技术人员可以直接在计算机上，利用CAD绘制成二维或三维大样图，完成钢结构的放样工作，提供控制尺寸，直接输入数控机床，完成下料工序。此外，还可以利用空间三维软件在计算机上建立钢结构整体模型，再从模型中自动提取各个构件单体的成型数据，利用软件的输出接口和数控机床的输入接口，利用网络完成数据传输，直接下料。

4. 样板、样杆的制作

样板、样杆一般采用铝板、薄白铁板、纸板等材料制作，按精度要求不同选用的材料也就不同。在采用除薄钢板以外的材料时，需注意由于温度和湿度引起的误差。零件数量多且精度要求较高时，可选用0.5～2.0mm的薄钢板制作样板、样杆。下料数量少、精度要求不高时，可用硬纸板、油毡纸等制作。

样板、样杆上应注明构件编号，图5-6 (a) 是某钢屋架的一个上弦节点板的样板，钢板厚度为12mm，共96块。对于型钢则用样杆，它的作用主要是用来标定螺栓或铆钉的孔心位置，图5-6 (b) 是某钢屋架上弦杆的样杆。

5. 放样和样板的允许偏差

放样和样板的允许偏差见表5-3。

放样和样板的允许偏差 表5-3

项目	允许偏差	项目	允许偏差
平行线距离和分段尺寸	±0.5mm	孔距	±0.5mm
对角线差	±1.0mm	加工样板的角度	±20′
宽度、长度	±0.5mm		

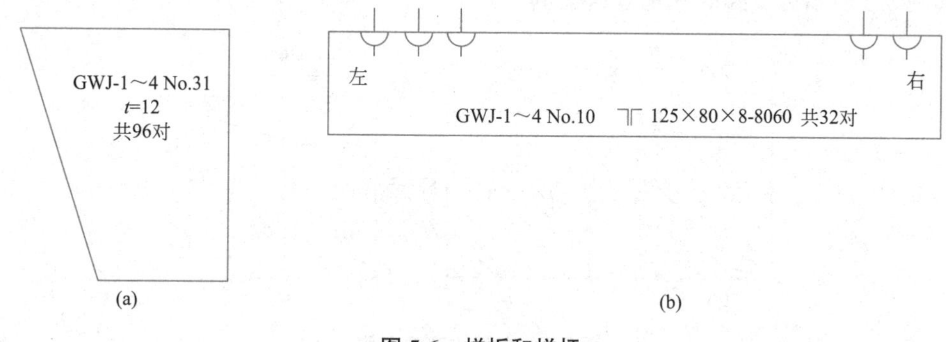

图 5-6　样板和样杆

5.2.2　号料

1. 号料的内容

号料是进一步检查核对材料，画出切割、铣、刨、弯曲、钻孔等加工位置，打冲孔，标注出零件的编号等。钢材如有较大弯曲、凹凸不平等问题时，应先进行矫正；根据配料单和样板进行套裁，尽可能节约材料。当工艺有规定时，应按规定的方向进行画线取料，以保证零件对材料轧制纹络所提出的要求，并有利于切割和保证零件质量。

为了表示材料的利用程度，将零件的总面积与板料面积之比称为材料的利用率，用百分数表示。即：

$$\eta=\frac{\sum A_i}{A}\times 100\% \tag{5-1}$$

式中：η—— 材料的利用率；

A_i——板料上某个零件的面积；

A——板料的面积。

2. 号料的方法

号料时，为了提高材料的利用率，首先要进行排料。采用不同的号料方法进行排料会有不同的材料利用率。号料的方法有集中号料法、统计计算法、余料统一号料法、套料法等。

(1) 集中号料法。由于钢材的规格多种多样，为减少原材料的浪费，提高生产效率，应把同厚度的钢板零件和相同规格的型钢零件集中在一起进行号料，此种方法称为集中号料法。

(2) 统计计算法。统计计算法是在型钢下料时采用的一种方法，号料时应将所有同规格型钢零件的长度归纳在一起，先把较长的排出来，再算出余料的长度，然后把和余料长度相同或略短的零件排上，直至整根料被充分利用为止。

(3) 余料统一号料法。将号料后剩下的余料按厚度、规格与形状基本相同的集中在一起，把较小的零件放在余料上进行号料，此法称为余料统一号料法。

(4) 套料法。在号料时，要精心安排板料零件的形状位置，对同厚度的各种不同形状的零件和同一形状的零件进行套料，这种方法称为套料法。即利用零件的形状特点设法把它们穿插在一起，或者在大件的里边画小件，或者改变排料方案等方法使材料利用率提高。如图 5-7 所示为支脚的几种套料实例。

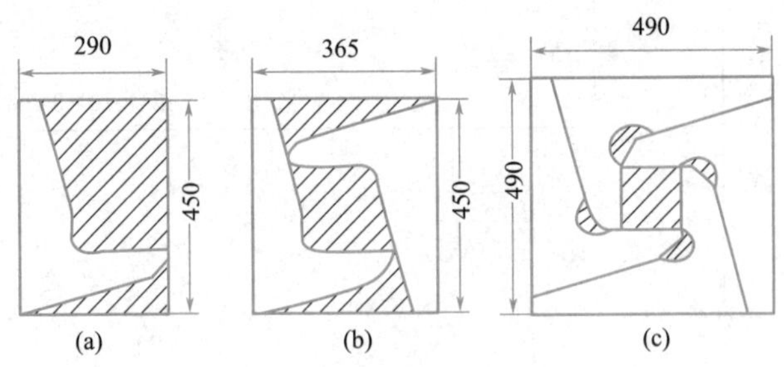

图 5-7　支脚的套料实例

3. 号料时应注意的问题

根据图样直接在板料和型钢上号料时，应检查号料尺寸是否正确，以防产生错误，造成废品；铣、刨的工作要考虑加工余量，焊接构件要按工艺要求留出焊接收缩量，高层钢结构的框架柱尚应预留弹性压缩量；号料时要根据切割方法留出适当的切割余量；号料时，H 形和箱形截面的翼板及腹板焊缝不能设置在同一截面上，应相互错开 200mm 以上，并与隔板错开 200mm 以上。

号料的允许偏差见表 5-4。

号料的允许偏差　　表 5-4

项目	允许偏差	项目	允许偏差
零件外形尺寸	±1.0mm	孔距	±0.5mm

5.2.3　切割

切割是将放样和号料的零件形状从原材料上进行下料分离。钢材的下料切割可以通过冲剪、切削、摩擦等机械力来实现，也可以利用高温热源来实现。常用的切割方法有：气割、机械剪切和等离子切割等。施工中应根据各种切割方法的设备能力、切割精度、切割表面的质量情况以及经济性等因素来具体选定切割方法。切割后钢材不得有分层，断面上不得有裂纹，应清除切口处的毛刺或熔渣和飞溅物。

各种切割方法的比较见表 5-5。

各种切割方法的比较　　表 5-5

类别	使用设备	特点、适用范围
机械切割	剪板机 型钢冲剪机	切割速度快、切口整齐、效率高，适用于薄钢板、压型钢板、冷弯檩条的切割
	无齿锯	切割速度快，可切割不同形状的各类型钢、钢管和钢板，切口不光洁，噪声大，适用于锯切精度要求较低的构件或下料留有余量后尚需精加工的构件
	砂轮锯	切口光滑、生刺较薄易清除，噪声大，粉尘多，适用于切割薄壁型钢及小型钢管。切割材料的厚度不宜超过 4mm
	锯床	切割精度高，适用于切割各类型钢及梁、柱等型钢构件

续表

类别	使用设备	特点、适用范围
气割	自动切割	切割精度高、速度快，在其数控气割时可省去放样、画线等工序而直接切割。适用于钢板切割
	手工切割	设备简单、操作方便、费用低、切割精度较差，能够切割各种厚度的钢材
等离子切割	等离子切割机	切割温度高，冲刷力大，切割边质量好，变形小，可以切割任何高熔点金属，特别是不锈钢、铝、铜及其合金等

切割时，在零件的加工线、拼缝线及孔的中心位置上，应打冲引或凿印，同时用标记笔或色漆在材料的图形上注明加工内容，为后续的切割提供方便条件。常见的切割符号见表 5-6。

常见切割符号　　表 5-6

名称	符号
板缝线	
中心线	
R 曲线	R
切断线	
余料切线（被画斜线面为余料）	
弯曲线	
结构线	
刨边符号	

1. 气割

利用气体火焰将金属材料加热到能在氧气中燃烧的温度后，通过切割氧气使金属剧烈氧化成氧化物，并从切口中吹掉，从而达到分离金属材料的方法，叫作氧气切割，简称气割。

气割法设备灵活、费用低廉、精度高，能切割各种厚度的钢材，尤其是带曲线的零件或厚钢板，是目前使用最广泛的切割方法。

气割法有手动气割、半自动气割和自动气割。手动气割割缝宽度为 4mm，自动气割割缝宽度为 3mm。

（1）手动气割

手动气割（图 5-8）所需要的主要设备及工具有：乙炔钢瓶和氧气瓶、减压器、橡皮管、割炬等。

手动气割的操作过程如下：

1）开始气割时，首先应点燃割炬，随即调整火焰。预热火焰通常采用中性焰或轻微氧化焰。

2）开始气割时，必须用预热火焰将切割处金属加热至燃烧温度（即燃点），一般碳钢

图 5-8 手动气割

在纯氧中的燃点为 1100～1150℃，并注意割嘴与工件表面的距离保持 10～15mm，并使切割角度控制在 20°～30°。

3）把切割氧气喷射至已达到燃点的金属时，金属便开始剧烈的燃烧（即氧化），产生大量的氧化物（熔渣），由于燃烧时放出大量的热使氧化物呈液体状态。

4）燃烧时所产生的大量液态熔渣被高压氧气流吹走。

这样由上层金属燃烧时产生的热传至下层金属，使下层金属又预热到燃点，切割过程由表面深入到整个厚度，直到将金属割穿。同时，金属燃烧时产生的热量和预热火焰一起，又把邻近的金属预热到燃点将割炬沿切割线以一定的速度移动，即可形成割缝，使金属分离。

手工气割操作要点如下：

1）首先点燃割炬，随即调整火焰。

2）开始切割时，打开切割氧阀门观察切割氧流线的形状，若为笔直而清晰的圆柱体，并有适当的长度即可正确切割。

3）发现喷嘴头产生鸣爆及回火现象，可能因喷嘴头过热或乙炔供应不及时，此时需马上处理。

4）临近终点时，喷嘴头应向前进的反方向倾斜，以利于钢板的下部提高割透，使收尾时割缝整齐。

5）切割结束时，应迅速关闭切割氧气阀门，并将割炬抬起，再关闭乙炔阀门，最后关闭预热氧阀门。

（2）半自动气割（图 5-9 和图 5-10）

半自动火焰切割机是使用中压（或丙烷）和高压氧气，切割厚度大于 5mm 的钢板作直线切割为主的多用气割机，同时也可以作圆周切割及斜面切割和 V 形切割。在一般情况下切割后可不再进行切削加工。半自动火焰切割结构紧凑，操作方便，使用安全，所需辅助时间短，可以大大提高工作效率。

图 5-9　直线半自动气割

图 5-10　半自动气割圆形构件

（3）自动气割

自动气割应用较为广泛的是数控气割机，如图 5-11 所示。

图 5-11　数控气割机

2. 机械切割

（1）钢材剪切

钢材剪切是通过两剪刀的相对运动切断材料的加工方法。此法适用于薄钢板、型钢等，其具有切割速度宽、切口整齐、效率高等特点。剪切时剪刀必须锋利，并需要调整刀片间隙。龙门剪板机是钢结构制作厂使用最广的一种剪切机械，如图 5-12 所示。

（2）钢材锯割

在钢结构制作厂，常用的锯割机械有弓形锯、带锯、圆盘锯及砂轮锯等，如图 5-13～

图 5-12　龙门剪板机

图 5-16 所示。其中，砂轮锯切割机应用最广泛。

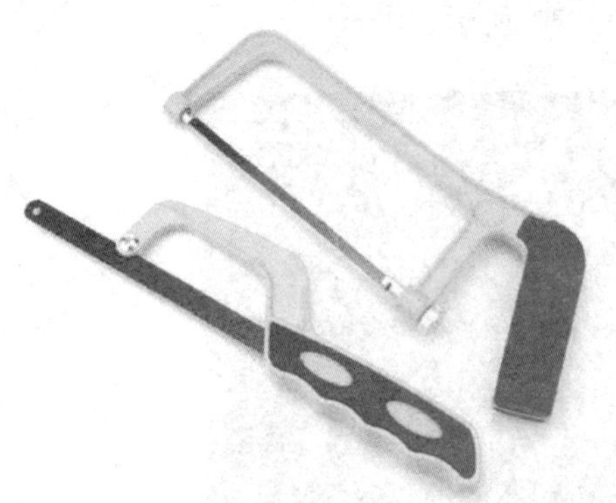

图 5-13　弓形锯

图 5-14　带锯

图 5-15　圆盘锯

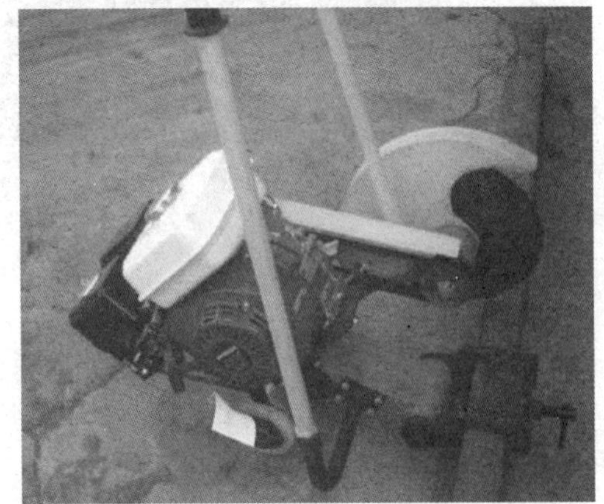

图 5-16　砂轮锯

砂轮切割是利用高速旋转的薄片砂轮与钢材摩擦产生的热量，将切割处的钢材变成“钢花”喷出形成割缝的工艺。砂轮切割可以切割尺寸较小的型钢、不锈钢、轴承钢等型材。切割的速度比锯割快，但切口经加热后性能稍有变化。砂轮片的圆周速度约为 2900r/min，切割速度可达 60m/s。为提高效率和获得较窄的切口，一般砂轮片直径为 300～400mm，厚度为 3mm。

型钢经剪切后的切口处断面可能发生变形，用锯割速度又较慢，所以常用砂轮切割断面尺寸较小的圆钢、钢管角钢等。但砂轮切割一般是手工操作，灰尘很大，劳动条件较差。

3. 等离子切割

等离子切割（图 5-17）是利用高温高速的等离子焰流将切口处金属及其氧化物熔化并吹掉来完成切割，能切割任何金属，特别是熔点较高的不锈钢及有色金属铝、铜及其合金等，在一些尖端技术上应用广泛。其具有切割温度高、冲刷力大、切割边质量好、变形小、可以切割任何高熔点金属等特点。

图 5-17　等离子切割

4. 切割质量检查

（1）钢材切割面或剪切面应无裂纹、夹渣、分层和大于 1mm 的缺棱。应全数检查裂纹、夹渣、分层和大于 1mm 的缺棱，这些缺陷在气割后都能较明显地暴露出来，一般观察（用放大镜）检查即可；但有特殊要求的气割面或剪切面，除观察外，必要时应采用渗透、磁粉或超声波探伤检查。

（2）根据《钢结构工程施工质量验收标准》GB 50205—2020 规定，气割的允许偏差应符合表 5-7 的规定。

检查数量：按切割面数抽查 10%，且不应少于 3 个。

检验方法：观察检查或用钢尺、塞尺检查。

气割的允许偏差　　表 5-7

项目	允许偏差	项目	允许偏差
零件宽度、长度	±3.0mm	割纹深度	0.3mm
切割面平面度	0.05t，且不大于 2.0mm	局部缺口深度	1.0mm

(3) 根据《钢结构工程施工质量验收标准》GB 50205—2020 规定，机械切割的允许偏差应符合表 5-8 的规定。

机械切割的允许偏差　　表 5-8

项目	允许偏差	项目	允许偏差
零件宽度、长度	±3.0mm	型钢端部垂直度	2.0mm
边缘缺棱	1.0mm		

5.2.4　边缘和端部加工

在钢结构制造中，经过剪切或气割过的钢板边缘，其内部会硬化或变态。因此，须将下料后的边缘刨去 2～4mm，以保证质量，如桥梁或重型吊车梁的重型构件。此外，为了保证焊缝质量、工艺性焊透及装配的准确性，对于桥梁的重型构件，要将钢板边缘刨成或铲成坡口；对于重型吊车梁的重型构件，要将钢板边缘刨直或铣平。

需要进行边缘加工的部位有吊车梁翼缘板、支座支承面等具有工艺性要求的加工面，设计图纸中有技术要求的焊接坡口，尺寸精度要求严格的加劲板、隔板、腹板及有孔眼的节点板等。常用的边缘加工方法有铲边、刨边、铣边、坡口加工和碳弧气刨等。

1. 铲边

铲边是指通过对铲头的锤击作用铲除金属边缘的多余部分而形成坡口。铲边分为手工铲边和机械铲边。手工铲边主要使用手锤和手铲（图 5-18）等，机械铲边使用风动铲锤（图 5-19）和铲头等。

图 5-18　手工铲边

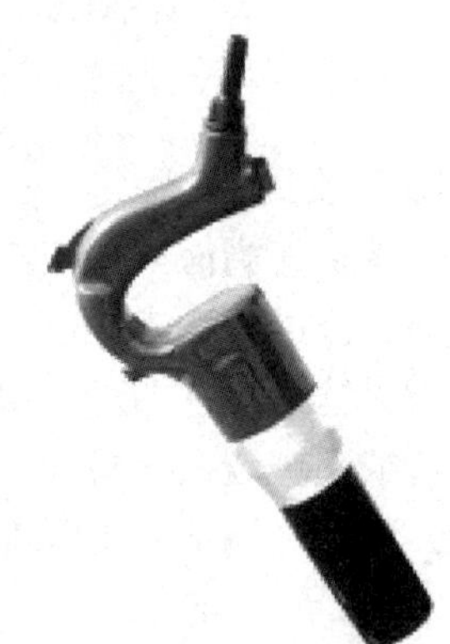

图 5-19　风动铲锤

2. 刨边

刨边主要是使用刨边机（图 5-20）进行加工，需切削的板材固定在作业台上，由安装在移动刀架上的刨刀来切削板材的边缘。刨边的构件加工有直边和斜边两种。

刨边加工的余量随钢材的厚度和钢板的切割方法的不同而不同，一般刨边加工的余量为 2～4mm。

图 5-20　刨边机

3. 铣边

对于有些构件的端部，可采用铣边（端面加工）的方法代替刨边。铣边是为了保持构件的精度，使其受力由承压面直接传至底板支座，以减少连接焊缝的焊脚尺寸。一般需要进行铣边的部位有吊车梁、桥梁等的接头部分，钢柱或塔架等的抵承部位等。铣边加工一般是在端面铣床或铣边机上进行的，如图 5-21 和图 5-22 所示。

图 5-21　铣床

图 5-22　铣边机

4. 坡口加工

坡口加工（图 5-23、图 5-24）一般可用气体加工和机械加工，在特殊情况下采用手动气体切割的方法，但必须进行事后处理，如打磨等。

图 5-23　直线坡口加工

图 5-24　曲线坡口加工

5. 碳弧气刨

碳弧气刨的切削是将直流电焊机的直流反接，通电后，碳棒与被刨削的金属间产生高温电弧将工件熔化，压缩空气随即将熔化的金属吹掉以达到刨削金属的目的。

5.2.5　加工成型

钢材的加工成型，是指根据构件形状需要，利用加工设备和一定的工具、模具，把板材或型钢加工制作成一定形状的工艺方法。

1. 热加工

把钢材加热到一定温度后进行的加工方法，统称热加工。热加工常用的加热方法有两种，一种是利用乙炔火焰进行局部加热，这种方法简便，但是加热面积较小；另一种是放在工业炉内加热，虽然它没有前一种方法简便，但是加热面积很大。

热加工是一个比较复杂的过程，它的工作内容是弯制成型和矫正等工序在常温下所不能达到的。温度能够改变钢材的机械性能，能使钢材变硬，也能使钢材变软。钢材在常温下有较高的抗拉强度，但加热到 500℃以上时，随着温度的增加，钢材的抗拉强度急剧下降，其塑性、延展性大大增加，钢材的机械性能逐渐降低。

2. 冷加工

钢材在常温下进行加工制作，统称冷加工。冷加工绝大多数是利用机械设备和专用工具进行的。

冷加工具有如下优点：①使用的设备简单，操作方便；②节约材料和燃料；③钢材的机械性能改变较小，材料的减薄量甚少。由此看出，与热加工相比较，冷加工具有较多的优越性。因此，冷加工更容易满足设计和施工的要求，而且提高了工作效率。

3. 弯曲加工

弯曲加工是根据构件形状的需要，利用加工设备和一定的工、模具把板材或型钢弯制成一定形状的工艺方法。

（1）钢板卷曲成型

通过旋转辊轴使毛料（钢板）弯曲成型的方法称滚弯，又称卷板。滚弯时，钢板置于卷板机（图 5-25、图 5-26）的上、下辊轴之间，当上辊轴下降时，钢板便受到弯矩的作用而发生弯曲变形，如图 5-27 和图 5-28 所示。由于上、下辊轴的转动，通过辊轴与钢板间的摩擦力带动钢板移动，使钢板受力位置连续不断地发生变化，从而形成平滑的曲面，完成滚弯成型工作。

图 5-25　卷板机（圆形）

钢板滚弯由预弯（压头）、对中、滚弯三个步骤组成：

1）预弯。钢板在卷板机上卷曲时，两端边缘总有卷不到的部分，即剩余直边。通过预弯消除剩余直边。

图 5-26　卷板机（漏斗形）

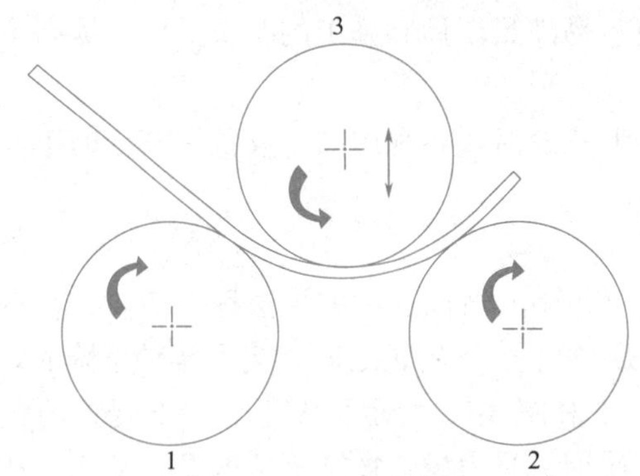

图 5-27　卷板原理

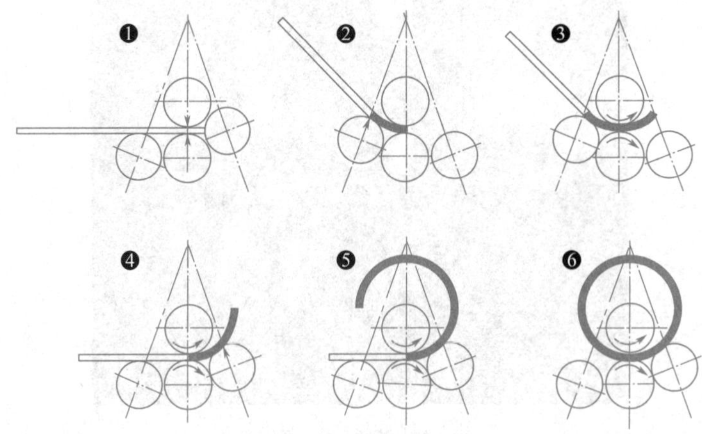

图 5-28　卷板工作原理图

2）对中。为防止钢板在卷板机上卷曲时发生歪扭，应将钢板对中，使钢板的纵向中心线与滚筒轴线保持严格的平行。

3）滚弯。对中后，利用调节辊筒的位置使钢板发生初步的弯曲，然后来回滚动而卷曲。

(2) 型材弯曲成型

1) 型钢弯曲（图 5-29）：型钢弯曲时断面会发生畸变，弯曲半径越小，则畸变越大。应控制型钢的最小弯曲半径。构件的曲率半径较大，宜采用冷弯；构件的曲率径较小，宜采用热弯。

图 5-29　型钢弯曲

2) 钢管弯曲（图 5-30）：在自由状态下弯曲时截面会变形，外侧管壁会减薄，内侧管壁会增厚。在管中加入填充物（砂）或穿入芯棒进行弯曲，或用滚轮和滑槽在管外进行弯曲。

图 5-30　钢管弯曲

5.2.6　制孔

制孔是指用孔加工机械或机具在实体材料（如钢板、型钢等）上加工孔的作业。制孔在钢结构制作中占有一定的比例，尤其是高强螺栓的采用，使制孔加工在数量和精度上都有了很大的提高。

1. 钻孔

钻孔有人工钻孔和机床钻孔两种方式。加工方法有画线钻孔、钻模钻孔、数控钻孔三种。

(1) 画线钻孔

钻孔前先在构件上画出孔的中心和直径，在孔的圆周上（90°位置）打四只冲眼，可作钻孔后检查用，孔中心的冲眼应大而深，在钻孔时作为钻头定心用。画线工具一般用划针和钢尺。为提高钻孔效率，可将数块钢板重叠起来一起钻孔，但一般重叠板厚度不超过50mm，重叠板边必须用夹具夹紧或点焊固定。厚板和重叠板钻孔时要检查平台的水平度，以防止孔的中心倾斜。

(2) 钻模钻孔

当批量大，孔距精度要求较高时，可以采用钻模钻孔。

(3) 数控钻孔

近年来数控钻孔的发展更新了传统的钻孔方法，无需在工件上画线，打样冲眼，整个加工过程都是自动进行的，钻孔效率高、精度高（图 5-31）。利用数控钻床进行多层板钻孔时，应采取有效的防止窜动的措施后，再进行钻孔。

图 5-31 双头铰链钻孔机

2. 冲孔

冲孔在冲孔机（图 5-32）或冲床上进行，一次可冲一个（单头冲床）或多个（多头冲床）孔眼，生产速度快，效率高。冲孔原理是剪切，因此，在冲孔过程中，在孔壁周围2～3mm会形成严重的冷作硬化，冲孔质量较差，对钢板厚度和冲孔直径也有一定的限制。一般只能冲较薄的钢板和冲制非圆孔，直径一般不小于钢板的厚度，否则易损坏冲头。所以当对孔的质量要求不高时，可以采用。大批量冲孔时，应按批抽查孔的尺寸及孔的中心距，以便及时发现问题，及时纠正。当环境温度低于－20℃时，禁止冲孔。

3. 铰孔

铰孔是用铰刀对已经粗加工的孔进行精加工，可提高孔的光洁度和精度。

图 5-32 冲孔机

4. 扩孔

扩孔就是用扩孔钻对工件上已有孔进行扩大加工的操作。主要用于构件的安装和拼装，常先把零件孔钻成比设计小 3mm 的孔，待整体组装后再行扩孔，以保证孔眼一致，孔壁光滑；或用于钻直径 30mm 以上的孔，先钻成小孔，再扩成大孔，以减小钻端阻力，提高工效。扩孔工具应用麻花钻或扩孔钻。

5. 气割制孔

实际加工中一般直径在 80mm 以上的圆孔，钻孔不能实现时采用气割制孔；另外对于长圆孔或异形孔一般采用先行钻孔再采用气割制孔的方法。

6. 制孔的质量

(1) 精制螺栓孔：精制螺栓孔（A、B 级螺栓孔——Ⅰ类孔）的直径应与螺栓公称直径相等，孔应具有 H12 的精度，孔壁表面粗糙度 R，小于等于 12.5μm。其孔径允许偏差按钢结构有关验收规范执行。

(2) 普通螺栓孔：普通螺栓孔（C 级螺栓孔——Ⅱ类孔）包括高强度螺栓（大六角头螺栓、扭剪型螺栓等）、普通螺钉孔、半圆头铆钉等的孔。其孔直径应比螺栓杆、钉杆的公称直径大 1.0～3.0mm，孔壁表面粗糙度 R，小于等于 25μm。其孔径允许偏差按钢结构有关验收规范执行。

(3) 孔距：螺栓孔孔距的允许偏差按钢结构有关验收规范执行，如果偏高，应采用与母材材质相匹配的焊条补焊后重新制孔。

5.2.7 螺栓球和焊接空心球加工

在空间网架结构中，普遍采用球节点连接，用得最多的节点有螺栓球和焊接空心球两种。

1. 螺栓球

(1) 螺栓球的制作流程

螺栓球的制作流程如图 5-33 所示。

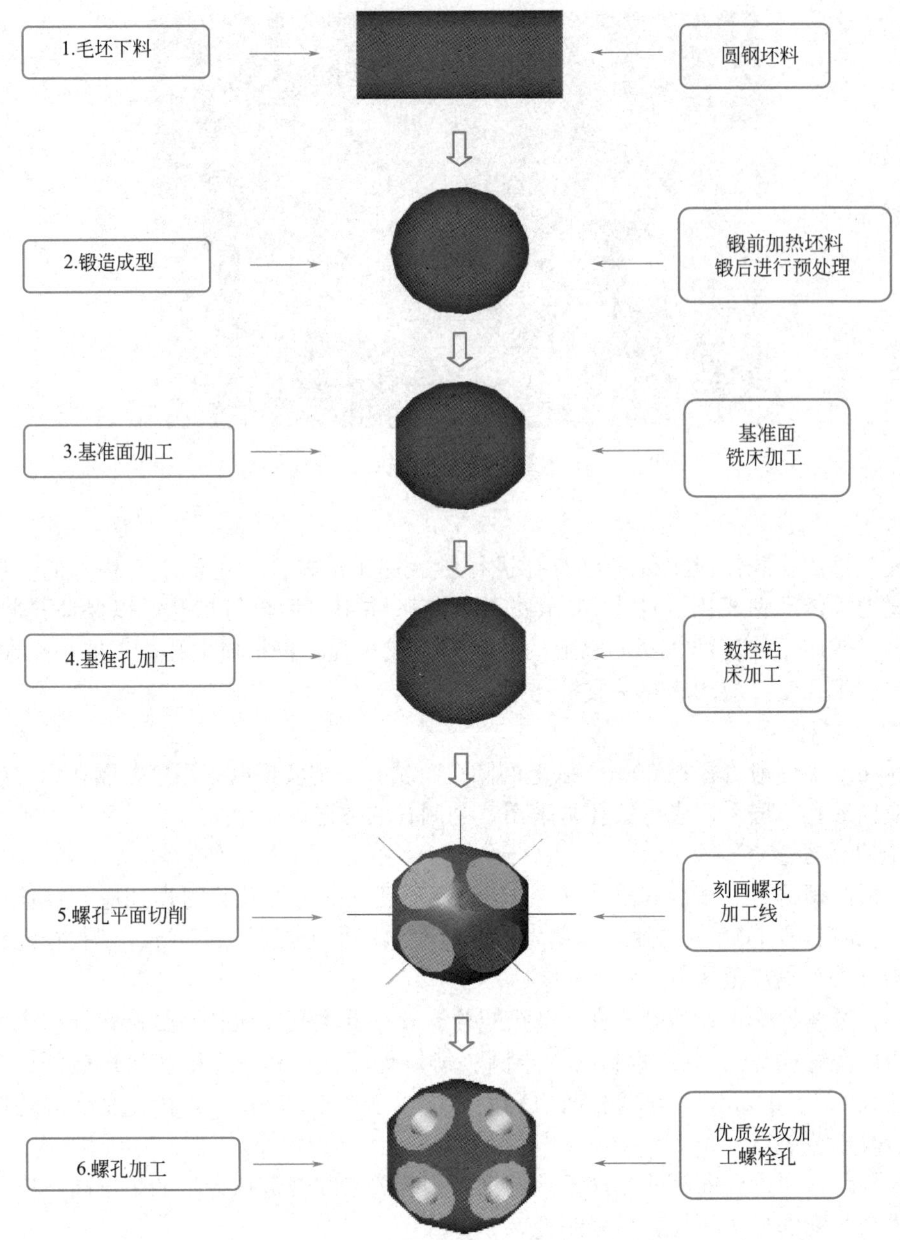

图 5-33　螺栓球制作流程

(2) 螺栓球加工工艺

1) 球坯锻造

根据球径大小，选择不同直径的圆钢下料，料块加热，热锻成型，并回火消除内应力。

2) 螺孔加工

① 加工基准孔：把球坯夹持在车床卡盘上，按照不同球直径、基准面与球中心线的尺寸关系等要求，在机床导轨上做好基准平面切削标线挡块。然后进行基准平面的车铣加工，再利用机床尾座钻孔、攻丝。基准孔是工件装夹后平面与螺孔一次加工到位。基准螺

孔径大部分采用 M20。

② 加工其他螺孔的平面：球坯利用球基准孔，装夹在铣床分度头上，同时万能铣床的铣头按球孔设计的角度，根据分度刻线分别回转到位，先铣削弦杆孔平面，再铣削腹杆孔平面，孔与孔之间的夹角由计算分度头孔板回转圈数与孔齿数来精确分度定位。球坯一次装夹可全部铣加工所有螺孔的平面。分度头最小刻度为 2′，因此各螺栓孔平面之间的夹角加工精度也较高。同一轴线上两铣平面平行度≤0.1mm（D≤120mm）和≤0.15mm（D>120mm）。

③ 对每只球上所有螺孔画线定中心，此过程视作中间检验环节。

④ 螺孔加工：利用铣切的平面与画定的中心来定位，在钻床上钻孔、倒角、攻丝，从而完成球坯上全部螺孔加工。按上述加工工艺可确保螺孔轴线间的夹角偏差不大于±10′，球平面与螺孔轴线垂直度≤0.25r，螺纹精度要求也相应匹配。

⑤ 对加工好的螺栓球进行螺孔螺纹加工精度与深度、螺孔夹角精度、螺孔内螺纹剪切强度试验等检验与检测，同时按加工图对每只螺栓球做钢印编号标识。

⑥ 螺栓球坯经过表面抛丸除锈除氧化皮处理后再加工螺纹孔，完成加工后，表面进行防锈蚀涂装，所用防锈蚀涂装材料、涂装道数、漆膜厚度均按设计指定执行。

⑦ 漆膜层干固后用塑料塞封闭每个螺孔，封闭前每个螺孔内均加入适量的润滑油脂防螺纹锈蚀，并便于以后安装中螺栓拧入。

⑧ 完成全部加工工序，并检验合格的螺栓球，装框入成品库待发运。

（3）螺栓球加工质量控制与检验

螺栓球加工允许偏差见表 5-9。

螺栓球加工允许偏差　　表 5-9

项目		允许偏差	检验方法
圆度	D≤120	1.5	用卡尺和游标卡尺检查
	D>120	2.5	
同一轴线上两铣平面平行度	D≤120	0.2	用百分表 V 形块检查
	D>120	0.3	
铣平面距离中心距离		±0.2	用游标卡尺检查
相邻两螺栓孔中心线夹角		±30′	用分度头检查
两铣平面与螺栓孔轴垂直度		0.005r	用分度头检查
球毛坯直径	D≤120	+2.0 −0.1	用卡尺和游标卡尺检查
	D>120	+3.0 −1.5	

2. 焊接空心球

焊接空心球由两个半球焊接而成，通过焊接与杆件相连。焊接空心球的材质一般选用可焊性良好的 Q235 钢或 Q345 钢；当焊接空心球壁厚（钢板的厚度）大于或等于 40mm 时，应采用抗层状撕裂的钢板，与钢板的厚度方向性能级别 Z15、Z25、Z35 相应的含硫量、断面收缩率应符合现行国家标准《厚度方向性能钢板》GB/T 5313—2010 的规定。

(1) 焊接空心球的制作工艺流程

下料→加热→压制成型→切割坡口余量→两半球与加肋组装→焊接→无损探伤→防腐处理→油漆→包装。

(2) 焊接空心球加工工艺

1) 焊接球坯下料一般采用半自动气割（用割圆规割圆）仿形气割、数控火焰气割，为了提高生产效率建议采用火焰数控切割机。

2) 坯料压制前要在反射炉或电阻炉加热，炉内均匀加热至1050℃±50℃用温度卡对比。

3) 半球压制成型，须严格控制模具尺寸和加热温度，压制一般在油压机上进行，使用凸模和凹模，脱模温度不宜低于650℃，在空气中自然冷却。

4) 切割坡口余量可在机床上加工或半自动火焰切割机，考虑生产在机床上加工速度慢，可采用火焰切割机切割。设备由可调节旋转平台固定割枪组成。

5) 两个半球与加肋板组装时，须留焊缝收缩量，保证达到焊接后成品空心球的尺寸和圆度。焊接球组装允许偏差见表5-10。

焊接球组装允许偏差　　表5-10

项目	允许偏差	
	合格品	优质品
球焊缝高度与球外表面平齐	±0.5	−0.5
球直径 $D\leqslant300$	±1.5	±1.0
球直径 $D>300$	±2.5	±1.5
球的圆度 $D\leqslant300$	≤1.5	≤1.0
球的圆度 $D>300$	≤2.5	≤1.5
两个半球对口错边量	≤1.0	≤0.5
球壁厚度减薄量	≤13%且<1.5	≤10%且<1.2

6) 在焊接时，焊接球放在专用旋转台架上采用空心球专用自动焊机进行。球体在旋转台架上匀速转动，焊枪固定不动。

7) 防腐处理：采用抛丸机对每只球进行除锈，所以采用悬挂胎架，将多只悬挂在胎架上，整体除锈。

8) 油漆：喷底漆→中间漆→面漆→检查验收。

9) 包装：合格出厂，要经质检部门检验合格后才可出厂。

3. 杆件加工

(1) 钢管下料

钢管应用机床下料，杆件下料后应检查是否弯曲，如有弯曲应加以校正。焊接球杆件壁厚在5mm以下，可不开坡口，螺栓球杆件必须开坡口。一般由机床加工成坡口。当用角钢杆件时，同样应预留焊接收缩量，下料时可用剪床或割刀。

(2) 杆件焊接

杆件焊接时会对已埋入的高强度螺栓产生损伤，如打火、飞溅等现象，所以在钢杆件拼装和焊接前，应对埋入的高强度螺栓作好保护，防止通电打火起弧，防止飞溅溅入丝扣，故一般在埋入后即加上包裹加以保护。

（3）钢网架杆件成品保护

钢杆件应涂刷防锈漆，高强度螺栓应加以保护，防止锈蚀，同一品种、规格的钢杆件应码放整齐。

5.3 钢结构组装与预拼装

5.3.1 组装

组装也称拼装、装配，是按照施工图的要求，把已加工完成的各零件和半成品构件装配成独立的成品。

1. 组装前的准备工作

（1）技术准备

钢构件组装前应熟悉产品图纸和工艺规程。主要是了解产品的用途结构特点，以便提出装配的支承与夹紧等措施；了解各零件的相互配合关系、使用材料及其特性，以便确定装配方法；了解装配工艺规程和技术要求，以便确定控制程序、控制基准及主要控制数值。

（2）场地选择

组装工作场地应尽量设置在起重机的工作区间内，而且要求场地平整、清洁，人行道通畅。

（3）材料准备

1）理料

组装开始前，首先应该进行理料，即把加工好的零件分门别类，按照零（部）件号、规格堆放在组装工具旁，方便使用，可以极大地提高工效。需要注意的是：有些构件需要进行钢板或型钢的拼接，应在组装前进行。

2）构件检查

理料结束后，必须再次检查各组构件的外形尺寸、孔位、垂直度、平整度、弯曲构件的曲率等，符合要求后将组装焊接处的连接接触面及沿边缘 30～50mm 范围内的铁锈、毛刺、污垢等在组装前清除干净。如果发现零件不合格，应事先解决，直到符合要求为止，不要等装上去以后，发现有问题再解决。有的零件加工的弧形不到位，为了赶进度，强行装配，造成很大的内应力，甚至定位焊崩裂，只有拆除重新加工，反而影响了施工进度。由此可见，仔细检查零件的加工质量是否到位是非常重要的。

3）开坡口

开坡口时，必须按照图纸和工艺文件规定进行，否则焊缝强度将难以得到保证。

4）画安装线

一个构件装在另一个构件上，必须在另一个构件上绘出安装位置线，这关系到钢结构的总体尺寸。同时必须考虑预留焊缝收缩量和加工余量。某厂家忽视了这一点，结果焊接完毕后总长度超差，造成构件报废，损失惨重。

(4) 机具准备

钢构件组装视构件的大小、体型、重量等因素需选择适合的组装胎具或胎膜、组装工具以及固定构件所需的夹具。组装设备要依据产品的大小和构件的复杂程度选择或安置。组装中常用的工、量、卡夹具和各种专用吊具，都必须配齐并组织到场，此外，根据组装需要配置的其他设备，如焊机、气割设备、钳工操作台、风砂轮等，也必须安置在规定的场所。

2. 钢板拼接

拼板时，拼料应按规定先开好坡口后，再进行拼板。拼板时必须注意板边垂直度，以便控制间隙，若检查板边不直，应该修直后再行拼板。

拼板时，通常在板的一端（离端部 30mm 处），当间隙及板缝平度符合要求后进行定位，在另端把一只双头螺栓分别用定位焊定位于两块板上，控制接缝间隙，当发现两板对接处不平时，可参见图 5-34 做法，在低板上焊"铁马"并用铁楔矫正。焊装"铁马"的焊缝应焊在引入"铁楔"的一面，焊缝紧靠"铁马"开口直角边（单面焊），长度约 20mm，不宜焊得太长，否则拆"铁马"很麻烦，甚至会把钢板拉损。拆除"铁马"时，在"铁马"的背面，用锤轻轻一击即可。

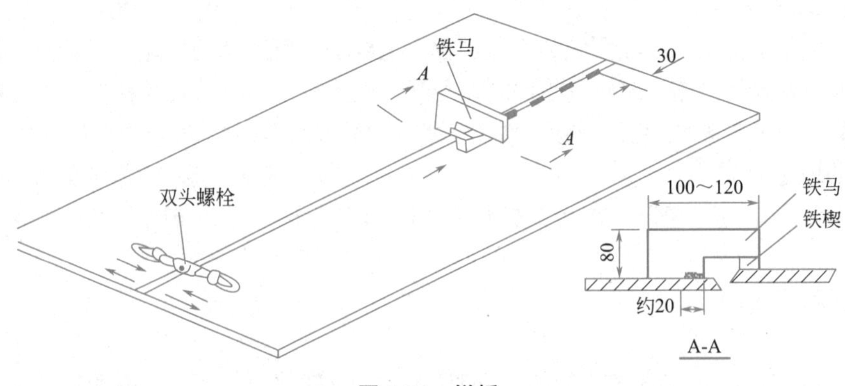

图 5-34 拼板

3. 钢构件组装的方法

(1) 地样法：用 1∶1 的比例在装配平台上放出构件实样，然后根据零件在实样上的位置，分别组装起来成为构件。此装配方法适用于桁架、构架等小批量结构的组装。图 5-35 所示为钢屋架地样装配。先在装配平台上按 1∶1 的实际尺寸画出屋架零件的位置和结合线（地样），然后依照地样将零件组合起来。

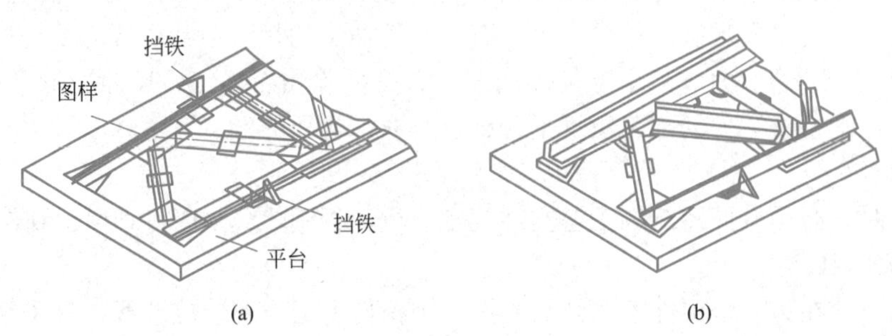

图 5-35 钢屋架地样装配

（2）仿形复制装配法：先用地样法组装成单面（单片）的结构，然后定位点焊牢固，将其翻身，作为复制胎模，在其上面装配另一单面结构，往返两次组装。此种装配方法适用于横断面互为对称的结构。图 5-36 所示为斜 T 形结构的仿形复制定位装配。

（3）立装法：根据构件的特点及其零件的稳定位置，选择自上而下或自下而上的顺序装配。此装配方法适用于放置平稳、高度不大的结构或者大直径的圆筒，见图 5-37。

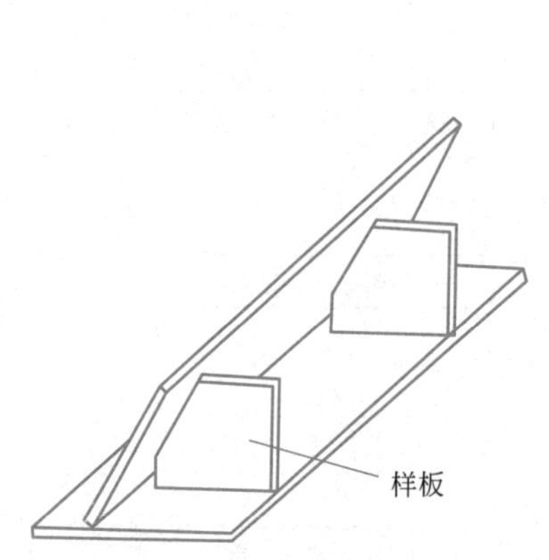

图 5-36　斜 T 形结构的仿形复制定位装配

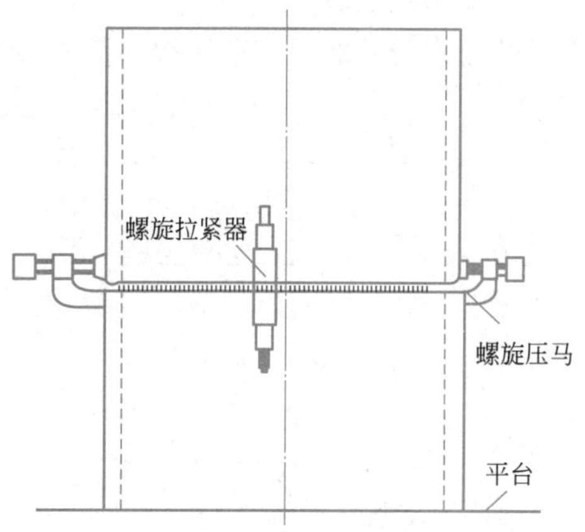

图 5-37　圆筒立装示意图

（4）卧装法：将构件卧放进行的装配。适用于断面不大，但长度较大的细长构件。

（5）胎模装配法：将构件的零件用胎模定位在其装配位置上的组装方法。此种装配方法适用于制造构件批量大、精度高的产品，如图 5-38 所示。

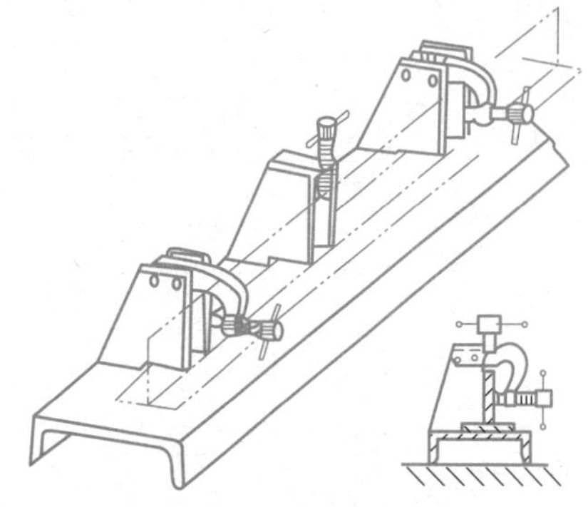

图 5-38　T 形梁胎膜装配示意图

4. 组装要求

（1）必须按工艺要求的次序进行，当有隐蔽焊缝时，必须先予施焊，经检验合格方可覆盖。

（2）组装的零部件应经检查合格，零部件连接接触面和沿焊缝边缘约 30～50mm 范围内的铁锈毛刺、污垢、冰雪、油迹等应清除干净。

（3）布置拼装胎具时，其定位必须考虑预放出焊接收缩量及加工余量。

（4）为减少大件组装焊接的变形，一般应先采取小件组焊，经矫正后，再组装大部件。胎具及组装的正确经过检验方可大批进行组装。

（5）板材、型材的拼接应在组装前进行；构件的组装应在部件组装、焊接、矫正后进行，以便减少构件的残余应力，保证产品的制作质量。

（6）组装时要求磨光顶紧的部位，其顶紧接触面应有 75％以上的面积紧贴。

（7）组装好的构件应立即用油漆在明显部位编号，写明图号、构件号、件数等，以便查找。钢构件组装的允许偏差见《钢结构工程施工质量验收标准》GB 50205—2020 有关规定。

5.3.2　H 形截面钢构件加工制作

H 形钢梁、钢柱是钢结构中最为广泛的组合截面构件，这种构件由两块翼缘板和一块腹板组成，通常采用流水线生产或车间现场焊接制作两种方法来制作。

1. 加工工艺流程图

H 形截面钢构件加工工艺流程如图 5-39 所示。

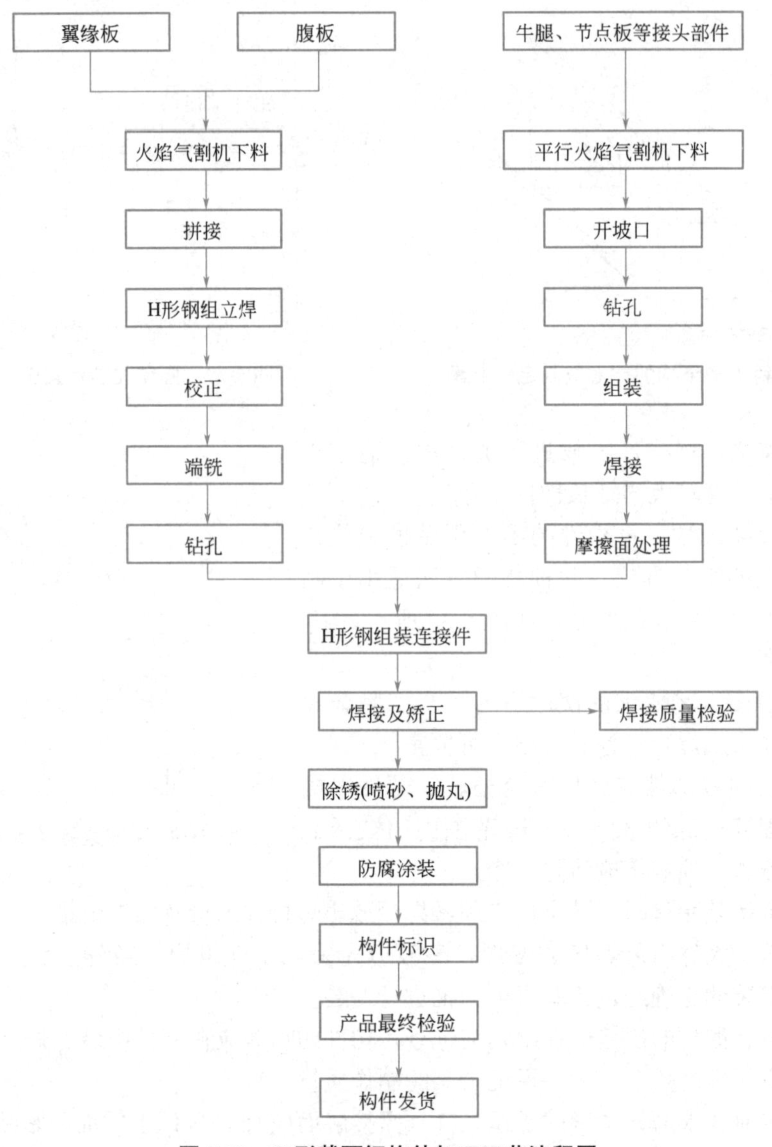

图 5-39　H 形截面钢构件加工工艺流程图

2. H 形钢加工示意

H 形截面钢构件加工如图 5-40 所示。

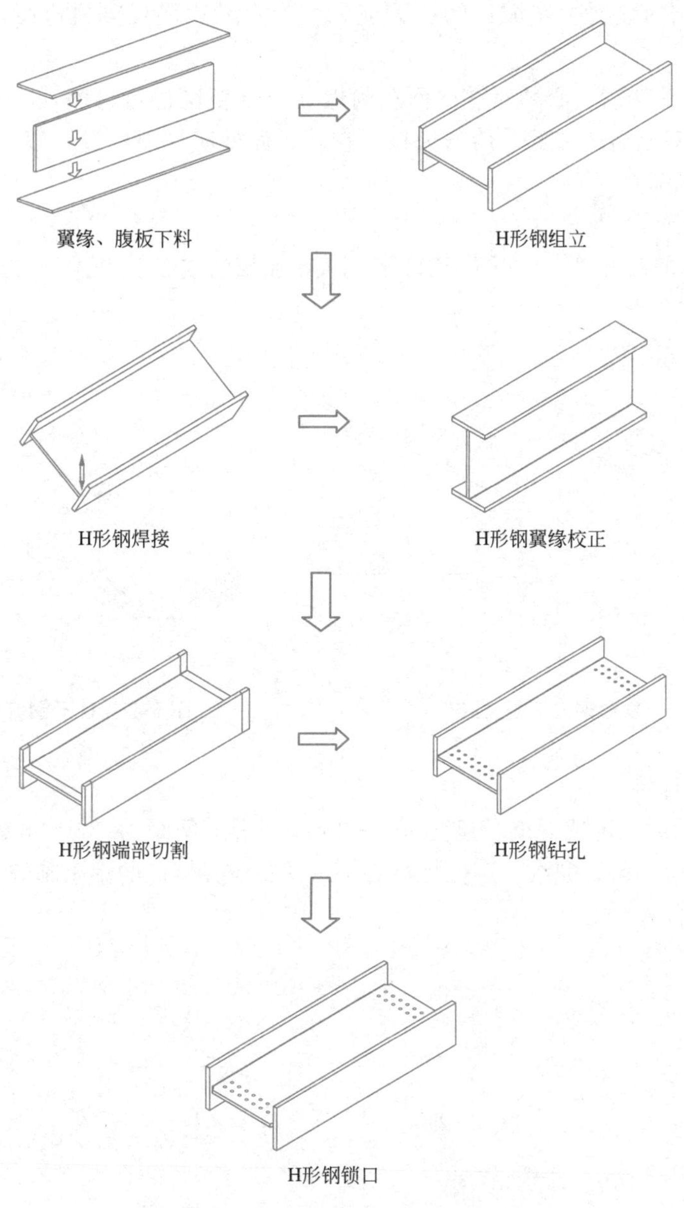

图 5-40　H 形截面钢构件加工示意

3. H 形钢组立、焊接、校正

（1）组立

1）组立前准备工作

① 核对各待组装零部件的零件号，检验零件规格是否符合图纸及切割标准要求。

② 根据 H 形钢的截面尺寸，制作人工胎架或采用 H 形钢流水线。

③ 检查零件的外观切割质量，对零件外观质量不符合要求处进行修补或打磨。

④ 根据 H 形钢的板厚、坡口要求制备引弧板及引出板，引弧板及引出板的坡口形式应与 H 形钢的坡口形式相同，引弧及引出长度应不小于 60mm。

⑤ 对 H 形钢的腹板存在坡口的位置应采用半自动火焰切割机进行，并应符合图纸要求。

⑥ 坡口加工完毕后，必须对坡口面及附近 50mm 范围进行打磨，清除割渣及氧化皮等杂物，同时，对全熔透和部分熔透坡口，在其过渡处应打磨出过渡段，使其平滑衔接，过渡按 1∶2 的比例。

2）拼装胎架

根据 H 形钢的截面尺寸，可采用 H 形钢人工胎架法或流水线进行 H 形钢组立（图 5-41、图 5-42）。

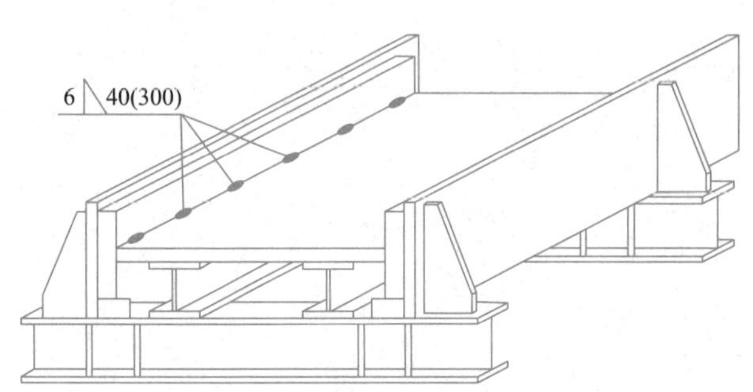

图 5-41　H 形钢人工组立胎架

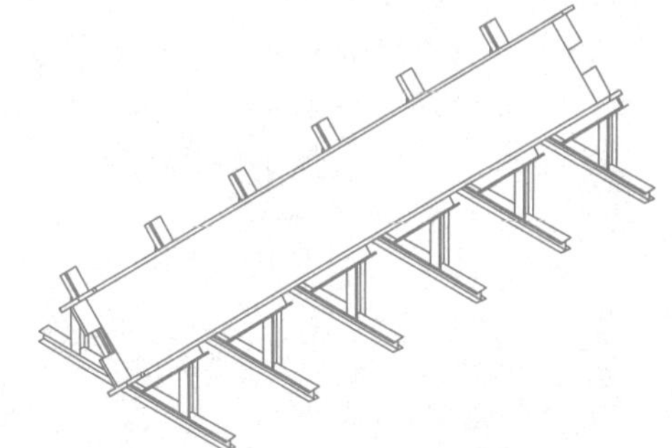

图 5-42　H 形钢流水线组立胎架

（2）H 形钢焊接

1）H 形钢的组立定位焊缝长度为 40～60mm，焊道间距为 300～400mm，并应填满弧坑，定位焊焊缝不得有裂纹。定位焊接必须由持相应合格证的焊工施焊。定位点焊示意图如图 5-43 所示。

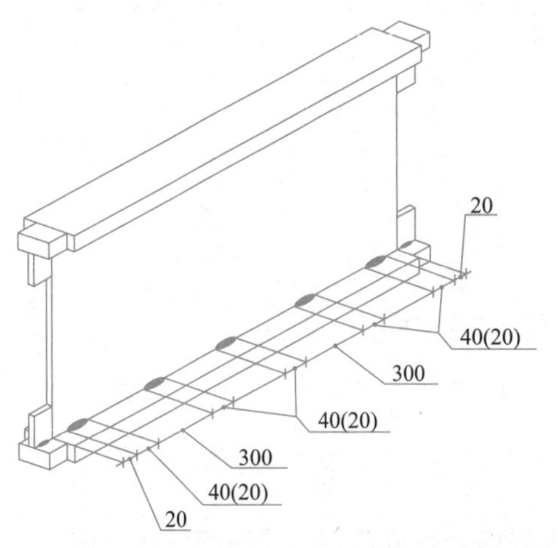

图 5-43　H 形钢组立定位点焊示意图

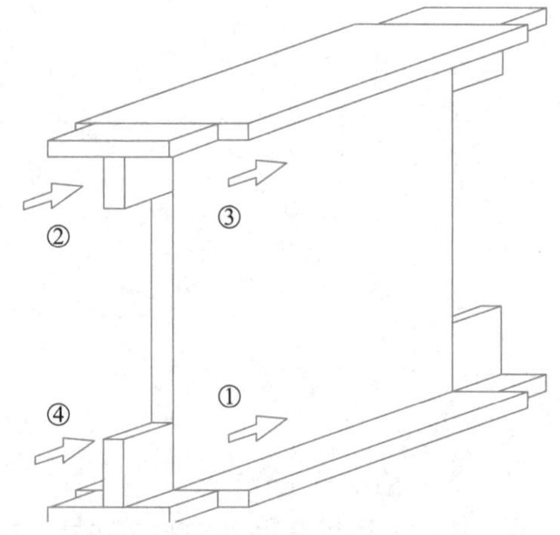

图 5-44　H 形钢组焊焊接顺序

2）焊接

① 直线段主焊缝埋弧焊采用门形埋弧焊机或小车式埋弧焊机来进行焊接。

② 施焊前，焊工应检查焊接部位的组装和表面质量，如不符合要求，应修磨补焊合

格后方能施焊。

③ 焊接作业区环境温度低于 0℃时，应将构件焊接区各方向大于或等于 2 倍钢板厚度且不小于 100mm 围内的母材，加热到 20℃以上后方可施焊，且在焊接过程中均不应低于这一温度。

④ H 形钢埋弧焊焊接顺序

在进行埋弧焊焊接时，其焊接位置为船形焊位置，在进行焊接前，应首先观察 H 形钢的变形程度，通常先焊的焊缝所引起的收缩变形比较大，因此，在正确地判断 H 形钢的变形程度后，先对变形量比较大的角部进行焊接，焊接应遵循的顺序原则如图 5-44 所示。

⑤ 在焊接过程中，当焊缝需进行多道焊接时，应注意加强翻身的次数，避免因一条焊缝直接焊满而造成较大的弯曲变形。

(3) H 形钢校正

对于翼板板厚在 28mm 以下的，可利用 H 形钢流水线的 H 形钢矫正机进行矫正；对于板厚在 28mm 以上的利用箱形梁流水线矫正机进行矫正；局部的焊接变形利用火焰矫正进行；矫正后的表面，不应有明显的凹面或损伤，划痕深度不得大于 0.5mm。

(4) H 形钢零部件装配

H 形钢柱装配前，应首先确认 H 形钢的主体已检测合格，局部的补修及弯扭变形均已符合标准要求。对不合格部件严禁用于组装，必须交原工序修整合格后方可组装。

将钢构件本体放置在装配平台上；长度方向以钢顶面锯切面为装配基准，宽度方向以钢截面中心线为装配基准，根据此原则，对各零件的装配位置进行画线，在 H 形钢构件长度及宽度方向上画出牛腿、节点板、安装耳板定位线，牛腿以牛腿中心线为定位基准，节点板、安装耳板以上端孔中心线为定位基准，如图 5-45 所示。

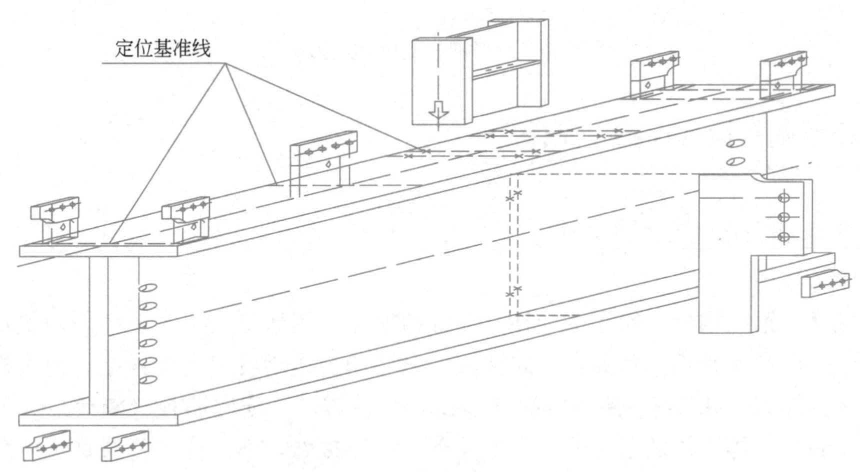

图 5-45　H 形钢柱牛腿、节点板、吊耳装配

由于焊接过程中钢材会进行收缩，因此在进行焊接 H 形钢构件的组立及装配焊接时，应预放焊接收缩量，主要根据构件截面高度、板厚及加劲板的数量等因素而定。

牛腿装配：将安装牛腿柱体表面置于上水平面，按对应定位线安装牛腿，调整牛腿外端孔至柱轴线距离符合图纸要求，调整牛腿的角度符合要求，用拉线、吊线、直角尺、钢尺检查合格后定位焊接牢靠。

节点板、耳板装配：按对应定位线以零件上端孔中心线定位安装节点板、耳板，调整、检查合格后定位焊接牢靠。

加劲板装配：按对应位置安装牛腿翼板对应加劲板，加劲板与牛腿翼板对齐安装，检查合格后定位焊接牢靠。

（5）钢柱的柱顶板及柱底板的装配方法

首先，确立装配的水平平台，将装配用的平台调好水平；然后，在柱顶板或柱底板上画出十字中心线及钢柱的断面形状（推荐）。

在水平胎架上，将顶板或底板与钢柱本体按靠线装配，确保柱顶板或底板对于钢柱本身成直角，并利用线坠确认（图 5-46）。

部件或零件装配定位焊后应进行整体装配尺寸复查，确保无误后进行整体焊接，整体焊接完毕后，对焊接所产生的飞溅等杂物清理干净。

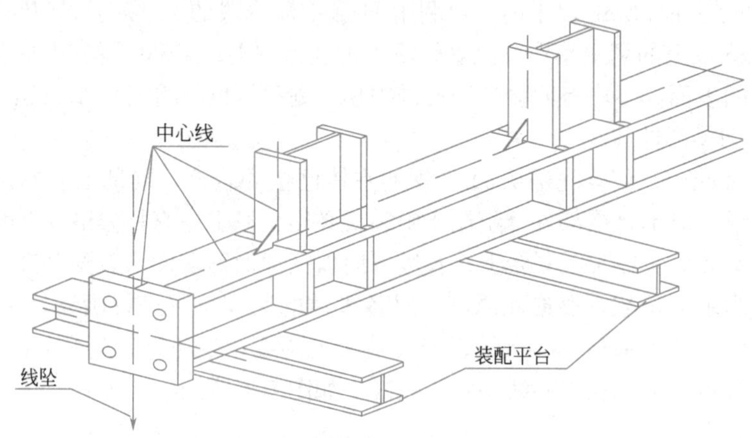

图 5-46　H 形钢柱底板或顶板装配

5.3.3　箱形截面钢构件加工制作

1. 箱形柱简介及制作工艺流程

（1）箱形柱简介

在高层建筑钢结构中，箱形截面柱（简称箱形柱）用量很大。箱形柱由四块钢板焊接而成，柱子一般都比较长，贯穿若干层楼层，每层均与横梁或斜支撑连接。为了提高柱子的刚度和抗扭能力，在柱子内部设置有横向肋板（隔板），横向肋板（隔板）一般设置在柱子与梁、斜支撑等连接的节点处。在上、下节柱连接处，下节柱子顶部要求平整。

（2）箱形柱的制作工艺流程

箱形柱的制作工艺流程及重点检查图见图 5-47。

2. 箱形柱的制作要点

（1）下料

对箱体的四块主板采用多头自动切割机进行下料。对箱体上其他零件的厚度大于 12mm

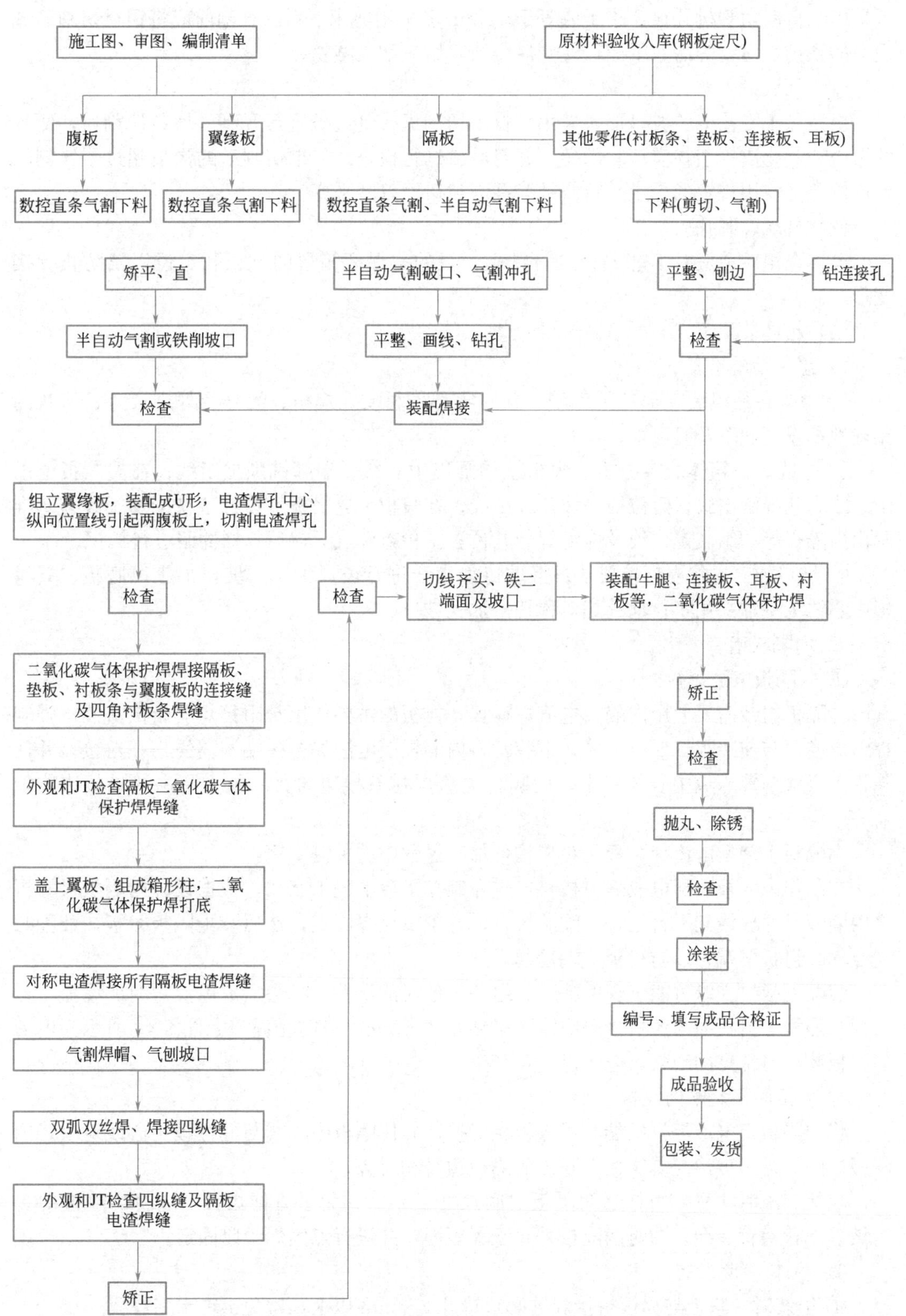

图 5-47　箱形柱制作工艺流程及重点检查图

者采用半自动切割机开料，小于或等于12mm者采用剪床下料。气割前应将钢材切割区域表面的铁锈、污物等清除干净，气割后应清除熔渣和飞溅物。

（2）开坡口

根据加工工艺卡的坡口形式采用半自动切割机或倒边机进行开制。坡口切割后，所有的熔渣和氧化皮等杂物应清除干净，并对坡口进行检查。如果切割后的沟痕超过了气割的允许偏差，应用规定的焊条进行修补，并与坡口面打磨平齐。

（3）铣端、制孔

箱体在组装前应对工艺隔板进行铣端，目的是保证箱形的方正和定位以及防止焊接变形。

（4）箱体装配组立

1）组装前的准备

① 检查各待组装零部件的标记，核对零部件材质、规格、编号及外观尺寸、形状的正确性，发现问题及时反馈。

② 画线。在箱体的翼缘板、腹板上均画出中心线、端部铣削加工线；在翼缘板上以中心线为基准画出腹板定位线、坡口加工线；在腹板、翼缘板上以柱顶铣削加工线为基准画出内隔板等的组装定位线及电渣焊焊孔位置。检查画线无误后打样冲眼进行标识。

③ 坡口加工。按照焊接要求根据坡口加工线进行坡口加工。坡口加工以腹板、翼缘板中心线为基准采用半自动火焰对称切割加工坡口。

2）内隔板组装

① 内隔板电渣焊衬板

内隔板组装需要使用内隔板电渣焊衬板，衬板的主要作用是阻挡焊缝熔液流淌，强制焊缝成型，与连接焊缝形成一体。组装时将内隔板上电渣焊衬条端与翼缘板相对接，并使隔板中心线与翼缘板中心线对中，内隔板电渣焊衬条板边与翼缘板上画出的隔板边线相对齐。

内隔板上装配电渣焊衬板是箱形构件加工过程中的关键工序：

在制作内隔板装配电渣焊衬板时，先在制作平台上放十字线，依据设计内隔板尺寸再将内隔板尺寸放线到平台上，装配胎模具，并予以点焊固定，然后装配隔板衬板，装配时先点固焊衬板两端，以防衬板一端翘起。

装配隔板衬板时可能出现的缺陷和组装箱形时的误差，将会造成电渣焊时的漏渣，衬板面与隔板、衬板面与壁板接触间隙缝必须小于1mm，以防止漏渣。图5-48所示为电渣焊衬板装配时常见的缺陷，应予以避免产生。

② 人工胎架装配内隔板

将内隔板上电渣焊衬条端与翼缘板相对接，并使隔板中心线与翼缘板中心线对中，内隔板电渣焊衬条板边与翼缘板上画出的隔板边线相对齐。

隔板装配时注意，当相临两隔板之间尺寸较小时，为了方便焊接，应将内隔板CO_2焊坡口面背对背装配，同时内隔板垂直于翼板面，并进行点固焊予以固定。

3）箱体U形组立

① 组装时，腹板与翼板拼接焊缝必须错开200mm以上，避免出现十字焊缝。

② 组装时注意保证箱体截面为正方形，组装完成后及时检查箱体截面尺寸。

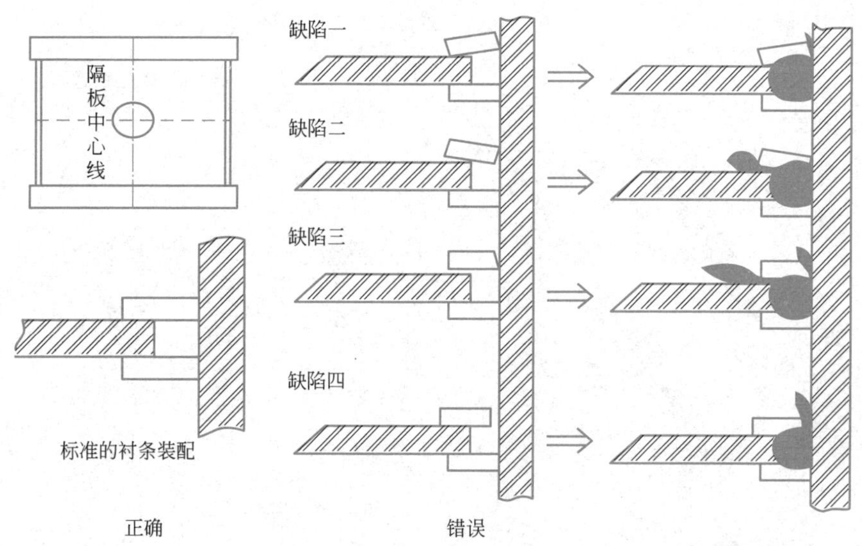

图 5-48　电渣焊衬板装配常见缺陷

③ 点固焊缝长 50mm，间距 150mm，点固焊焊接材料强度与母材相同。

④ 在钢板平台上按照设计尺寸安装胎具，并进行胎膜架固定与焊接、胎膜板的制作。胎膜板厚度 30mm 左右，翼缘靠模板高度为箱形翼缘板宽度的 2/3，腹板靠模板厚度 20mm 左右。

4）隐蔽检查

箱形柱制作完成后应进行内隔板位置检查、内隔板与下翼缘板垂直度检查、内隔板与腹板的全熔透焊缝超声波检测、焊缝外观质量检查、箱体内杂物清除；制作单位专检合格后应形成隐蔽检查记录，并报监理工程师进行验收检查。验收合格后方允许组装上翼缘板。

5）箱体组立

将已组装好的 U 形箱体吊至箱体组立机平台上，组装上翼缘板（组装时应在截面高度方向加放焊接收缩余量）。将上翼缘板与腹板顶紧并检查截面尺寸、腹板与上翼缘板错位偏差、扭曲量等，合格后进行定位焊接。

（5）箱体焊接

箱体焊接主要是箱体四条纵向焊缝的焊接及内隔板与箱体翼缘板之间（电渣焊）焊接。传统的焊接次序是先焊接主焊缝，然后焊接电渣焊焊缝，其不足之处是电渣焊引弧板清理后影响主焊缝的感观质量。为了获得良好的构件外观质量，目前采用较为普遍的工艺是先焊接电渣焊焊缝，清理、打磨电渣焊引弧板后，再焊接主焊缝。

在钢构件的制作中，埋弧自动焊广泛应用于箱体主焊缝的焊接。有时在要求全焊透的接头中为了避免坡口底部因焊漏而破坏焊缝成形，也采用药皮焊条电弧焊或二氧化碳气体保护焊打底，然后用埋弧自动焊填充和盖面的焊法。随着厚板箱形柱的采用越来越多，为了提高生产效率，多丝埋弧焊的方法也越来越普遍。

埋弧焊焊接时采用双面对称，同方向、同焊接参数进行焊接，多层多道焊，当焊缝宽度增加时，应分道焊接，焊剂侧挡板与箱形侧壁贴严，阻挡焊剂侧面的流淌，保证焊接过程的顺利（图 5-49）。

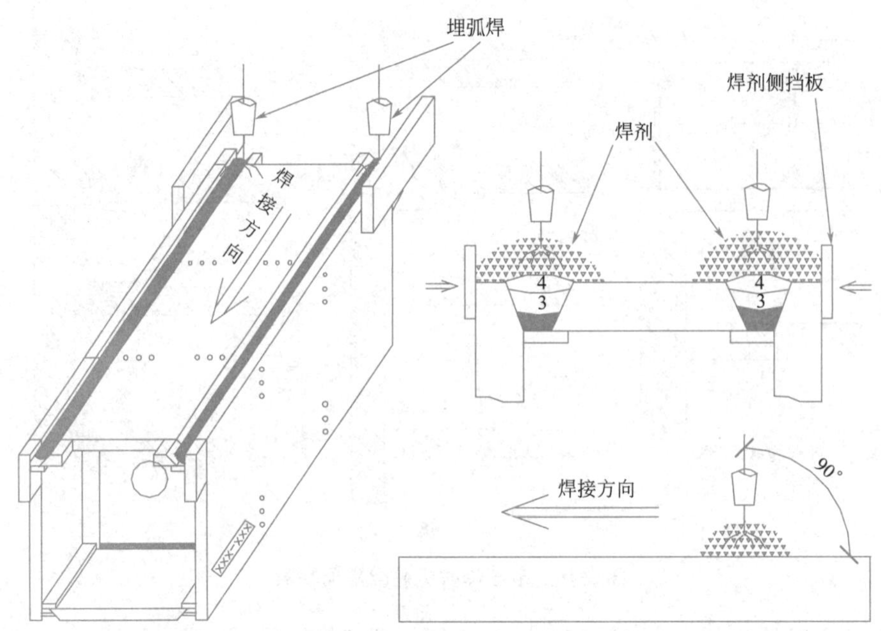

图 5-49 箱体主焊缝焊接方向

有焊后消氢热处理要求时，焊件应在埋弧焊焊接完成后立即加热到 300～350℃。保温时间按每 25mm 板厚不小于 0.5h，且总加热时间不小于 1h 确定，达到保温时间后用岩棉被包裹缓冷，见图 5-50。

图 5-50 焊缝缓冷方式

箱形主焊缝焊接完毕后，还应进行质量检查：焊缝检验包括外观检验和内部检验，而焊缝内部检验应在外观检验合格后进行。同时焊缝应在焊接完成 24h 后，进行超声波探伤，合格后转入下道工序。

(6) 箱形构件耳板及牛腿组立装配

1) 耳板组立

依据加工详图、构件编号，首先在箱形柱上量放中心线和柱安装连接耳板在箱形柱两端头的装配位置线，装配时注意连接耳板在箱形柱上的位置、尺寸、角度，有吊装孔连接耳板安装时必须对称装配在柱顶端，如图 5-51 所示。

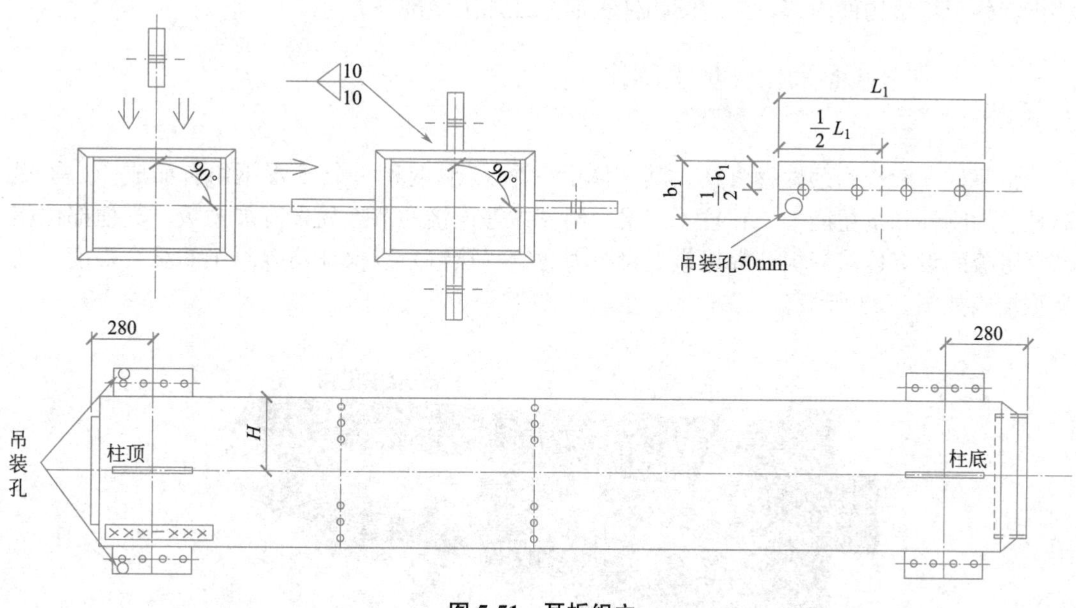

图 5-51　耳板组立

2) 牛腿组立

依据加工详图、构件编号，牛腿中心线对中箱体中心线，牛腿翼缘板对准箱体上的内隔板位置线样冲眼，装配时注意牛腿在箱形柱上的位置、尺寸、角度（图 5-52)。

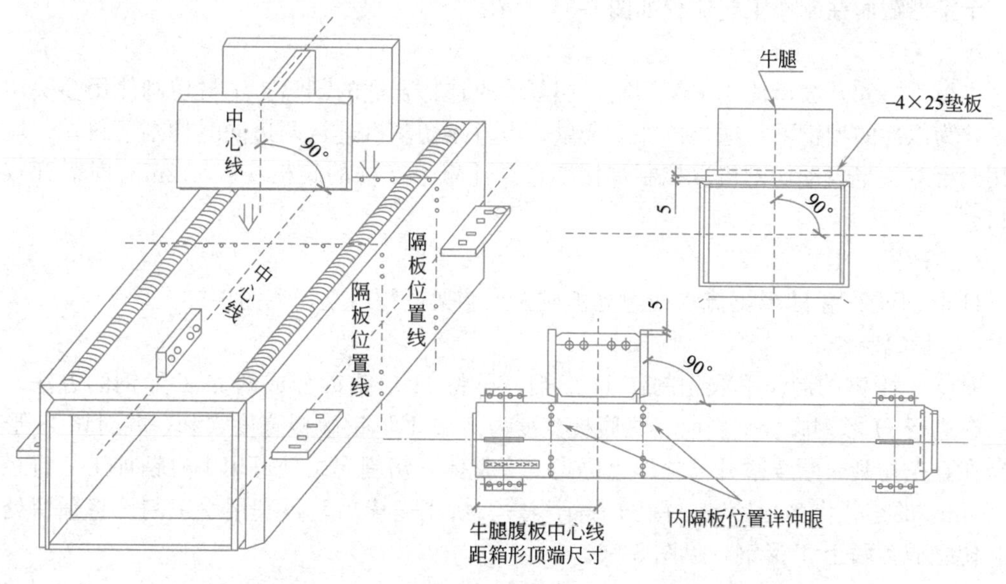

图 5-52　牛腿组立

3）牛腿及耳板焊接

依据设计、加工详图，以及焊接工艺要求进行焊接，牛腿腹板与箱体采用K形坡口熔透焊，牛腿翼缘板与箱体采用单面V形坡口反面加垫板熔透焊，耳板与箱体连接焊缝呈双面角焊缝，并将焊缝两端包角，采用CO_2气体保护焊。

箱形构件牛腿，耳板焊接后进行焊缝外观与内部无损探伤质量检查。同时将构件编号移植转移至箱形构件内部，为后续构件表面抛丸加工做准备。

5.3.4 十字形截面钢构件加工制作

十字柱一般作为劲性钢骨柱，其主体由一个H形钢和两个T形钢组合而成。为了提高柱子的刚性和抗扭能力，在柱子与梁、斜支撑等连接的节点处设有加劲板。其他部位相邻翼缘板间设有连接缀板。翼缘板上设有剪力钉（栓钉）以保证与混凝土的结合强度。其典型结构如图5-53所示。

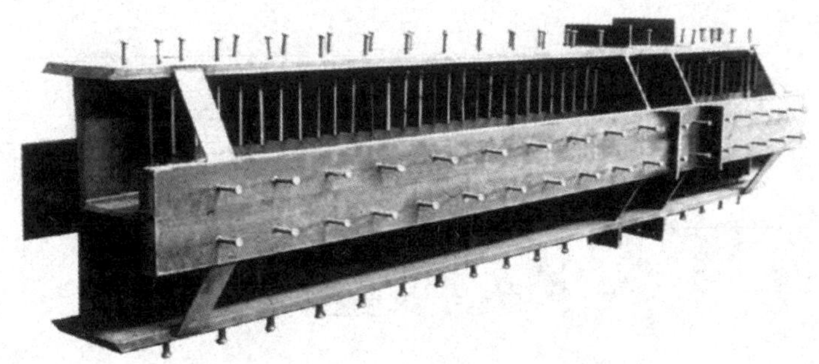

图5-53 十字形截面柱

1. 制作工艺流程

十字形截面柱制作工艺流程如图5-54所示。

2. 下料

主材下料和开坡口使用火焰切割，切割前应选择合适的割嘴。主材切割使用多头切割机，并为以后的型钢下料适当放加工余量，由直条切割机进行两边同时切割下料，开坡时使用两台双头半自动切割机以控制焊接变形。注意十字柱的腹板在$t>12$mm时需开双面坡口。

3. H形钢的组立

H形钢可采用H形钢流水线组立机或人工胎架进行组立，见图5-55。

4. T形钢制作

对于T形钢的制作采取先制作H形钢，再将H形钢拆分成两支T形钢的方法；因此，在进行H形钢腹板下料时，其腹板宽度为两块T形钢腹板宽度之和，并对该H形钢腹板在直条切割时断续割开，外形上仍是一个整体，切割起始处可用手枪钻加工一直径为8～10mm的小孔作为起始端；待H形钢组焊、矫正完毕后，再利用手工割枪将预留处割开，使之成为两个T形钢，见图5-56。

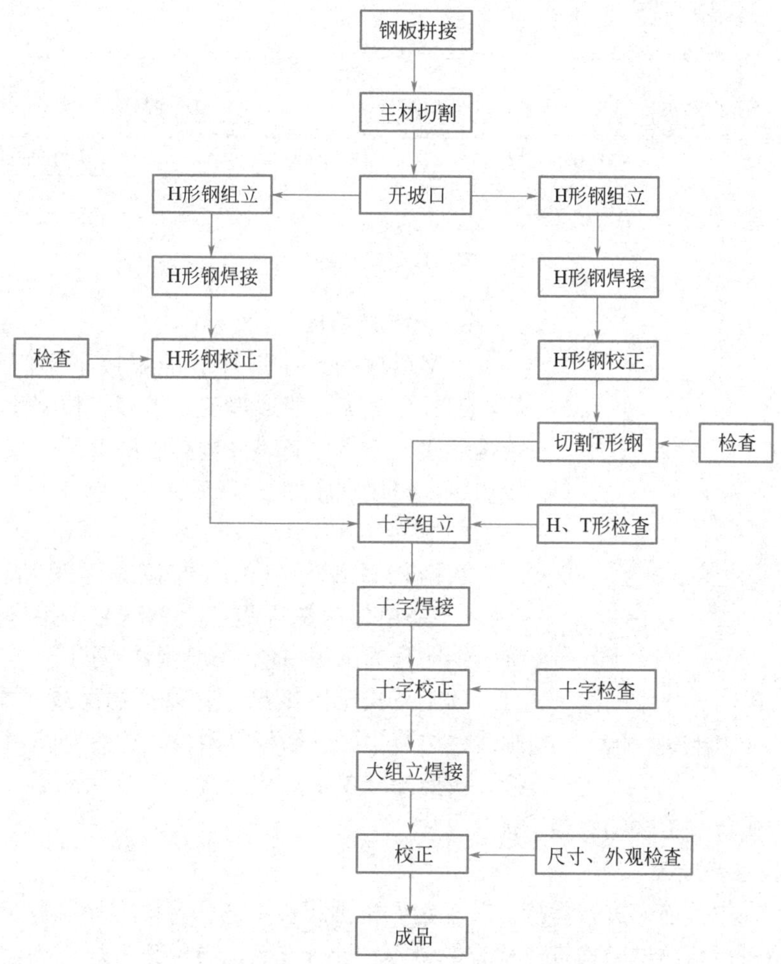

图 5-54　十字形截面柱制作工艺流程

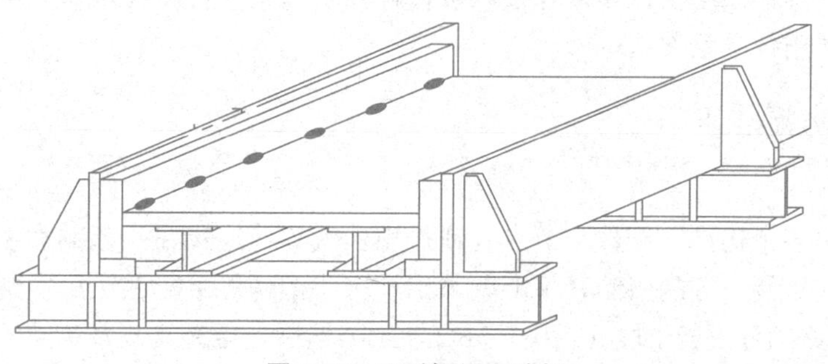

图 5-55　H 形钢组立胎架

5. 十字柱组立

十字柱的组立应在胎架上完成（图 5-55），并辅以千斤顶使部件间顶紧，组立前应先确定装配基准线。在 H 形钢及 T 形钢（已组立成 H 形）组焊完毕并校正合格后，在其端头腹板上确立装配基准线，并用记号笔标记，打样冲眼。将部件就位顶紧后，进行定位焊。

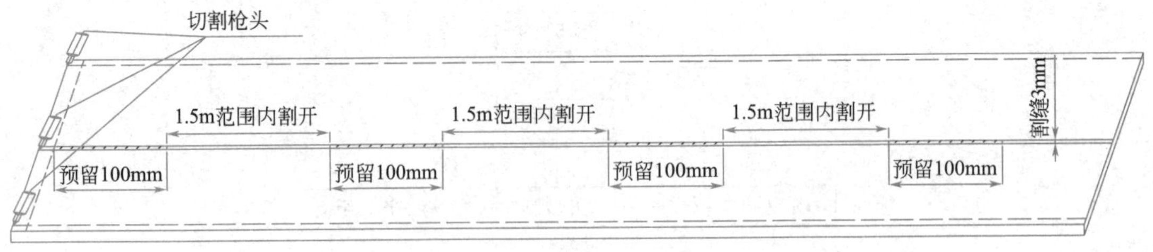

图 5-56 H 形钢切缝处理

6. 十字柱焊接

十字形柱的十字形焊缝的焊接采用门形埋弧自动焊，加长导电嘴，船形焊位置焊接。根据十字柱焊缝的结构形式，为了控制焊接过程中的变形，要严格遵守焊接顺序，焊接顺序如图 5-57 所示。

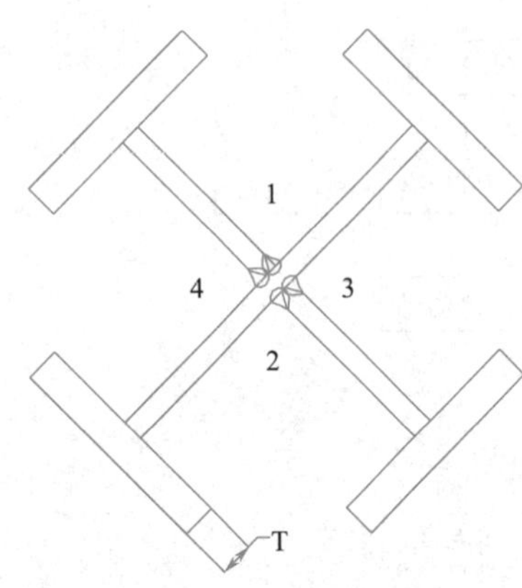

图 5-57 十字柱焊接顺序

7. 拼装工序

根据构件编号，和图纸核对无误后，在距端头 500mm 处相邻两翼缘板打上钢印号，钢印应清晰、明确。钢印号周围用白色油漆笔画线圈住。

加工总长至图纸尺寸，以顶端面或底端面为基准，画线、组装牛腿、筋板等附件，检查合格后方能允许焊接。按照图纸要求完成焊接。焊接完成后，将焊渣、飞溅、气孔、焊瘤等焊接缺陷去除干净。

8. 十字柱栓钉焊接

(1) 栓钉在焊接前应进行焊接工艺评定，根据焊接工艺评定确定栓钉焊工艺，根据规范，栓钉焊后进行弯曲试验检查，检查数量不应小于 1%；当用锤击焊钉头，使其弯曲偏离原轴线 30°时，焊缝和热影响区不得有肉眼可见的裂纹。

(2) 栓钉的焊接采用栓钉焊机焊接，按设计要求选用栓钉直径规格。具体要求和工艺详见《栓钉焊通用技术条件》。

5.3.5 钢结构预拼装

钢结构是由多个构件（杆件和节点）通过螺栓或焊缝连接在一起的大型构件，由于受到运输条件、起重能力等的限制，不能整体出厂（小型构件可以在工厂内加工完后直接运到施工现场），必须分成若干段（或块）进行加工，然后运至施工现场后进行拼装。为保证施工现场顺利拼装，应在出厂前对各分段（或分块）进行预拼装。另外，还应根据构件或结构的复杂程度、设计要求或合同协议规定，对构件或结构在工厂内进行整体或部分预拼装。

预拼装时构件或结构应处于自由状态，不得强行固定。预拼装完成后进行拆卸时，不得损坏构件或结构，对点焊的位置应进行打磨，保证各个接口光滑整洁。

1. 预拼装的种类

根据构件、结构的类型和要求不同，预拼装可分为构件预拼装、桁架预拼装、部分结构预拼装和整体结构预拼装。

(1) 构件预拼装。构件预拼装是指由若干分段（或分块）拼装成整体构件。

(2) 桁架预拼装。桁架预拼装又可分为分段桁架对接预拼装和散件预拼装。当分段桁架组装完成并满足运输要求时，分段桁架在工厂焊接成形后进行对接预拼装，称为分段桁架对接预拼装；当分段桁架焊接成形后的尺寸超过运输条件时，一般将散件（杆件和节点）在工厂加工完后进行预拼装，然后把散件直接运到施工现场，称为散件预拼装。

(3) 部分结构预拼装。当结构很复杂、体量很大或受到预拼装场地及条件的限制无法进行整体结构预拼装时，可采用部分结构预拼装。进行部分结构预拼装时可选取标准结构单元或相邻结构单元进行预拼装。当采用标准结构单元预拼装时，可只选取其中一个或几个单元进行预拼装；当采用相邻结构单元预拼装时，应考虑与上下左右、前后单元都进行预拼装。

(4) 整体结构预拼装。整体结构预拼装是指整体结构完整地在工厂内进行预拼装，这种方法只适用于小规模、特别复杂、特别重要的结构，一般较少采用。

2. 预拼装的要求

(1) 材料要求

1) 进行预拼装的钢构件，应是经过质量部门检查，质量符合设计要求和《钢结构工程施工质量验收标准》GB 50205—2020 规定的构件。

2) 焊条、拼装用普通螺栓和螺母的规格、型号应符合设计要求，有质量证明书并符合国家有关标准规定。

3) 其他材料：支承凳或平台、各种规格的垫铁等备用。

(2) 施工准备

1) 主要施工机具

汽车式起重机、电焊机、焊钳、焊把线、扳手、撬棍、铣刀或锉刀、手持电砂轮、记号笔、水准仪、钢尺、拉线、吊线、焊缝量规等。

2) 作业条件

① 按构件明细表核对预拼装单元各构件的规程型号、尺寸、编号等是否符合图纸要求。

② 预拼装所用的支承凳或平台应测量找平，检查时应拆除全部临时固定和拉紧装置。在厂内用钢板等搭建预拼装场地，并对场地进行水平校正，使所有基准点在同一平面上。

(3) 操作工艺

1) 工艺流程

施工准备→测量放线→构件拼装→拼装检查→编号和标记拆除。

2) 注意事项

① 为保证安装的顺利进行，应根据构件或结构的复杂程度、设计要求或合同协议规定，在构件出厂前进行预拼装。

② 由于受运输条件、现场安装条件等因素的限制，大型钢结构构件不能整体出厂，必须分成两段或若干段出厂时，也要进行预拼装。

③ 预拼装一般分为立体预拼装（图 5-58）和平面预拼装（图 5-59）两种形式。

④ 在操作平台上放出预拼装单元的轴线、中心线、标高控制线和各构件的位置线，并复验其相互关系和尺寸等是否符合图纸要求。

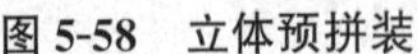

图 5-58　立体预拼装

图 5-59　平面预拼装

⑤ 在操作平台上点焊临时支撑、垫铁、定位器等。

⑥ 按轴线、中心线、标高控制线依次将各构件吊装就位，然后用拼装螺栓将整个拼装单元拼装成整体，其连接部位的所有连接板均应装上。

⑦ 拼装过程中若发现尺寸有误、栓孔错位等情况，应及时查清原因，认真处理。预拼装中错孔在 3mm 以内时，一般都用铰刀铣孔，孔径扩大不得超过原孔径的 1.2 倍。

⑧ 预拼装后，经检验合格，应在构件上标注上下定位中心线、标高基准线、交线中心点等。同时在构件上编注顺序号，做出必要的标记。必要时焊上临时支撑和定位器等，以便按预拼装的结果进行安装。

⑨ 按照与拼装相反的顺序依次拆除各构件。

⑩ 在预拼装下一单元前，应对平台或支承凳重新进行检查，并对轴线、中心线、标高控制线进行复验，以便进行下一单元的预拼装。

（4）质量控制

1）预拼装所用的支承凳或平台应测量找平，检查时拆除全部临时固定和拉紧装置。

2）预拼时严格按轴线、中心线、标高控制线和工艺图进行，对号入座。

3）安装过程中严禁对各构件进行敲砸，损坏构件或使构件产生变形，只能用撬棍使其预拼装就位。

4）为保证拼装时的穿孔率，零件钻孔时可将孔径缩小一级（3mm），在拼装定位后进行扩孔，扩到设计孔径尺寸。对于精制螺栓的安装孔，在扩孔时应留 0.1mm 左右的加工余量，以便进行铰孔。

5）验收标准

高强和普通螺栓连接的多层板叠，应采用试孔器进行检查，并符合下列规定：

① 当采用比孔径直径小 0.1mm 的试孔器检查时，每组孔的通过率不应小于 85%。

② 当采用比螺栓公称直径大 0.3mm 的试孔器检查时，通过率应为 100%。

检查数量：按预拼装单元全数检查。

检查方法：采用试孔器检查。

（5）成品保护

1）经处理的摩擦面应采取防油污和损伤保护措施。

2）已涂装防腐漆的零部件、半成品和组装件，要防止磕碰，如有磕碰，再用防腐漆补上。

3）预拼装检查合格后，拆除构件，堆放整齐，准备装运。

5.4 钢结构变形矫正

钢材在存放、运输、吊运和加工成型过程中会变形，必须对不符合技术标准的钢材、构件进行矫正。钢结构的矫正是通过外力或加热作用迫使钢材反变形，使钢材或构件达到技术标准要求的平直或几何形状。

5.4.1　钢结构常见变形

1. 原材料的变形

钢厂轧制的钢材，一般说都是平整、顺直的，变形不大。但对于重钢结构，在轧制后还需要进行一次矫正，用滚板机将钢板滚平，切成一定规格的定尺料，用型钢矫正机将型钢矫直。但也有少数钢材由于受到不平衡的热过程或是无法再进行矫正而出现一定程度的变形。

2. 冷加工变形

（1）剪切引起的变形

剪切钢板最常用的剪切机为龙门剪床。剪切时，由于受外力作用，被剪切下来的钢板一般发生综合变形，它可分解为三种变形，即向下弯曲、侧向弯曲和扭曲。剪切引起的变形与被切钢板的宽度和厚度有关，宽板、薄板变形小，窄板、厚板变形大。

（2）边缘加工引起的变形

钢板边缘用刨床、铣床进行刨削加工后，会产生在板料平面内的不同程度的弯曲，较窄板条更为明显。这种变形的产生主要跟机床、工件、操作者等因素有关。

3. 组装引起的变形

钢构件由于组装而引起的变形有以下三种常见情况：

（1）组装畸变变形

这种变形比较多见，如工字形、T 形、箱形构件等的腹板和翼缘（盖板）组装不垂直，柱子的竖杆和底板组装不垂直，桁架的竖杆和弦杆组装不垂直等。

（2）组装弯曲和扭曲

变形大多是因组装场地不平或支撑位置不当而引起的。

（3）不正确的组装造成的变形

用不合格的零件、部件组装构件时造成的变形。

4. 不均匀受热引起的变形

钢材采用焊接、气割和等离子切割时，由于局部受到不均匀的加热，因而产生残余应力并使钢材产生变形。尤其是切割窄而长的钢材，引起的弯曲变形最明显。采用剪切或冲裁钢板时，板材边缘受到剪切力的作用，也会引起板材边缘产生塑性变形。

5. 运输和使用过程中引起的变形

钢结构在吊运、装卸、安装过程中发生变形的情况是经常遇到的，发生变形的原因主要有以下几方面：

（1）吊点设置不当；

（2）吊运过程中的碰撞；

（3）构件堆放不当；

（4）强迫安装。

5.4.2 钢结构变形矫正

钢结构件都是将多种零件通过焊接、铆接或用螺栓连接等方式连成一体的，相互联系而又相互制约的一个有机的整体。因此，对产生变形的钢结构件进行矫正前，必须首先了解变形产生的原因，分析钢结构件的内在联系，找出矛盾的主次关系，确定了正确的矫正部位和相应的矫正手段，才可着手进行矫正工作。

1. 矫正原理

矫正原理就是利用金属的塑性，通过外力或局部加热的作用，迫使铆焊结构件上钢材变形的紧缩区域内较短的“纤维”伸长，或使疏松区域内较长的“纤维”缩短，最后使钢材各层“纤维”的长度趋近相等而平直，其实质就是通过对钢材变形的反变形来达到矫正铆焊结构件的目的。

2. 矫正方法

矫正的方法有火焰矫正、机械矫正和手工矫正。

（1）火焰矫正（图 5-60）

利用火焰对钢材进行局部加热，被加热处理的金属由于膨胀受阻而产生压缩塑性变形，使较长的金属纤维冷却后缩短而完成。

影响矫正效果的因素：火焰加热位置、加热的温度、加热的形式。

确定准确的加热位置、选择好加热温度和加热形式是提高火焰矫正效果的关键。

1）火焰加热位置

确定准确的加热位置是提高矫正效果的关键，加热位置确定得不合适，不但不会矫正原有的变形，反而会增加新的变形。加热位置的选择应根据具体的钢结构变形种类和截面形状来确定，如 H 形钢产生上挠，选择加热位置一般与原变形位置相反。矫正也要遵循杠杆定律，火焰离中性轴越远，矫正力越大。因此确定加热点时首先要看焊件变形大小，变形大时，加热点应选择离中性轴稍远的地方，变形小的应选择在离中性轴稍近的点，切不可矫枉过正。

2）加热的温度

矫正中应控制好加热温度，温度过高会使金属材料的晶粒变得粗大，导致钢结构的力学性能降低，过低则矫正效果差。所以，应根据钢结构的材质、厚度、截面形状等控制好加热温度。常见的结构钢的加热温度一般控制在 600～800℃之间。现场测温一般是用眼睛观察加热部位的颜色，大致判断加热部位的温度。

3）加热的形式

火焰加热形式主要有点状加热、线状加热和三角形加热。

点状加热就是在加热时，加热位置呈点状分布。

线状加热是指加热时火焰呈直线方向移动，或沿移动方向稍作横向摆动，连续加热金属表面，形成一条宽度不大的线。

三角形加热是指加热时加热区域形状呈等腰三角形。加热面的高度与底边宽度一般控制在型材高度的 1/5～2/3 范围内。

图 5-60 火焰矫正

图 5-61 压力机矫正

（2）机械矫正

机械矫正是通过专用矫正机使弯曲的钢材在外力作用下产生过量的塑性变形，以达到平直的目的。

拉伸机矫正：用于薄板扭曲、型钢扭曲、钢管、带钢线材等的矫正。

压力机矫正（图 5-61）：用于板材、钢管和型钢的矫正。

多辊矫正机：用于型材、板材等的矫正。

（3）手工矫正

采用锤击的方法进行，操作简单灵活。由于矫正力小、劳动强度大、效率低，因而用于矫正尺寸较小的钢材或在矫正设备不便于使用时采用。

碳素结构钢在环境温度低于－16℃、低合金结构钢在环境温度低于－12℃时，不应进行冷矫正和冷弯曲。碳素结构钢和低合金结构在加热矫正时，加热温度不应超过 900℃。低合金结构钢在加热矫正后应自然冷却。

对冷矫正和冷弯曲的最低环境进行限制，是为了保证钢材在低温情况下受到外力时不致产出冷脆断裂。在低温下钢材受外力而脆断要比冲孔和剪切加工时而断裂更敏感，故环境温度限制较严。

3. 钢结构构件变形进行矫正的要领

（1）要分析构件变形的原因，弄清构件变形究竟是受外力引起的还是由内应力引起的。

（2）分析构件的内在联系，搞清各个零部件相互间的制约关系。

（3）选择正确的矫正部位，先解决主要矛盾，然后再解决次要矛盾。

（4）要掌握构件所用钢材的性质，以防止矫正时造成工件折断、产生裂纹或回弹等。

（5）按照实际情况来确定矫正的方法及多种方法并用时的先后顺序。

5.4.3 防止和减少变形的措施

变形在任何情况下都是不可避免的，根据构件的变形规律及变形原理，采取相应的对策，来减少变形。

1. 设计方面

（1）选择合理的结构形式

选择的结构形式要尽量使构件稳定，例如箱形构件就比槽形的稳定；薄壁箱形构件的内隔板布置要合理，特别是两端的内隔板要尽量向端部布置；构件的悬出部分不宜过长；构件放置或吊起的支承部位应具有足够的刚度等。

（2）设计合理的焊缝

焊缝尺寸过大，不但增加焊接工作量，而且也增加焊接变形。因此，在保证结构的承载能力条件下，应该尽量采用较小的焊脚尺寸。

2. 制造和使用过程中控制变形的措施

零件加工时要预留足够而合理的焊接和热矫正收缩量以及加工余量，此外还要保证精度。控制构件形状尺寸的零件加工时要严格控制，不得超差。

3. 组装过程中的变形控制措施

组装质量对变形的影响很大。在组装工序中如能采取适当措施，对防止和控制变形会起很重要的作用。

4. 运装过程中的变形控制措施

（1）吊点的位置要正确；

（2）在吊运构件时，要严格执行吊运操作规则；

（3）构件放置时要注意有足够的支撑点，支撑位置要恰当；

（4）在使用期间，对自然和人为的作用可能造成的灾害要采取预防性措施。

5. 工艺措施

（1）反变形法

这是生产中常用的预防变形的方法，在装配前估算出焊接变形的大小和方向，在装配时给予构件一个相反方向的变形，使其与焊接变形相抵消。

（2）刚性固定法

此方法是在没有使用反变形的情况下，将构件加以固定来限制焊接变形。用这种方法来预防构件的挠曲变形，其效果远不及反变形法。但是利用这种方法来防止角变形和波浪变形，其效果还是比较好的。

5.5 钢结构表面处理与防腐涂装

钢结构具有强度高、韧性好、制作方便、施工速度快、建设周期短等许多优点，但也存在明显的缺点，即耐腐蚀耐火性能差。钢结构的腐蚀不仅会造成自身的经济损失，还会直接影响结构的安全，损失的价值要比钢结构本身大得多。钢材虽不是燃烧体，它却易导热，怕火烧，普通建筑钢材的热导率是 67.63W/（m·K）。随着温度的升高，钢材的机械力学性能，诸如屈服点、抗压强度、弹性模量以及承载力等都迅速下降，温度达到600℃时，强度几乎等于零。因此，在火灾作用下，钢结构不可避免地发生扭曲变形，最终导致结构坍塌毁坏。由此可见，做好钢结构的防腐工作具有重要的经济和社会意义。

为了减轻或防止钢结构的腐蚀，目前国内外多数采用涂装方法进行防护。

涂装防护是利用涂料的涂层使被涂物与环境隔离，从而达到防腐的目的，延长被涂构件的使用寿命。涂层的质量是影响涂装防护效果的关键因素，而涂层的质量除了与涂料的质量有关外，还与涂装之前钢构件表面的除锈质量、漆膜厚度、涂装的工艺条件及其他因素有关。

5.5.1 钢结构表面腐蚀

1. 钢材的锈蚀等级

钢材的锈蚀程度对钢结构的涂装质量以及结构的安全性有重要影响，钢结构涂装前应该根据锈蚀程度按照国家标准《涂覆涂料前钢材表面处理 表面清洁度的目视评定 第 1 部分：未涂覆过的钢材表面和全面清除原有涂层后的钢材表面的锈蚀等级和处理等级》GB/T 8923.1—2011 的规定判断锈蚀等级，钢材表面分成 A、B、C、D 四个锈蚀等级。不同的锈蚀等级对钢材的表面处理及涂装要求均不同，D 级锈蚀的钢材不得作为主要受力构件。

A 级锈蚀：全面覆盖着氧化皮，而几乎没有铁锈的钢材表面；

B 级锈蚀：已发生锈蚀，并且有部分氧化皮剥落的钢材表面；

C 级锈蚀：氧化皮因锈蚀而剥落，或者可以刮除，并有少量点蚀的钢材表面；

D 级锈蚀：氧化皮因锈蚀而全面剥落，并且普遍发生点蚀的钢材表面。

2. 钢结构腐蚀的防护方法

钢结构在各种大气环境条件下使用产生腐蚀，是一种自然现象。为了防止或减少钢结构的腐蚀，并延长其使用寿命而采取的各种措施，叫作防护方法。从金属腐蚀的原理知道，金属的腐蚀，是当金属在大气中与腐蚀介质接触时形成了腐蚀原电池所造成的。如果能消除产生腐蚀原电池的条件，便可防止腐蚀。显然，要消除金属表面的电化学不均匀性是非常困难的，但如果使用绝缘性的保护层把金属与腐蚀介质隔离开来，腐蚀原电池便不能产生，从而达到防腐蚀的目的。

采用防护层的方法防止金属腐蚀是目前应用得最多的方法。常用的保护层有以下几种：

（1）金属保护层

金属保护层是用具有阴极或阳极保护作用的金属或合金，通过电镀、喷锌、化学镀、热镀和渗镀等方法，在需要防护的金属表面上形成金属保护层（膜）来隔离金属与腐蚀介质的接触，或利用电化学的保护作用使金属得到保护，从而防止了腐蚀。如镀锌钢材，锌在腐蚀介质中因它的电位较低，可以作为腐蚀的阳极而牺牲，而铁则作为阴极而得到了保护。金属镀层多用在轻工、仪表等制造行业上，钢管和薄铁板也常用镀锌的方法。

（2）化学保护层

化学保护层是用化学或电化学方法，使金属表面上生成一种具有耐腐蚀性能的化合物薄膜，以隔离腐蚀介质与金属接触，来防止对金属的腐蚀。如钢铁的氧化（或叫发蓝）、铝的电化学氧化，以及钢铁的磷化或钝化等。

（3）非金属保护层

非金属保护层是用涂料、塑料和搪瓷等材料，通过涂刷和喷涂等方法，在金属表面形成保护膜，使金属与腐蚀介质隔离，从而防止金属的腐蚀。如钢结构、设备、桥梁、交通工具和管道等的涂装，都是利用涂层来防止腐蚀的。目前国内外基本采用涂装非金属保护层的方法进行防护。

5.5.2 钢结构表面处理

1. 钢结构表面处理的一般规定

钢结构使用的热轧钢材，在轧制过程中或经热处理后，其表面会产生一层均匀的氧化铁皮；钢材在储运过程中，会由于大气的腐蚀而生锈；钢材在加工过程中，钢材表面往往产生焊渣、毛刺油污等污染物。这些氧化铁皮、铁锈和污染物若不认真清除，则会影响涂料的附着力和涂层的使用寿命。实践证明，涂装前钢材表面除锈、除污的质量会严重影响工程的质量，其影响程度约占诸因素的50%。

钢材及钢构件的表面处理应严格按照设计规定的除锈方法进行，并达到规定的除锈等级。加工好的构件，应经验收合格后才能进行表面处理。钢材表面的毛刺、电焊药皮、焊瘤、飞溅物、灰尘、油污、酸、碱盐等污染物均应清除干净。对于钢材表面的保养漆可根据具体情况进行处理，若涂层完好，则可用砂布、钢丝绒打毛，经清理后可直接涂底漆。但若涂层不完好，则会影响下一道漆的附着力，因此必须全部清除掉。

2. 油污与旧涂层的清除

（1）油污的清除

钢材在加工制作、运输和储存过程中形成的污染物，如油脂、灰尘和化学药品等，直接影响涂层的附着力、均匀性、致密性和光泽度。因此，在钢材表面除锈前要先清除此类污染物。除油的方法根据构件的大小、材质和油污的种类等因素确定。常用的有有机溶剂除油法、化学除油法和电化学除油法。

1）有机溶剂除油法。用一些溶解力较强的溶剂把构件表面的油污清除掉的方法称为有机溶剂除油法。所用溶剂应溶解能力强、挥发性能好、毒性小、不易着火、对构件无腐蚀性、价格低廉等。通常使用的溶剂有200号工业汽油、松节油、甲苯、二甲苯、二氯化烷等。清洗的方法有浸洗法、擦洗法和蒸汽法。

2）化学除油法。化学除油法通常是指碱液除油法，碱液一般用 $NaOH$、Na_3PO_4、Na_2CO_3、Na_2SiO_3 等的溶液，采用槽内浸渍、喷射清洗、刷洗等方法除油。

3）电化学除油法。电化学除油法是指将电化学除油构件置于除油液的阴极或阳极上进行短时通电，利用电解作用使油脂脱离构件，达到除油目的的方法。所用除油液是碱液，其配方与碱液除油法相同。

(2) 旧涂层的清除

旧涂层通常指的是涂在构件表面的旧漆。

1) 机械方法除旧漆。凡是除锈用的机械或工具都可用于除旧漆，如喷砂、喷丸设备。风动或电动除漆器等都是良好的除漆工器具。另外，用砂布、钢丝刷、铲刀等手动工具也可以除旧漆。

2) 化学方法除旧漆。将碱液与旧滚面接触，发生作用后涂层会松软膨胀，可达到除旧漆的目的。

3. 除锈

钢结构除锈方法一般有手工和动力工具除锈、喷射或抛射除锈、酸洗除锈、火焰除锈等。

(1) 手工除锈

手工除锈工具简单，施工方便，但生产效率低，劳动强度大，除锈质量差，影响周围环境。该法只有在其他方法不宜使用时才采用。常用的工具有尖头锤、铲刀或刮刀、砂布或砂纸、钢丝刷或钢丝束，如图 5-62 所示。

图 5-62　手工除锈用工具

图 5-63　动力工具除锈

(2) 动力工具除锈

动力工具除锈是指利用压缩空气或电能为动力，使除锈工具进行圆周式或往复式运动，产生摩擦或冲击来清除铁锈或氧化铁皮等。动力工具除锈比手工除锈效率高、质量好，但比喷射或抛射除锈效率低、质量差。其常用工具有气动端型平面砂磨机、气动角向平面砂磨机、电动角向平面砂磨机、直柄砂轮机、风动钢丝刷、风动打锈锤、风动齿形旋转式除锈器、风动气铲等，如图 5-63 所示。

(3) 喷射或抛射除锈

1) 一般规定

钢材表面进行除锈时，必须使用去除油污和水分的压缩空气，否则油污和水分在喷射过程中会附着在钢材表面，影响涂层的附着力和耐久性。检查油污和水分是否分离干净的简易方法是：用压缩空气吹白布或白漆靶板 1min，用肉眼观察其表面，若无油污、水珠和黑点，则表明空气中无油污和水分。

喷射或抛射除锈所使用的磨料必须符合质量标准和工艺要求。对允许重复使用的磨料，必须根据规定的质量标准进行检验，只有合格的才能重复使用。

喷射或抛射除锈的施工环境，其相对湿度应不大于 85%，或控制钢材表面温度高于空气露点 3℃以上。若相对湿度过大，钢材表面和金属磨料易生锈。

除锈后的钢材表面必须用压缩空气或毛刷等工具将锈尘和残余磨料清除干净。

除锈验收合格的钢材，在厂房内存放的应于 24h 内涂完底漆，在厂房外存放的应于当班涂完底漆。

2）喷射除锈

喷射除锈方法分为干喷射法和湿喷射法两种。

干喷射法的原理是：利用经过油、水分离处理过的压缩空气将磨料带入并通过喷嘴以高速喷向钢材表面，靠磨料的冲击和摩擦力将氧化铁皮、铁锈等除掉，同时使钢材表面获得一定的粗糙度。喷射除锈效率高、质量好，但要有一定的设备和喷射用磨料，费用较高，如图 5-64 所示。

喷射除锈一般在独立的喷射房内进行，操作者应穿有较好密闭性的工作衣，由帽顶进气供呼吸。喷射房应有排风装置把灰尘排出，经水帘冲淋使之沉淀于与喷射房相邻的室内，防止污染环境。

湿喷射法以来源广、价格低廉的砂子作为磨料，其工作原理与干喷射法基本相同，只是使水和砂子分别进入喷嘴，在出口处汇合，通过压缩空气，将水和砂子高速喷出，形成一道严密的包围砂泥的环形水屏，从而减少大量的灰尘飞扬，并达到除锈的目的。

湿喷射法用的磨料，可选用干净且干燥的河砂，其粒径和含泥量应符合磨料规定的要求。喷射用的水可加入 1.5%的防锈剂（为了防止除锈后涂底漆前返锈），使钢材表面钝化，延长返锈时间。

图 5-64　喷射除锈法

图 5-65　抛射机

3）抛射除锈

抛射除锈的原理是：利用抛射机叶轮中心吸入磨料和叶尖抛射磨料，使磨料在抛射机的叶轮内由于自重经漏斗进入分料轮，同叶轮一起高速旋转的分料轮使磨料分散，并从定向套口飞出；从定向套口飞出的磨料被叶轮再次加速后射向物件表面，以高速冲击和摩擦钢材表面，除去锈与氧化铁皮等污染物，如图 5-65 所示。

抛射除锈可以提高钢材的疲劳强度和抗腐蚀能力，并对钢材表面硬度也有不同程度的提高；其劳动强度比喷射除锈低，对环境污染程度较轻，而且费用也比喷射除锈低。抛射除锈的缺点是扰动性差，磨料选择不当易使被抛件变形。抛射除锈常用的磨料为钢丸和铁丸，其粒径以 0.5～2.0mm 为宜。

(4) 酸洗除锈

酸洗除锈也称化学除锈，其原理是：利用酸洗液中的酸与金属氧化物进行化学反应，将金属氧化物溶解，生成金属盐并溶于酸洗液中，从而除去钢材表面上的氧化物及锈。酸洗除锈的质量比手工和动力工具除锈好，与喷射除锈质量相当，如图 5-66 所示。但酸洗后钢材表面不能形成喷射除锈那样的粗糙度，在酸洗过程中产生的酸雾对人和建筑物有害。酸洗除锈一次性投资较大，工业过程也较多，最后一道清洗工序若不彻底，将对涂层质量有严重的影响。

图 5-66　酸洗除锈

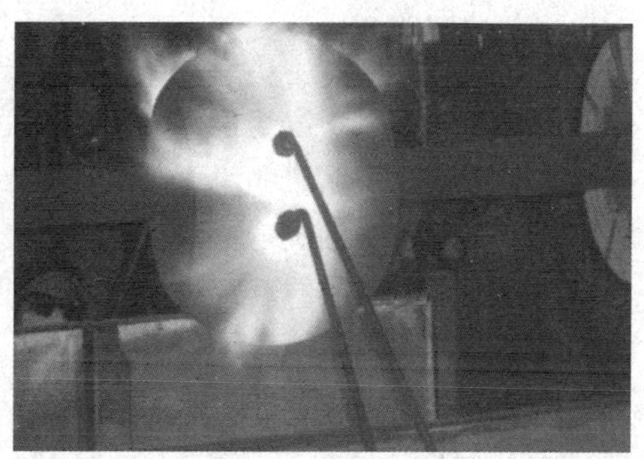

图 5-67　火焰除锈

(5) 火焰除锈

火焰除锈是先将基体表面锈层铲掉，然后用火焰烘烤或加热，并配合使用动力钢丝刷清理加热表面。火焰除锈适用于除掉旧的防腐层（漆膜）或油浸过的金属表面工程，不适用于薄壁的金属设备、管道，也不能在退火钢和可淬硬钢除锈工程中使用，如图 5-67 所示。

5.5.3　钢结构防腐涂装工程

钢结构工程所处的工作环境不同，自然界中酸雨介质或温度湿度的作用可能使钢结构产生不同的化学作用而受到腐蚀破坏，严重的将影响其强度、安全性和使用年限，为了减轻并防止钢结构的腐蚀，目前国内外主要采用涂装方法。

1. 钢结构防腐涂装作业条件的一般规定

(1) 钢结构除锈、防腐涂料涂装工程应在钢结构构件组装、焊接、构件的隐蔽部位、预拼装或钢结构安装、钢网架结构安装工程检验批的施工质量验收合格后进行。

(2) 钢结构除锈涂装施工应编制施工工艺，其内容应包括除锈方法、除锈等级、涂料种类、配制方法、涂装顺序（底漆、中间漆、面漆）和方法、安全防护、检验方法等，并做好施工记录及检验记录。

(3) 钢材表面的飞边、毛刺、焊渣、焊瘤、焊接飞溅物、灰尘、积垢、氧化皮、厚的锈层、旧涂层、可溶性盐类等，在除锈前应清理干净；钢材表面油脂、污垢应用热碱液或有机溶剂清洗干净，再用热水或蒸汽冲刷至中性，吹干即可。当钢材表面预处理（除锈）时，除锈后应立即喷涂一道车间底漆，使用车间底漆的涂层，凡影响下一道涂层附着力者，应清除干净。

（4）不得使用带锈防锈漆代替除锈和底漆。

（5）涂装时的环境温度和相对湿度应符合涂料产品说明书的要求，当产品说明书无要求时，环境温度宜在5～38℃之间，相对湿度不应大于85％；涂装时构件表面不得有结露、水汽等，涂装后4h内应保护不受雨淋。

（6）涂装前应对施工人员进行专业培训、工艺交底，熟悉有关涂料性能和操作方法，方可施工。

2. 防腐涂装工艺编制

（1）防腐涂装设计

涂装设计的内容主要包括：钢材表面处理、除锈方法的选择和除锈质量等级的确定、涂料品种的选择、涂层结构和涂层厚度设计等。涂装设计是涂装施工和涂装管理的依据和基础，是决定涂层质量的重要因素。

（2）除锈等级的确定

钢材表面除锈等级确定过高，会造成人力、财力的浪费；过低会降低涂层质量，起不到应有的防护作用，反而是更大的浪费。单纯从除锈等级标准来看，Sa3级标准质量最高，但它需要的条件和费用也最高。据文献报道，达到Sa3级的除锈质量，只能在相对湿度小于55％的条件下才能实现。一般情况下，常采用的喷射或抛射除锈只需达到Sa2或Sa2.5即可。

（3）涂料品种的选择

涂料选用正确与否，对涂层的防护效果影响很大。涂料选用得当，其耐久性长，防护效果好。相反，则防护时间短，防护效果差。涂料品种的选择取决于对涂料性能的了解程度和预测环境对钢结构及其涂层的腐蚀情况和工程造价。

（4）涂装方法的选择

涂料施工方法的选择，一般应根据被涂物的材质、形状、尺寸、表面状态、涂料品种、施工现场的环境和现有的施工工具（或设备）等因素来考虑确定。常用的涂料施工方法比较见表5-11。各种涂料与相适应的施工方法见表5-12。

各种涂料施工方法的比较 **表5-11**

施工方法	适用的涂料			被涂物	使用工具或设备	优缺点
	干燥速度	黏度	品种			
刷涂法	干性较慢	塑性小	油性漆、酚醛漆、醇酸漆等	一般构件及建筑物、各种设备及管道	各种毛刷	投资少、施工方法简单，适于各种形状及大小面积的涂装。缺点是装饰性较差、施工效率低
手工滚涂法	干性较慢	塑性小	油性漆、酚醛漆、醇酸漆等	一般大型平面的构件和管道等	滚子	投资少、施工方法简单，适用于大面积物的涂装。缺点同刷涂法

续表

施工方法	适用的涂料			被涂物	使用工具或设备	优缺点
	干燥速度	黏度	品种			
浸涂法	干性适当、流平性好、干燥速度适中	触变性小	各种合成树脂涂料	小型零件、设备和机械部件	浸漆槽、离心及真空设备	设备投资较少、施工方法简单、涂料损失少，适于构造复杂的构件。缺点是流平性不太好，有流坠现象，溶剂易挥发
空气喷涂法	挥发快和干燥适中	黏度小	各种硝基漆、橡胶漆、过氯乙烯漆、聚氨酯漆等	各种大型构件、设备和管道	喷枪、空气压缩机、油水分离器等	设备投资较多，施工方法较复杂、施工效率较刷涂法高。缺点是损耗涂料和溶剂量大，污染现场，易引起火灾
无气喷涂法	具有高沸点溶剂的涂料	高不挥发分，有触变性	厚浆型涂料和高不挥发分涂料	各种大型钢结构、桥梁、管道、车辆和船舶等	高压无气喷枪、空气压缩机	设备投资较多，施工方法较复杂，效率比空气喷涂法高，能获得厚涂层。缺点是损失部分涂料，装饰性较差

注：摘自《钢结构涂装手册》。

各种涂料与相适应的施工方法　　表 5-12

施工方法＼涂料种类	酯胶漆	油性调合漆	醇酸调合漆	酚醛漆	醇酸漆	沥青漆	硝基漆	聚氨酯漆	丙烯酸漆	环氧树脂漆	过氯乙烯漆	氯化橡胶漆	氯磺化聚乙烯漆	聚酯漆	乳胶漆	有机硅漆
刷涂	1	1	1	1	2	2	4	4	4	3	4	3	2	2	1	3
滚涂	2	1	1	2	2	3	5	3	3	3	5	3	3	2	2	3
浸涂	3	4	3	2	3	3	3	3	3	3	3	3	3	1	2	1
空气喷涂	2	3	2	2	1	2	1	1	1	2	1	1	1	2	2	1
无气喷涂	2	3	2	2	1	3	1	1	1	2	1	1	1	2	2	1

注：1—优，2—良，3—中，4—差，5—劣。

(5) 涂层结构与涂层厚度

1) 涂层结构的形式有三种：底漆—中漆—面漆；底漆—面漆；底漆和面漆是同一种漆。

2) 确定涂层厚度的主要因素：钢材表面原始粗糙度、钢材除锈后的表面粗糙度、选用的涂料品种、结构使用环境对涂层的腐蚀程度、涂层维护的周期等。

3. 防腐涂装施工主要工艺流程

基面清理→底漆涂装→面漆涂装→涂层检查与验收。

(1) 基面清理

1) 建筑钢结构工程的油漆涂装应在钢结构安装验收合格后进行。油漆涂刷前，应将需涂装部位的铁锈、焊缝药皮、焊接飞溅物、油污、尘土等杂物清理干净。

2) 基面清理除锈质量的好坏，直接关系到涂层质量的好坏。因此，涂装工艺的基面除锈质量分为一级和二级。

(2) 底漆涂装

1) 调合红丹防锈漆，控制油漆的黏度、稠度、稀度，兑制时应充分搅拌，使油漆色泽、黏度均匀一致。

2) 刷第一层底漆时涂刷方向应该一致，接槎整齐。

3) 刷漆时应采用勤沾、短刷的原则，防止刷子带漆太多而流坠。

4) 待第一遍刷完后，应保持一定的时间间隙，防止第一遍未干就上第二遍，这样会使漆液流坠发皱，质量下降。

5) 待第一遍干燥后，再刷第二遍，第二遍涂刷方向应与第一遍涂刷方向垂直，这样会使漆膜厚度均匀一致。

6) 底漆涂装后起码需 4～8h 后才能达到表干，表干前不应涂装面漆。

(3) 面漆涂装

1) 建筑钢结构涂装底漆与面漆一般中间间隙时间较长。钢构件涂装防锈漆后送到工地去组装，组装结束后才统一涂装面漆，这样在涂装面漆前需对钢结构表面进行清理，清除安装焊缝焊药，对烧去或碰去漆的构件，还应事先补漆。

2) 面漆的调制应选择颜色完全一致的面漆，兑制的稀料应合适，面漆使用前应充分搅拌，保持色泽均匀。其工作黏度、稠度应保证涂装时不流坠，不显刷纹。

3) 面漆在使用过程中应不断搅和，涂刷的方法和方向与上述工艺相同。

4) 涂装工艺采用喷涂施工时，应调整好喷嘴口径、喷涂压力，喷枪胶管能自由拉伸到作业区域，空气压缩机气压应在 0.4～0.7N/mm^2。

5) 喷涂时应保持好喷嘴与涂层的距离，一般喷枪与作业面距离应在 100mm 左右，喷枪与钢结构基面角度应该保持垂直，或喷嘴略微上倾为宜。

6) 喷涂时喷嘴应该平行移动，移动时应平稳，速度一致，保持涂层均匀。但是采用喷涂时，一般涂层厚度较薄，故应多喷几遍，每层喷涂时应待上层漆膜已经干燥时进行。

(4) 涂层检查与验收

1) 表面涂装施工时和施工后，应对涂装过的工件进行保护，防止飞扬尘土和其他杂物。

2) 涂装后的处理检查，应该是涂层颜色一致，色泽鲜明光亮，不起皱皮，不起疙瘩。

3) 涂装漆膜厚度的测定，用触点式漆膜测厚仪测定漆膜厚度，漆膜测厚仪一般测定 3 点厚度，取其平均值。

5.6 钢构件出厂检验与运输

5.6.1 钢构件的出厂检验

钢构件的出厂检验是指对钢构件的尺寸、性能进行测量、检查、试验等，并将结果与标准规定进行比较，以确定其尺寸、性能是否合格。钢构件出厂检验的内容主要包括尺寸检验、焊缝检验和外观检测。钢构件的质量检验项目分为主控项目和一般项目。主控项目是指建筑工程中对安全、卫生、环境保护和公众利益起决定性作用的项目；一般项目是指除主控项目以外的检验项目。主控项目必须符合相关规范合格质量标准的要求，一般项目应有 80%及以上的检查点（值）符合相关规范合格质量标准的要求，且最大值不超过其允许偏差值的 1.2 倍。

钢结构中的各构件在整个结构中所处的位置不同，受力状态不一样，在制作过程中的要求也就不一样。因此，在进行钢构件检查时，其检查的侧重点也有所区别。

1. 钢柱的检查重点

钢柱的检查重点如下：

(1) 钢柱悬臂（牛腿）及相关的支承肋承受动力荷载，一般采用 K 形坡口焊缝，焊接时应保证全熔透，焊后需进行焊缝外观质量检查，并采用超声波进行内部质量检查。

(2) 在制作钢柱过程中，由于板材尺寸不能满足需要而进行拼接时，拼接焊缝必须全熔透，保证与母材等强度，焊后进行焊缝外观质量检查，并采用超声波进行内部质量检查。

(3) 柱端、悬臂等有连接的部位，应注意检查相关尺寸，特别是采用高强度螺栓连接时更要加强对其控制。另外，应注意对柱底板的平直度、钢柱的侧弯等进行检查，其偏差应符合要求。

(4) 设计图要求柱身与底板刨平顶紧的，应按现行相关国家规范的要求对接触面进行顶紧检查，顶紧接触面面积不应小于 75%，且边缘最大间隙不应大于 0.8mm，以确保力的有效传递。

(5) 钢柱柱脚不采用地脚螺栓，而采用直接插入基础预留孔，再进行二次灌浆固定的，应注意插入混凝土的部分不得涂装。

(6) 箱形柱一般都设置内隔板，为确保钢柱尺寸并起到加强作用，内隔板需经加工刨平、组装焊接工序。由于柱身封闭后无法检查，因而应注意加强工序检查。内隔板加工刨平、装配贴紧情况及焊接方法和质量均应符合设计要求。

(7) 空腹钢柱（格构柱）的检查要点与实腹钢柱相同。由于空腹钢柱截面复杂，要经多次加工、小组装，然后总装到位。因此，空腹钢柱在制作中各部位尺寸的配合十分重要，在其质量控制检查中应侧重于单体构件的工序检查，只有各部件的工序检查符合质量要求，钢柱的总体尺寸才能达到质量要求。

2. 钢梁的检查重点

钢梁的检查重点如下：

（1）钢梁的垂直度和侧向弯曲矢高应按同类构件数抽查10%，且不少于三个，其允许偏差应符合要求。

（2）钢梁上的对接焊缝应错开一定的距离。H形钢梁翼缘板与腹板的拼接焊缝要错开200mm以上，与加劲肋也应错开200mm以上，箱形截面钢梁翼缘板与腹板的拼接焊缝应错开500mm以上。

（3）钢梁连接处的腹板中心线偏移量应小于2.0mm。

（4）钢梁上高强度螺栓孔加工时，除保证孔的尺寸外，还需严格控制钢梁两端最外侧安装孔的距离偏差不大于3.0mm（实腹梁）。

（5）钢梁设计要求起拱的，其极限偏差不大于1/5000；未要求起拱的，其极限偏差应为－5～10mm。

3. 吊车梁的检查重点

吊车梁的检查重点如下：

（1）吊车梁的焊缝受冲击和疲劳影响，其上翼缘板与腹板的连接焊缝要求全熔透，一般视板厚不同开V形或K形坡口，焊后应对焊缝进行超声波探伤检查，探伤比例应按设计文件的规定执行，若设计要求为抽检，则当抽检发现超标缺陷时，应对该焊缝进行全数检查。检查时应重点检查两端的焊缝，其长度不应小于梁高，从梁中间再抽检300mm以上的长度。

（2）吊车梁加劲肋的端部焊缝有两种处理方法，应按设计要求确定。

1）对加劲肋的端部进行围焊，以避免在长期使用过程中，其端部产生疲劳裂缝。

2）要求加劲肋的端部留有20～30mm不焊，以减弱端部的应力。

（3）翼缘板与腹板间的对接焊缝应错开200mm以上，与加劲肋也应错开200mm以上。

（4）吊车梁外形尺寸的控制，原则上是长度负公差，高度正公差。

（5）吊车梁上、下翼缘板边缘要整齐光洁，不得有凹坑，上翼缘板的边缘状态是检查重点，需特别注意。

（6）无论吊车梁是否有起拱要求，焊接后都不得下挠。

（7）吊车梁上翼缘板与轨道接触面的平面度不得大于1.0mm。

4. 钢构件的验收资料

钢构件制作单位在成品出厂是应提供钢构件出厂合格证书及技术文件，其中应包括：

（1）设计图、施工详图和设计变更文件。设计变更的内容应在施工图的相应部位注明。

（2）制作中技术问题处理的协议文件。

（3）钢材、连接材料和涂装材料的质量证明书和试验报告。

（4）焊接工艺评定报告。

（5）高强度螺栓摩擦面抗滑移系数试验报告、焊缝无损检验报告及涂层检测资料。

（6）主要构件验收记录。

（7）预拼装记录（需预拼装时）。

(8) 构件发运和包装清单。

5.6.2 钢构件的包装

1. 构件包装的目的

(1) 在运输过程中，保护构件使之不易损坏。

(2) 每一车构件都必须有一一对应的构件清单，因此，发运方与接受方有据可查，不致引起混乱。

(3) 使构件的运输体积比较紧凑，可以减少运输费用，同时便于构件装卸。

2. 包装遵循的原则

(1) 同部位的杆件尽量包装在一起，可以与安装进度配套运输，保证现场所需构件的及时供应。否则，会出现现场堆积的构件很多，但是构件不配套，影响安装进度。

(2) 包装牢固，运输过程中不要出现散包的现象。导致构件混乱，影响施工现场的交接。

(3) 每个包装箱内的构件必须与装箱清单一一对应，便于交接与查找。

3. 钢构件包装方法

钢构件根据构件的形状、数量、重量可以采用包装箱或捆扎包装等形式。

4. 钢构件的标识

(1) 主标记。一般指构件的图号及构件号，其中钢印位置：柱为两侧面方向标记处，梁、桁架为左侧腹板及上表面。

(2) 方向标记。柱为两侧面，梁、桁架为左侧。

(3) 安装标记。柱的安装中心线、1m 位置线、底板中心线（四侧）。

(4) 重心和吊点标记。

5. 钢构件包装标记

钢结构构件包装完毕，要对其进行标记。标记一般由承包商在制作厂成品库装运时标明。

5.6.3 钢构件的运输

构件的顺利运输是保证工程按期完工的重要措施之一，因此需根据工程的地理位置和构件的规格尺寸及重量选择合适的运输方式（公路、铁路、水路）和运输路线。同时，在构件运输过程中应采取有效措施，防止构件变形，避免涂层损伤。

1. 技术准备

(1) 制定运输方案

根据厂房结构件的基本形式，结合现场起重设备和运输车辆的具体条件制定切实可行、经济实用的装运方案。

(2) 设计、制作运输架

根据构件的重量、外形尺寸设计制作各种类型构件的钢或木运输架（支承架）。要求构造简单，装运受力合理、稳定，重心低，重量轻，节约钢材，能适应多种类型构件通用，装拆方便。

（3）验算构件的强度

对大型屋架、多节柱等构件，根据装运方案确定的条件，验算构件在最不利截面处的抗裂度，避免装运时出现裂缝，如抗裂度不够，应进行适当加固处理。

2. 运输工具准备

（1）选定运输车辆及起重工具

根据构件的形状几何尺寸及重量、工地运输起重工具、道路条件以及经济效益，确定合适的运输车辆和吊车型号、台数和装运方式。

（2）准备装运工具和材料

如钢丝绳扣、捯链、卡环、花篮螺栓、千斤顶、信号旗、垫木、木板、汽车旧轮胎等。

3. 运输

（1）公路运输

公路运输是钢构件最常用的运输方式，它具有机动灵活、运送速度快、运输能力小、运输成本高、效率比较低的特点，适合于各种类型构件的中、短途运输。

（2）铁路运输

铁路运输受自然条件限制较少，且运行速度快、运输能力大，具有良好的经济效益，适合各种构件在内陆地区的中、长途运输。国内钢结构产品一般采用铁路包车皮运输的方式。

（3）水路运输

水路运输适合于运距长、运量大、时间性不太强的构件的运输，其具有运输能力大、运输成本低、受自然条件影响大、速度慢的特点。

单元总结

本单元主要讲述了钢结构构件加工制作的全过程，包括钢结构制造厂的建立，原材料的储存、堆放与检验，加工前的准备工作，加工工序及加工过程中的施工注意要点，加工后的验收及出厂运输。

思考及练习

1. 填空题

（1）高强度大六角头螺栓连接副和扭剪型高强螺栓连接副应分别有________和________的出厂合格检验报告。

（2）钢材经检验合格后应按照________、________、________分类堆放。

（3）钢材材质方面，受拉构件________（高于或低于）受压构件，受动力荷载构件________（高于或低于）受静力荷载构件。

(4) 在钢结构号料时，通常用__________________表示材料的利用程度。

(5) 钢材的加工方法按照环境温度不同可以分为________和________。

(6) 火焰矫正时加热方式主要有________、________、________三种。

(7) 提高火焰矫正效果的关键是________、________、________。

(8) 钢材的锈蚀等级分为________级，其中________级锈蚀的钢材不得作为主要受力构件。

(9) 钢构件质量检验的内容主要包括________、________、________。

(10) 钢构件根据构件的________、________、________可以采用包装箱或捆扎包装等形式。

2. 选择题

(1) 在（　　）进行号料、切割、制孔、边缘加工和弯曲等工序并送入中间仓库存放。

A. 材料库　　B. 准备车间　　C. 放样车间　　D. 加工车间

(2) 当高强度螺栓连接副保管时间超过（　　）个月后使用时，必须按现行国家标准《钢结构工程施工质量验收标准》GB 50205—2020 的要求重新进行试验。

A. 3　　B. 6　　C. 9　　D. 12

(3) 进行材料代用，必须经（　　）同意，并将图纸上所有的相应规格和有关尺寸全部进行修改。

A. 甲方　　B. 监理单位　　C. 设计单位　　D. 施工单位

(4)（　　）是根据图样的形状和尺寸，用基本的作图方法，以产品的实际大小画到放样台上。

A. 实尺放样　　B. 电脑放样　　C. 展开放样　　D. 光学放样

(5) 建筑钢结构制作的最小单元为（　　）。

A. 零件　　B. 部件　　C. 构件　　D. 以上答案都不正确

(6) 钢材在常温下进行加工制作，统称（　　）。

A. 热加工　　B. 冷加工　　C. 弯曲加工　　D. 以上答案都不正确

(7)（　　）用 1∶1 的比例在装配平台上放出构件实样，然后根据零件在实样上的位置，分别组装起来成为构件。

A. 地样法　　B. 仿形复制装配法　C. 立装法　　D. 卧装法

(8)（　　）利用火焰对钢材进行局部加热，被加热处理的金属由于膨胀受阻而产生压缩塑性变形，使较长的金属纤维冷却后缩短而完成的。

A. 人工矫正　　B. 机械矫正法　　C. 火焰矫正法　　D. 冷加工法

(9)（　　）是指利用压缩空气或电能为动力，使除锈工具进行圆周式或往复式运动，产生摩擦或冲击来清除铁锈或氧化铁皮等。

A. 手工除锈　　B. 动力工具除锈　　C. 喷射除锈　　D. 抛射除锈

(10) 焊接 H 形钢的翼缘板拼接缝和腹板拼接缝的间距不宜小于（　　）mm。

A. 100　　B. 150　　C. 200　　D. 300

3. 简答题

(1) 原材料进场检验的内容有哪些？

(2) 什么情况下需要复验？复验的内容有哪些？

(3) 钢结构号料的方法有几种？

(4) 钢结构常用的切割方法有哪些？

(5) 哪些部位需要进行边缘加工？

(6) 钢结构常见的组装方法有哪些？

(7) 钢结构常见变形有哪些？

(8) 钢结构的变形矫正方法主要有哪几种？

(9) 钢结构除锈方法一般有哪几种？

(10) 钢构件的运输方式主要有哪几种？

教学单元6 Chapter 06

钢结构焊接

1. **知识目标**

了解焊接应力和残余变形；理解手工电弧焊工艺、埋弧焊工艺、二氧化碳气体保护焊工艺、栓钉焊工艺、电渣焊工艺；掌握焊缝的质量缺陷和焊缝质量的检测方法。

2. **能力目标**

具备进行焊缝质量检测并查找原因的能力。

思维导图

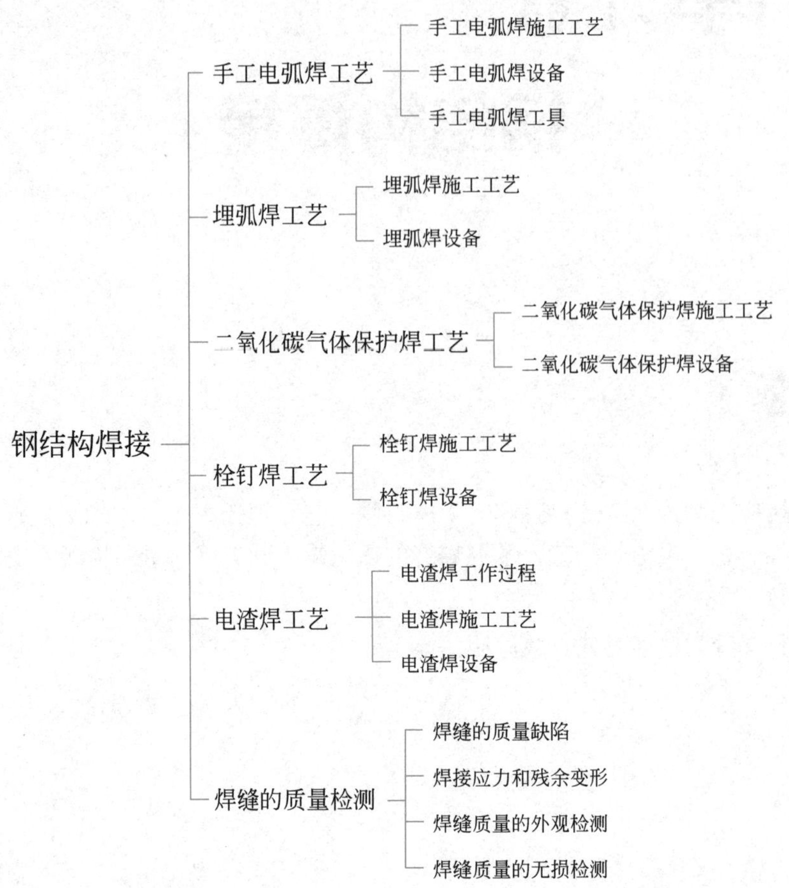

建筑钢结构生产中经常用到手工电弧焊、埋弧焊、二氧化碳气体保护焊、栓钉焊、电渣焊等操作工艺，并需对钢结构的焊缝进行质量检测，判定焊缝的质量缺陷。

6.1 手工电弧焊工艺

手工电弧焊（图 6-1）是以手工操作的焊条和被焊接的工件作为两个电极，利用焊条与焊件之间的电弧热量熔化金属进行焊接的方法。手工电弧焊是目前最常用的焊接方法，焊接设备简单，操作灵活，能在任何场合和空间位置焊接各种形状的接头。

6.1.1 手工电弧焊施工工艺

手工电弧焊的工艺参数主要是焊接电流、焊条直径、焊接速度和焊接层次。

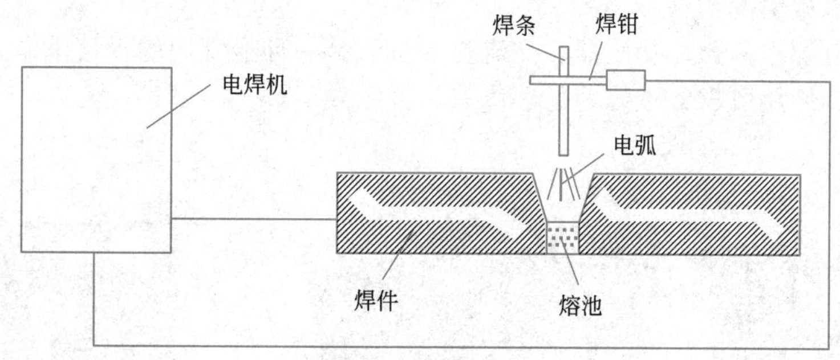

图 6-1　手工电弧焊示意

在钢结构焊接生产中，应根据钢材牌号和厚度、焊接位置、接头形式和焊层选用合适的焊条直径和焊接电流。

当钢材牌号低、钢板厚、平焊位置、坡口宽、焊层高时，可以采用较粗的焊条直径，以及相应的较大的焊接电流。相反，当钢材牌号高、钢板薄，横焊、立焊、仰焊位置，焊缝根部焊接时，宜选用直径较细的焊条，以及相应的较小的焊接电流。焊接电流过大，容易烧穿和咬边，飞溅增大，焊条发红，药皮脱落，保护性能下降。焊接电流太小容易产生夹渣和未焊透现象，劳动生产率低。横、立、仰焊时所用的电流宜适当减小。

焊接速度由焊工自行掌握，但是总的说来，一是保证根部熔透，两侧熔合良好，不烧穿、不结瘤，二是提高劳动生产率。

焊条直径有 2.0mm、2.5mm、3.2mm、4.0mm、5.0mm、5.8mm 多种，在钢结构焊接生产中常用的是 3.2mm、4.0mm、5.0mm 三种。

在直流手工电弧焊时，焊件与焊按电源输出端正、负极的接法称为极性。极性有正接极性（也称正接，或正极性）和反接极性（也称反接，或反极性）两种，如图 6-2 所示。正接极性时，焊件接电源的正极，焊条接电源的负极。反接极性时，焊件接电源的负极，焊条接电源的正极。

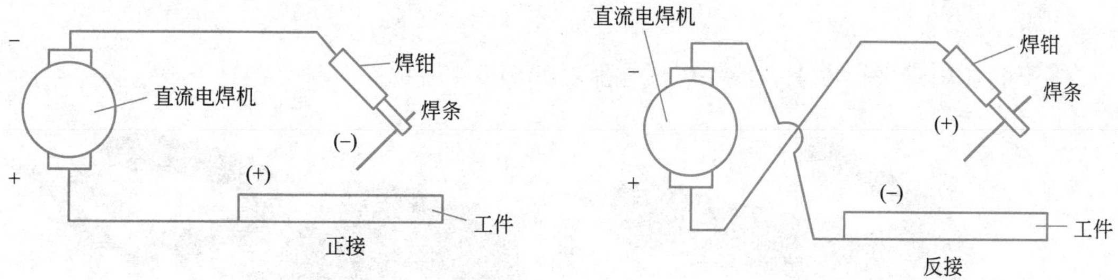

图 6-2　极性接法

在采用常用焊条进行直流手工电弧焊时，一般均采用反接极性。

6.1.2　手工电弧焊设备

手工电弧焊使用的焊接电源分为交流弧焊电源和直流弧焊电源。

(1) 交流弧焊电源

交流弧焊电源也称弧焊变压器、交流弧焊机，是一种最常用的焊接电源，具有材料成本低、效率高、使用可靠、维修容易等优点，见图 6-3 (a)。

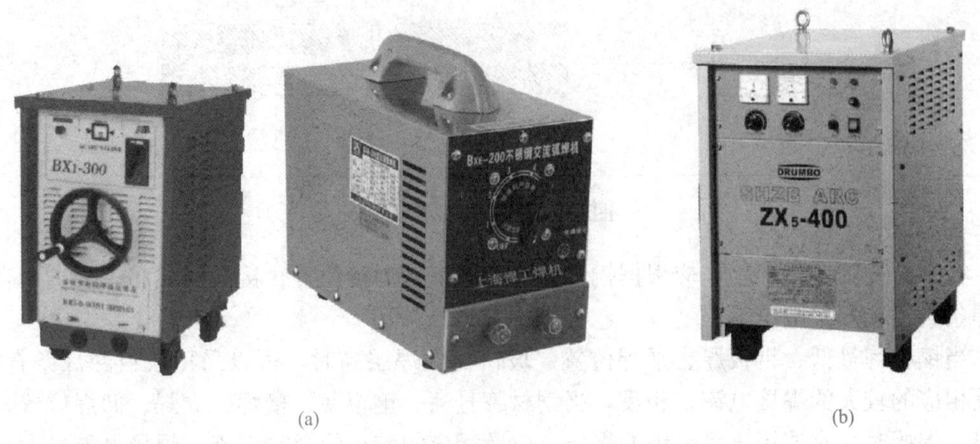

(a)　　(b)

图 6-3　焊接电源

(a) 交流弧焊电源；(b) 直流弧焊电源

(2) 直流弧焊电源

直流弧焊电源（图 6-3b），也称直流弧焊机，有直流弧焊发电机、硅弧焊整流器、晶闸管弧焊整流器、晶体管弧焊整流器、逆变弧焊整流器等多种类型。目前生产中，应用最多的为晶闸管弧焊整流器。逆变弧焊整流器重量轻，应用日益广泛，发展较快。

6.1.3　手工电弧焊工具

手工电弧焊在焊接操作时需要用到焊钳、焊接电缆，面罩、手套等防护用具以及錾子、小锤等工具。

1. 焊钳

焊钳的作用是夹持焊条和传导焊接电流，如图 6-4 所示。

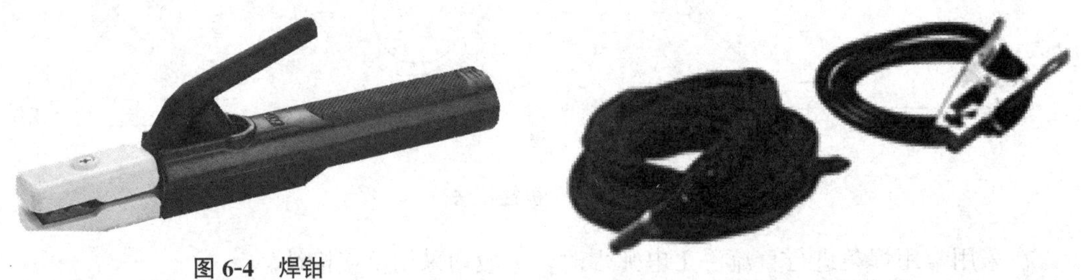

图 6-4　焊钳

图 6-5　焊接电缆

2. 焊接电缆

焊接电缆（图 6-5）的作用是传导焊接电流进行引弧和焊接，为特制多股橡胶软电缆，焊条电弧焊时，其导线截面积一般为 50mm^2；埋弧焊、电渣焊时，其导线截面积一般为 75mm^2 及以上，焊接电缆的长度因根据工作时的情况具体选定，但不宜过长，否则在电缆线中将产生较大的电压降，而使电弧不够稳定，常用电缆的长度不超过 20m。

3. 面罩及护目眼镜

面罩及护目眼镜都是防护用具，见图 6-6，以保护焊工面部及眼睛不受弧光灼伤，面罩上的护目玻璃有减弱电弧光和过滤红外线、紫外线的作用。它有多种色泽，以墨绿色和橙色为多。

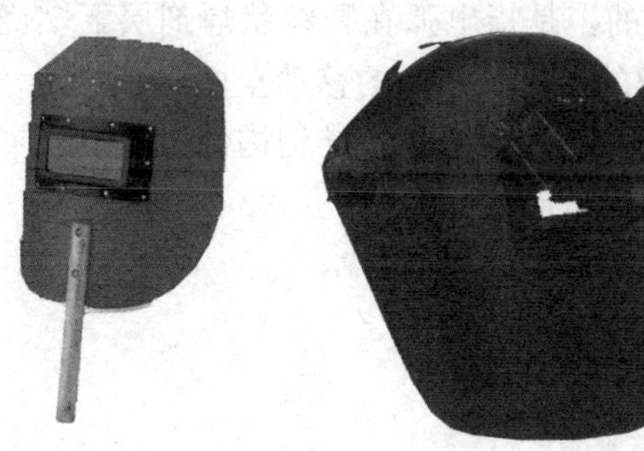

图 6-6　面罩及护目眼镜

4. 焊工手套

焊工手套是为防御焊接时的高温、熔融金属、火花烧（灼）手的个人防护用品，见图 6-7。配有 18cm 长的帆布或皮革制的袖筒。

图 6-7　焊工手套

5. 清理工具

清理工具包括敲渣锤、钢丝刷、錾子等，见图 6-8。这些工具用于修理焊缝，清除飞溅物，挖除缺陷。

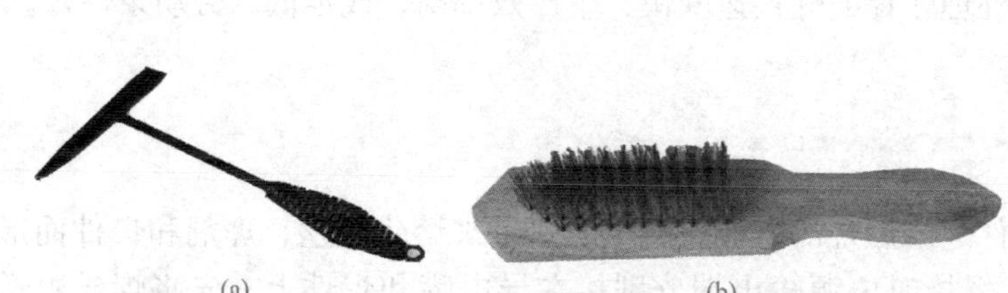

(a)　(b)

(c)

图 6-8　清理工具

(a) 敲渣锤；(b) 钢丝刷；(c) 錾子

6.2 埋弧焊工艺

埋弧焊（图 6-9）是相对于明弧焊而言的，是指电弧在颗粒状焊剂层下燃烧的一种焊接方法，焊接时，焊机的启动、引弧、焊丝的送进及热源的移动全由机械控制，是一种以电弧为热源的高效的机械化焊接方法。现已广泛用于建筑钢结构构件生产中。

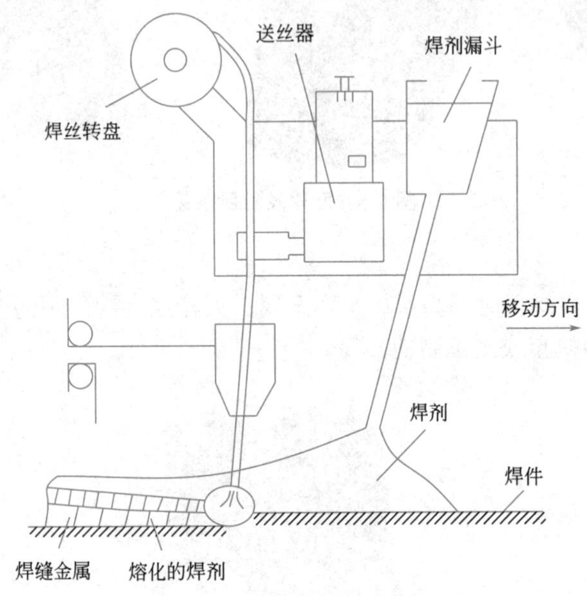

图 6-9　埋弧焊示意

埋弧焊工作时焊接电源的两极分别接至导电嘴和焊件，焊接时，颗粒状焊剂由焊剂漏斗经软管均匀地堆敷到焊件的待焊处，焊丝由焊丝盘经送丝机和导电嘴送入焊接区，电弧在焊剂下面的焊丝与母材之间燃烧。

埋弧焊可分为自动和半自动埋弧焊。由于自动埋弧焊有焊剂和熔渣覆盖保护，电弧热量集中，熔深大，可以焊接较厚的钢板，同时由于采用了自动化操作，焊接工艺条件好，焊缝质量稳定，焊缝内部缺陷少，塑性和韧性好，因此其质量比手工电弧焊好，但它只适合于焊接较长的直线焊缝。半自动埋弧焊质量介于二者之间，有人工操作，故适合于焊接曲线或任意形状的焊缝。另外埋弧焊的焊接速度快、生产效率高、成本低、劳动条件好。

6.2.1　埋弧焊施工工艺

埋弧焊是利用焊丝和焊件之间燃烧的电弧所产生的热量来熔化焊丝、焊剂和焊件而形成焊缝的，如图 6-10 所示。焊接时电源输出端分别接在导电嘴和焊件上，先将焊丝由送丝机构送进，经导电嘴与焊件轻微接触，焊剂由漏斗口经软管流出后，均匀地堆敷在待焊处。引弧后电弧将焊丝和焊件熔化形成熔池，同时将电弧区周围的焊剂熔化并有部分蒸发，形成一个封闭的电弧燃烧空间。密度较小的熔渣浮在熔池表面上，将液态金属与空气隔绝开来，有利于焊接冶金反应的进行。随着电弧向前移动，熔池液态金属随之冷却凝固而形成焊缝，浮在表面上的液态熔渣也随之冷却而形成渣壳。

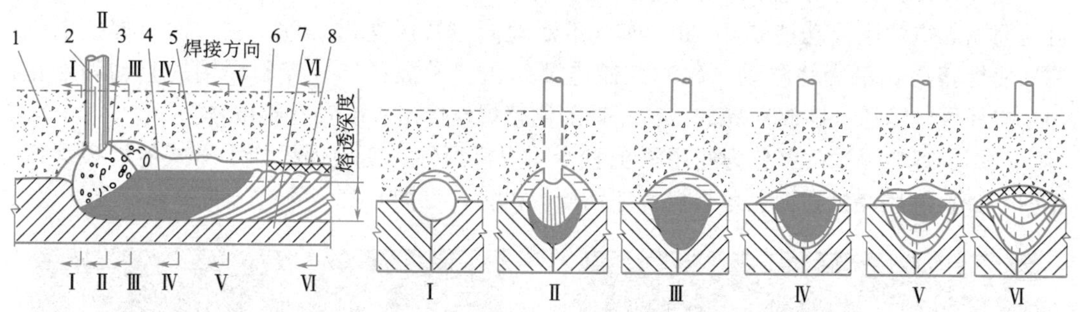

图 6-10　埋弧焊电弧和焊缝的形成

1—焊剂；2—焊丝；3—电弧；4—熔池；5—熔渣；6—焊缝；7—焊件；8—渣壳

埋弧焊工作过程如图 6-11 所示，它由四部分组成：

（1）焊接电源接在导电嘴和焊件之间，用来产生电弧；

（2）焊丝由送丝盘经送丝机构和导电嘴送入焊接区；

（3）颗粒状焊剂由焊剂漏斗经软管均匀地敷到焊缝接口区；

（4）焊丝及送丝机构、焊剂漏斗和焊接控制盘等通常装在一台小车上，以实现焊接电弧的移动。

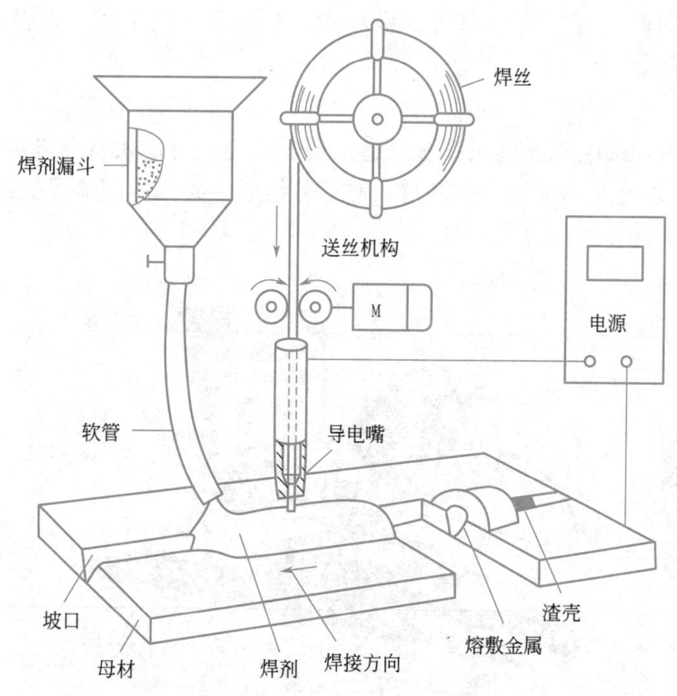

图 6-11　埋弧焊过程示意图

6.2.2 埋弧焊设备

埋弧焊设备分自动埋弧焊机和手工埋弧焊机两种，但手工埋弧焊机目前已很少应用。自动埋弧焊机的主要功能是：（1）连续不断地向电弧区送进焊丝；（2）输出焊接电流；（3）使焊接电弧沿焊缝移动；（4）控制电弧的主要参数；（5）控制焊接的起动和停止；（6）向焊接区输送（铺放）焊剂；（7）焊前调整焊丝伸出长度及丝端位置。

按用途埋弧焊设备可分为通用焊机和专用焊机两种，通用焊机如小车式的埋弧焊机，见图 6-12；专用焊机如埋弧角焊机、埋弧堆焊机等，见图 6-13。

图 6-12　通用焊机

图 6-13　专用焊机

按焊机的结构形式可分为小车式、悬挂式、车床式、门架式、悬臂式等。目前小车式、悬臂式用得较多。

1. 埋弧焊机

埋弧焊机是由焊接电源，机械系统（包括送丝机构、行走机构、导电嘴、焊丝盘、焊剂漏斗等），控制系统（控制箱、控制盘）等部分组成。典型的埋弧焊机组成见图 6-14。

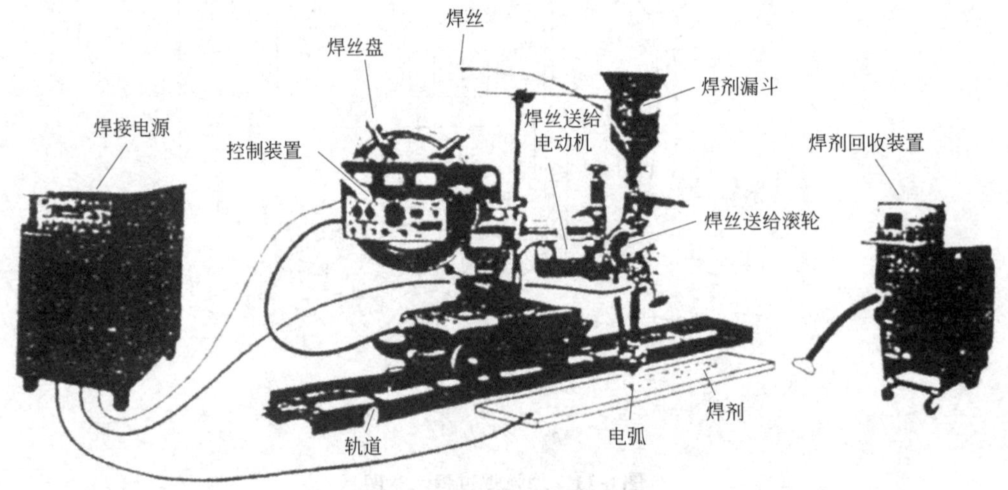

图 6-14　典型的埋弧焊机组成

（1）焊接电源

埋弧焊电源分交流电源和直流电源（图 6-15）。

图 6-15　埋弧焊用直流电源

图 6-16　埋弧焊机机械系统

（2）机械系统

送丝机构包括送丝电动机及转动系统、送丝滚轮和矫直滚轮等。它的作用是可靠地送丝并具有较宽的调节范围。行走机构包括行走电动机及转动系统、行走轮及离合器等。行走轮一般采用绝缘橡胶轮，以防焊接电流经车轮而短路；焊丝的接电是靠导电嘴实现的，对其的要求是导电率高、耐磨、与焊丝接触可靠。埋弧焊机机械系统见图 6-16。

（3）控制系统

埋弧焊的控制系统比较复杂。以通用小车式埋弧焊机为例，它的控制系统包括：送丝与行走控制系统、引弧和熄弧程序控制、电源输出特性控制等。若是门架式、悬臂式专用焊机还可能包括横臂伸缩、升降、立柱旋转、焊机回收等控制环节，见图 6-17。

图 6-17　埋弧焊机控制系统

2. 辅助设备

埋弧焊机，一般都有相应的辅助设备与焊机相配合，埋弧焊的辅助设备大致有 5 种类型：

（1）焊接夹具

使用焊接夹具的作用在于使焊件准确定位并夹紧，以便于焊接。这样可以减少或免除定位焊缝和减少焊接变形。有时焊接夹具往往与其他辅助设备联用，如单面焊双面成形装置等。图 6-18 为一种钢板拼焊用的大型门式夹具，配有单面焊双面成形装置（钢垫板）。

（2）工件变位设备

这种设备主要功能是使工件旋转、倾斜、翻转，以便把待焊的接缝置于最佳的焊接位置，达到提高生产率、改善焊接质量、减轻劳动强度的目的。

（3）焊机变位设备

焊机变位设备及焊接操作机，其主要功能是将焊接机头准确地送到待焊位置，焊接时

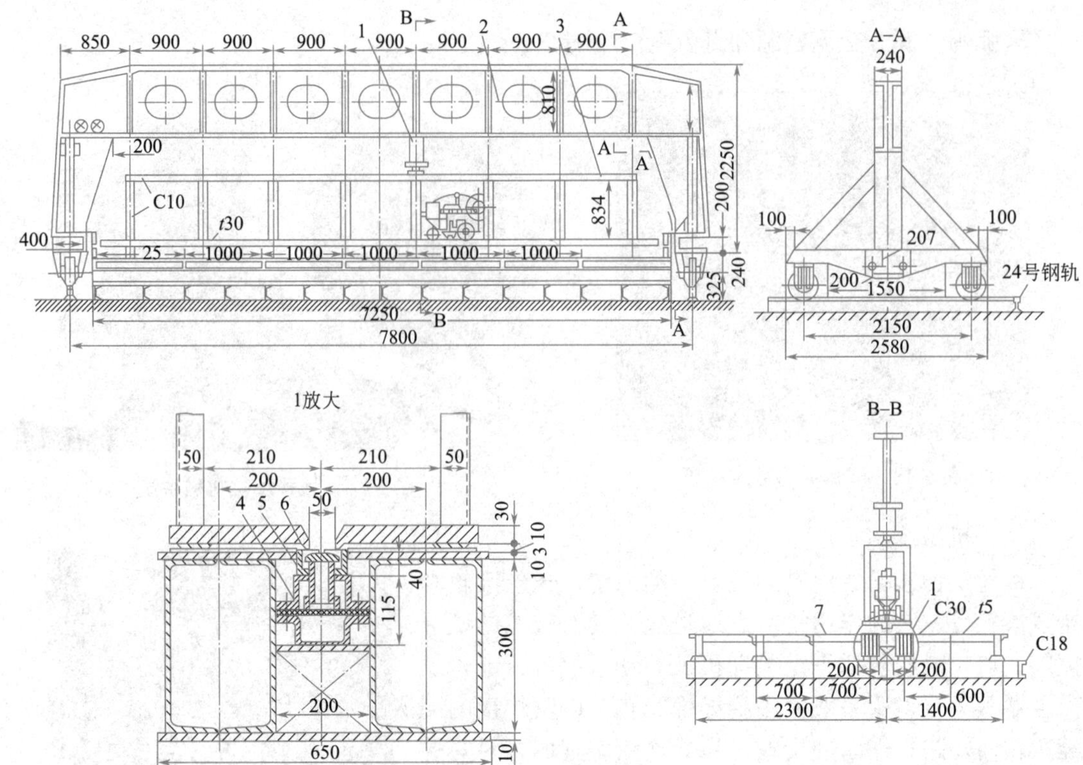

图 6-18　门式焊接夹具

1—加压气缸；2—行走大车；3—加压架；4—长形气室；5—顶起柱塞；6—钢垫板；7—平台

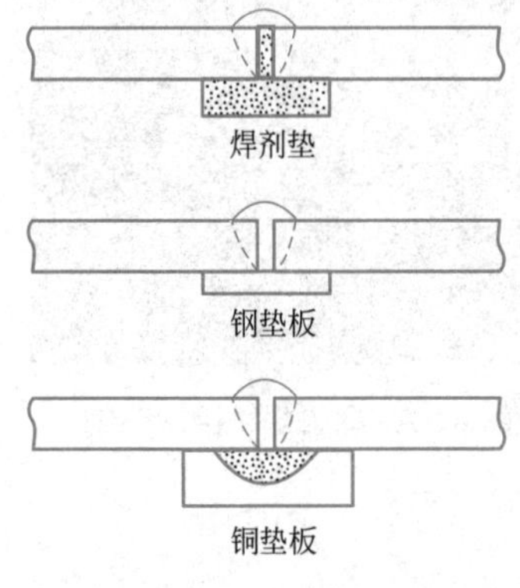

图 6-19　埋弧焊用衬垫

可在该位置操作，或是以一定速度沿规定的轨迹移动焊接机头进行焊接。

（4）焊缝成形设备

埋弧焊的电弧功率较大，钢板对接时，为防止熔化金属的流失和烧穿，并使焊缝背面成形，往往需要在焊缝背面加衬垫。除钢垫板、铜垫板外，还有焊剂垫、陶瓷垫等，见图 6-19。

（5）焊剂回收输送设备

用来在焊接中自动回收并输送焊剂。焊剂回收器结构有吸入式、吸压式等多种。

6.3 二氧化碳气体保护焊工艺

二氧化碳气体保护焊是采用二氧化碳气体作为保护介质，焊接时二氧化碳通过焊枪的喷嘴，沿焊丝周围喷射出来，在电弧周围形成气体保护层，机械地将焊接电弧及熔池与空气隔离开来，从而避免有害气体的侵入，保证焊接过程稳定，以获得优质的焊缝。

二氧化碳气体保护焊焊接成本低、生产率高、焊接质量高、焊接变形和焊接应力小、操作性能好、适用范围广，目前广泛应用于建筑钢结构焊接生产中。但是二氧化碳气体保护焊飞溅较多，不能焊接容易氧化的非铁金属材料，很难用交流电源焊接及在有风的地方施焊，弧光较强，对人的健康不利。

6.3.1　二氧化碳气体保护焊施工工艺

二氧化碳气体保护焊的工作原理如图 6-20 所示。电源的两输出端分别接在焊枪和焊件上。盘状焊丝由送丝机构带动，经软管和导电嘴不断地向电弧区域送给；同时，二氧化碳气体以一定的压力和流量送入焊枪，通过喷嘴后，形成一股保护气流，使熔池和电弧不受空气的侵入。随着焊枪的移动，熔池金属冷却凝固而成焊缝，从而将被焊的焊件连成一体。

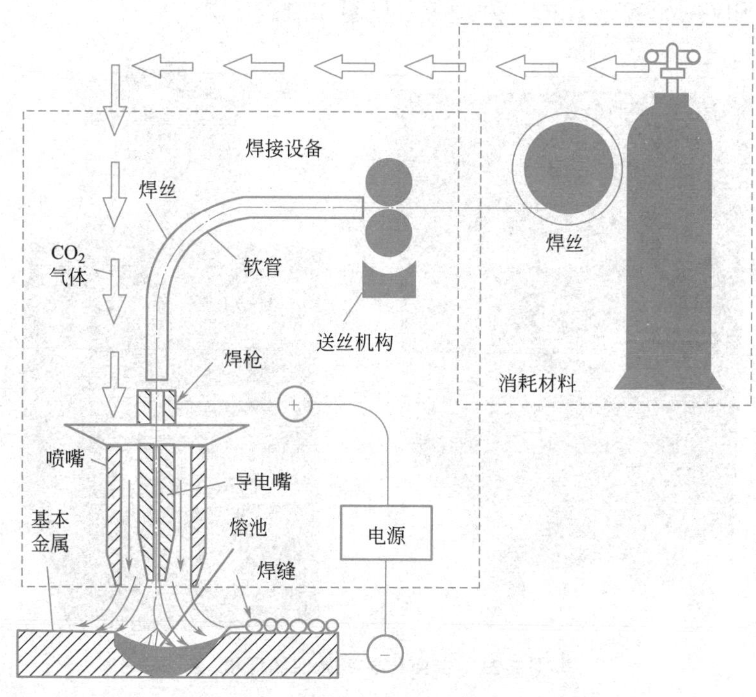

图 6-20　二氧化碳气体保护焊工作原理

二氧化碳气体保护焊按所用的焊丝直径不同，可分为细丝二氧化碳气体保护焊（焊丝直径≤1.2mm）及粗丝二氧化碳气体保护焊（焊丝直径≥1.6mm）。由于细丝二氧化碳气体保护焊工艺比较成熟，因此应用最广。

二氧化碳气体保护焊按操作方式又可分为二氧化碳半自动焊和二氧化碳自动焊，其主要区别在于：二氧化碳半自动焊用手工操作焊枪完成电弧热源移动，而送丝、送气等同二氧化碳自动焊一样，由相应的机械装置来完成。二氧化碳半自动焊的机动性较大，适用于不规则或较短的焊缝；二氧化碳自动焊主要用于较长的直焊缝和环形焊缝等。

6.3.2 二氧化碳气体保护焊设备

1. 焊接电源

二氧化碳气体保护焊常用的焊接电源为晶闸管控制弧焊整流器，可以无级调整焊接电流，构造比较简单。其外特性为平特性，这是因为平特性电源配合等速送丝系统具有许多优点：可以通过改变电源空载电压调节电弧电压；参数调节方便；当弧长变化时可引起较大的电流变化，有较强的自身调节作用；短路电流较大，引弧比较容易。

弧焊整流器应具有良好的动特性，包括短路电流上升速度、短路峰值电流、从短路到燃弧的电源电压的恢复速度，目的是使电弧稳定燃烧及减少飞溅。

在焊接过程中，可以根据工艺需要，对电源的输出参数、电弧电压和焊接电流及时进行调节。电弧电压主要通过调节空载电压来实现。焊接电流大小主要通过调节送丝速度来实现。

目前，我国定型生产使用较广的是 NBC 逆变式系列二氧化碳气体保护焊机，包括：NBC-270 型、NBC-500 型、NBC-630 型等，见图 6-21。

图 6-21 二氧化碳气体保护焊机

2. 送丝系统

二氧化碳气体保护焊的送丝系统通常由送丝机、送丝软管及焊丝盘组成，其中送丝机又包括电动机、减速器、校直轮和送丝轮。送丝系统见图 6-22，送丝轮见图 6-23，F 为送丝轮压力。

半自动二氧化碳气体保护焊的焊丝送给为等速送丝，其送丝方式主要有拉丝式、推丝式和推拉式三种（图 6-24）。

送丝系统需定期进行保养，尤其是送丝弹簧软管，当使用一段时间后，软管内会有一些油垢、灰尘、锈蚀等增加送丝阻力。需定期将弹簧软管置于汽油槽中进行清洗，以延长使用寿命。

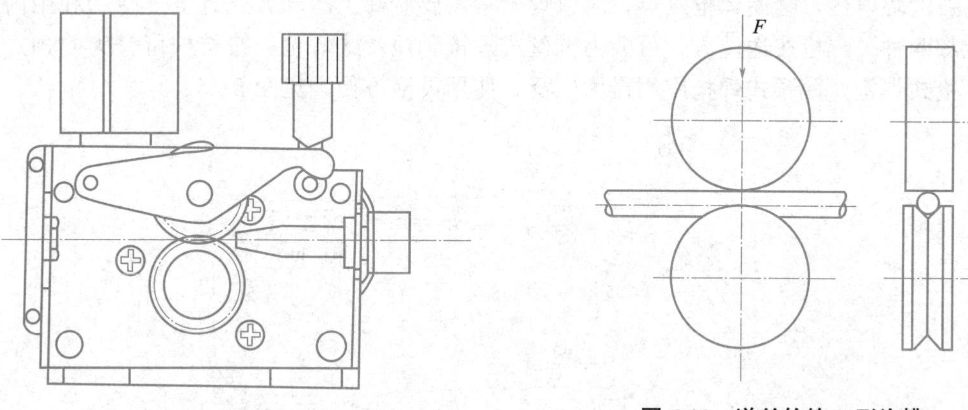

图 6-22　对滚轮送丝系统

图 6-23　送丝轮的 V 形沟槽

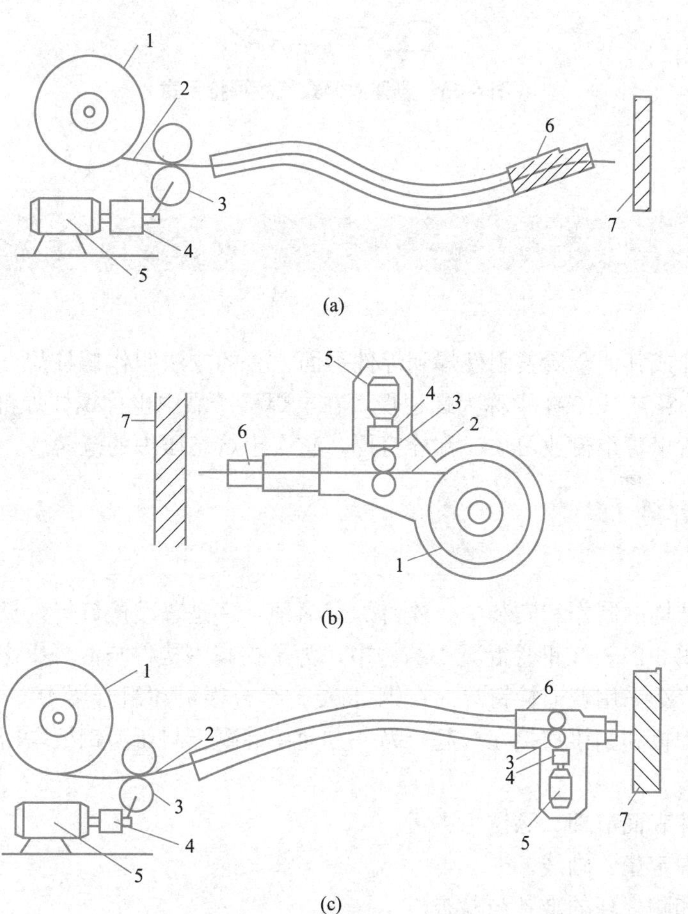

图 6-24　半自动二氧化碳气体保护焊送丝方式

（a）拉丝式；（b）推丝式；（c）推拉式

1—焊丝盘；2—焊丝；3—送丝滚轮；4—减速器；5—电动机；6—焊枪；7—焊件

3. 焊枪

焊枪的作用是导电、导丝、导气。焊枪焊接时，由于焊接电流通过导电嘴将产生电阻热和电弧的辐射热，会使焊枪发热，所以焊枪常需要冷却。冷却方式有空气冷却和用内循环水冷却两种。焊枪按送丝方式可分为推丝式焊枪和拉丝式焊枪；按结构可分为鹅颈式焊枪和手枪式焊枪。鹅颈式焊枪应用最为广泛，使用灵活方便，见图 6-25。

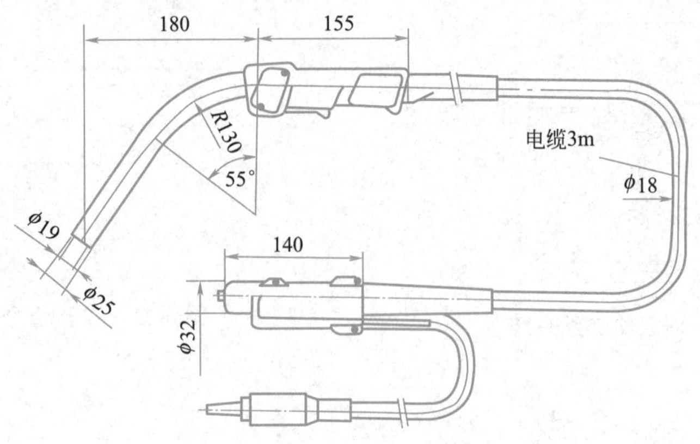

图 6-25　典型鹅颈式气冷焊枪示意

6.4 栓钉焊工艺

将金属螺柱或其他金属紧固件焊到焊件平面上去的方法叫作螺柱焊。在国家标准《焊接术语》GB/T 3375—1994 中称为螺柱焊，在电焊机产品中也称螺柱焊机，但在建筑工程中称栓钉焊，这里尊重行业习惯，称栓钉焊。它属于熔态压焊的范畴。

6.4.1 栓钉焊施工工艺

在建筑钢结构的制作和安装中，栓钉焊有两种：一是普通栓钉焊，见图 6-26；二是穿透栓钉焊，见图 6-27。在钢骨混凝土结构中，为了提高钢构件与混凝土之间的结合力，使其共同工作，广泛采用普通栓钉焊。在钢-混凝土组合楼板和组合梁中，要用穿透栓钉焊，一方面把压型钢板和钢梁连接在一起，另一方面使混凝土与压型钢板紧密结合。

1. 焊接准备

（1）钢构件表面清理、除锈、去污。

（2）栓钉焊定位、画线。

（3）栓钉和陶瓷环的准备与检查。

（4）焊接电源、焊接电缆、焊机的检查，可靠接地，接通外电源。

（5）调整各项焊接参数，包括焊接电流、电压、栓钉提升高度以及焊接通电时间。

2. 焊接工艺试验

进行焊接工艺试验，观察接头外形是否符合要求，否则调整焊接参数。

图 6-26　普通栓钉焊

图 6-27　穿透栓钉焊

3. 焊接操作

普通栓钉焊的操作过程：

栓钉焊的引弧与焊条电弧焊相似，先将栓钉的尖端与钢结构接触，通过强大焊接电流，短路，瞬间到达高温，焊枪中磁力提升栓钉、引弧，产生熔池；之后，立即释放磁力，利用弹簧使栓钉压入熔池，断电后，冷却形成接头。栓钉提升高度是在焊枪中提前调定的。

穿透栓钉焊的操作过程（图 6-28）：

（1）按照焊枪调整要求调整好焊枪，压下枪身，使瓷环和栓钉焊接端面与薄板表面压平。

（2）压下栓钉，使瓷环压平焊件。

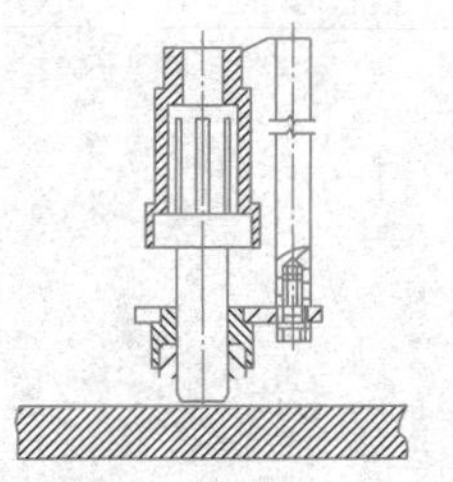
1．栓钉对准焊接位置

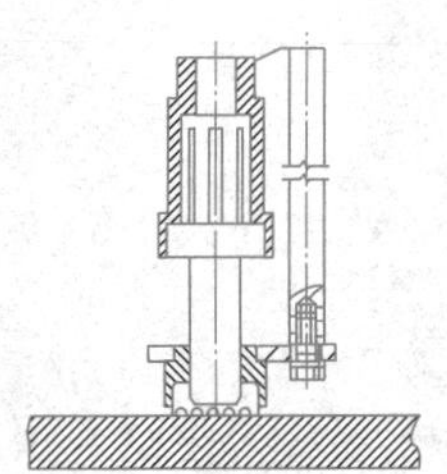
2．压下栓钉，使瓷环压平焊件

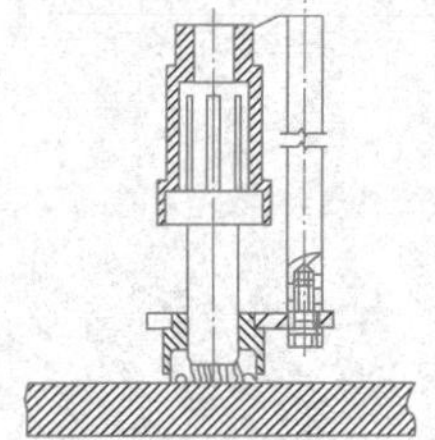
3．按下焊枪开关，栓钉自动提升，引弧

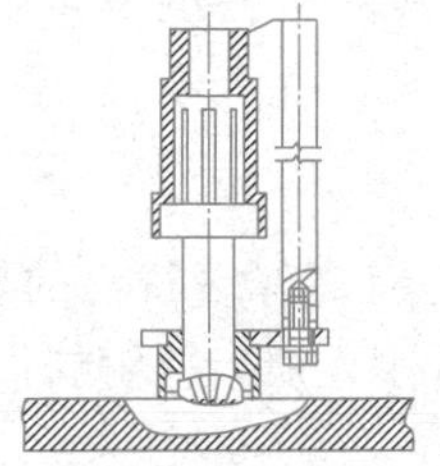
4．在选定的时间内，栓钉和焊件在设定的焊接电流下熔化

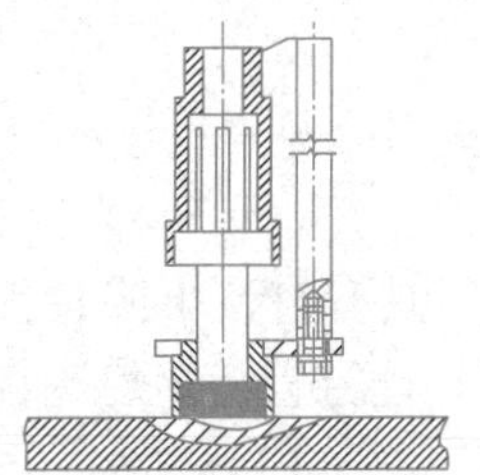
5．断弧后栓钉压入熔池

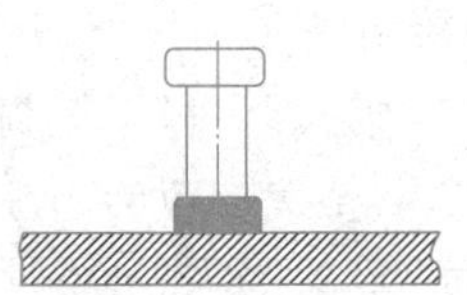
6．拔出焊枪，去除瓷环，完成焊接

图 6-28　穿透栓钉焊过程示意

（3）按下焊枪开关，栓钉自动提升，引弧。

（4）在选定的时间内，栓钉和焊接在设定的焊接电流下熔化。

（5）断弧后栓钉压入熔池。

（6）拔出焊枪，去除瓷环，完成焊接。

4. 接头质量检查

（1）外观检查。用目测检查栓钉焊端部四周焊缝的连续性、均匀性及熔合情况，以判断焊缝是否有缺陷。容易出现的焊接缺陷是：①栓钉未插入熔池而悬空；②磁偏吹，造成焊缝四周不均匀热量不足；③栓钉不垂直于构件表面。

发现问题，找出原因，相应改变工艺参数，采取改正措施。

（2）金相检验。有必要时，进行接头宏观组织金相分析，以检查熔合情况及裂纹等缺陷。

（3）力学性能试验。在建筑钢结构工程的施工现场，常用的为弯曲试验，即抽样打弯30°，完好为合格。必要时，采用特制的拉力架，进行焊接接头拉力试验。

6.4.2 栓钉焊设备

螺柱焊机（图6-29、图6-30）有两类：电弧螺柱焊机和储能螺柱焊机。储能螺柱焊机适用于直径较小的螺柱焊接；建筑工程中栓钉直径较大，因此，栓钉焊时均采用电弧螺柱焊机。

图6-29 RSN系列晶闸管螺柱焊机

图6-30 RSR系列储能螺柱焊机

栓钉焊接设备由焊接电源、控制系统及焊枪三部分组成。

1. 焊接电源

与手工电弧焊一样，栓钉焊采用具有直流下降特性，并具有良好动特性的焊接电源。虽然额定负载持续率仅为10%，但是栓钉直径比焊条直径大很多，所以栓钉焊机电源输出电流高达1000A，甚至2000A。

2. 控制系统

栓钉焊的控制系统应满足焊接电流、焊接电压和栓钉位移的控制。控制系统与焊接电源装在一起，但按钮开关装在焊枪上。

3. 焊枪

螺柱焊焊枪机械部分由夹持机构、电磁提升机构和弹簧加压机构三部分组成。电弧螺柱焊枪是螺柱焊设备的执行机构，有手持式和固定式两种。建筑钢结构用螺柱焊一般使用手持式焊枪，见图 6-31。

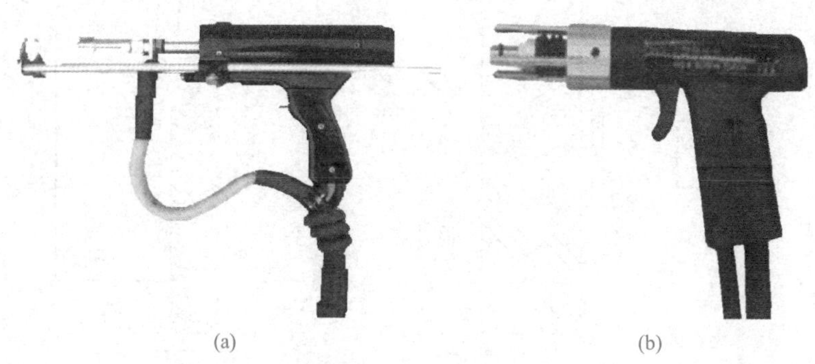

(a)　　(b)

图 6-31　手持式焊枪

(a) YF-DH-25 手持式螺柱焊枪；(b) M3-M12 手持式电容储能焊枪

6.5 电渣焊工艺

电渣焊是利用电流通过液体熔渣产生的电阻热作为热源，将焊件和填充金属熔合成焊缝的垂直位置焊接方法。渣池保护金属熔池不被空气污染，水冷成形滑块与焊件端面构成空腔挡除熔池和渣池，保证熔池金属凝固成形。电渣焊主要有丝极电渣焊、熔嘴电渣焊、板极电渣焊、管极电渣焊、电渣压力焊。建筑钢结构焊接中经常使用熔嘴电渣焊。

电渣焊适宜在垂直位置焊接，厚大焊件能一次焊接成型，生产率高，焊缝成型系数和融合比调节范围大，渣池对被焊件有较好的预热作用，焊缝和热影响区晶粒粗大。

6.5.1　电渣焊工作过程

电渣焊主要通过调整焊丝的合金成分来对焊缝金属的化学成分和力学性能加以控制，并且施工过程不允许中断，即出现停电、焊丝不够等现象。电渣焊的过程可分为三个阶段，见图 6-32。

1. 引弧造渣阶段

开始电渣焊时，在电极和起焊槽之间引出电弧，将不断加入的固体焊剂熔化，在起焊槽内，两侧水冷成形滑块之间形成液体渣池。当渣池达到一定深度后，电弧熄灭，转入电渣过程。在引弧造渣阶段，电弧过程不够稳定，渣池温度不高，焊缝金属与母材熔合不好，因此焊后应将起弧部分连同起弧槽一起割掉。

2. 正常焊接阶段

当电渣过程稳定后，焊接电流通过渣池产生的热量使熔池的温度达到 1600～2000℃。

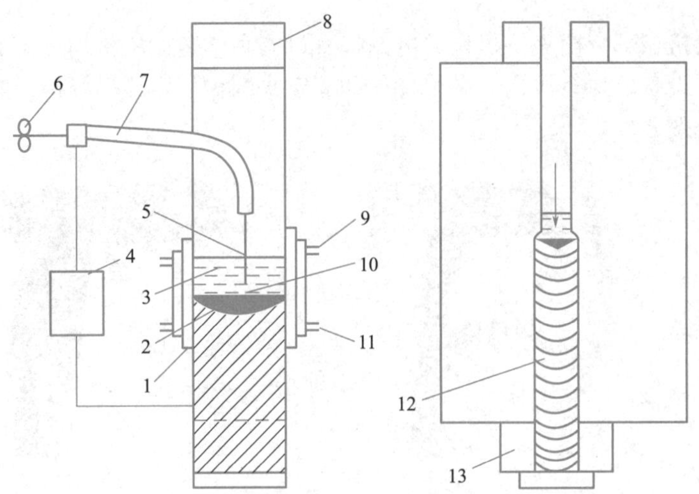

图 6-32　电渣焊过程示意图

1—水冷成形滑块；2—金属熔池；3—渣池；4—焊接电源；5—焊丝；6—送丝轮；7—导电杆；8—引出板；9—出水管；10—金属熔滴；11—进水管；12—焊缝；13—起焊槽

渣池将电极和焊件熔化，所形成的钢液汇集到渣池下部，成为金属熔池，随着电极不断向渣池送进，金属熔池和其上的渣池逐渐上升，金属熔池的下部远离热源的液体金属逐渐凝固形成焊缝。

3. 引出阶段

在焊接结束时，焊缝金属往往容易产生缩孔和裂纹；因此，在焊件接缝的顶部设置引出板，以便将渣池和熔池引出焊件。在引出阶段，应逐步降低焊接电流和焊接电压，以减少产生缩孔和裂纹，焊接结束后，应将引出部分割除。

6.5.2　电渣焊施工工艺

1. 焊前准备

(1) 熟悉设计图样。设计图样上标注接头形式及主要尺寸。接头形式常见的为对接接头和 T 形接头。一般来说，当钢板厚度为 50～60mm，间隙为 22～24mm，焊缝宽度为 25～28mm。箱形构件工艺隔板焊缝采用电渣焊示意图见图 6-33。

(2) 坡口制备

电渣焊的坡口加工比较简单，钢板经热切割并清除氧化物后，即可进行焊接。

(3) 焊件装配

在焊件两侧对称焊上定位板，定位板距焊件两端为 200～300mm，较长的焊缝中间另加定位板。定位板在电渣焊后，割去与焊件连接的焊缝后，可反复使用。

(4) 焊接工卡具准备

包括水冷成形滑块及支撑装置的准备。

2. 设备调试

(1) 安装熔嘴。若是熔嘴电渣焊，首先将熔嘴安装在装配间隙中，并固定在夹持机构

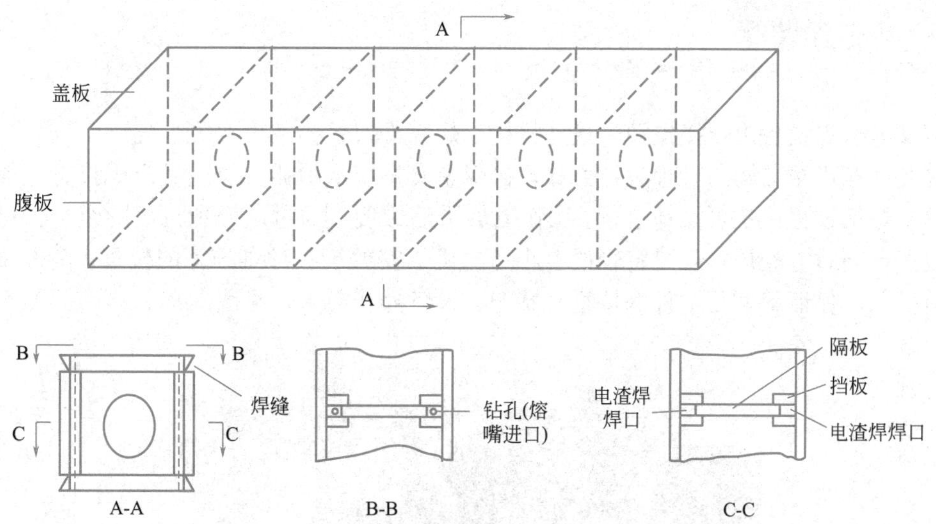

图 6-33　箱形构件工艺隔板焊缝采用电渣焊示意图

上，调节夹持机构上下螺栓，使焊嘴处于装配间隙中心，与两侧水冷成形滑块距离合适。

（2）通入焊丝，检查熔嘴是否畅通。

（3）检查冷却水系统。

（4）设备进行空载试车。

3. 焊接过程操作

（1）引弧造渣过程的操作

焊丝伸出长度以 30～40mm 为宜，太长，易于爆断；过短，溅起熔渣易于堵塞熔嘴。引出电弧后，要逐步加入熔剂，使逐步熔化成渣池。

应采用比正常焊接稍高的电压和电流，以缩短造渣时间，目的是减少下部未焊透的长度。

（2）正常焊接过程的操作

① 经常测量渣池深度，严格按照工艺进行控制，以保持稳定的电渣过程。

② 保持基本恒定的工艺参数。不要随便降低电流和电压。

③ 经常调整焊丝（熔嘴）使之处于正确位置。

④ 经常检查水冷成形滑块的出水温度及流量。

（3）引出部分的操作

焊接结束时，如果突然停电，渣池温度陡降，易于产生裂纹、缩孔等缺陷。因此进入引出部分后，应逐渐降低焊接电压和焊接电流。

（4）焊后工作

电渣焊停止后，应立即割去定位板、起焊槽、引出板，并仔细检查焊缝上有无表面缺陷。对表面缺陷要立即用气割或碳弧气刨清理，并焊补。

4. 焊接工艺参数

电渣焊的焊接电流、焊接电压、渣池深度和装配间隙直接决定电渣焊过程的稳定性、焊接接头质量、焊接生产率和焊接成本，是电渣焊的主要焊接参数。应该根据板厚、焊丝直径、焊丝根数等焊接条件，并通过工艺试验确定选用。

6.5.3 电渣焊设备

熔嘴电渣焊设备由焊接电源、送丝机构、熔嘴夹持机构及机架等组成。

焊接小车机械结构的合理设计方式，确保整套系统从引弧造渣到稳定焊接直至渣池引出，整个焊接过程稳定可靠地进行。操作更加灵活方便，通过电源和机头的组合，可实现单台或多台同时电渣焊，还可将轻便、小巧的机头安放于各种难施工的位置。全方位的机头调节机构，保证熔嘴与工件保持垂直状态，设备操作简单，见图 6-34。

图 6-34 ZH—1250 型电渣焊机

箱形梁生产线设备 XZHB12 悬臂式电渣焊机主要用于焊接箱形梁盖板与内筋板内侧焊缝，主要由底架、立柱、升降臂、焊枪移动体、焊枪十字调节装置、焊丝盘及导丝装置、引弧装置等组成，见图 6-35。

图 6-35 箱形梁生产线设备 XZHB12 悬臂式电渣焊机

6.6 焊缝的质量检测

6.6.1 焊缝的质量缺陷

焊缝中存在缺陷，显著降低使用性能，可能会引起严重事故。所以焊工要提高操作技术，遵循各项技术文件和有关操作规程，精心施焊；一旦发现缺陷，要分析原因，及时消除，技术人员要加强管理和监督检查。

焊缝的质量缺陷

1. 焊缝尺寸不符合要求

主要体现在焊缝起点、止点不到位，造成焊缝长度不足；角焊缝焊脚尺寸不够（图 6-36），以及焊缝纵横方向的高度和宽度不足或不均匀。

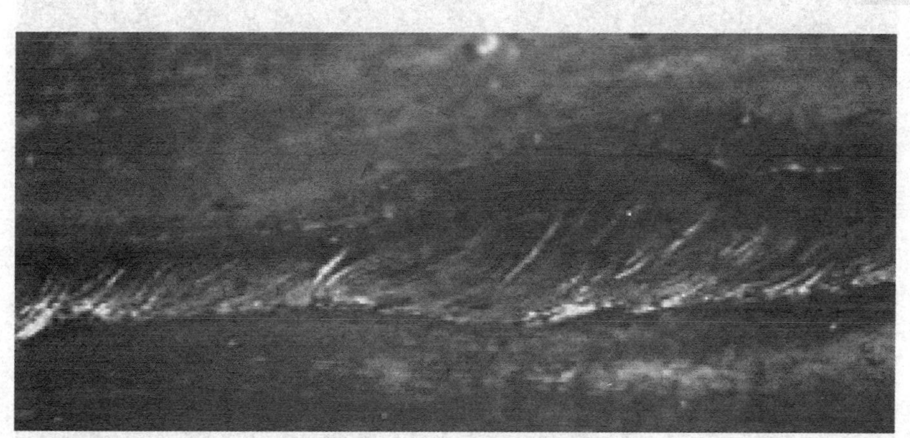

图 6-36　焊缝尺寸不符合要求

产生这种缺陷，会引起焊缝的应力集中，不符合设计要求，降低焊缝的抗拉强度和损坏焊缝外表面的几何形状。

2. 咬边

咬边的表现是在焊缝边缘与基本金属之间，有一条小沟槽，见图 6-37。由于工件被熔化部分深度，填充金属未能及时流过去补充造成的。当电流过大，电弧拉得太长，焊条角度不当时都会造成咬边，极易在平角焊、立焊、横焊和仰焊时产生。

3. 弧坑未填满

产生这种缺陷的原因是焊接过程中更换焊条或焊缝结束的收尾工艺不恰当，电流太大，焊条拉开太早，见图 6-38。这种缺陷的存在会减少焊缝金属的工作截面而使应力集中，弧坑往往会产生气孔和裂纹。

4. 烧穿

焊接过程中熔化金属自焊缝背面流出，形成穿孔的现象叫烧穿（图 6-39）。焊件装配间隙过大或钝边太小，焊接电流过大，焊速过慢都会出现烧穿现象。

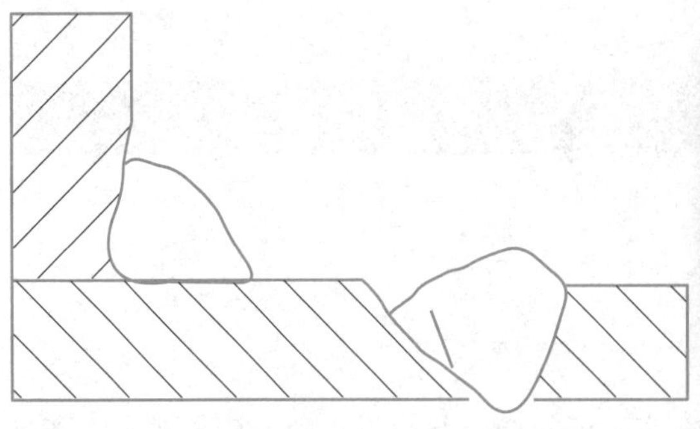
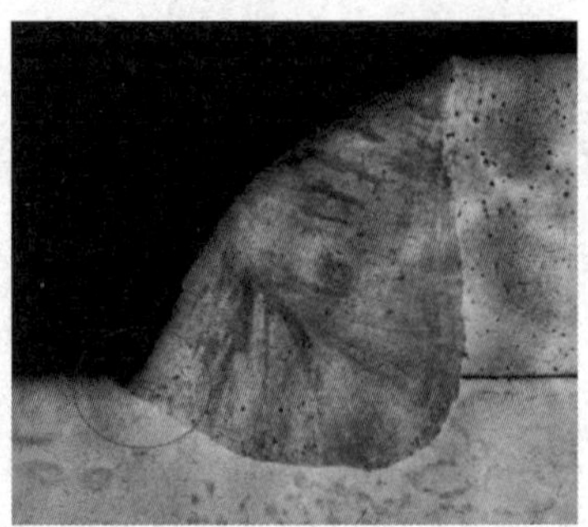

图 6-37　咬边

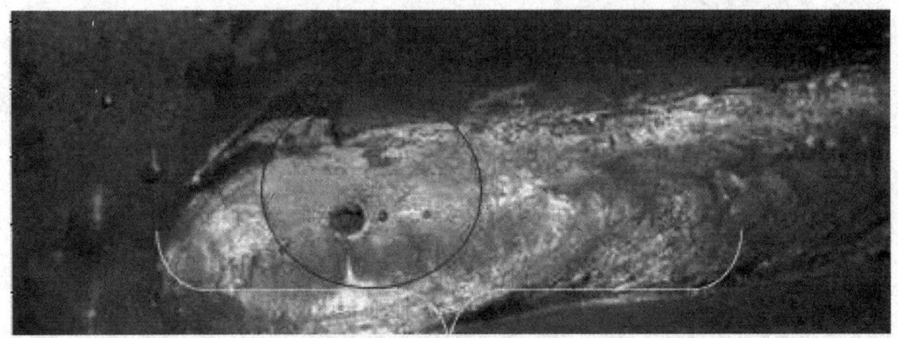

图 6-38　弧坑未填满

图 6-39　烧穿

5. 未焊透

未焊透是焊缝中常见的缺陷，见图 6-40，其危害性很大，严重影响焊接接头的质量，超过允许范围时应返修重焊。

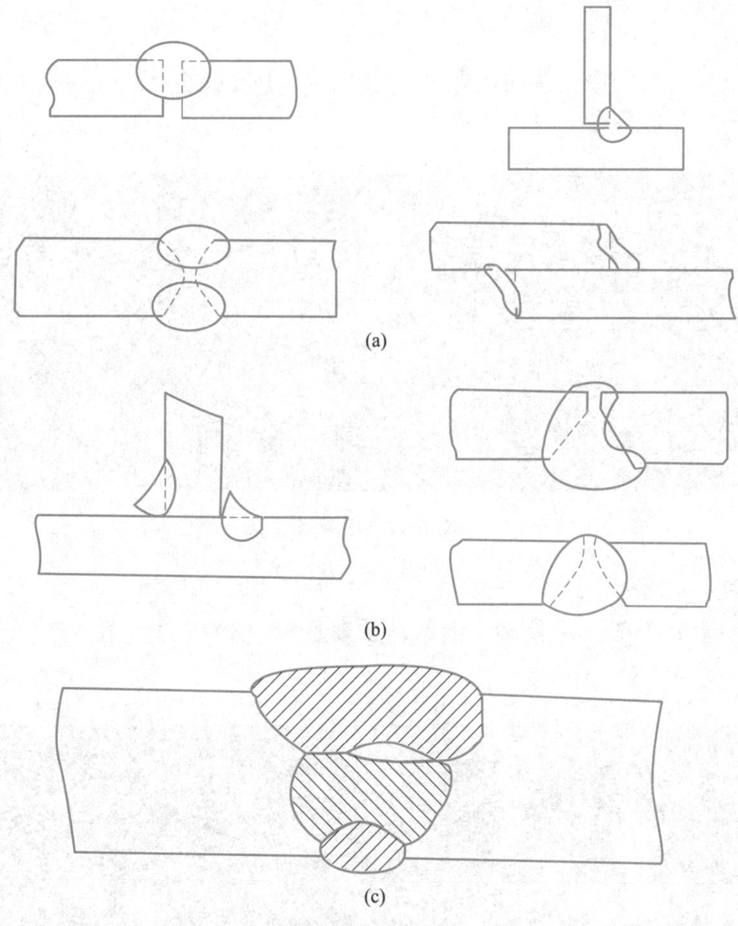

图 6-40　未焊透

（a）根部未焊透；（b）边缘未焊透；（c）层间未焊透

6. 未熔合

未熔合性质类似于未焊透，表现出焊缝金属与焊件金属之间没有熔化在一起时，熔池的金属溶液仅仅“靠”在基本金属上，其中往往夹有杂质或熔渣，有时以浮焊形式存在于焊缝表面，见图 6-41。

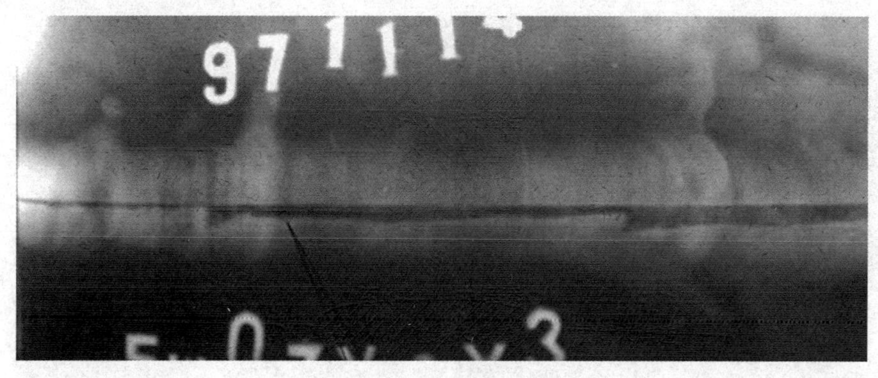

图 6-41　未熔合

7. 裂纹

(1) 冷裂纹

由于母材具有较大的脆硬倾向，焊接熔池中溶解了过量的氢，从焊接接头中产生了较大的应力，而产生了冷裂纹，见图 6-42。

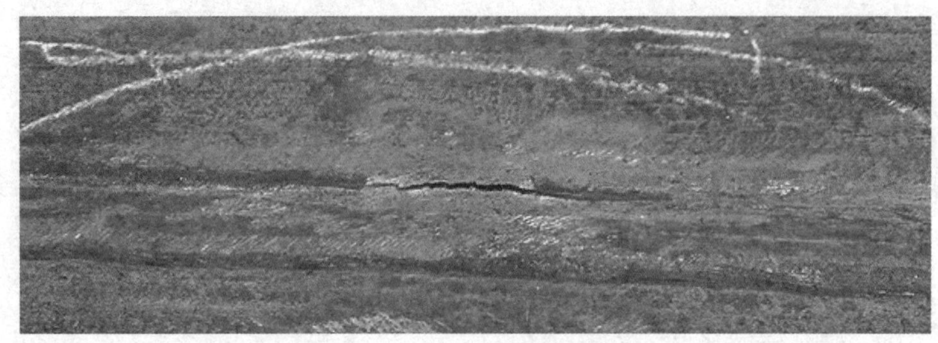

图 6-42　冷裂纹

(2) 热裂纹

由于熔池中含碳、硫、磷较多，到熔池快凝固时在拉应力作用下产生热裂纹，见图 6-43。

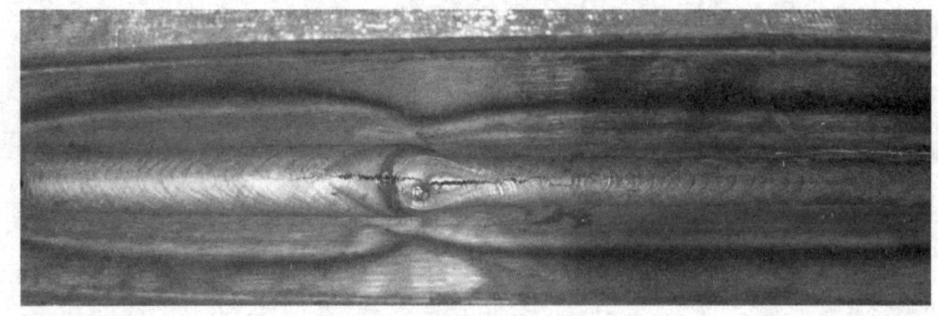

图 6-43　热裂纹

8. 夹渣

焊接熔渣残留在焊缝金属中的现象叫夹渣，见图 6-44。

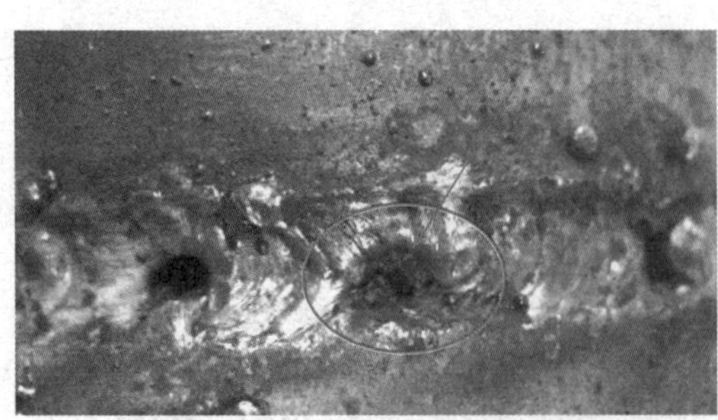

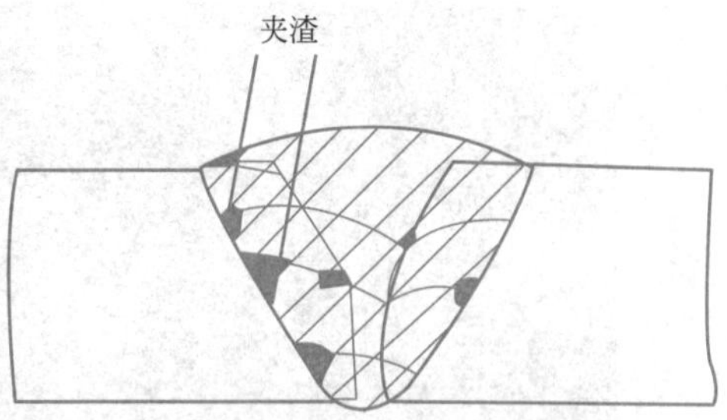

图 6-44　夹渣

9. 气孔

在焊接过程中，熔池金属中的气体在金属冷却以前，没能来得及逸出，在焊缝金属内部或表面所形成的气孔，见图 6-45。

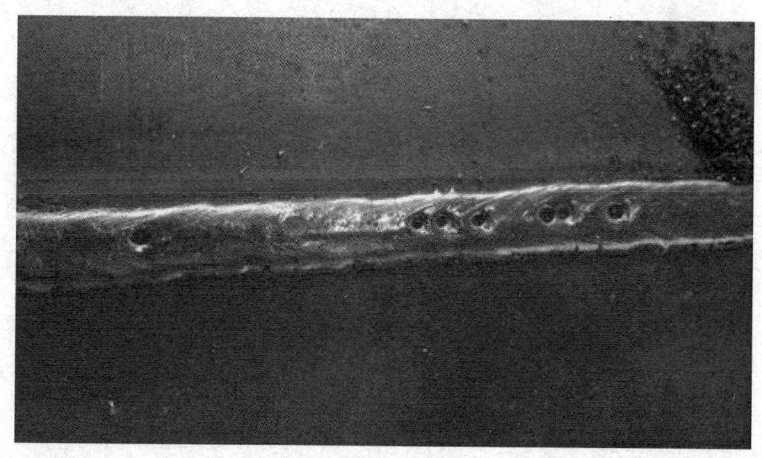

图 6-45 气孔

6.6.2 焊接残余应力和残余变形

1. 焊接残余应力

焊接残余应力按其方向可分为纵向残余应力、横向残余应力和厚度方向残余应力。

焊接时钢板焊接一边受热，将沿焊缝方向纵向伸长。但伸长量会因钢板的整体性而受到钢板两侧未加热区域的限制，由于这时焊缝金属是熔化塑性状态，不产生应力。

随后焊缝金属冷却恢复弹性，收缩受限将导致焊缝金属纵向受拉，两侧钢板则因焊缝收缩倾向牵制而受压，形成纵向焊接残余应力分布。

焊接纵向收缩将使两块钢板有相向弯曲变形的趋势。但钢板已焊成一体，弯曲变形将受到一定的约束，因此在焊缝中段将产生横向拉应力，在焊缝两侧将产生横向压应力。

此外，焊缝冷却时除了纵向收缩外，焊缝横向也将产生收缩。由于施焊是按一定顺序进行的，先焊好的部分冷却凝固恢复弹性较早，将阻碍后焊部分自由收缩。

因此，先焊部分就会横向受压，而后焊部分横向受拉，见图 6-46。

上述两项横向残余应力相叠加，形成一组自相平衡的内应力。

2. 焊接残余变形

焊接变形

在实际焊接结构中，焊接残余应力和焊接残余变形是很复杂的，几个焊接残余应力和残余变形的简单示例见图 6-47。

3. 消除焊接应力和焊接变形的措施

（1）合理选择焊接顺序

合理选择焊接顺序的目的是避免焊接时热量过于集中，须注意焊缝尽量不要密集交叉，截面和长度应尽可能小，从而减少焊接残余变形和残余应力，见图 6-48。

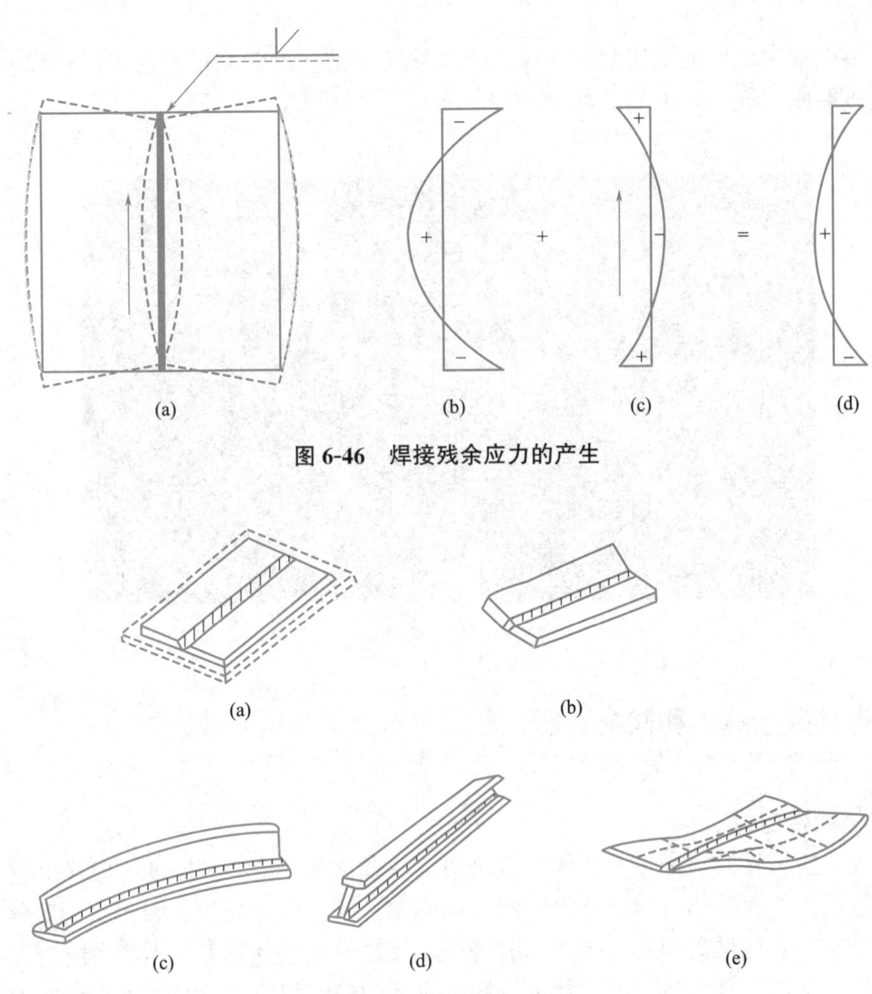

图 6-46 焊接残余应力的产生

图 6-47 焊接残余变形

（a）钢板对接的纵向和横向收缩变形；（b）V 形坡口焊接的角变形；（c）T 形梁的弯曲变形；（d）工字形梁的扭曲变形；（e）钢板连接的波浪式变形

（2）采用反变形法

反变形法是指施焊前给构件以一个和焊接变形相反的预变形，使构件焊接后产生的焊接残余变形与预变形相互抵消，以减小最终的总变形，见图 6-49。

（3）焊接变形的矫正

矫正焊接变形的方法有机械矫正法和火焰矫正法两种。

机械矫正法，即利用外力使构件产生与焊接变形方向相反的塑性变形，使两者相互抵消，通常只适用于塑性好的低碳钢和普通低合金钢，见图 6-50（a）。

火焰矫正法，即利用火焰局部加热焊件的适当部位，使其产生压缩塑性变形，以抵消焊接变形，一般适用于塑性好，且无淬硬倾向的材料，见图 6-50（b）。

（4）残余应力的消除

可在施焊前将构件以 150～350℃的温度预热再行焊接，这样可减少焊缝不均匀收缩和冷却速度，是减小和消除焊接残余变形及残余应力的有效方法。

(a)

1—4—3—2

(b)

1—2—3—4

(c)

(d)

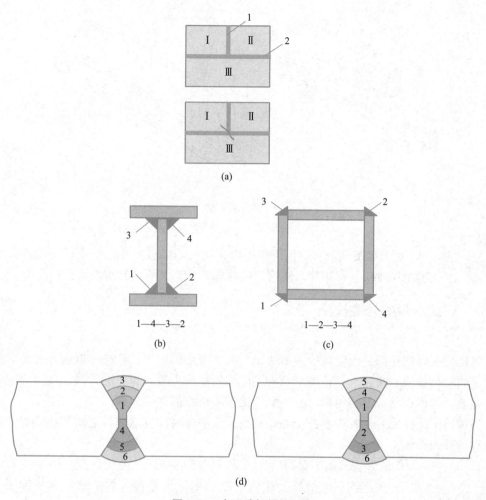

图 6-48　合理选择焊接顺序

(a) 钢板采用分块焊接；(b) 工字形顶接焊接时采用对称跳焊；(c) 箱形柱焊接时采用对称跳焊；(d) 对于厚的焊缝，进行分层施焊

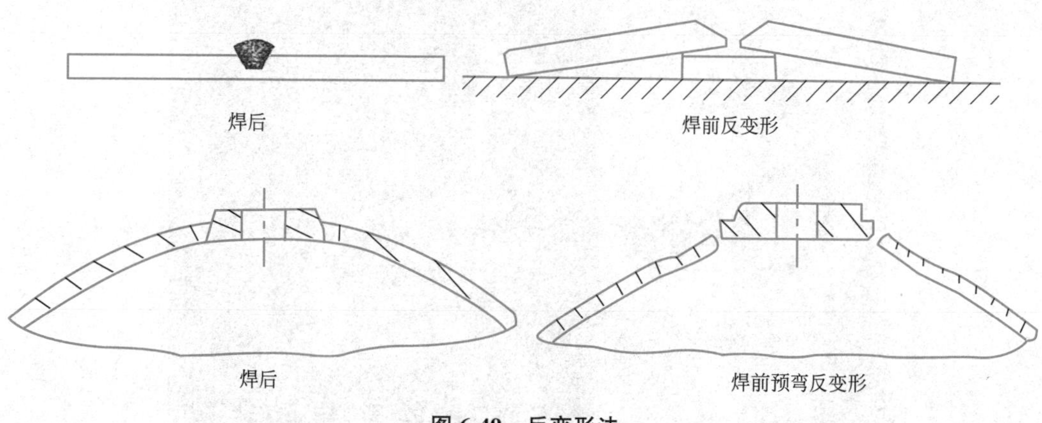

图 6-49　反变形法

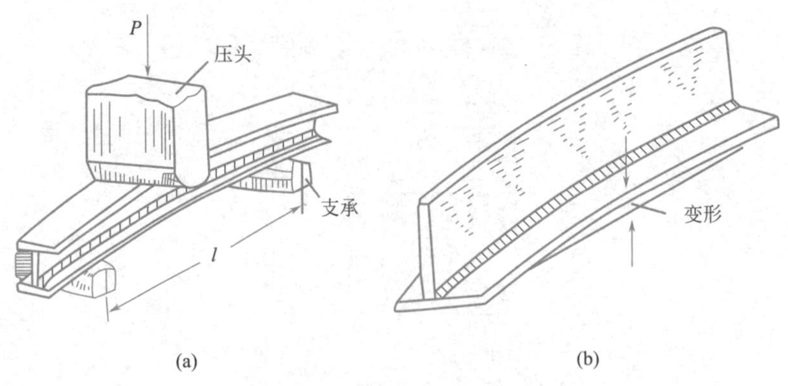

图 6-50　焊接变形的矫正

(a) 机械矫正法；(b) 火焰矫正法

对于焊接残余应力，可采用退火法来消除或减小。退火法是构件焊成后再加热到 600～650℃，然后慢慢冷却，从而消除或减小焊接残余应力。

6.6.3　焊缝质量的外观检测

焊接接头外观检测是由焊接检查员通过个人目视或借助工具检查焊缝的外形尺寸和外观缺欠的质量检测方法，是一种简单且应用广泛的检测手段。焊缝的外观尺寸、表面不连续性是表征焊缝形状特性的指标，是影响焊接工程质量的重要因素。

当焊接工作完成后，首先要进行外观检查。多层焊时，各层焊缝之间和接头焊完之后都应进行外观检测。

焊缝外观检测工具有专用工具箱（图 6-51），主要包括咬边测量器（图 6-52）、焊缝内凹测量器、焊缝宽度和高度测量器、焊缝放大镜、锤子、扁铿、划针、尖形量针、游标卡尺等，焊缝外观检测工具还包括焊接检验尺、数显式焊缝测量工具。此外还有基于激光视觉的焊后检测系统等。

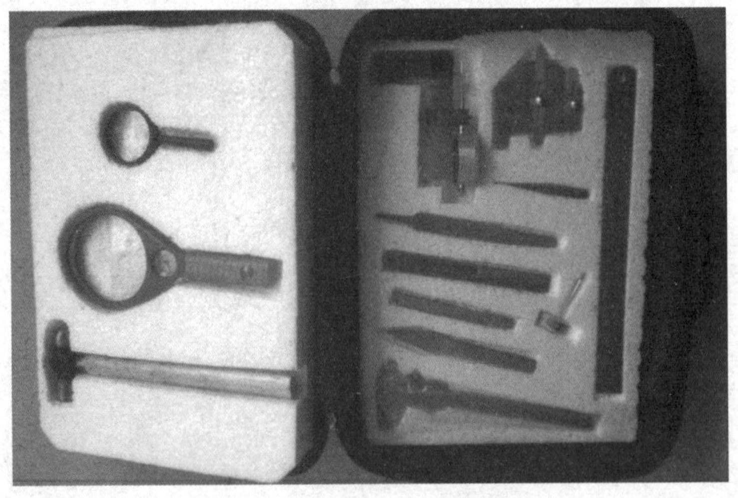

图 6-51　焊缝外观检测专用工具箱

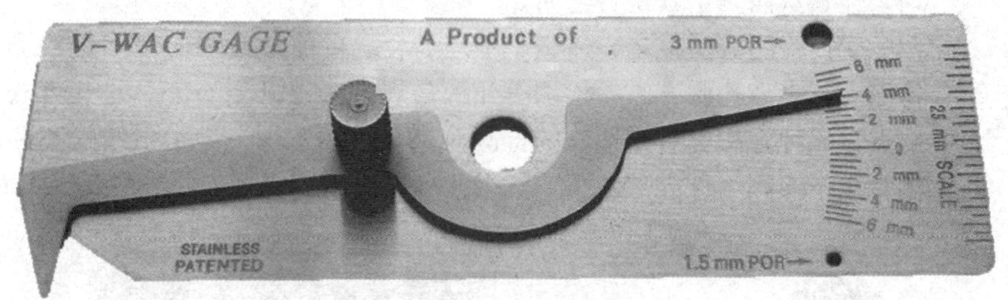

图 6-52　咬边测量器

焊接检验尺是利用线纹和游标测量等原理，检测焊接件的焊缝宽度、高度、焊接间隙、坡口角度和咬边深度等计量工具，见图 6-53。主要由主尺、高度尺、咬边深度尺和多用尺四个零件组成。

焊接检验尺可以测量：（1）测量坡口角度；（2）测量错边量；（3）测量对口间隙；（4）测量焊缝余高；（5）测量焊缝宽度；（6）测量焊缝平直度及焊脚尺寸。

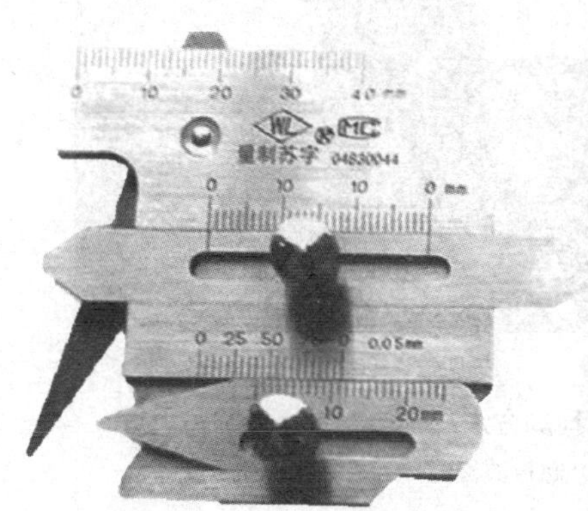
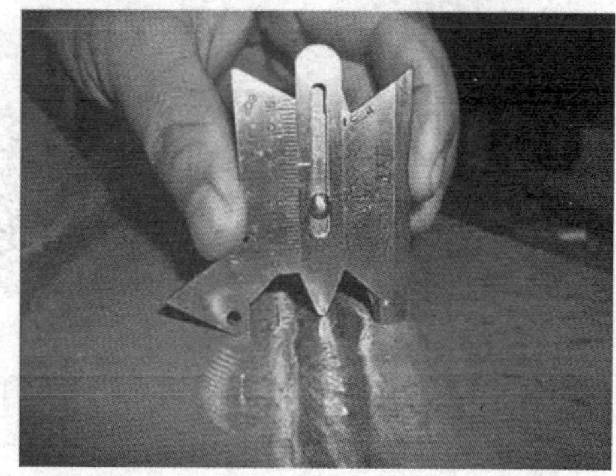

图 6-53　焊接检验尺

数显焊缝规是将传统焊缝检测尺或焊缝卡板与数字显示部件相结合的一种焊缝测量工具，见图 6-54。数显焊缝规具有度数直观、使用方便、功能多样的特点。数显焊缝规是由角度样本、高度尺、传感器、控制运算部分和数字显示部分组成。该焊缝规有四种角度样板，可用于坡口角度、焊缝尺寸的测量，可实现任意位置清零，任意位置米制与英制转换，并带有数据输出功能。

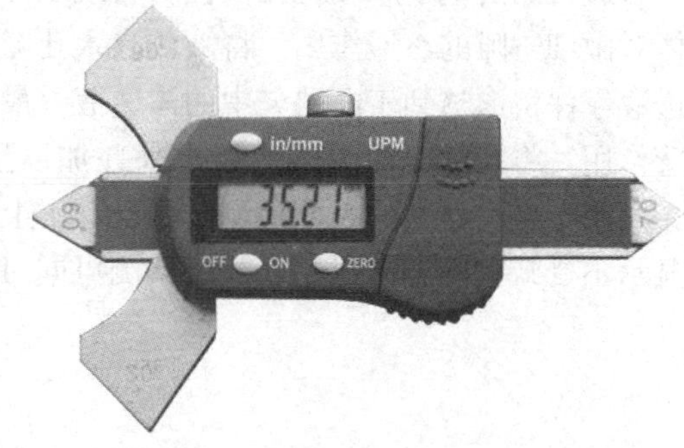

图 6-54　数显焊缝规

6.6.4　焊缝质量的无损检测

无损检测技术是常规检测方法的一种，是指在不损伤被检材料、工件或设备的情况下，应用某些物理方法来测定材料、工件或设备的物理性能、状态及内部结构，检测其不

均匀性，从而判定其是否合格。

无损检测方法很多，适用于不同场合。目前最常用的是渗透检测、射线检测、超声波检测、磁粉检测等几种常规方法，见图 6-55。这些方法各有优缺点，每种方法都有最适宜的检测对象与适用范围。其中射线检测和超声检测常用于探测工件内部缺欠，其余几种方法用于探测工件表面及近表面缺欠。

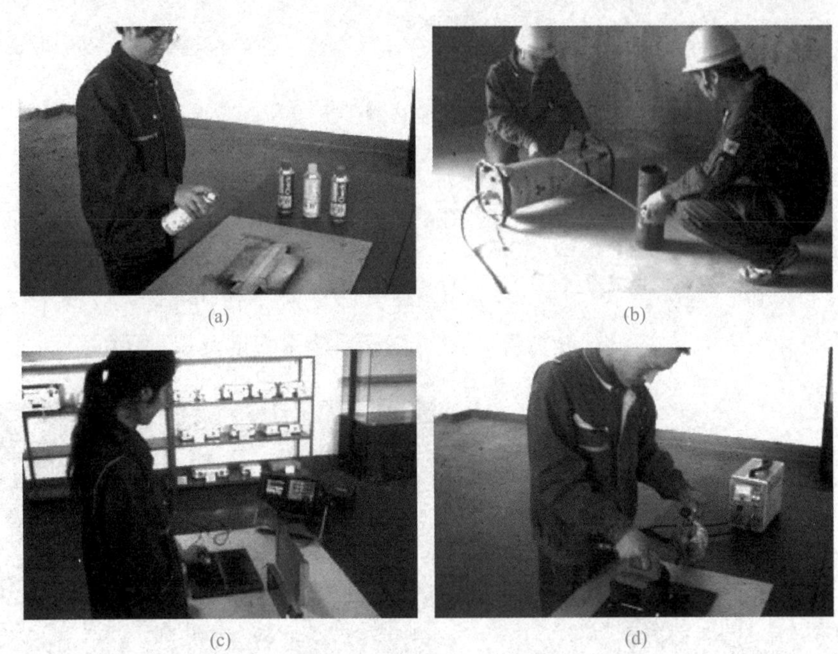

图 6-55　无损检测方法

(a) 渗透检测；(b) 射线检测；(c) 超声波检测；(d) 磁粉检测

1. 渗透检测

渗透检测的基本原理是在被检材料或工件表面上浸涂某些渗透力比较强的液体，利用液体对微细空隙的渗透作用，将液体渗入孔隙中，然后用水和清洗液清洗工件表面的剩余渗透液，保留渗透到表面缺欠中的渗透液，最后再用显示材料喷涂在被检工件表面，经毛细管作用，将孔隙中的渗透液吸出来并加以显示，见图 6-56。因此，渗透检测应用范围广，可用于多种材料的表面检测，而且基本上不受工件几何形状和尺寸大小的限制，缺欠的显示不受缺欠的方向限制，一次检测可同时探测不同方向的表面缺欠。

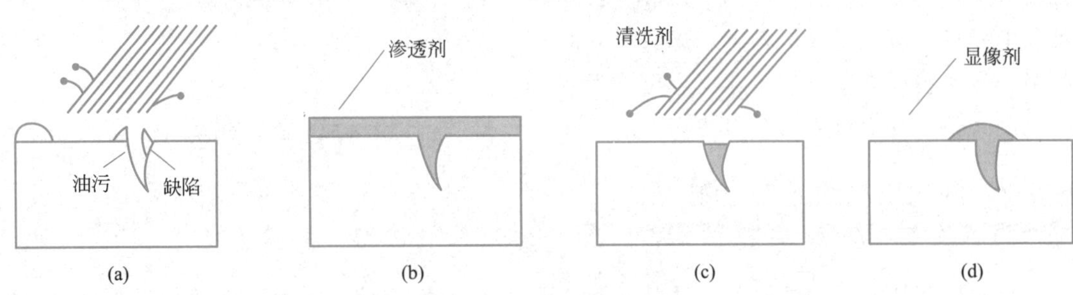

图 6-56　渗透检测过程

(a) 预清洗；(b) 渗透；(c) 清洗；(d) 显像

2. 射线检测

射线检测是利用射线可穿透物质并在物质中有衰减的特性来发现缺欠的一种检测方法（图 6-57）。按使用的射线源不同，可分为 X 射线检测、γ 射线检测和高能射线检测。

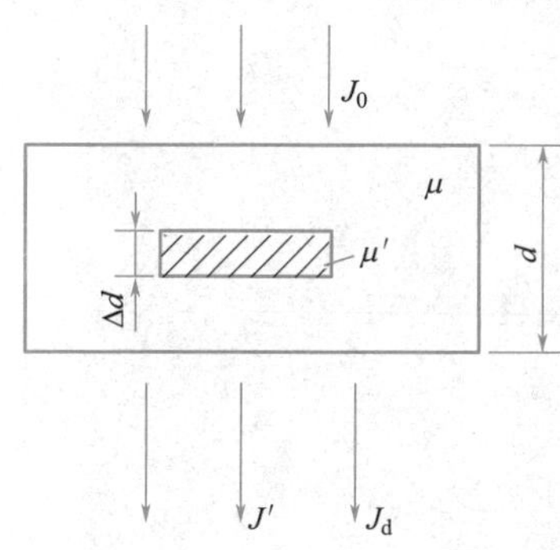

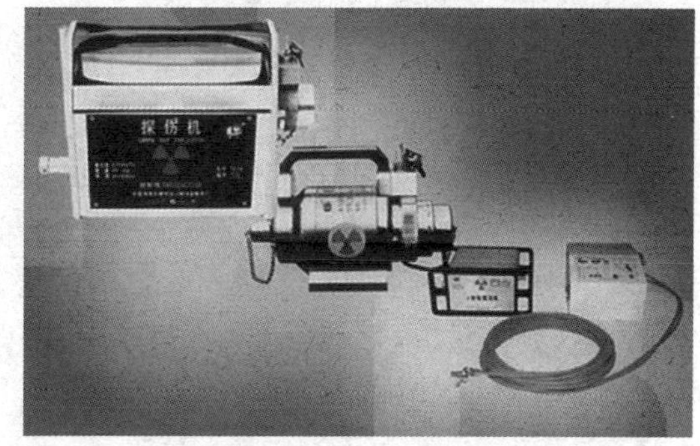

图 6-57　射线检测

射线检测的实质是根据被检测工件与其内部缺欠介质对射线能量衰减程度不同，引起射线透过工件后的强度差异，使缺欠在底片上显示出来。

3. 超声波检测

超声波是频率大于 20000Hz 的机械振动在弹性介质中传播产生的一种机械波，具有良好的指向性。超声波在大多数介质中，尤其在金属材料中传播时，传输损失小，传播距离大，穿透能力强。因此，超声波检测能检测较大厚度的试样。

脉冲反射法是超声波检测中应用最广的方法。其基本原理是将一定频率间断发射的脉冲波，通过一定耦合剂的耦合传入工件，当遇到缺欠或工件底面时，超声波将产生反射，反射波被仪器接收并以电脉冲信号在示波屏上显示出来，由此判断是否存在缺欠，以及对缺欠进行定位、定量评定，见图 6-58。

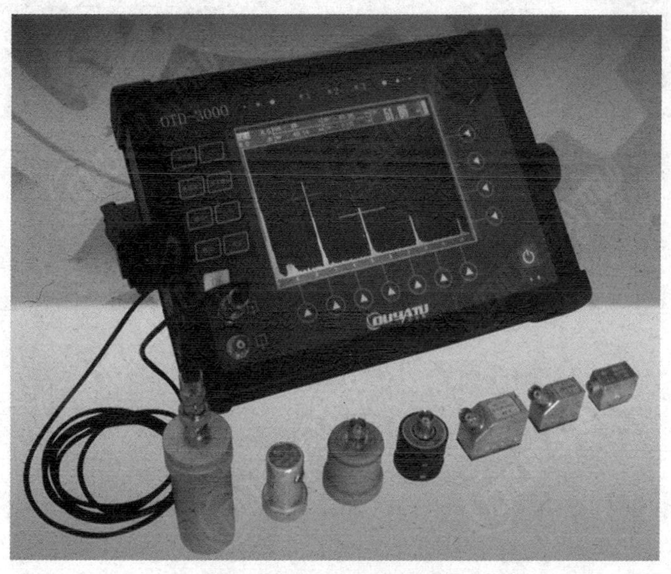

图 6-58　超声波检测仪

超声波探伤用的端头见图 6-59。

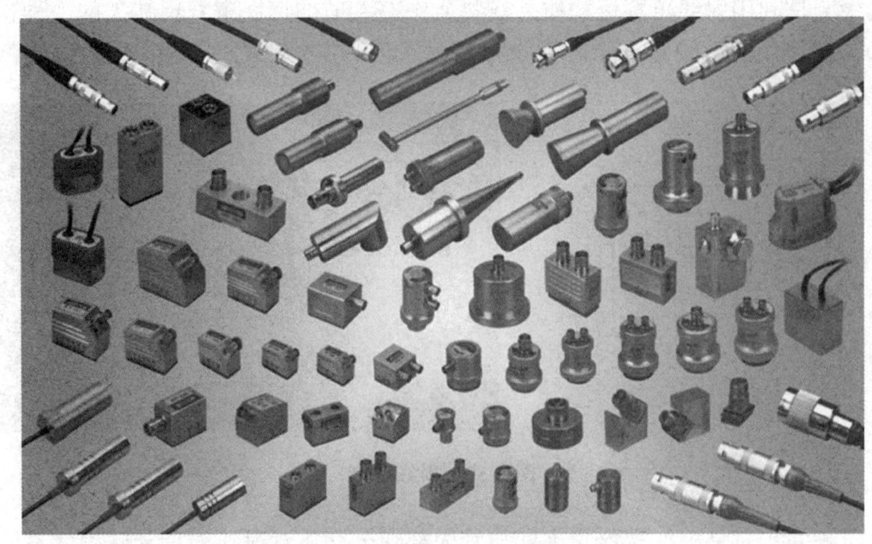

图 6-59　超声波探伤用端头

超声波探伤时，为了使超声波能有效地穿入被测工件，保证探测面上有足够的声强透射率，需要液性传导介质来连接探头与被测工件，这种介质就是超声波耦合剂，见图 6-60。常用的耦合剂有：机油、水、水玻璃、甘油、糨糊等。

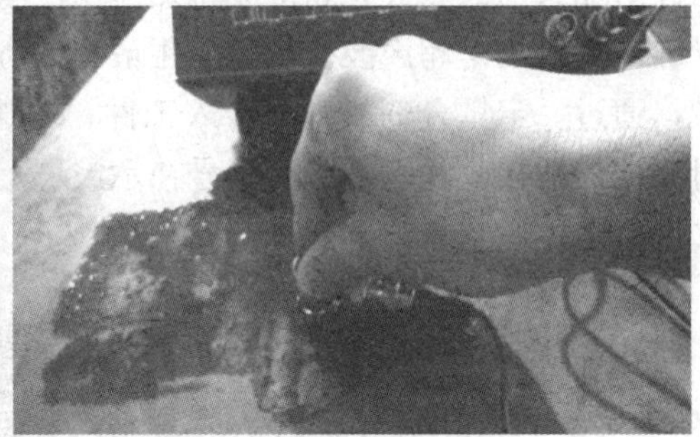

图 6-60　耦合剂及其使用

4. 磁粉检测

铁磁性材料磁化后，在表面缺陷处会产生漏磁场现象。磁粉检测就是根据缺陷处的漏场与磁粉的相互作用，利用磁粉来显示铁磁性材料表面或近表面缺陷，进而确定缺陷的形状、大小和深度。

若被检工件没有缺欠，则磁粉在工件表面均匀分布。若工件上存在缺欠，由于缺欠（例如裂纹、气孔或非金属夹杂物）含有空气或非金属，其磁导率远远小于工件的磁导率，在位于工件表面或近表面的缺欠处产生漏磁场，形成一个小磁极，见图 6-61，磁粉将被小磁极吸引，缺欠处由于堆积比较多的磁粉而被显示出来，形成肉眼可以看到的缺欠图像。

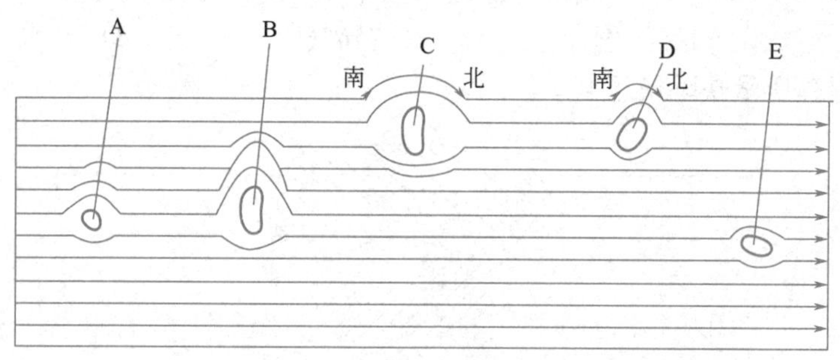

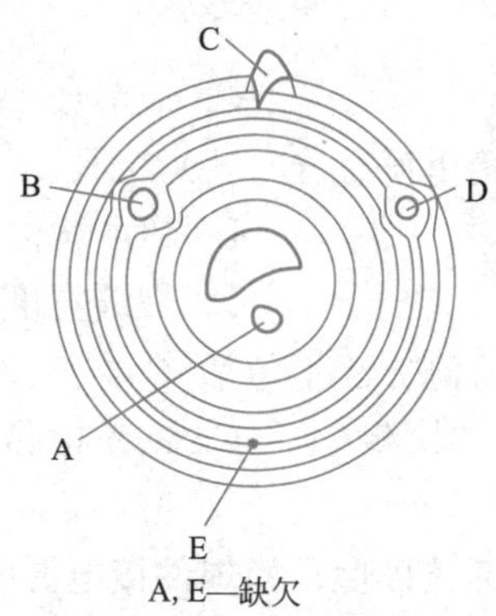

图 6-61　缺欠漏磁场的产生

单元总结

本单元讲述了钢结构焊接常用的焊接工艺，包括手工电弧焊、埋弧焊、二氧化碳气体保护焊、栓钉焊和电渣焊，还介绍了焊缝的质量缺陷以及产生质量缺陷的焊接应力和焊接变形，以及焊缝质量的外观检测和无损检测。

思考及练习

1. 填空题

（1）手工电弧焊的工艺参数主要是________、________、________和________。

（2）手工电弧焊使用的焊接电源分为______________和______________。

（3）栓钉焊接设备由________、________和________三部分组成。

（4）电渣焊的过程可分为________、________和________三个阶段。

（5）矫正焊接变形方法有________和________两种。

2. 单项选择题

（1）下列属于二氧化碳气体保护焊设备的是（　　）。

A. BX1-300　　B. RSR-2000　　C. NBC-250　　D. XZHB12

(2) 下列选项中（　　）不属于二氧化碳气体保护焊焊枪的作用。

A. 导电　　B. 导丝　　C. 导气　　D. 导水

(3) 图示焊缝质量缺陷属于（　　）。

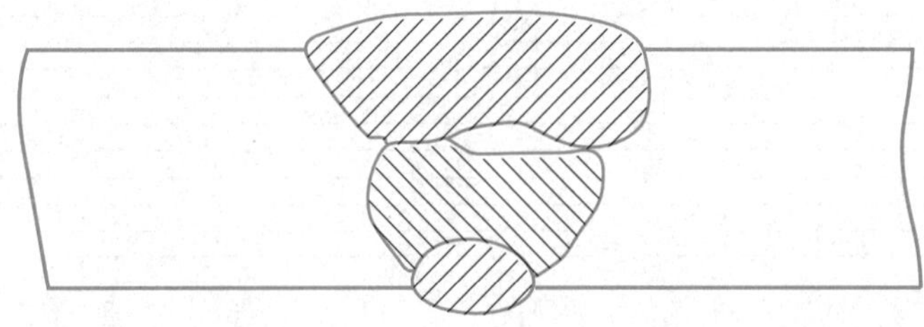

A. 未焊透　　B. 气孔　　C. 未熔合　　D. 烧穿

(4) 焊缝外观检测专用工具箱里没有（　　）工具。

A. 咬边测量器　　B. 超声波检测仪

C. 焊缝内凹测量器　　D. 焊缝宽度和高度测量器

(5) 目前常用的钢结构无损检测方法不包括（　　）。

A. 射线检测　　B. 超声波检测　　C. 铁粉检测　　D. 渗透检测

3. 判断题

(1) 在直流手工电弧焊时，反接极性是指焊件接电源的正极，焊条接电源的负极。

(2) 焊钳的作用是夹持焊条和传导焊接电流。

(3) 埋弧焊质量比手工电弧焊好，而且适合于任意焊缝的焊接。

(4) 埋弧焊送丝机构包括送丝电动机及转动系统、送丝滚轮和矫直滚轮等，它的作用是可靠地送丝并具有较宽的调节范围。

(5) 二氧化碳气体保护焊飞溅较低，并且可以焊接容易氧化的非铁金属材料，可以使用交流电源焊接。

4. 简答题

(1) 简述埋弧焊工作过程。

(2) 埋弧焊的辅助设备有哪些?

(3) 简述普通栓钉焊的操作过程。

(4) 消除焊接应力和焊接变形的措施有哪些?

教学单元7 Chapter 07

钢结构安装施工

1. 知识目标

掌握开工前的准备工作；掌握吊装机械及安装设备的选择；掌握基础的复测与验收；掌握技术交底的编制；掌握单层钢结构的安装技术及质量验收；掌握多高层钢结构的安装技术及质量验收；掌握网架结构的安装技术。

2. 能力目标

能够进行安装施工的前期准备工作；能够现场进行钢柱安装的技术指导；能够现场进行钢梁安装的技术指导；能够现场进行屋面、墙面、支撑安装的技术指导。

思维导图

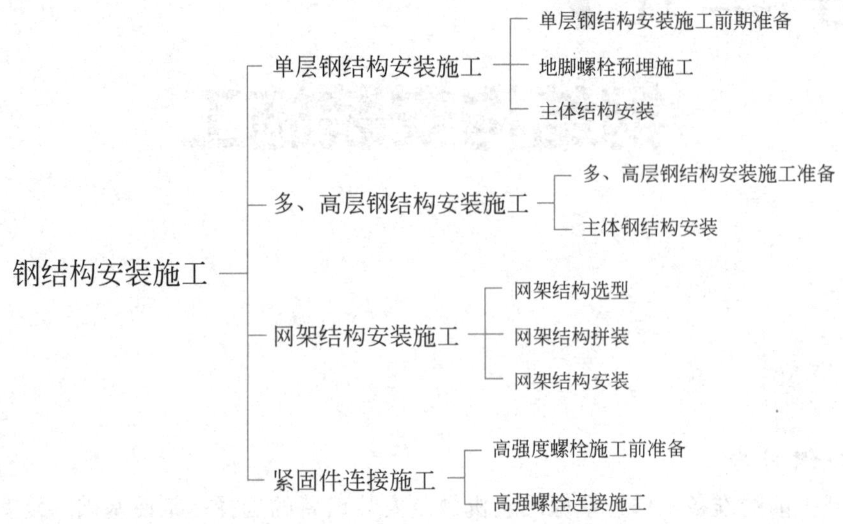

钢结构安装施工以建筑钢结构三种典型的工程结构类型单层钢结构，多、高层钢结构，网架结构为出发点，通过完成图纸识读、工程准备、工程施工、工程验收等阶段学习内容，按照施工流程划分为若干个学习任务——如施工前期准备、基础复测与验收、地脚螺栓埋设施工、主体结构安装施工、围护结构安装施工、防火与防腐施工等，使学生能够独立地进行建筑钢结构安装施工的技术指导与质量管理工作。

7.1 单层钢结构安装施工

7.1.1 单层钢结构安装施工前期准备

适用范围：适用于单层钢结构（钢柱、吊车梁、钢屋架或门式刚架及支撑系统等）单项和综合安装、大跨度预应力立体拱桁架安装。

1. 材料要求

(1) 钢构件复验合格

包括构件变形、标识、精度和孔眼等。构件变形和缺陷超出允许偏差时应进行处理。

(2) 高强度螺栓的准备

钢结构设计用高强度螺栓连接时应根据图纸要求分规格统计所需高强度螺栓的数量并配套供应至现场。应检查其出厂合格证、扭矩系数或紧固轴力（预拉力）的检验报告是否齐全，并按规定作紧固轴力或扭矩系数复验。

对钢结构连接件摩擦面的抗滑移系数进行复验。

(3) 焊接材料的准备

钢结构焊接施工之前应对焊接材料的品种、规格、性能进行检查，各项指标应符合现行国家标准和设计要求。检查焊接材料的质量合格证明文件、检验报告及中文标志等。对重要钢结构采用的焊接材料应进行抽样复验。

2. 主要机具

(1) 主要机具

主要机具如表 7-1 所示。

主要机具　　表 7-1

序号	名称	用途
1	起重机	钢构件拼装、安装
2	千斤顶	钢柱校正、构件变形校正
3	交流弧焊机	钢构件(柱、屋架、拱架、门式 刚架、支撑)焊接
4	直流弧焊机	碳弧气刨修补焊缝
5	小气泵	配合碳弧气刨用
6	砂轮	打磨焊缝
7	全站仪	轴线测量
8	经纬仪	轴线测量
9	水平仪	标高测量
10	钢尺	测量
11	拉力计	测量
12	气割工具	
13	捯链	

(2) 起重机

起重机一般分为自行式起重机、塔式起重机、桅杆式起重机三种。在结构安装中起重机的应用十分普遍。

1) 自行式起重机

自行式起重机分为履带式起重机、汽车式起重机、轮胎式起重机等，见图 7-1。自行式起重机的优点是灵活性大，移动方便；缺点是稳定性较差。

2) 塔式起重机

塔式起重机有竖立的塔身，吊臂安装在塔身顶部形成 T 形工作空间，因而具有较大的工作范围和起重高度，其幅度比其他起重机高，一般可达全幅度的 80%。塔式起重机在土木施工中，尤其在高层建筑施工中得到广泛应用，用于物料的垂直与水平运输和构件的安装，见图 7-2。

3) 桅杆式起重机

桅杆式起重机具有制作简单、装拆方便、起重量大（可达 1000kN 以上）、受地形限制小等特点。但它的灵活性较差，工作半径小，移动较困难，并需要拉设较多的缆风绳，故一般只适用于安装工程量比较集中的工程。桅杆式起重机可分为：独脚抱杆、人字抱

(a) (b) (c)

图 7-1 自行式起重机

(a) 履带式起重机；(b) 汽车式起重机；(c) 轮胎式起重机

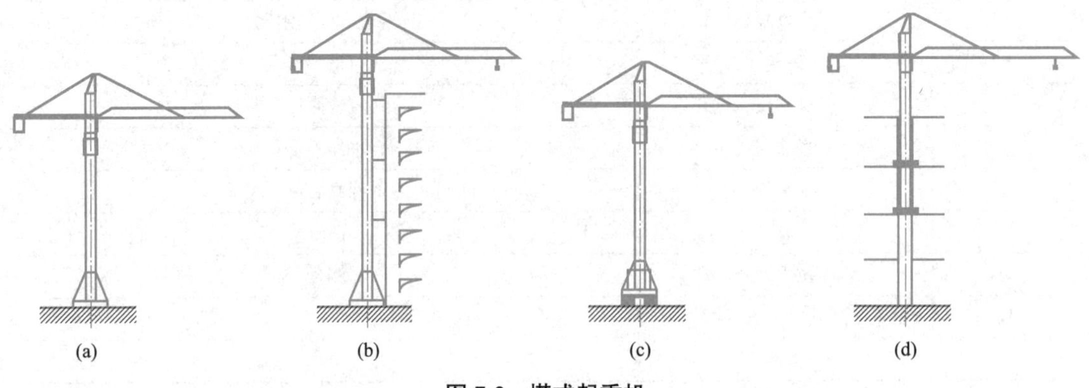
(a) (b) (c) (d)

图 7-2 塔式起重机

(a) 固定式；(b) 附着式；(c) 行轨式；(d) 内爬式

杆、悬臂抱杆和牵缆式桅杆起重机等四种，见图 7-3。

(3) 吊装机械选择

1) 选择原则

选用时，应考虑起重机的性能（工作能力），使用是否方便，吊装效率，吊装工程量和工期等要求；能适应现场道路、吊装平面布置和设备、机具等条件，能充分发挥其技术性能；能保证吊装工程质量、安全施工和有一定的经济效益；避免使用起重能力大的起重机吊小构件，起重能力小的起重机超负荷吊装大的构件，或选用改装的未经过实际负荷试验的起重机进行吊装，或使用台班费高的设备。

2) 起重机形式的选择

一般吊装多按履带式、轮胎式、汽车式、塔式的顺序选用。一般来说，对高度不大的中、小型厂房，应先考虑使用起重量大、可全回转使用、移动方便的 100～150kN 履带式起重机和轮胎式起重机吊装；大型工业厂房主体结构的高度和跨度较大、构件较重，宜采用 500～750kN 履带式起重机和 350～1000kN 汽车式起重机吊装；大跨度又很高的重型工业厂房的主体结构吊装，宜选用塔式起重机吊装。

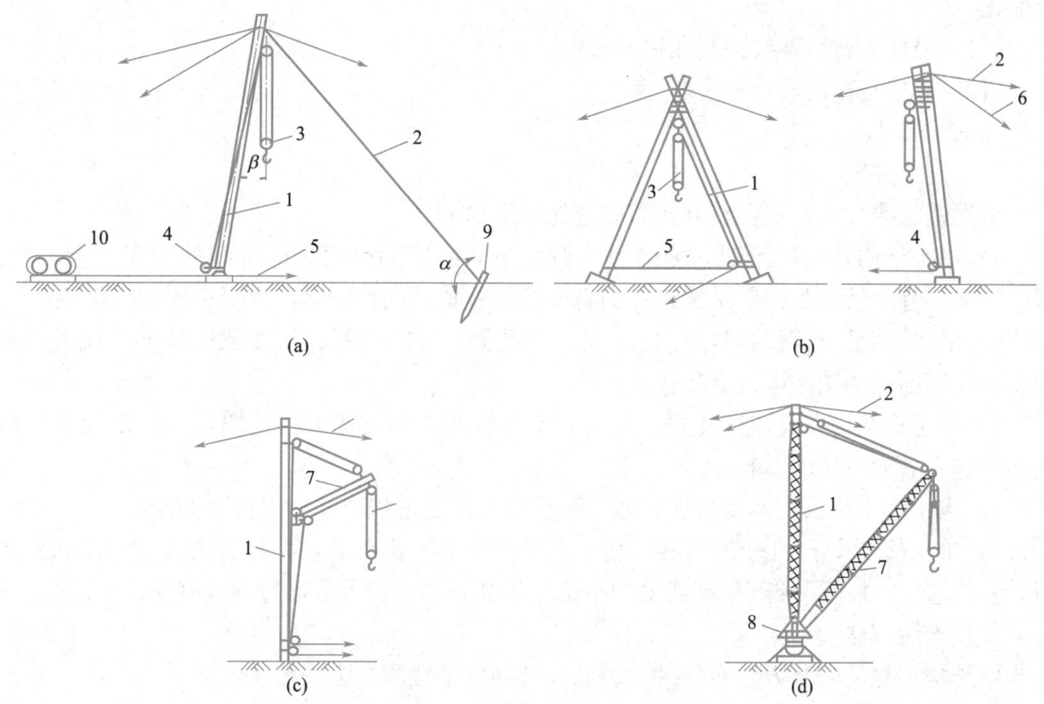

图 7-3　桅杆式起重机

1—把杆；2—缆风绳；3—起重滑轮组；4—导向装置；5—检索；
6—主缆风绳；7—起重臂；8—回转盘；9—锚碇；10—卷扬机

3）吊装参数的确定

起重机的起重量 G（kN）、起重高度 H（m）和起重半径 R（m）是吊装参数的主体。起重量 G 必须大于所吊最重构件加起重滑车组的重量；起重高度 H 必须满足所需安装的最高的构件的吊装要求；起重半径 R 应满足在起重量与起重高度一定时，能保持一定距离吊装该构件的要求。当伸过已安装好的构件上空吊装构件时，应考虑起重臂与已安装好的构件至少 0.3m 的距离，按此要求确定起重杆的长度、起重杆仰角、停机位置等。

3. 作业条件

（1）根据正式施工图纸及有关技术文件编制施工组织设计并已审批。

（2）对使用的各种测量仪器及钢尺进行计量检查复验。

（3）根据土建提供的纵横轴线和水准点进行验线有关处理完毕。

（4）按施工平面布置图划分材料堆放区、杆件制作区、拼装区，构件按吊装顺序进场。

（5）场地要平整夯实，并设排水沟。

（6）在制作区、拼装区、安装区设置足够的电源。

（7）搭好高空作业操作平台，并检查牢固情况。

（8）放好柱顶纵横安装位置线及调整好标高。

（9）对参与钢结构安装人员，安装工、测工、电焊工、起重机司机、指挥工要持证上岗。

（10）检查地脚螺栓外露部分的情况，若有弯曲变形、螺牙损坏的螺栓，必须对其进行修正。

（11）将柱子就位轴线弹测在柱基表面。

（12）对柱基标高进行找平。

4. 操作工艺

（1）安装方案

单层钢结构厂房编制安装方案需要遵循以下原则：

1）单跨结构宜按从跨端一侧向另一侧、中间向两端或两端向中间的顺序进行吊装；多跨结构，宜先吊主跨、后吊副跨；当有多台起重机共同作业时，也可多跨同时吊装；

2）单层工业厂房钢结构，宜按立柱、连系梁、柱间支撑、吊车梁、屋架、檩条、屋面支撑、屋面板的顺序进行安装；

3）单层钢结构在安装过程中，需及时安装临时柱间支撑或稳定缆绳，在形成空间结构稳定体系后方可扩展安装；

4）应考虑雪荷载、地震荷载、施工荷载以及吊装过程中的冲击荷载的作用；

5）单根长度大于 21m 的钢梁吊装，宜采用 2 个吊装点吊装，若不能满足强度和变形时，宜设置 3～4 个吊装点吊装或采用平衡梁吊装，吊点位置应通过计算确定。

（2）安装方法

钢结构工程的安装方法有分件安装法、节间安装法和综合安装法。

1）分件安装法

分件安装法是指将构件按其结构特点、几何形状及其相互联系分类，同类构件按照顺序一次吊完后，再进行另一类构件的吊装，如起重机第一次开行中先吊装全部柱子，并进行校正和最后固定。然后依次吊装地梁、柱间支撑、墙梁、吊车梁、托架（托梁）、屋架、天窗架、屋面支撑和墙板等构件，直至整个建筑物吊装完成。有时屋面板的吊装也可在屋面上单独用桅杆或层面小吊车来进行。分件吊装法适用于一般中、小型厂房的吊装。

2）节间安装法

节间安装法是指起重机在厂房内一次开行中，分节间依次安装所有各类型构件，即先吊装一个节间柱子，并立即加以校正和最后固定，然后接着吊装地梁、柱间支撑、墙梁（连续梁）、吊车梁、走道板、柱头系统、托架（托梁）、屋架、天窗架、屋面支撑系统、屋面板和墙板等构件。一个（或几个）节间的全部构件吊装完毕后，起重机行进至下一个（或几个）节间，再进行下一个（或几个）节间全部构件吊装，直至吊装完成。节间安装法适用于采用回转式桅杆进行吊装，或特殊要求的结构（如门式框架）或某种原因局部特殊需要（如急需施工地下设施）时采用。

3）综合安装法

综合安装法是将全部或一个区段的柱头以下部分的构件用分件安装法吊装，即柱子吊装完毕并校正固定，再按顺序吊装地梁、柱间支撑、吊车梁、走道板、墙梁、托架（托梁），接着按节间综合吊装屋架、天窗架、屋面支撑系统和屋面板等屋面结构构件。整个吊装过程可按三次流水进行，根据结构特性有时也可采用两次流水，即先吊装柱子，然后分节间吊装其他构件。吊装时通常采用 2 台起重机，一台起重量大的起重机用来吊装柱子、吊车梁、托架和屋面结构系统等，另一台用来吊装柱间支撑、走道板、地梁、墙梁等构件并承担构件卸车和就位排放工作。

综合安装法结合了分件吊装法和节间吊装法的优点，能最大限度地发挥起重机的能力和效率，缩短工期，是广泛采用的一种安装方法。

（3）工艺流程

钢结构厂房安装工艺流程见图 7-4。

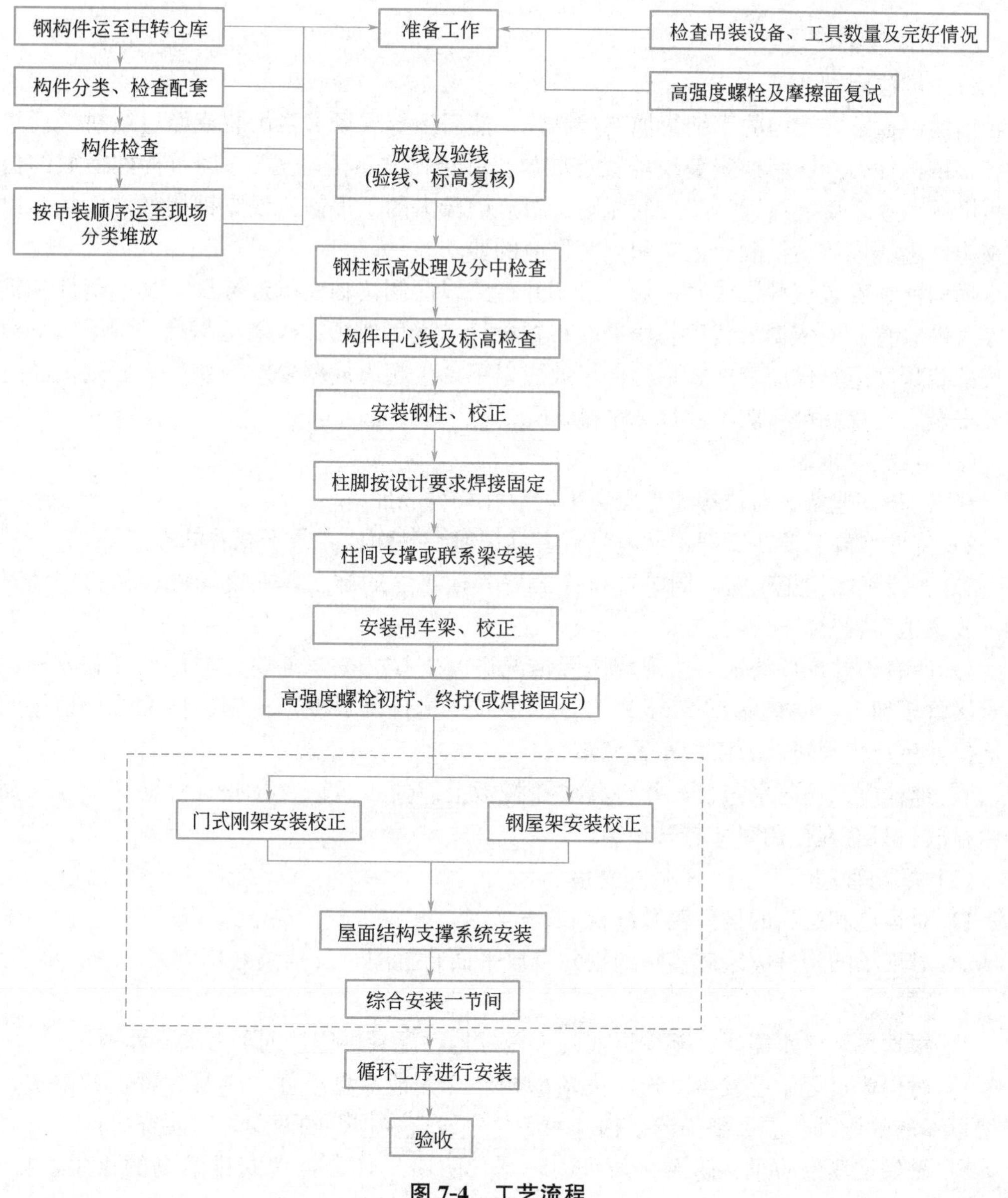

图 7-4　工艺流程

（4）吊装顺序

1）并列高低跨的屋盖吊装：必须先高跨安装，后低跨安装，有利于高低跨钢柱的垂直度；

2）并列大跨度与小跨度安装：必须先大跨度安装，后小跨度安装；

3）并列间数多的与间数少的安装：应先吊装间数多的，后吊装间数少的；

4）构件吊装可分为竖向构件吊装（柱、连系梁、柱间支撑、吊车梁、托架、副桁架等）和平面构件吊装（屋架、屋盖支撑、桁架、屋面压型板、制动桁架、挡风桁架等）两大类，在大部分施工情况下是先吊装竖向构件，叫单件流水法吊装，后吊装平面构件，叫节间综合法安装（即吊车一次吊完一个节间的全部屋盖构件后再吊装下一节间的屋盖构件）。

5. 钢构件堆场规划

（1）堆放原则

钢构件通常在专门的钢结构加工厂制作，然后运至现场直接吊装或经过组拼装后进行吊装。钢构件力求在结构安装现场就近堆放，并遵循“重近轻远”（即重构件摆放的位置离吊机近一些，反之可远一些）的原则。对规模较大的工程需另设立钢构件堆放场，以满足钢构件进场堆放、检验、组装和配套供应的要求。

钢构件在安装现场堆放时一般沿吊车开行路线两侧按轴线就近堆放。其中钢柱和钢屋架等大件放置，应依据吊装工艺作平面布置设计，避免现场二次倒运困难。钢梁、支撑等可按吊装顺序配套供应堆放，钢构件堆放应以不产生超出规范要求的变形为原则，同时为保证安全，堆垛高度一般不超过 2m 和 3 层。

（2）堆放要求

1）拉条、檩条、高强螺栓等应集中堆放在构件仓库；

2）构件堆放时要注意把构件编号或者标识露在外面或者便于查看的方向；

3）各段钢结构施工时，同时进行穿插着其他工序的施工，在钢构件、材料进场时间和堆放场地布置时应兼顾各方；

4）所有构件堆放场地均按现场实际情况进行安排，按规范规定进行平整和支垫，不得直接置于地上，要垫高 200mm 以上，以便减少构件堆放变形；钢构件堆放场地按照施工区作业进展情况进行分阶段布置调整；

5）螺栓应采用防水包装，并将其放在托板上以便于运输，存放时根据其尺寸和高度分组存放，只有在使用时才打开包装。

（3）堆场管理

1）对运进和运出的构件应做好台账；

2）对堆场的构件应绘制实际的构件堆放平面布置图，分别编好相应区、块、堆、层，便于日常寻找；

3）根据吊装流水需要，至少提前两天做好构件配套供应计划和有关工作；

4）对运输过程中已发生变形、失落的构件和其他零星小件，应及时矫正和解决，对于编号不清的构件，应重新描清，构件的编号宜设置在构件的两端，以便查找；

5）做好堆场的防汛、防台、防火、防爆、防腐工作，合理安排堆场的供水、排水、供电和夜间照明。

7.1.2 地脚螺栓预埋施工

钢结构建筑上部结构通常利用预埋在混凝土基础中的地脚螺栓将上部钢柱柱脚与基础牢固地联系在一起。因此，钢结构基础地脚螺栓预埋施工对整个工程的质量、工期的影响很大。预埋件施工是关键工序，其质量的好坏直接影响工程三大目标的有效控制。

1. 地脚螺栓制作

地脚螺栓的直径、长度，均应按设计规定的尺寸制作；一般地脚螺栓应与钢结构配套出厂，其材质、尺寸、规格、形状和螺纹的加工质量，均应符合设计施工图的规定。如钢结构出厂不带地脚螺栓时，则需自行加工，地脚螺栓各部尺寸应符合下列要求：

（1）地脚螺栓的直径尺寸与钢柱底座板的孔径应相适配，为便于安装找正、调整，多数是底座孔径尺寸大于螺栓直径。

（2）地脚螺栓长度尺寸可用下式确定：

$$L = H + S \text{ 或 } L = H - H_1 + S \tag{7-1}$$

式中：L——地脚螺栓的总长度（mm）；

H——地脚螺栓埋设深度（系指一次性埋设）（mm）；

H_1——当预留地脚螺栓孔埋设时，螺栓根部与孔底的悬空距离（$H-H_1$），一般不得小于 80mm；

S——垫铁高度、底座板厚度、垫圈厚度、压紧螺母厚度、防松锁紧副螺母（或弹簧垫圈）厚度和螺栓伸出螺母的长度（2～3 扣）的总和（mm）。

（3）为使埋设的地脚螺栓有足够的锚固力，其根部需经加热后加工（或煨成）成 L、U 等形状，见图 7-5。

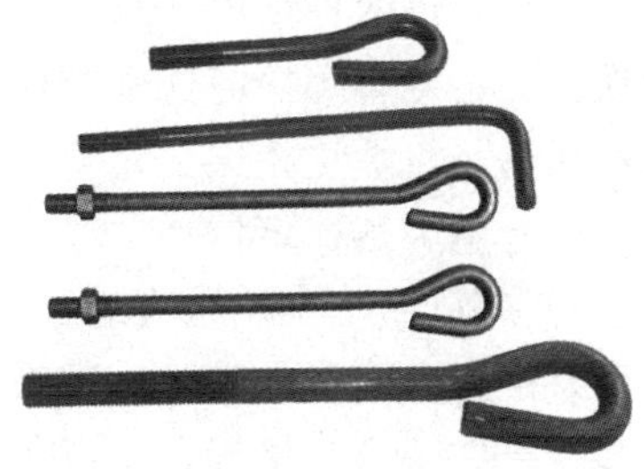

图 7-5　地脚螺栓

（4）地脚螺栓样板尺寸放完后，在自检合格的基础上交监理抽检，进行单项验收。

2. 地脚螺栓埋设

（1）预留孔清理

对于预留孔的地脚螺栓埋设前，应将孔内杂物清理干净，一般做法是用长度较长的钢凿将孔底及孔壁结合薄弱的混凝土颗粒及贴附的杂物全部清除，然后用压缩空气吹净，浇灌前并用清水充分湿润，再进行浇灌。

（2）地脚螺栓清洁

不论一次埋设或事先预留的孔二次埋设地脚螺栓时，埋设前，一定要将埋入混凝土中的一段螺杆表面的铁锈、油污清理干净，否则，会使浇灌后的混凝土与螺栓表面结合不牢，易出现缝隙或隔层，不能起到锚固底座的作用。清理的一般做法是用钢丝刷或砂纸去锈；油污一般是用火焰烧烤去除。

（3）地脚螺栓埋设

目前钢结构工程柱基地脚螺栓的预埋方法有直埋法和套管法两种，如图 7-6 所示。

直埋法就是用套板控制地脚螺栓相互之间的距离，立固定支架控制地脚螺栓群不变形，在柱基底板绑扎钢筋时埋入，控制位置，同钢筋连成一体，整体浇筑混凝土，一次固定。为防止浇灌时，地脚螺栓的垂直度及距孔内侧壁、底部的尺寸变化，浇灌前应将地脚螺栓找正后加固固定。

套管法就是先安装套管（内径比地脚螺栓大 2～3 倍），在套管外制作套板，焊接套管并立固定架，并将其埋入浇筑的混凝土中，待柱基底板上的定位轴线和柱中心线检查无误后，再在套管内插入螺栓，使其对准中心线，通过附件或焊接加以固定，最后在套管内注

(a)

(b)

图 7-6 地脚螺栓埋设

(a) 直埋法；(b) 套管法

浆锚固螺栓。注浆材料按一定级配制成。地脚螺栓在预留孔内埋设时，其根部底面与孔底的距离不得小于 80mm；地脚螺栓的中心应在预留孔中心位置，螺栓的外表与预留孔壁的距离不得小于 20mm。

比较上述两种预埋方法，一般认为采用直埋法施工对结构的整体性比较好，而采用套管法施工，地脚螺栓与柱基底板之间隔着套管，尽管可以采取多种措施来保证其整体性，但都无法与直埋法相比。目前绝大多数工程设计都要求采用直埋法施工。

(4) 地脚螺栓定位

1) 基础施工确定地脚螺栓或预留孔的位置时，应认真按施工图规定的轴线位置尺寸，放出基准线，同时在纵、横轴线（基准线）的两对应端，分别选择适宜位置，埋置铁板或型钢，标定出永久坐标点，以备在安装过程中随时测量参照使用。

2) 浇筑混凝土前，应按规定的基准位置支设、固定基础模板及地脚螺栓定位支架、定位板等辅助设施，见图 7-7。

图 7-7 地脚螺栓固定

3) 浇筑混凝土时，应经常观察及测量模板的固定支架、预埋件和预留孔的情况。当发现有变形、位移时应立即停止浇灌，进行调整、排除。

4）为防止基础及地脚螺栓等的系列尺寸、位置出现位移或偏差过大，基础施工单位与安装单位应在基础施工放线定位时密切配合，共同把关控制各自的正确尺寸。

3. 地脚螺栓纠偏

（1）如埋设的地脚螺栓有个别的垂直度偏差很小时，应在混凝土养护强度达到 75%及以上时进行调整。调整时可用氧乙炔焰将不直的螺栓在螺杆处加热后采用木质材料垫护，用锤敲移、扶直到正确的垂直位置。

（2）对位移或不直度超差过大的地脚螺栓，可在其周围用钢凿将混凝土凿到适宜深度后，用气割割断，按规定的长度、直径尺寸及相同材质材料，加工后采用搭接焊上一段，并采取补强的措施，来调整达到规定的位置和垂直度。

（3）对位移偏差过大的个别地脚螺栓除采用搭接焊法处理外，在允许的条件下，还可采用扩大底座板孔径侧壁的方法来调整位移的偏差量，调整后并用自制的厚板垫圈覆盖，进行焊接补强固定。

（4）预留地脚螺栓孔在灌浆埋设前，当螺栓在预留孔内位置偏移超差过大时，可采取扩大预留孔壁的措施来调整地脚螺栓的准确位置。

4. 地脚螺栓螺纹保护与修补

（1）与钢结构配套出厂的地脚螺栓在运输、装箱、拆箱时，均应加强对螺纹的保护。正确保护法是涂油后，用油纸及线麻包装绑扎，以防螺纹锈蚀和损坏；并应单独存放，不宜与其他零、部件混装、混放，以免相互撞击损坏螺纹。

（2）基础施工埋设固定的地脚螺栓，应在埋设过程中或埋设固定后，采取必要的措施加以保护，如用油纸、塑料、盒子包裹或覆盖，以免使螺栓受到腐蚀或损坏，见图 7-8。

图 7-8　地脚螺栓的保护

（3）钢柱等带底座板的钢构件吊装就位前应对地脚螺栓的螺纹段采取以下的保护措施：

1）不得利用地脚螺栓作弯曲加工的操作；

2）不得利用地脚螺栓作电焊机的接零线；

3）不得利用地脚螺栓作牵引拉力的绑扎点；

4）构件就位时，应用临时套管套入螺杆，并加工成锥形螺母带入螺杆顶端；

5）吊装构件时，防止水平侧向冲击力撞伤螺纹，应在构件底部拴好溜绳加以控制；

6）安装操作，应统一指挥，相互协调一致，当构件底座孔位全部垂直对准螺栓时，将构件缓慢地下降就位，并卸掉临时保护装置，带上全部螺母。

（4）当螺纹被损坏的长度不超过其有效长度时，可用钢锯将损坏部位锯掉，用什锦钢锉修整螺纹，直到顺利带入螺母为止。

（5）如地脚螺栓的螺纹被损坏的长度超过规定的有效长度时，可用气割割掉大于原螺纹段的长度；再用与原螺栓相同的材质、规格的材料，一端加工成螺纹，并在对接的端头截面制成30°～45°的坡口与下端进行对接焊接后，再用相应直径规格、长度的钢管套入接点处，进行焊接加固补强。经套管补强加固后，会使螺栓直径大于底座板孔径，用气割扩大底座板孔的孔径来解决。

7.1.3 主体结构安装

1. 钢柱安装

单层钢结构钢柱安装工艺流程可参照图7-9进行。

（1）钢柱吊装方法

常用的钢柱吊装法有旋转法、滑行法和递送法。对重型工业厂房大型钢柱又重又长，根据起重机配备和现场条件确定，可单机、二机、三机等。

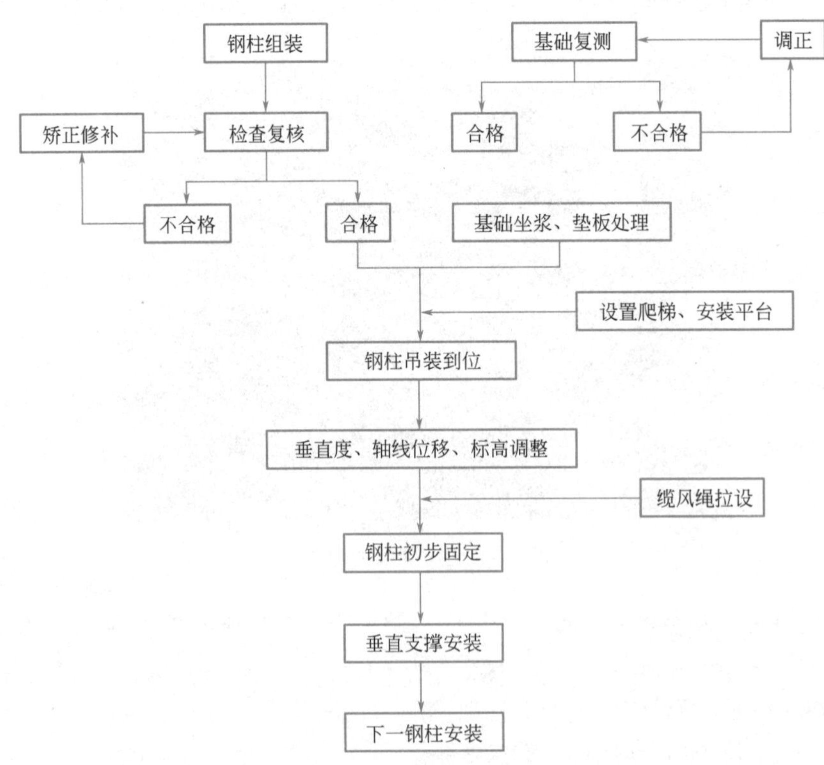

图7-9 单层钢结构钢柱安装工艺流程

1）旋转法

起重机边起钩、边旋转，使柱身绕柱脚旋转而逐渐吊起的方法称为旋转法。其要点是保持柱脚位置不动，并使柱的吊点、柱脚中心和杯口中心三点共圆。其特点是柱吊升中所受振动较小，但构件布置要求高，占地较大，对起重机的机动性要求高，要求能同时进行起升与回转两个动作。一般需采用自行式起重机，如图 7-10 所示。

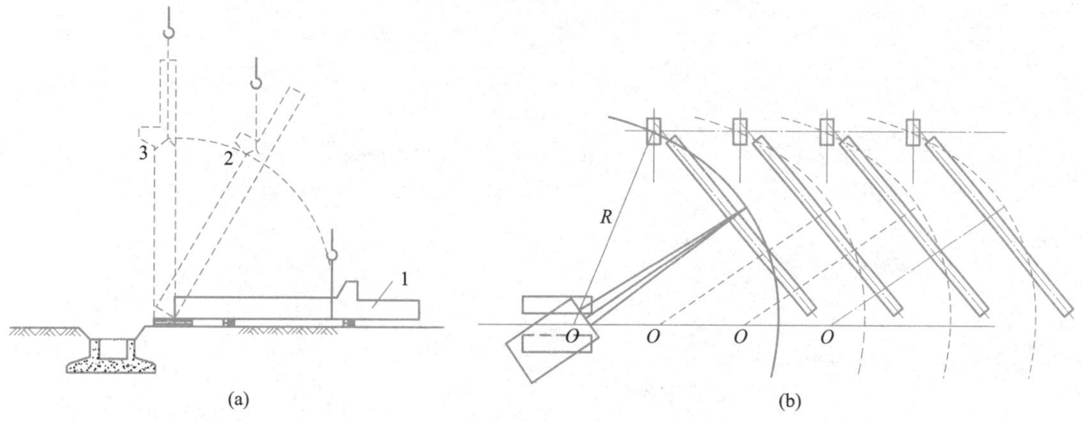

图 7-10　旋转法吊装钢柱

（a）旋转过程；（b）平面布置

1—柱子平卧时；2—起吊中途；3—直立

2）滑行法

起吊时起重机不旋转，只起升吊钩，使柱脚在吊钩上升过程中沿着地面逐渐向吊钩位置滑行，直到柱身直立的方法称为滑行法。其要点是柱的吊点要布置在杯口旁，并与杯口中心两点共圆弧。其特点是起重机只需起升吊钩即可将柱吊直，然后稍微转动吊杆，即可将柱子吊装就位，构件布置方便、占地小，对起重机性能要求较低，但滑行过程中柱子受振动。故通常在起重机及场地受限时才采用此法，为减少钢柱脚与地面的摩阻力，需在柱脚下铺设滑行道，如图 7-11 所示。

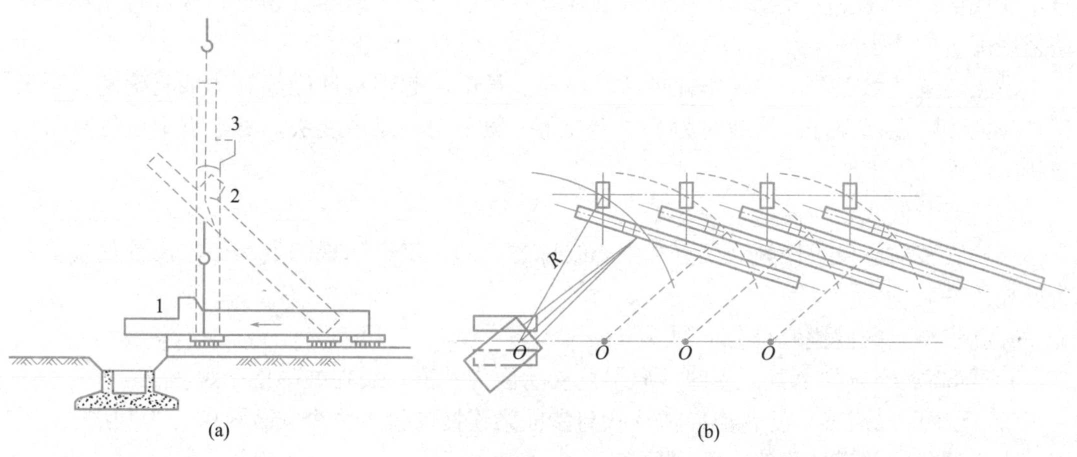

图 7-11　滑行法吊装钢柱

（a）滑行过程；（b）平面布置

1—柱子平卧时；2—起吊中途；3—直立

3）递送法

双机或三机抬吊，为减少钢柱脚与地面的摩阻力，其中一台为副机，吊点选在钢柱下面，起吊柱时配合主机起钩，随着主机的起吊，副机要行走或回转，在递送过程中，副机承担了一部分荷重，将钢柱脚递送到柱基础上面，副机摘钩，卸去荷载，此刻主机满载，将柱就位，如图 7-12 所示。

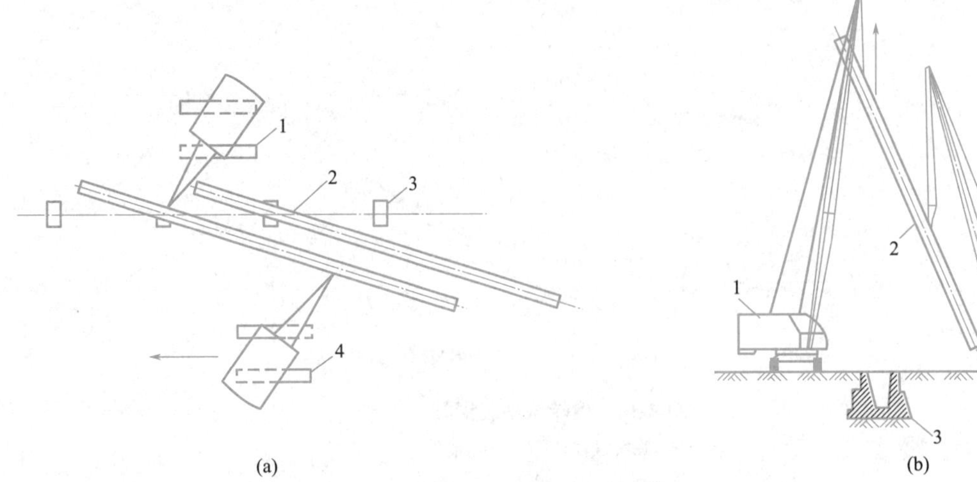

图 7-12　递送法吊装钢柱

（a）平面布置；（b）递送过程

1—主机；2—柱子；3—基础；4—副机

（2）吊点设置

构件在吊装前，为降低钢丝绳绑扎难度、提高施工效率、保证施工安全，需要在构件上设置专门的吊装耳板或吊装孔。当设计文件无特殊要求时，在不影响主体结构的强度和建筑外观及使用功能的前提下，保留吊装耳板和吊装孔可避免在除去此类措施时对结构母材造成损伤。若需去除耳板，应采用气割或碳弧气刨方式在离母材 3～5mm 位置切割，严禁采用锤击方式去除。

吊点位置及吊点数，根据钢柱形状、端面、长度、起重机性能等具体情况确定。一般钢柱弹性和刚性都很好，吊装时为了便于校正一般采用一点吊装法，对于重型钢柱可采用双机抬吊。

（3）安装放线

钢柱安装前应设置标高观测点和中心线标志，同一工程的观测点和标志设置位置应一致，如图 7-13 所示。

标高观测点的设置应符合下列规定：

1）标高观测点的设置以牛腿（肩梁）支承面为基准，设在柱的便于观测处；

2）无牛腿（肩梁）柱，应以柱顶端与屋面梁连接的最上一个安装孔中心为基准。

中心线标志的设置应符合下列规定：

1）在柱底板上表面横向设 1 个中心标志，纵向两侧各设 1 个中心标志；

2）在柱身表面纵向和横向各设 1 个中心线，每条中心线在柱底部、中部（牛脚或肩

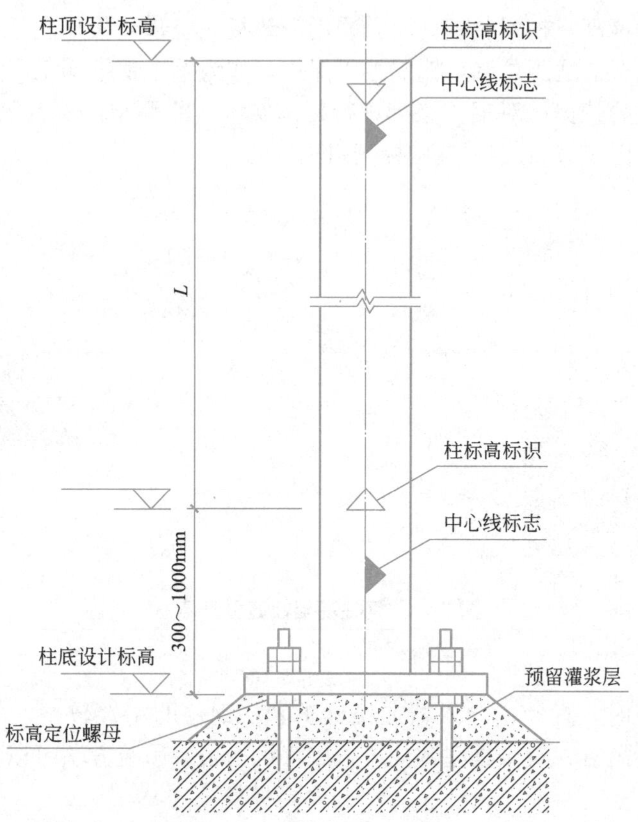

图 7-13　钢柱表面安装标记线示意

梁部）和顶部各设 1 处中心标志；

3）双牛腿（肩梁）柱在行线方向 2 个柱身表面分别设中心标志。

（4）基准标高实测

首先，将柱子就位轴线弹测在柱基表面，然后对柱基标高进行找平。

在柱基中心表面和钢柱底面之间，考虑到施工因素，为了便于调整钢柱的安装标高，设计时都考虑有一定的间隙（40～60mm）作为钢柱安装时的标高调整，然后根据柱脚类型和施工条件，在钢柱安装、调整后，采用二次浇筑法将缝隙填实，如图 7-14 所示。由

图 7-14　钢柱基础顶面与柱底板间的二次浇筑层

于基础未达到设计标高，在安装钢柱时，采用钢垫板或坐浆垫板作支承找平。基准标高点一般设置在柱基底板的适当位置，四周加以保护，作为整个钢结构工程施工阶段标高的依据。以基准标高点为依据，对钢柱基础进行标高实测，将测得的标高偏差用平面图表示，作为调整的依据。图 7-15 为钢柱基础标高引测示意。

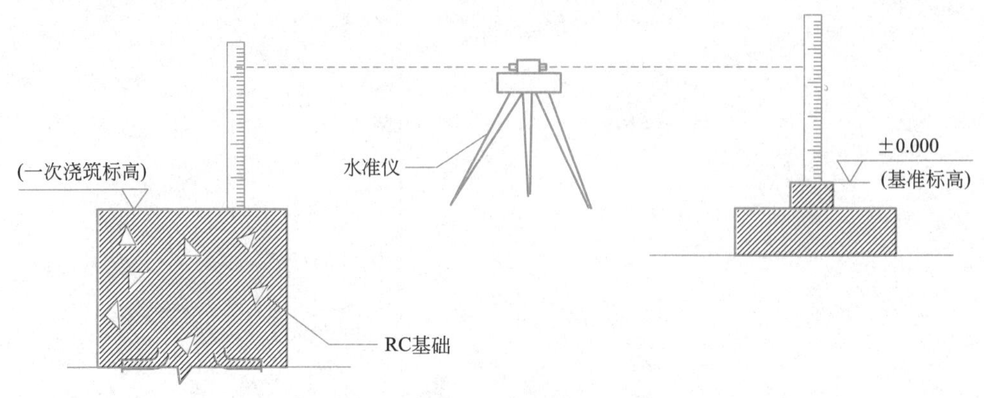

图 7-15　钢柱基础标高引测示意

（5）钢柱吊装

钢柱柱脚安装时，宜使用导入器或锚栓护套；钢柱的刚性较好，吊装时为了便于校正，一般采用单机吊装，对于重型钢柱可采用双机抬吊。吊装方法可以根据构件自身特点灵活使用。

钢柱吊装时，首先进行试吊，吊起离地 10～20cm 高度时，检查索具和吊车情况后，再进行正式吊装。调整柱底板位于安装基础时，吊车应缓慢下降，当柱脚距地脚螺栓或杯口约 30～40cm 时扶正，使柱脚的安装螺栓孔对准螺栓或柱脚对准杯口，缓慢落钩、就位，经过初校，待垂直偏差在 20mm 以内，拧紧螺栓或打紧木楔临时固定，即可脱钩。多节柱安装时，宜将其组装成整体吊装。

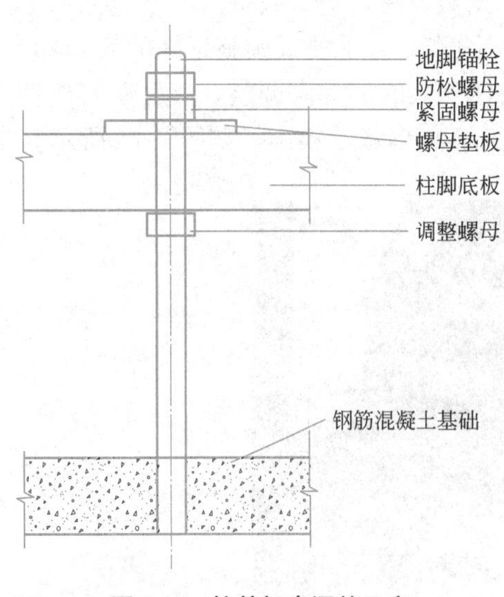

图 7-16　柱基标高调整示意

（6）钢柱校正

钢柱校正要做三件工作：柱基础标高调整，平面位置校正，柱身垂直度校正。

1）柱基础标高调整

有的钢柱直接插杯口，有的钢柱直接与基础预埋件螺栓或焊接连接。根据钢柱实际长度，柱底平整度，钢牛腿顶部距柱底部距离，重点要保证钢牛腿顶部标高值，以此来控制基础找平标高。

工程做法如图 7-16 所示，钢柱安装时，可在柱子底板下的地脚螺栓上加一个调整螺母，螺母上表面的标高调整到与柱底板标高齐平，放下柱子后，利用底板下的螺母控制柱子的标高，精度可达±1mm 以内。柱子底板下预留的空隙，可以用无收缩砂浆填实。

2）平面位置校正

在起重机不脱钩的情况下将柱底定位线与基础定位轴线对准缓慢落至标高位置。

3）柱身垂直度校正

钢柱垂直校正测量如图 7-17 所示。优先采用无缆风绳校正（同时柱脚底板与基础间间隙垫上垫铁，如图 7-18 所示），对于不便采用无缆风绳校正的钢柱可采用缆风或可调撑杆校正。

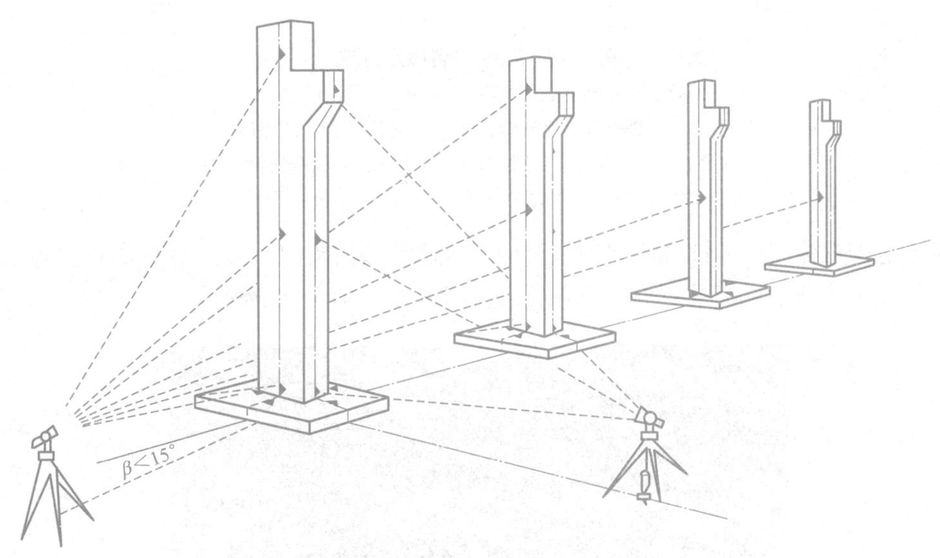

图 7-17　钢柱垂直校正测量示意

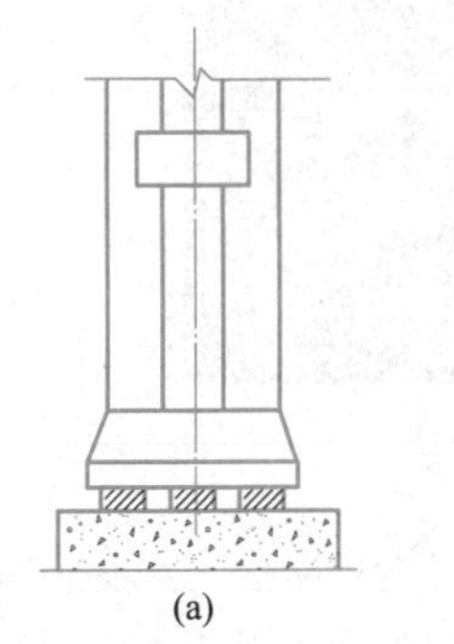
(a)

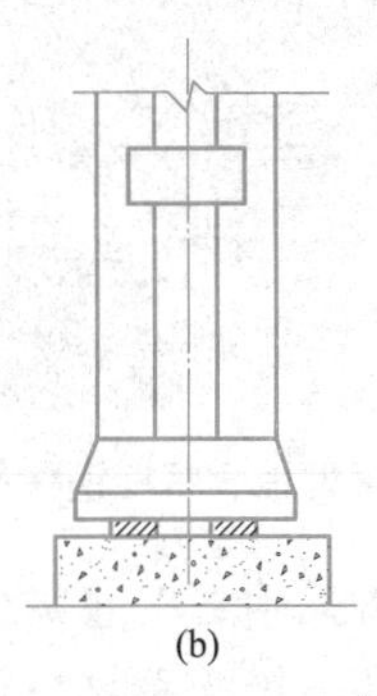
(b)

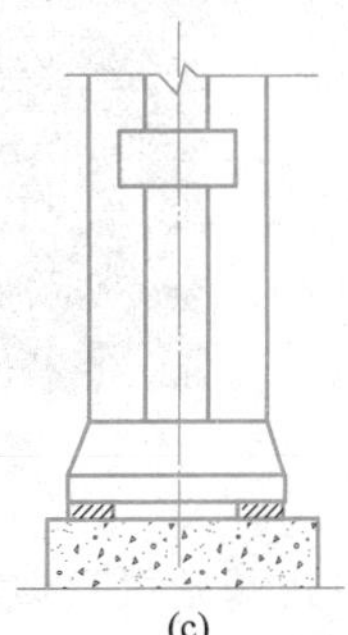
(c)

图 7-18　钢柱垫铁示意

(a)(b) 正确；(c) 不正确

（7）钢柱固定

钢柱固定方法有两种，主要跟基础形式有关，一种是基础上预埋地脚螺栓固定，底部设钢垫板找平，然后进行二次灌浆，见图 7-19（a）；另一种是插入杯口灌浆固定方式，见图 7-19（b）。

钢柱在校正过程中需要临时固定时，需要借助地脚螺栓、垫铁或垫块进行，不能进行灌浆操作。在钢柱校正工作完成后，需立即进行最终固定。

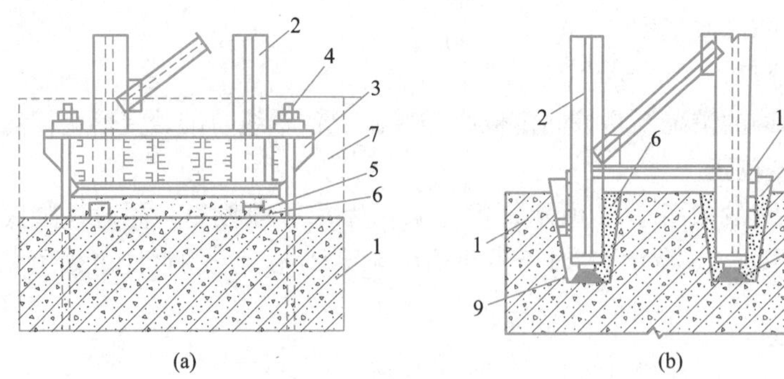

图 7-19　钢柱安装固定方法

（a）用预埋地脚螺栓固定；（b）用杯口二次灌浆固定

1—柱基础；2—钢柱；3—钢柱脚；4—地脚螺栓；5—钢垫板；

6—二次灌浆细石混凝土；7—柱脚外包混凝土；8—砂浆局部粗找平；

9—焊于柱脚上的小钢套墩；10—钢楔；11—35mm 厚硬木垫板

对于地脚螺栓固定的钢柱需要在预留的二次浇筑层处支设模板，然后用强度等级高一级的无收缩水泥砂浆或细豆石混凝土进行二次浇筑，如图 7-20 所示。

图 7-20　预埋地脚螺栓钢柱最终固定

对于杯口式基础可直接灌浆，通常采用二次灌浆法。二次灌浆法有赶浆法和压浆法两种。赶浆法是在杯口一侧灌强度等级高一级的无收缩砂浆或细豆石混凝土，用细振动棒振捣使砂浆从柱底另一侧挤出，待填满柱底周围约 10cm 高，接着在杯口四周均匀地灌细石混凝土至杯口，见图 7-21（a）。压浆法是于模板或杯口空隙内插入压浆管与排气管，先灌 20cm 高混凝土，并插捣密实，然后开始压浆，待混凝土被挤压上拱，停止顶压；再灌 20cm 高混凝土顶压一次即可拔出压浆管和排气管，继续灌筑混凝土至杯口，见图 7-21（b）。本法适用于截面很大、垫板高度较薄的杯底灌浆。

需要注意的是：柱应随校正随灌浆，若当日校正的柱子未灌浆，次日应复核后再灌浆；灌浆时应将杯口间隙内的木屑等建筑垃圾清除干净，并用水充分湿润，使之能良好结合；捣固混凝土时，应严防碰动楔子而造成柱子倾斜。

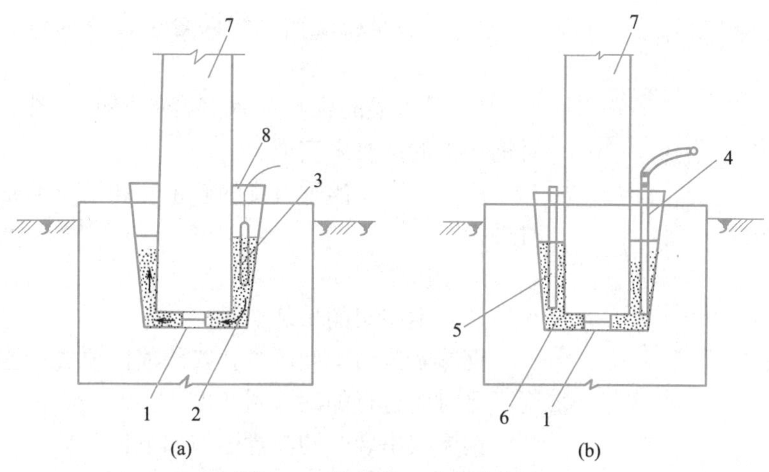

图 7-21　杯口柱二次灌浆方法

（a）赶浆法（b）压浆法

1—钢垫板；2—细石混凝土；3—插入式振动器；4—压浆管；5—排气管；6—水泥砂浆；7—柱；8—钢楔

2. 吊车梁系统安装

（1）吊车梁安装

钢吊车梁一般采用工具式吊耳或捆绑法进行吊装。在进行吊装以前应将吊车梁的分中标记引至吊车梁的端头，以利于吊装时按柱牛腿的定位轴线临时定位。

1）吊车梁系统的安装应在柱垂直度和标高调整完毕，柱间支撑安装后进行。

2）吊车梁安装应从有柱间支撑跨开始，依次安装，为方便施工，在吊车梁安装前应将吊车梁端头的支座垫板和水平支撑连接板直接带在吊车梁上一同安装；

3）吊装时应注意吊装顺序，为了尽量减少施工对上层吊车梁造成的影响，先安装下层吊车梁，等钢结构受施工应力影响变形基本稳定后，再安装上层的吊车梁，最后安装上柱支撑；

4）安装时应按柱肩梁处的中心线进行严格对中，当有偏差时可通过更换梁与梁之间的调整板来调节，切实做到统筹预测，公差均匀分配，以减少吊车梁的调整工作；

5）制动板安装应严格按图纸编号进行，不得随便串号使用，安装前应清理高强螺栓摩擦面的杂物，安装后用临时螺栓进行固定；

6）吊车梁及其制动系统安装后，均应用普通螺栓进行临时固定，以确保安全，特别是大跨度吊车梁，在没有形成稳定体系前，应增加缆风绳进行临时固定。

（2）吊车梁的校正

钢吊车梁的校正包括标高调整、纵横轴线和垂直度的调整。注意钢吊车梁的校正必须在结构形成刚度单元以后才能进行。

1）用经纬仪将柱子轴线投到吊车梁牛腿面等高处，据图纸计算出吊车梁中心线到该轴线的理论长度 $L_{理}$。

2）每根吊车梁测出两点用钢尺和弹簧秤校核这两点到柱子轴线的距离 $L_{实}$，看 $L_{实}$ 是否等于 $L_{理}$ 以此对吊车梁纵轴进行校正。

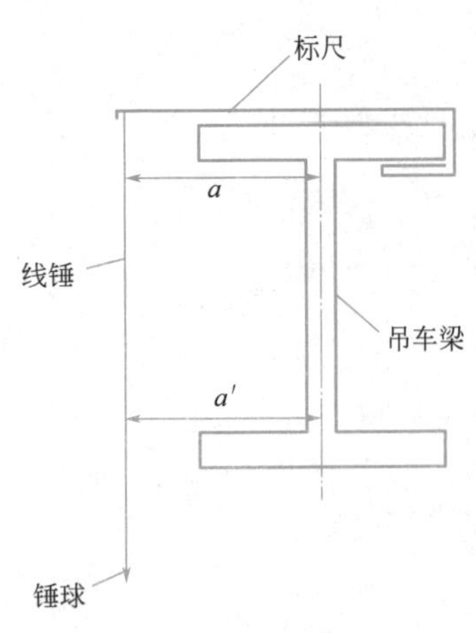

图 7-22　吊车梁垂直度校正

3）当吊车梁纵横轴线误差符合要求后，复查吊车梁跨度。

4）吊车梁的标高和垂直度的校正（图 7-22）可通过对钢垫板的调整来实现。

注意吊车梁的垂直度的校正应和吊车梁轴线的校正同时进行。

3. 钢屋架安装

(1) 钢屋架的吊装

钢屋架侧向刚度较差，安装前需要进行强度验算，强度不足时应进行加固（图 7-23）。

钢屋架吊装时的注意事项如下：

1）绑扎时必须绑扎在屋架节点上，以防止钢屋架在吊点处发生变形。绑扎节点的选择应符合钢屋架标准图要求或经设计计算确定。

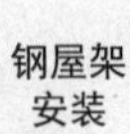

2）屋架吊装就位时应以屋架下弦两端的定位标记和柱顶的轴线标记严格定位并点焊加以临时固定。

3）第一榀屋架吊装就位后，应在屋架上弦两侧对称设缆风绳固定，第二榀屋架就位后，每坡用一个屋架间调整器，进行屋架垂直度校正，再固定两端支座处并安装屋架间水平及垂直支撑，如图 7-23 和图 7-24 所示。

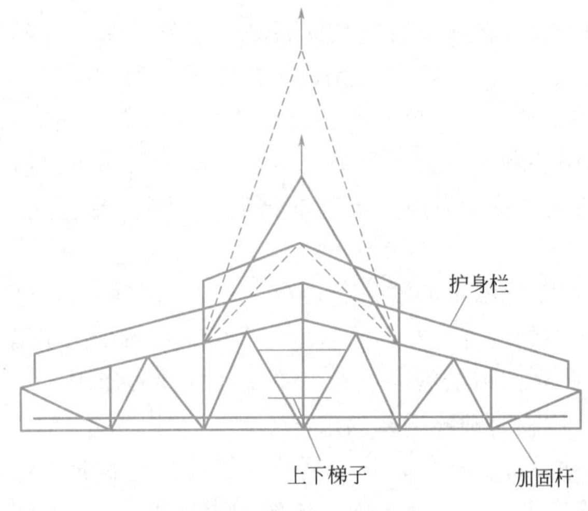

图 7-23　钢屋架吊装示意

(2) 钢屋架的校正

钢屋架校正主要是垂直度的校正。

钢屋架垂直度的校正方法如下：在屋架下弦一侧拉一根通长钢丝（与屋架下弦轴线平行），同时在屋架上弦中心线反出一个同等距离的标尺，用线锤校正。也可用一台经纬仪，放在柱顶一侧，与轴线平移 a 的距离，在对面柱子上同样有一距离为 a 的点，从屋架中线处挑出 a 距离，三点在一个垂面上即可使屋架垂直（如图 7-25 所示）。

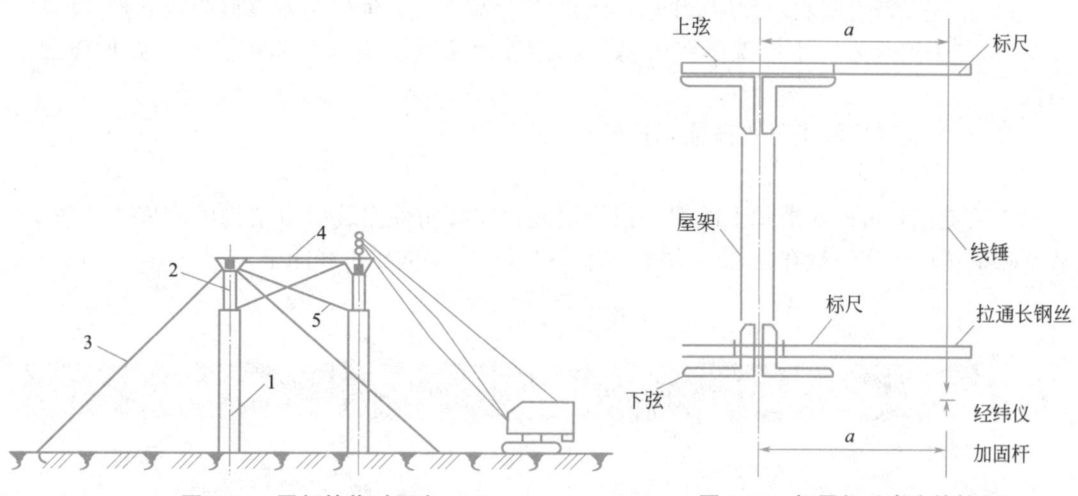

图 7-24　屋架的临时固定

1—柱子；2—屋架；3—缆风绳；4—工具式支撑；5—屋架垂直支撑

图 7-25　钢屋架垂直度的校正

钢屋架校正完毕后，拧紧连接螺栓或电焊焊牢作为最后固定。

4. 平面钢桁架的安装

平面钢桁架的安装方法有单榀吊装法、组合吊装法、整体吊装法、顶升法等。

(1) 现场拼装

一般来说钢桁架的侧向稳定性较差，在条件允许的情况下最好经扩大拼装后进行组合吊装，即在地面上将两榀桁架及其上的天窗架、檩条、支撑等拼装成整体，一次进行吊装，这样不但提高工作效率，也有利于提高吊装稳定性。

(2) 临时固定

桁架临时固定如需用临时螺栓和冲钉，则每个节点应穿入的数量必须经过计算确定，并应符合下列规定：

1) 不得少于安装孔总数的 1/3；

2) 至少应穿两个临时螺栓；

3) 冲钉穿入数量不宜多于临时螺栓的 30%；

4) 扩钻后的螺栓孔不得使用冲钉。

(3) 校正

钢桁架的校正方式同钢屋架。

(4) 预应力钢桁架安装

随着技术的进步，预应力钢桁架的采用越来越广泛，预应力钢桁架的安装分为以下几个步骤：

1) 钢桁架现场拼装；

2) 在钢桁架下弦安装张拉锚固点；

3) 对钢桁架进行张拉；

4) 对钢桁架进行吊装。

在预应力钢桁架安装时应注意以下事项：

1）受施工条件限制，预应力筋不可能紧贴桁架下弦，但应尽量靠近桁架下弦；

2）在张拉时为防止桁架下弦失稳，应经过计算后按实际情况在桁架下弦加设固定隔板；

3）在吊装时应注意不得碰撞张拉筋。

5. 支撑的安装

交叉支撑宜按照从下到上的次序组合吊装；支撑构件安装后对结构的刚度影响较大，故要求支撑的固定一般在相邻结构固定后，再进行支撑的校正和固定。

7.2 多、高层钢结构安装施工

多层及高层钢结构工程施工时要根据结构平面选择适当的位置，先做样板间成稳定结构，采用“节间综合法”：钢柱→柱间支撑（或剪力墙）→钢梁（主、次梁、隅撑），由样板间向四周发展，或采用“分件流水法”安装。

7.2.1 多、高层钢结构安装施工准备

1. 一般要求

（1）技术准备

1）在多层与高层钢结构现场施工中，安装用的材料，如焊接材料、高强度螺栓、压型钢板、栓钉等应符合现行国家产品标准和设计要求。

2）多层与高层建筑钢结构的钢材，主要采用Q235的碳素结构钢和Q345的低合金高强度结构钢。其质量标准应分别符合我国现行国家标准《碳素结构钢》GB/T 700—2008和《低合金高强度结构钢》GB/T 1591—2018的规定。当有可靠根据时，可采用其他牌号的钢材。当设计文件采用其他牌号的结构钢时，应符合相对应的现行国家标准。

3）品种规格

钢型材有热轧成型的钢板和型钢，以及冷弯成型的薄壁型钢。

钢板和型钢表面允许有不妨碍检查表面缺陷的薄层氧化铁皮、铁锈、由于压入氧化铁皮脱落引起的不显著的粗糙和划痕、轧辊造成的网纹和其他局部缺陷，但凹凸度不得超过厚度负公差的一半。对低合金钢板和型钢的厚度还应保证不低于允许最小厚度。

钢板和型钢表面缺陷不允许采用焊补和堵塞处理，应用凿子或砂轮清理。清理处应平缓无棱角，清理深度不得超过钢板厚度负偏差的范围，对低合金钢还应保证不薄于其允许的最小厚度。

4）厚度方向性能钢板

随着多层与高层钢结构的蓬勃发展，焊接结构使用的钢板厚度有所增加，对钢材材性要求提出了新的内容——要求钢板在厚度方向有良好的抗层状撕裂性能，因而出现了新的钢材——厚度方向性能钢板。国家标准《厚度方向性能钢板》GB/T 5313—2010有这方面的专用规定。

（2）材料准备

1）根据施工图，测算各主耗材料（如焊条、焊丝等）的数量，作好订货安排，确定进厂时间。

2）各施工工序所需临时支撑、钢结构拼装平台、脚手架支撑、安全防护、环境保护器材数量确认后，安排进厂制作及搭设。

3）根据现场施工安排，编制钢结构件进厂计划，安排制作、运输计划。对于特殊构件的运输，如具有放射性、腐蚀性的构件，要做好相应的措施，并到当地的公安、消防部门登记；如超重、超长、超宽的构件，还应规定好吊耳的设置，并标出重心位置。

（3）机具准备

在多层与高层钢结构施工中，常用主要机具有：塔式起重机、汽车式起重机、履带式起重机、交直流电焊机、CO_2 气体保护焊机、空压机、碳弧气刨、砂轮机、超声波探伤仪、磁粉探伤、着色探伤、焊缝检查量规、大六角头和扭剪型高强度螺栓扳手、高强度螺栓初拧电动扳手、栓钉机、千斤顶、葫芦、卷扬机、滑车及滑车组、钢丝绳、索具、经纬仪、水准仪、全站仪等。

（4）作业条件

1）参加图纸会审，与业主、设计、监理充分沟通，确定钢结构各节点、构件分节细节及工厂制作图已完毕。

2）根据结构深化图纸，验算钢结构框架安装时构件的受力情况，科学地预计其可能的变形情况，并采取相应合理的技术措施来保证钢结构安装的顺利进行。

3）各专项工种施工工艺确定，编制具体的吊装方案、测量监控方案、焊接及无损检测方案、高强度螺栓施工方案、塔式起重机装拆方案、临时用电用水方案、质量安全环保方案，审核完成。

4）组织必要工艺试验，如焊接工艺试验、压型钢板施工及栓钉焊接检测工艺试验。尤其是对新工艺、新材料，要做好工艺试验，作为指导生产的依据。对于栓钉焊接工艺试验，根据栓钉的直径、长度及是穿透压型钢板焊还是直接打在钢梁等支撑点上的栓钉焊接，要做相应的电流大小、通电时间长短的调试。对于高强度螺栓，要保证高强度螺栓连接副和抗滑移系数的检测合格。

5）对土建单位做的钢筋混凝土基础进行测量技术复核，如轴线、标高。如螺栓预埋是钢结构施工前由土建单位已完成的，还需复核每个螺栓的轴线、标高，对超过规范要求的，必须采取相应的补救措施。

6）对现场周边交通状况进行调查，确定大型设备及钢构件进厂路线。

7）施工临时用电用水铺设到位。

8）劳动力进场，所有生产工人都要进行上岗前培训，取得相应资质的上岗证书，做到持证上岗。尤其是焊工、起重工、塔式起重机操作工、塔式起重机指挥工等特殊工种。

9）施工机具安装调试验收合格。

10）构件进场：按吊装进度计划配套进厂，运至现场指定地点，构件进厂验收检查。

11）对周边的相关部门进行协调，如治安、交通、绿化、环保、文保、电力、气象等并到当地的气象部门去了解以往年份每天的气象资料，做好防台风、防雨、防冻、防寒、防高温等措施。

2. 钢构件的进场验收

（1）钢构件的预检

钢构件的预检在单层钢结构安装内容中已经详细讲述，针对多、高层钢结构安装施工而言，钢构件预检更加重要。在此需要重点强调以下几点：

1）预检钢构件的计量工具和标准应事先统一，质量标准也应统一。特别是钢卷尺的标准要十分重视，有关单位（业主、土建、安装、制造厂）应各执统一标准的钢卷尺，制造厂按此尺制作钢构件，土建施工单位按此尺进行柱基定位施工，安装单位按此尺进行框架安装，业主按此尺进行结构验收。

2）结构安装单位对钢构件预检的项目，主要是同施工安装质量和工效直接有关的数据，如：几何外形尺寸、螺孔大小和间距、预埋件位置、焊缝坡口、节点摩擦面、附件数量规格等。构件的内在制作质量应以制造厂质量报告为准。预检数量，一般是关键构件全部检查，其他构件抽验10%～20%，应记录预检数据，现场施工安装应根据预检数据，采取相应措施，以保证安装顺利进行。

3）钢构件预检是项复杂而细致的工作，预检时尚需有一定的条件，构件预检时间宜放在钢构件中转场配套时进行，这样可省去因预检而进行翻堆所耗费的机械和人工，不足之处是发现问题进行处理的时间比较紧迫。

4）构件预检最好由结构安装单位和制造厂联合派人参加。同时也应组织构件处理小组，将预检出的偏差及时给予修复，严禁不合格的构件送到工地，更不应该将不合格构件送到高空去处理。

（2）钢构件进场验收

构件进场验收包括数量、质量、运输保护三个方面内容。钢构件进场后，按货运单检查所到构件的数量及编号是否相符，发现问题及时在回单上说明，反馈制作厂，以便及时处理。

按标准要求对构件的质量进行验收检查，主要检查构件外形尺寸、螺孔大小和间距等，并做好检查记录。也可在构件出厂前直接进厂检查，即预检环节进行。

对于制作超过规范误差或运输中变形、受到损伤的构件应在地面修复完毕或送回制作工厂进行返修。现场构件验收主要是焊缝质量、构件外观和尺寸检查，质量控制重点在构件制作工厂。构件进场的验收及修补内容如表7-2所示。

构件进场验收项目　　表7-2

序号	类型	验收内容	验收工具、方法	补修方法
1	焊缝	构件表面外观	目测	焊接修补
2		现场焊接剖口方向	参照设计图纸	现场修正
3		焊缝探伤抽查	无损探伤	碳弧气刨后重焊
4		焊脚尺寸	量测	补焊
5		焊缝错边、气孔、夹渣	目测	焊接修补
6		多余外露的焊接衬垫板	目测	切除
7		节点焊缝封闭	目测	补焊

续表

序号	类型	验收内容	验收工具、方法	补修方法
8	构件外形及尺寸	钢柱变截面尺寸	测量	制作工厂控制
9		构件长度	钢卷尺丈量	制作工厂控制
10		构件表面平直度	靠尺检查	制作工厂控制
11		加工面垂直度	靠尺检查	制作工厂控制
12		H 型钢截面尺寸	对角线长度检查	制作工厂控制
13		钢柱柱身扭转	测量	制作工厂控制
14		H 型钢腹板弯曲	靠尺检查	制作工厂控制
15		H 型钢翼缘变形	靠尺检查	制作工厂控制
16		构件运输过程变形	参照设计图纸	变形修正
17		预留孔大小、数量	参照设计图纸	补开孔
18		螺栓孔数量、间距	参照设计图纸	绞孔修正
19		连接摩擦面	目测	小型机械补除锈
20		柱上牛腿和连接耳板	参照设计图纸	补漏或变形修正
21		表面防腐油漆	目测、测厚仪检查	补刷油漆

3. 钢构件的配套供应

(1) 中转堆场的准备

建造高层建筑的地方，一般都是城市的闹市区域，那些地段的地价比较高，有的可能还是寸土寸金之地，因此现场不可能有充足的构件堆场。这就要求钢结构安装单位必须按照安装流水顺序随吊随运。但是构件制造厂是分类加工的，构件供货是分批进行的，同结构安装流水顺序完全不一致。因此中间必须设置钢构件中转堆场，起调节作用。中转堆场的主要作用是：

1) 储存制造厂的钢构件（工地现场没有条件储存大量构件）。一般是供货时间早，安装时间迟，供货是分批的，而安装是按施工顺序进行的，各种构件的供货量大于安装量。

2) 根据安装施工流水顺序进行构件配套，组织供应。

3) 对钢构件进行检查和修复，保证以合格的构件送到现场。

中转堆场的选址，应尽量靠近工程现场，同市区公路相通，符合运输车辆的运输要求，要有电源、水源和排水管道，场地平整。

(2) 构件配套

构件配套按安装流水顺序进行，以一个结构安装流水段（一般高层钢结构工程以一节钢柱框架为一个安装流水段）为单元，将所有钢构件分别由堆场整理出来，集中到配套场地，在数量和规格齐全之后进行构件预检和处理修复，然后根据安装顺序，分批将合格的构件由运输车辆供应到工场现场。配套中应特别注意附件（如连接板等）的配套，否则小小的零件将会影响到整个安装进度，一般对零星附件是采用螺栓或钢丝直接临时捆扎固定在安装节点上。

(3) 现场堆放

按照安装流水顺序由中转堆场配套运入现场的钢构件，利用现场的装卸机械尽量将其就位到安装机械的回转半径内。由运输造成的构件变形，在施工现场均要加以矫正。现场用地紧张，但在结构安装阶段现场必要的用地还是必须安排的，例如，构件运输道路、地面起重机行走路线、辅助材料堆放、工作棚、部分构件堆放等。一般情况下，结构安装用地面积宜为结构工程占地面积的 1.0～1.5 倍，否则要顺利进行安装是困难的。

钢构件现场堆放的要求如下：

1）构件堆放按钢柱、钢梁及其他构件分类进行堆放，其中柱、梁单层堆放；

2）构件堆放时应按照便于安装的顺序进行堆放，即先安装的构件堆放在上层或者便于吊装的地方；

3）构件堆放时一定要注意把构件的编号或者标识露在外面或者便于查看的方向；

4）各段钢结构施工时，同时进行主体结构混凝土施工，并穿插其他各工种施工，在钢构件、材料进场时间和堆放场地布置时应兼顾各方；

5）所有构件堆放场地均按现场实际情况进行安排，按规范规定进行平整和支垫，不得直接置于地上，要垫高 200mm 以上，以便减少构件堆放变形；钢构件堆放场地按照施工区作业进展情况进行分阶段布置调整；

6）每堆构件与构件处，应留一定距离，供构件预检及装卸操作用，每隔一定堆数，还应留出装卸机械翻堆用的空地；

7）由于现场场地有限，现场堆放量不超过后两天吊装的构件数量。

（4）构件标识

由于多高层钢结构工程构件繁多，类型和规格各异，为了保证加工厂及现场二者之间的统一，必须准确地给每个构件进行编号，并按照一定的规则和顺序进行堆放和安装，才能保证钢结构构件安装有条不紊地进行。图 7-26 为某工程构件标识铭牌。

构件编号	GGZ2—01
重量	6.989吨
规格	十 800x400x18x25
出厂日期	2010.05
质量等级	合格

020020657866427

北京***路***号综合办公楼项目钢结构工程*

图 7-26　构件标识铭牌

4. 安装流水段的划分与结构安装顺序

（1）安装流水段划分

合理地确定多、高层钢结构安装流水段的划分和结构安装顺序，对于保证安装进度、安装质量有着重要的影响。如果多层及高层钢结构安装不划分流水段、不按构件安装顺序，采取由一端向另一端由下而上整体进行安装，易造成构件连接误差积累、焊接变形难以控制和尺寸精度无法保证，同时构件供应和管理也较困难、混乱、复杂。再者，结构安装过程中的整体性和对称性很差，会影响整个钢结构的安装质量。

多、高层钢结构安装，应按照建筑物平面形状、结构形式、安装机械数量、位置和吊装能力等划分流水段。此外，划分时还应与混凝土结构施工相适应。流水段分为平面流水段和立面流水段。平面流水段划分应考虑钢结构安装过程中的整体稳定性和对称性。图 7-27 为北京某钢结构工程安装平面流水段划分及柱、主梁安装顺序示例，其平面上划分为两个流水段，并符合从中央向四周扩展的安装原则。图 7-28 为上海某高层钢结构安装平面流水段的划分示例，它根据两台内爬式塔式起重机对称地划分为两个流水段。

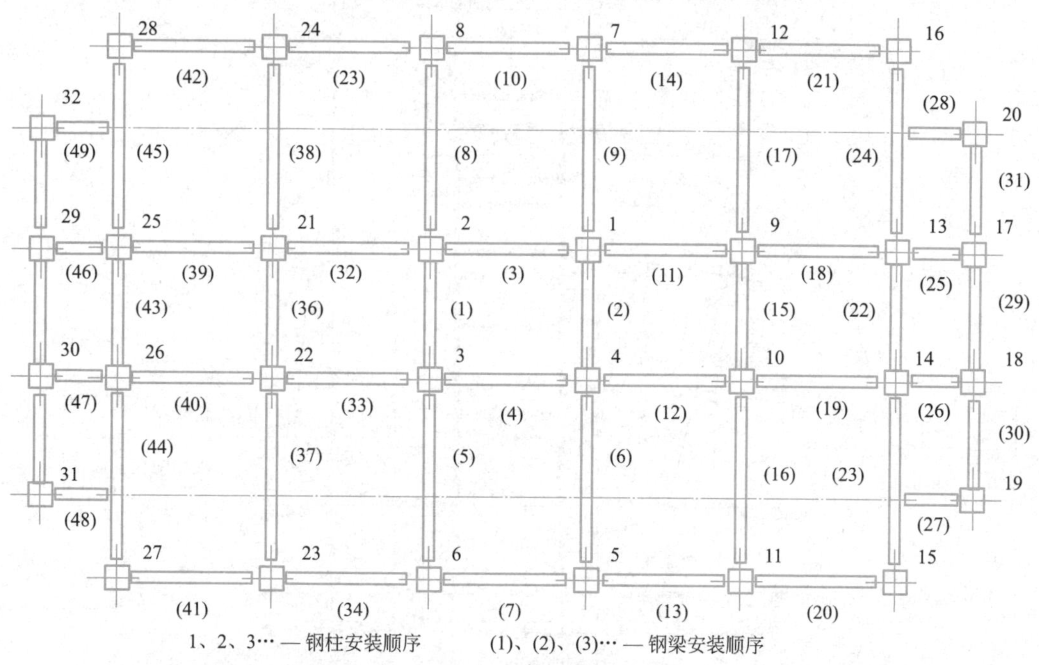

图 7-27　北京某钢结构工程安装平面流水段划分及柱、主梁安装顺序

立面流水段的划分，常以一节钢柱高度内所有构件作为一个流水段。钢柱的分节长度取决于加工条件、运输工具和钢柱重量。长度一般为 12m 左右，重量不大于 15t，一节柱的高度多为 2～3 个楼层，分节位置在楼层标高以上 1～1.3m 处。

(2) 结构安装顺序

多、高层钢结构框架的安装原则上，平面应从中间向四周扩展，竖向应由下向上逐渐安装。安装顺序通常是：平面内从中间的一个节间开始，以一个节间的柱网（框架）为一安装单元，先吊装柱，后吊装梁，然后往四周扩展，垂直方向由下向上组成稳定结构后，分层安装次要构件，一节间一节间钢框架，一层楼一层楼安装完成，这样有利于消除安装误差积累和焊接变形，使误差减低到最小限度，同时构件供应和管理较简易。图 7-29 所示为上海某高层钢结构安装一个立面流水段内的安装顺序。

5. 吊装机具的选择

(1) 起重安装机械的选择

根据高层钢结构的特点，国内外主要是利用塔式起重机进行安装。塔式起重机吊得高，工作半径大，能作 360°回转。用于高层钢结构安装的塔式起重机有内爬式和附着式两种类型。在低空部分，如果钢构件较重的，也可选择采用履带式或汽车式起重机完成。起

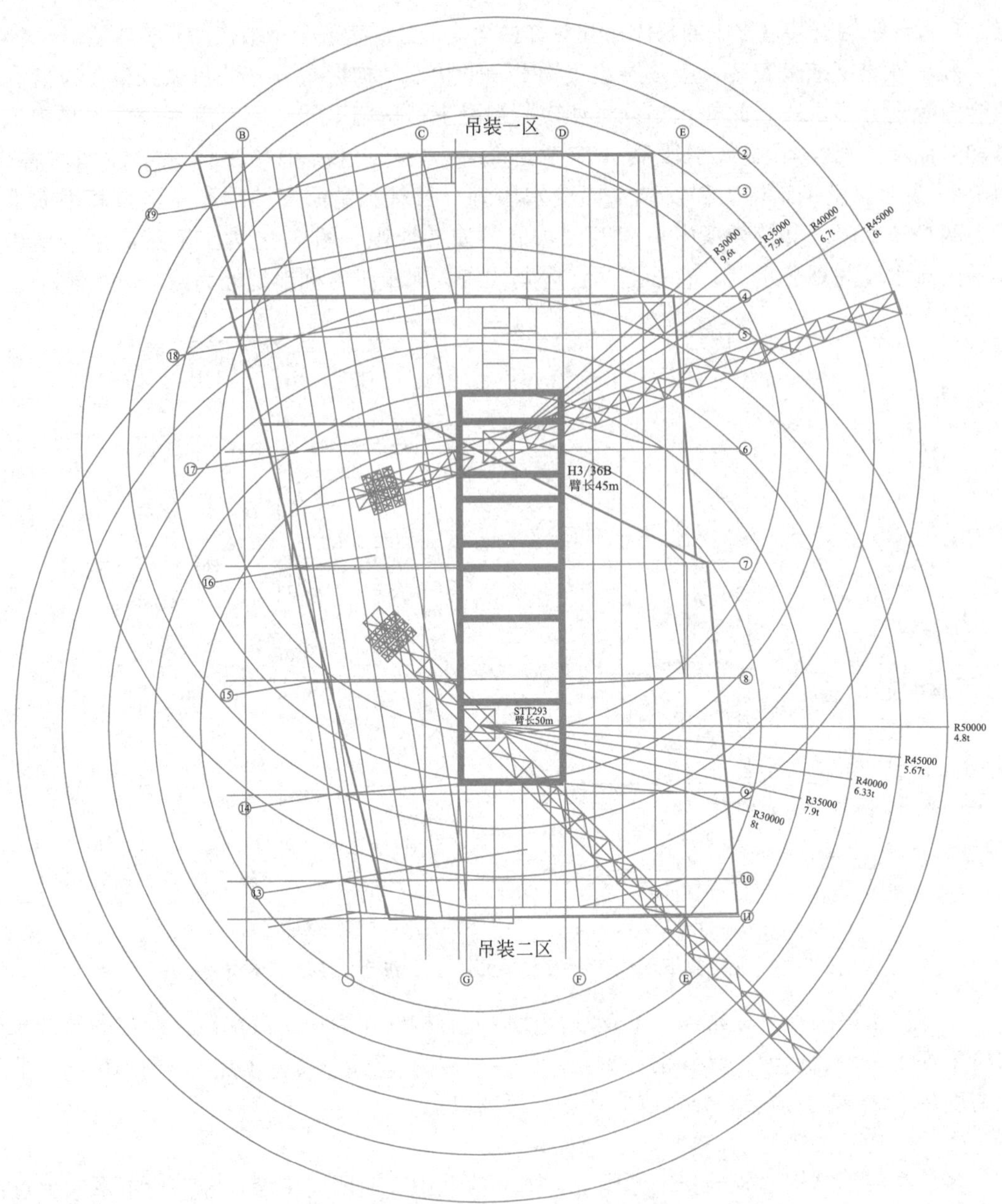

图 7-28 上海某高层钢结构安装平面流水段划分

重机数量的选择应根据现场施工条件、建筑布局、单机吊装覆盖面积和吊装能力综合决定。多台塔式起重机共同使用时应防止出现吊装死角。

(2) 竖直运输机械的选择

在高层钢结构工程施工中，竖直运输机械是必不可缺少的机械。钢结构安装中，为了充分发挥塔式起重机的作用，总是使塔式起重机以构件安装为主，同时起吊一些较重的辅助设施，如走道板、设备平台等。除此之外，还有大量的施工材料、工具，如焊条、垫铁、引弧板、高强螺栓、安全校正工具等。这些物体的运输就必须采用竖直运输机械。此外还有生产操作工人的上岗，也必须由提升设备运送。这些一般是采用人货两用电梯进行

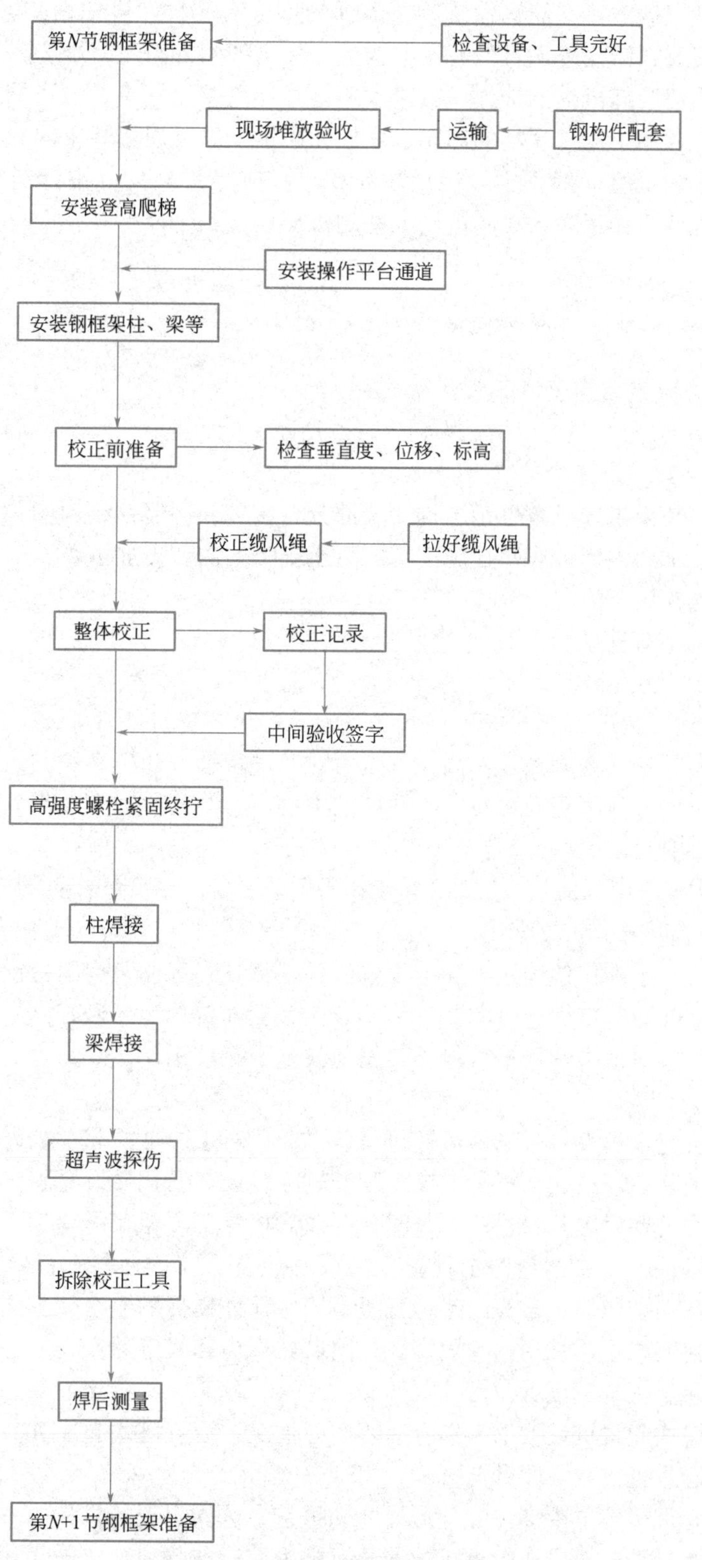

图 7-29　一个立面流水段的安装流水顺序

竖直运输，它既能载人，又能运输货物。电梯的型号有多种，可根据实际工程需要选择。人货两用电梯安装在结构外面且附着于结构上，随结构的升高而逐步接高。

（3）现场构件装卸机械的选择

装卸机械主要用于构件现场的卸车、堆放和搬运，以及现场零星的起重工作。高层钢结构的构件重量和长度一般不大，但现场面积小，应尽量减少机械行走路线所占用的面积，装卸机械宜选工作半径大、吨位稍大些的机械。

7.2.2 主体钢结构安装

1. 多层与高层钢结构安装工艺流程

多层与高层钢结构安装工艺流程如图 7-30 所示。

2. 地脚螺栓安装及精度控制

地脚螺栓安装要求详见单层钢结构安装部分，在多、高层钢结构安装中，对安装精度提出了更高的要求，因而地脚螺栓施工与混凝土施工的协调更加重要。

（1）地脚螺栓施工流程

地脚螺栓施工流程见图 7-31。

（2）地脚螺栓施工要点

1）测量放线

首先根据原始轴线控制点及标高控制点对现场进行轴线和标高控制点的加密，然后根据控制线测放出的轴线再测放出每一个埋件的中心十字交叉线和至少两个标高控制点。

2）设计、制作地脚螺栓固定架

地脚螺栓支架（图 7-32）一般采用角钢作为主要材料，支架全部在工厂进行加工制作。

3）埋设地脚螺栓固定支架

利用定位线及水准仪使固定支架准确就位后，将其附于柱子周围的钢筋上，形成上下两道井字架，支托地脚螺栓，见图 7-33。锚栓安装后对锚栓螺纹做好保护措施，最后一次浇筑混凝土时，应对地脚螺栓进行检查，发现偏差及时校正。

3. 吊装机具的安装

对于汽车式起重机直接进场即可进行吊装作业；对于履带式起重机需要组装好后才能进行钢构件的吊装；塔式起重机的安装和爬升较为复杂，而且要设置固定基础或行走式轨道基础。当工程需要设置几台吊装机具时，要注意机具不要相互影响。

塔式起重机是超高层钢结构工程施工的核心设备，其选择与布置要根据建筑物的布置、现场条件及钢结构的重量等因素综合考虑，并保证装拆的安全、方便、可靠。在多高层钢结构安装施工现场，常用的有固定式、附着式、内爬式三种。

（1）塔式起重机基础设置

严格按照塔式起重机说明书，结合工程实际情况，设置塔式起重机基础。

（2）塔式起重机安装、爬升与拆除

列出塔式起重机各主要部件的外形尺寸和重量，选择合理的机具，一般采用汽车式起重机来安装塔式起重机。塔式起重机的安装顺序为：标准节→套架→驾驶节→塔帽→副臂→卷扬机→主臂→配重。

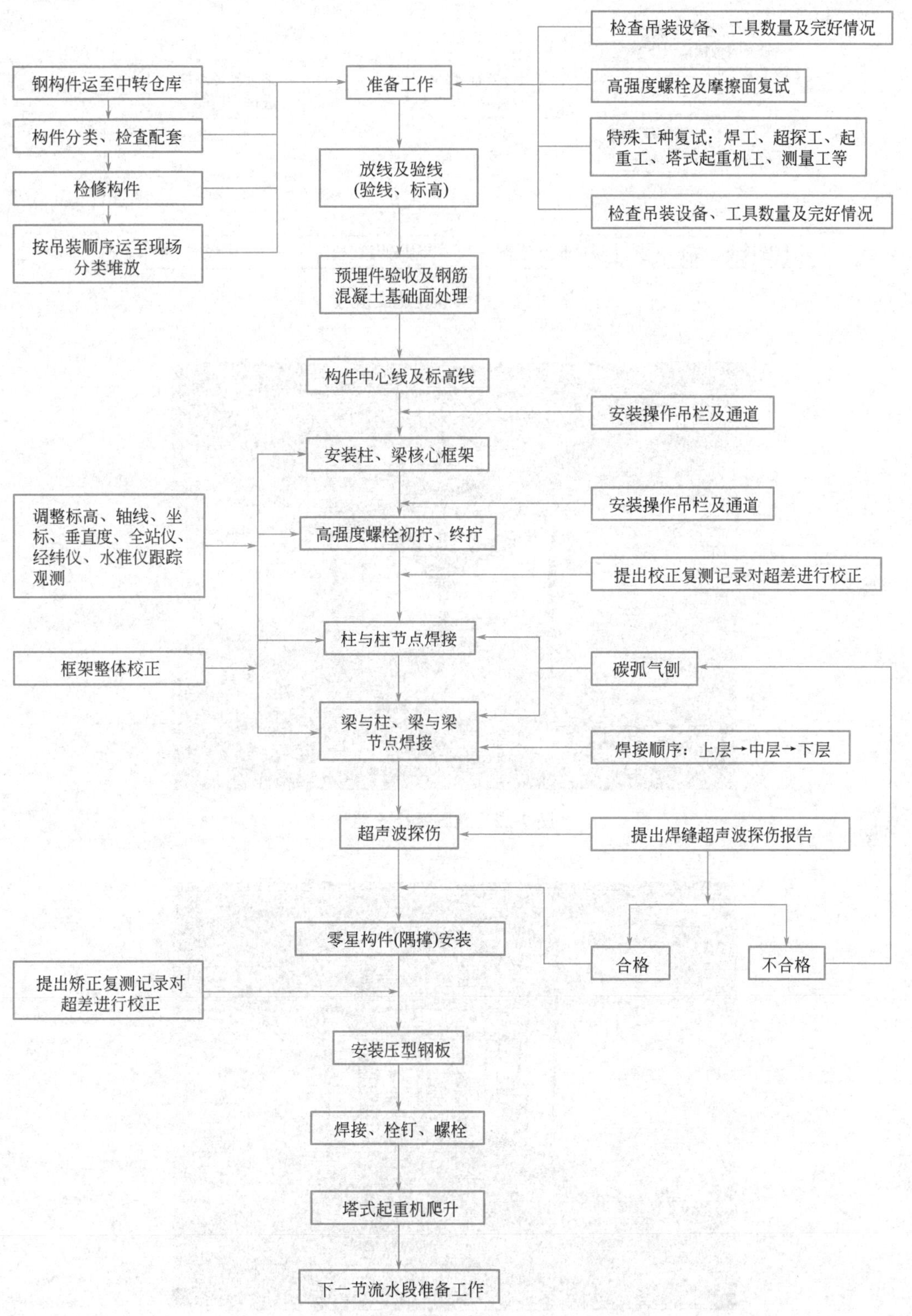

图 7-30 多层与高层钢结构安装工艺流程图

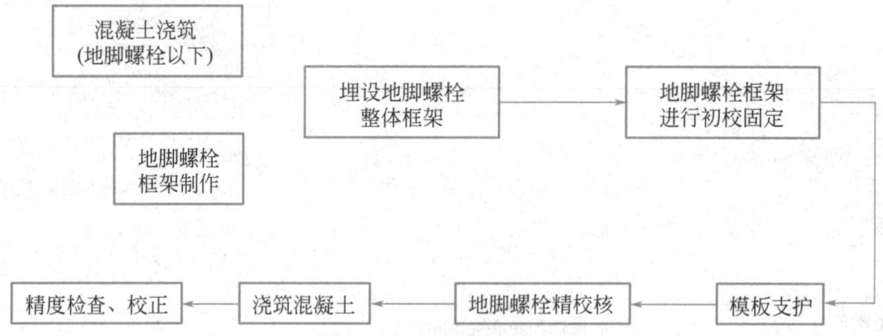

图 7-31　地脚螺栓施工流程

图 7-32　地脚螺栓支架

图 7-33　地脚螺栓固定支架埋设示意

塔式起重机的拆除一般也采用汽车式起重机进行，但当塔式起重机是安装在楼层里面时，则采用拨杆及卷扬机等工具进行塔式起重机拆除。塔式起重机的拆除顺序为：配重→主臂→卷扬机→副臂→塔帽→驾驶节→套架→标准节。

内爬式塔式起重机布置在建筑物中间，在施工场地较小的闹市中心使用尤为适宜。其有效面积大，能充分发挥起重能力，整体机械制造用钢量少，造价低。

（3）塔式起重机附墙设置

高层钢结构高度一般超过100m，因此塔式起重机需要设置附墙，来保证塔式起重机的刚度和稳定性。塔式起重机附墙的设置按照塔式起重机的说明书进行。附墙杆对钢结构的水平荷载在设计交底和施工组织设计中明确。

4. 钢结构吊装顺序

多层与高层钢结构吊装一般需划分吊装作业区域，钢结构吊装按划分的区域，平行顺序同时进行。当一片区吊装完毕后，即进行测量、校正、高强度螺栓初拧等工序，待几个片区安装完毕后，对整体再进行测量、校正、高强度螺栓终拧、焊接。焊后复测完，接着进行下一节钢柱的吊装，并根据现场实际情况进行本层压型钢板吊放和部分铺设工作等。

5. 钢柱安装

（1）钢柱吊装

1）吊点设置

吊点位置及吊点数，根据钢柱形状、断面、长度、起重机性能等具体情况确定。

一般钢柱弹性和刚性都很好，吊点采用一点正吊。吊点设置在柱顶处，柱身竖直，吊点通过柱重心位置，易于起吊、对线、校正。

2）起吊方法

① 多层与高层钢结构工程中，钢柱一般采用单机起吊，对于特殊或超重的构件，也可采取双机抬吊，见图7-34。双机抬吊应注意的事项如下：

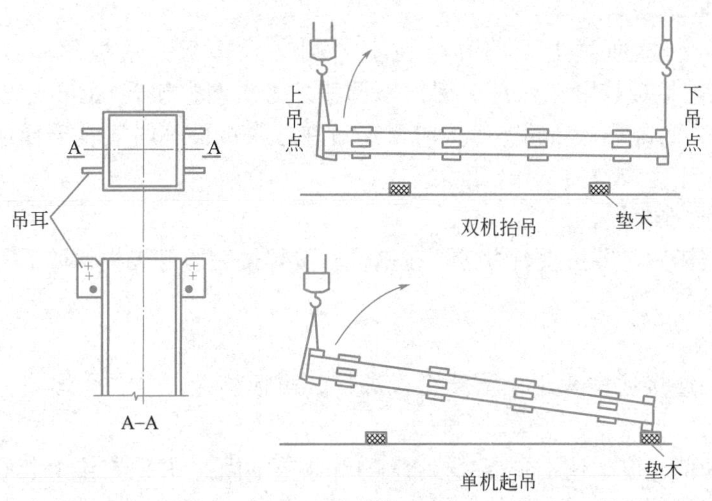

图7-34　钢柱的吊装

A. 尽量选用同类型起重机；

B. 根据起重机能力，对起吊点进行荷载分配；

C. 各起重机的荷载不宜超过其相应起重能力的 80%；

D. 在操作过程中，要互相配合，动作协调，如采用铁扁担起吊，尽量使铁扁担保持平衡，倾斜角度小，以防一台起重机失重而使另一台起重机超载，造成安全事故；信号指挥，分指挥必须听从总指挥。

② 起吊时钢柱必须垂直，尽量做到回转扶直，根部不拖。起吊回转过程中应注意避免同其他已吊好的构件相碰撞，吊索应有一定的有效高度。

③ 第一节钢柱是安装在柱基上的，钢柱安装前应将登高爬梯和挂篮等挂设在钢柱预定位置并绑扎牢固，起吊就位后临时固定地脚螺栓，校正垂直度。钢柱两侧装有临时固定用的连接板，上节钢柱对准下节钢柱柱顶中心线后，即用螺栓固定连接板做临时固定。

④ 钢柱安装到位，对准轴线，必须等地脚螺栓固定后才能松开吊索。

(2) 钢柱对接

钢柱对接操作时，需要借助临时连接耳板临时固定上下柱接头位置，调整到符合安装偏差要求后，进行全熔透焊接，然后将临时连接耳板割除。操作要点如下，见图 7-35。

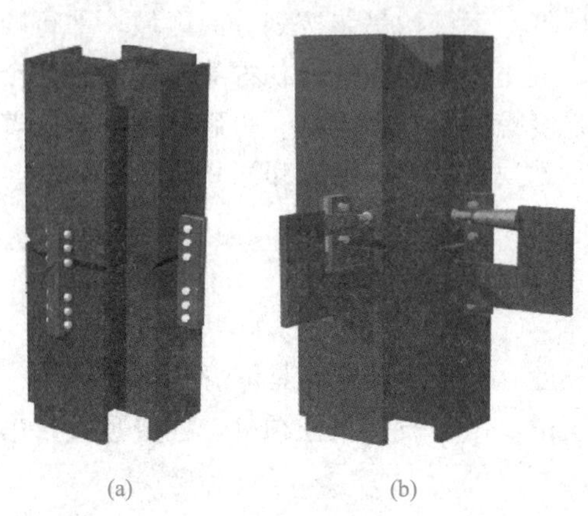
(a) (b)

图 7-35 某钢结构劲性钢柱对接安装示意

1) 吊装就位后钢柱校正，见图 7-35 (a)。

吊装就位后，用大六角头高强螺栓通过连接板固定上下耳板，但连接板不夹紧，通过起落钩与撬棒调节柱间间隙，通过上下柱的标高控制线之间的距离与设计标高值进行对比，并考虑到焊缝收缩及压缩变形量。将标高偏差调整至 5mm 以内。符合要求后打入钢楔，点焊限制钢柱下落。

2) 柱身扭转调整，见图 7-35 (b)。

柱身的扭转调整通过上下的耳板在不同侧夹入垫板（垫板的厚度一般在 0.5～1.0mm)，在上连接板拧紧大六角头螺栓来调整。每次调整扭转在 3mm 以内，若偏差过大则可分成 2～3 次调整。当偏差较大时可通过在柱身侧面临时安装千斤顶对钢柱接头的扭转偏差进行校正。

3) 割除临时连接板。

钢柱校正完毕后，即可进行焊接，在钢柱对接焊接完毕且无损检验质量合格后，再割除临时连接板。

6. 钢梁安装

框架梁和柱连接通常采用上下翼缘板焊接、腹板栓接，或者全焊接、全栓接的连接方式。

钢梁在吊装前，应于柱子牛腿处检查柱子和柱子间距，并应在梁上装好扶手杆和扶手绳，以便待主梁吊装就位后，将扶手绳与钢柱系牢，以保证施工人员的安全。

(1) 吊点设置

钢梁吊装宜采用专用吊具，两点绑扎吊装。在吊点处设置耳板，待钢梁吊装就位完成之后割除。为防止吊耳起吊时的变形，采用专用吊具装卡，此吊具用普通螺栓与耳板连接。对于同一层重量不大的钢梁，在满足塔式起重机最大起重量的同时，可以采用一钩多吊，以提高吊装效率，见图 7-36。

图 7-36　钢梁吊装

（2）起吊方式

为了减少高空作业，保证质量，并加快吊装进度，可以将梁、柱在地面组装成排架后进行整体吊装。当一节钢框架吊装完毕，即需对已吊装的柱、梁进行误差检查和校正。校正方法参见单层钢结构工程柱、梁的校正。

（3）安装顺序

一节钢柱一般有 2～4 层梁，原则上竖向构件由上向下逐件安装。由于梁上部和周边都处于自由状态，易于安装和控制质量，一般在钢结构安装实际操作中，同一列柱的钢梁从中间跨开始对称地向两端扩展安装；同一跨钢梁，先安装上层梁再安装下层梁，最后安装中层梁。

柱与柱节点和梁与柱节点的焊接原则上应对称施工，相互协调。对于焊接连接，一般可以先焊一节柱的顶层梁，再从下往上焊接各层梁与柱的节点。柱与柱的节点可以先焊，也可以后焊。对于栓焊连接，一般先栓后焊，螺栓从中心轴开始对称拧紧。

次梁根据实际施工情况一层一层安装完成。

（4）注意事项

1）梁校正完毕，用高强螺栓临时固定，再进行柱校正。对梁、柱校正完毕后即紧固连接高强螺栓，焊接柱节点和梁节点，并对焊缝进行超声波检验。

2）在安装柱与柱之间的主梁时，会把柱与柱之间的开档撑开或缩小。因此必须跟踪校正柱间距离，并预留偏差值，特别是节点焊接收缩量。

3）当钢梁与混凝土结构中预埋件连接时，由于受到混凝土浇筑时对预埋件的影响，使预埋件的位置偏差加大，故在加工预埋件和钢梁连接的连接板时，连接螺栓的开孔为椭圆形，见图 7-37。钢梁连接完毕后，将连接板与钢梁进行焊接。

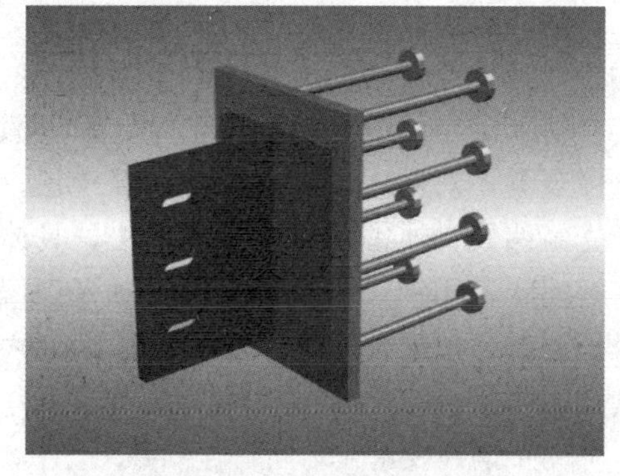

图 7-37　连接钢梁的预埋件

7. 标准节框架安装

高层钢结构中，由于楼层使用要求不同和框架结构受力因素，其钢结构的布置和规格也相应而异，这是钢结构安装施工的特点之一。但是多数楼层的使用要求是一样的，钢结构布置也基本一致，称为钢结构框架的“标准节框架”。

标准节框架安装方法有下面两种：

（1）节间综合安装法

此法是在标准节框架中，选择位于核心部分或对称中心处，由框架柱、梁、支撑组成刚度较大的框架结构作为安装的基本单元，将该基本单元称为标准框架体。为确保钢结构整体安装质量精度，在每层都要选择一个标准框架体，依次向外发展安装。

标准框架体安装时，安装完钢柱后立即安装框架梁、次梁和支承等，由下而上完成整个标准框架体，并进行校正和固定。然后以此为依靠，按规定方向进行安装，逐步扩大框架，每立 2 根钢柱，就安 1 个节间，直至施工层完成。国外多采用节间综合安装法，随吊随运，现场不设堆场，每天提出供货清单，每天安装完毕。这种安装方法对现场管理要求严格，供货交通必须保证畅通，在构件运输保证的条件下能获得最佳效果。

（2）按构件分类大流水安装法

此法是在标准节框架中先安装钢柱，再安装框架梁，然后安装其他构件，按层进行，从下而上，最终形成框架。国内目前多数采用此法，主要原因是：

1）影响钢构件供应的因素多，不能按照综合安装供应钢构件；

2）在构件不能按计划供应的情况下尚可继续进行安装，有机动的余地；

3）管理和生产工人容易适应。

两种不同的安装方法，各有利弊，但是，只要构件供应能够确保，构件质量又合格，其生产工效的差异不大，可根据实际情况进行选择。

8. 多层与高层钢框架校正

（1）校正流程

一节标准框架的校正流程如图 7-38 所示。

（2）标准柱和基准点选择

标准柱是能控制框架平面轮廓的少数柱子，用它来控制框架结构安装的质量。一般选择平面转角柱为标准柱。如正方形框架取 4 根转角柱；长方形框架当长边与短边之比大于 2 时取 6 根柱；多边形框架取转角柱为标准柱。

基准点选择以标准柱的柱基中心线为依据，从 X 轴和 Y 轴分别引出距离为 e 的补偿线，其交点作为标准柱的测量基准点。对基准点应加以保护，防止损坏，e 值大小由工程情况确定。进行框架校正时，采用激光经纬仪以基准点为依据对框架标准柱进行竖直度观测，对钢柱顶部进行竖直度校正，使其在允许范围内。框架其他柱子的校正不用激光经纬仪，通常采用丈量测定法，具体做法是以标准柱为依据，用钢丝绳组成平面方格封闭状，用钢尺丈量距离，超过允许偏差者需调整偏差，在允许的范围内者一律只记录不调整。框架校正完毕要整理数据列表，进行中间验收鉴定，然后才能开始高强螺栓紧固工作。

（3）钢柱校正

钢柱校正要做三件工作：柱基标高调整，柱基轴线调整，柱身垂直度校正。

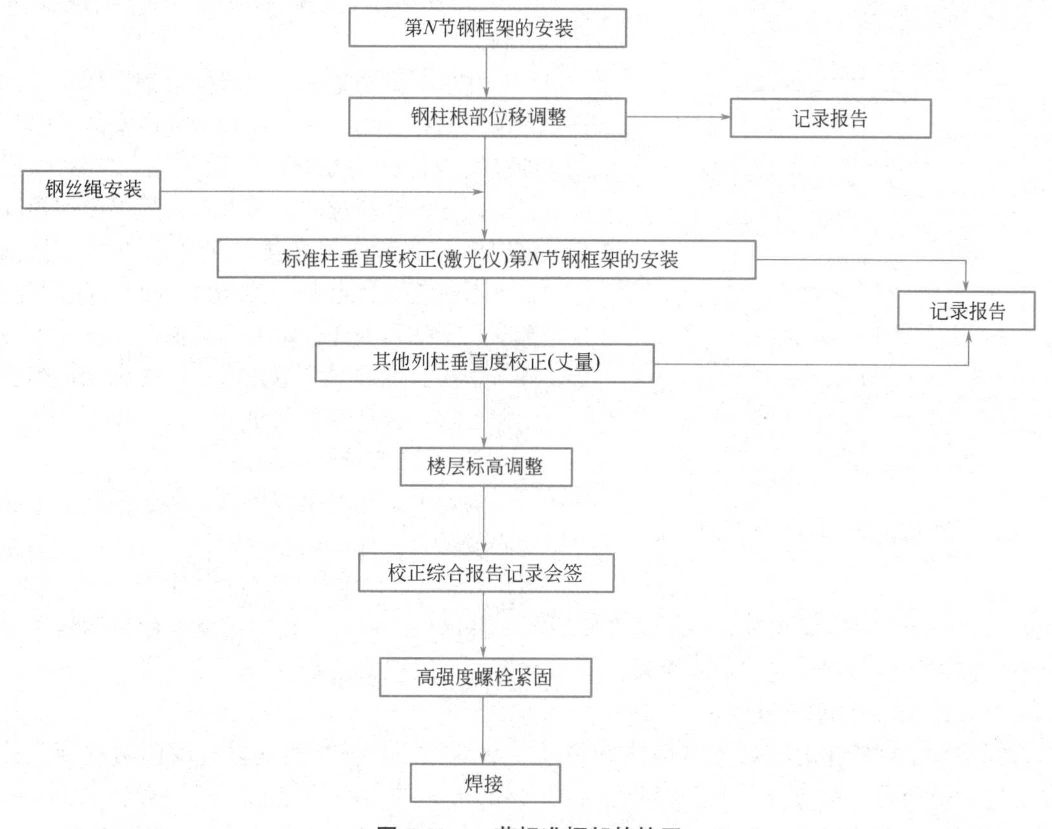

图 7-38　一节标准框架的校正

1）柱基标高调整

放上钢柱后，利用柱底板下的螺母或标高调整块控制钢柱的标高（因为有些钢柱过重，螺栓和螺母无法承受其重量，故柱底板下需加设标高调整块——钢板调整标高），精度可达到±1mm 以内。柱底板下预留的空隙，可以用高强度、微膨胀、无收缩砂浆以赶浆法填实。如图 7-39 所示。当使用螺母作为调整柱底板标高时，应对地脚螺栓的强度和刚度进行计算。

现在有很多高层钢结构地下室部分钢柱是劲性钢柱，钢柱的周围都布满了钢筋，调整标高和轴线时，都要适当地将钢筋梳理开，才能进行，工作起来较困难些。

2）第一节柱底轴线调整

对线方法：在起重机不松钩的情况下，将柱底板上的四个点与钢柱的控制轴线对齐缓慢降落至设计标高位置。如果这四个点与钢柱的控制轴线有微小偏差，可借线。

3）第一节柱身垂直度校正

采用缆风绳校正方法，用两台呈 90°的经纬仪找垂直。在校正过程中，不断微调柱底板下螺母，直至校正完毕，将柱底板上面的两个螺母拧上，缆风绳松开不受力，柱身呈自由状态，再用经纬仪复核，如有微小偏差，在重复上述过程，直至无误，将上螺母拧紧。

地脚螺栓上螺母一般用双螺母，可在螺母拧紧后，将螺母与螺杆焊实。

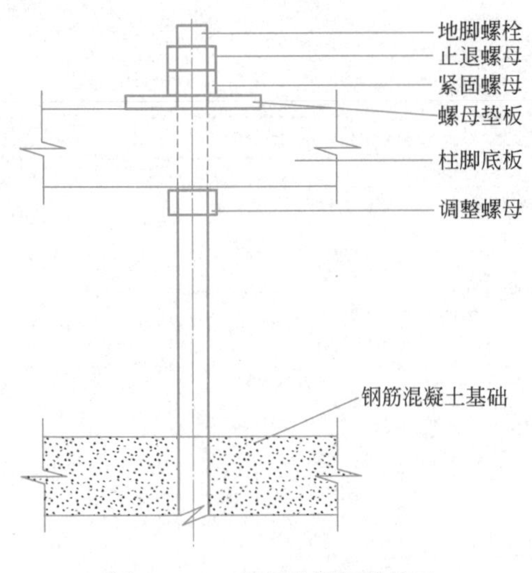

图 7-39　一节标准框架的校正

4）柱顶标高调整和其他节框架钢柱标高控制

柱顶标高调整和其他节框架钢柱标高控制可以用两种方法：一是按相对标高安装，另一种是按设计标高安装，一般采用相对标高安装。钢柱吊装就位后，用大六角高强度螺栓固定连接上下钢柱的连接耳板，但不能拧得太紧，通过起重机起吊，撬棍可微调柱间间隙。量取上下柱顶预先标定的标高值，符合要求后打入钢楔、点焊限制钢柱下落，考虑到焊缝及压缩变形，标高偏差调整至 4mm 以内。

5）第二节柱轴线调整

为使上下柱不出现错口，尽量做到上下柱中心线重合。如有偏差，钢柱中心线偏差调整每次 3mm 以内，如偏差过大分 2～3 次调整。注意：每一节钢柱的定位轴线决不允许使用下一节钢柱的定位轴线，应从地面控制线引至高空，以保证每节钢柱安装正确无误，避免产生过大的积累误差。

6）第二节钢柱垂直度校正

钢柱垂直度校正的重点是对钢柱有关尺寸预检，即对影响钢柱垂直度因素的预先控制。经验值测定：梁与柱一般焊缝收缩值小于 2mm；柱与柱焊缝收缩值一般在 3.5mm。为确保钢结构整体安装质量精度，在每层都要选择一个标准框架结构体（或剪力筒），依次向外发展安装。安装标准化框架的原则：指建筑物核心部分，几根标准柱能组成不可变的框架结构，便于其他柱安装及流水段的划分。标准柱的垂直度校正：采用两台经纬仪对钢柱及钢梁安装跟踪观测。钢柱垂直度校正可分两步。

第一步，采用无缆风绳校正。在钢柱偏斜方向的一侧打入钢楔或顶升千斤顶。注意：临时连接耳板的螺栓孔应比螺栓直径大 4mm，利用螺栓孔扩大足够余量调节钢柱制作误差－1～＋5mm。

第二步：将标准框架体的梁安装上。先安装上层梁，再安装中、下层梁，安装过程会对柱垂直度有影响，可采用钢丝绳缆索（只适宜跨内柱）、千斤顶、钢楔和手拉葫芦进行，其他框架柱依标准框架体向四周发展，其做法与上同。

（4）钢梁校正

钢梁校正内容详见单层钢结构安装部分，框架梁面标高校正是用水平仪、标尺进行实测，测定框架梁两端标高误差情况。超过规定时应作校正，方法是扩大端部安装连接孔。

多、高层钢结构的柱、梁（桁架）、支撑等主要构件安装就位后应及时校正、固定，并应在当天形成稳定的空间结构体系。切忌安装一大片后再进行校正，这是校正不过来的，将影响结构整体的正确位置，是不允许的。如不能实现，应采取临时加固措施。否则，有可能在安装阶段，在外力（风力、温差、施工荷载）作用下，使柱、梁变形、失稳，不仅会增加后期校正难度，而且会影响钢结构安装阶段的结构稳定性和安全，严重时会使结构倒塌。

7.3 网架结构安装施工

7.3.1 网架结构选型

选择网架结构的形式时，应考虑以下影响因素：建筑的平面形状和尺寸，网架的支承方式、荷载大小、屋面构造、建筑构造与要求、制作安装方法及材料供应情况等。

从用钢量多少来看，当平面接近正方形时，斜放四角锥网架最经济，其次是正放四角锥网架和两向正交交叉梁系网架（正放或斜放），最费的是三向交叉梁系网架。但当跨度及荷载都较大时，三向交叉梁系网架就显得经济合理些，而且刚度也较大。当平面为矩形时，则以两向正交斜放网架和斜放四角锥网架较为经济。具体内容可查阅《空间网格结构技术规程》JGJ 7—2010。

从屋面构造来看，正放类网架的屋面板规格常只有一种，而斜放类网架屋面板规格却有两三种。斜放四角锥网架上弦网格较小，屋面板规格也较小，而正放四角锥网架上弦网格相对较大，屋面板规格也大。

从网架制作和施工来说，交叉平面桁架体系较角锥体系简便，两向比三向简便。而对安装来说，特别是采用分条或分块吊装的方法施工时，选用正放类网架比斜放类网架有利。

总之，应该综合上列各方面的情况和要求，统一考虑，权衡利弊，合理地确定网架形式。

7.3.2 网架结构拼装

1. 拼装单元划分

网架结构在安装之前，首先必须进行现场拼装，拼装成若干个单元，然后再以拼装单元为单位进行安装。拼装单元可以划分为小拼单元、中拼单元。

小拼单元：钢网架结构安装工程中，除散件之外的最小安装单元，一般分平面桁架和锥体两种类型。

中拼单元：钢网架结构安装工程中，由散件和小拼单元组成的安装单元，一般分条状和块状两种类型。

2. 网架的拼装

网架的拼装应根据施工安装方法不同，采用分条拼装、分块拼装或整体拼装。拼装应在平整的刚性平台上进行。

（1）拼装单元划分

对于焊接空心球节点的网架，为尽量减少现场焊接工作量，多数采用先在工厂或预制拼装场内进行小拼。划分小拼单元时，应尽量使小拼单元本身为一几何不变体，一般可根据网架结构的类型及施工方案等条件划分为平面桁架型和锥体型两种，凡平面桁架系网架适于划分成平面桁架型小拼单元，如图 7-40 所示。锥体系网架适于划分成锥体型小拼单元，如图 7-41 所示。小拼应在专门的拼装模架上进行，以保证小拼单元形状尺寸的准确性。

图 7-40 两向正交斜放网架小拼单元划分

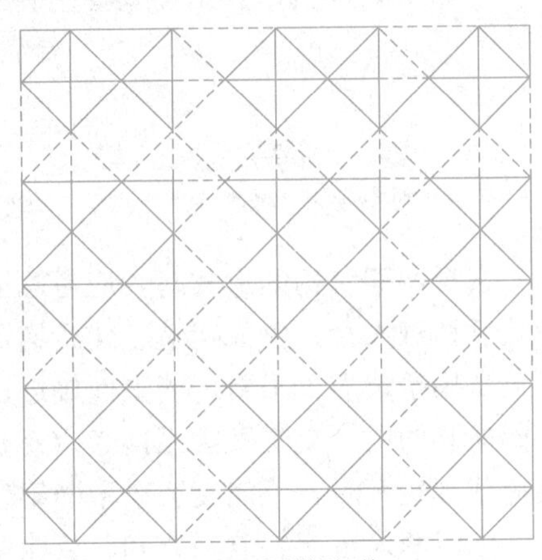

图 7-41 斜放四角锥网架小拼单元划分

（2）总拼次序

现场拼装应正确选择拼装次序，以减少焊接变形和焊接应力，根据国内多数工程经验，拼装焊接顺序应从中间向两边或四周发展，最好是由中间向两边发展（图 7-42a、b），因为网架在向前拼接时，两端及前边均可自由收缩；而且，在焊完一条节间后，可检查一次尺寸和几何形状，以便由焊工在下一条定位焊时给予调整。网架拼装中应避免形成封闭圈。在封闭圈中施焊（图 7-42c）焊接应力将很大。

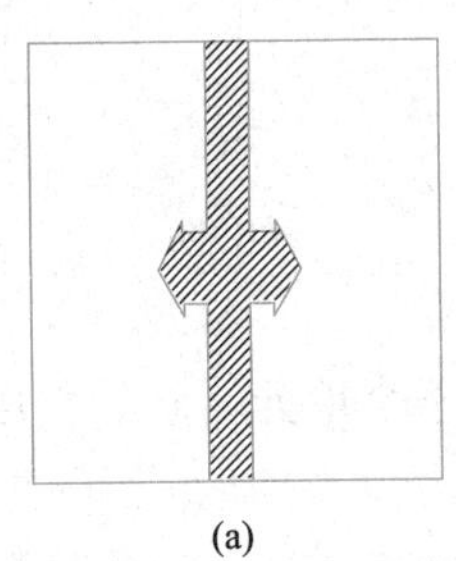

(a)

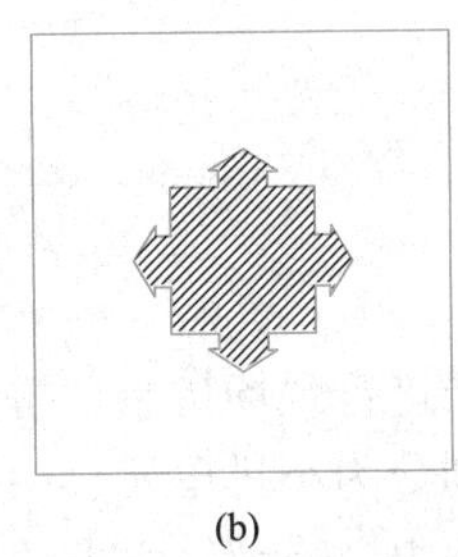

(b)

(c)

图 7-42 网架总拼顺序

网架拼装时，一般先焊下弦，使下弦因收缩而向上拱起，然后焊腹杆及上弦杆。如果先焊上弦，由于上弦的收缩而使网架下挠，再焊下弦时由于重力的作用下弦收缩时就难以再上拱而消除上弦的下挠。

螺栓球节点的网架拼装时，一般也是下弦先拼，将下弦的标高和轴线校正后，全部拧紧螺栓，起定位作用。开始连接腹杆时，螺栓不宜拧紧，但必须使其与下弦节点连接的螺栓吃上劲，以避免周围螺栓都拧紧后，这个螺栓因可能偏歪而无法拧紧。连接上弦时，开始不能拧紧，待安装几行后再拧紧前面的螺栓，如此循环进行。在整个网架拼装完成后，必须进行一次全面检查，看螺栓是否拧紧。

3. 网架拼装工艺

拼装工艺流程见图 7-43。

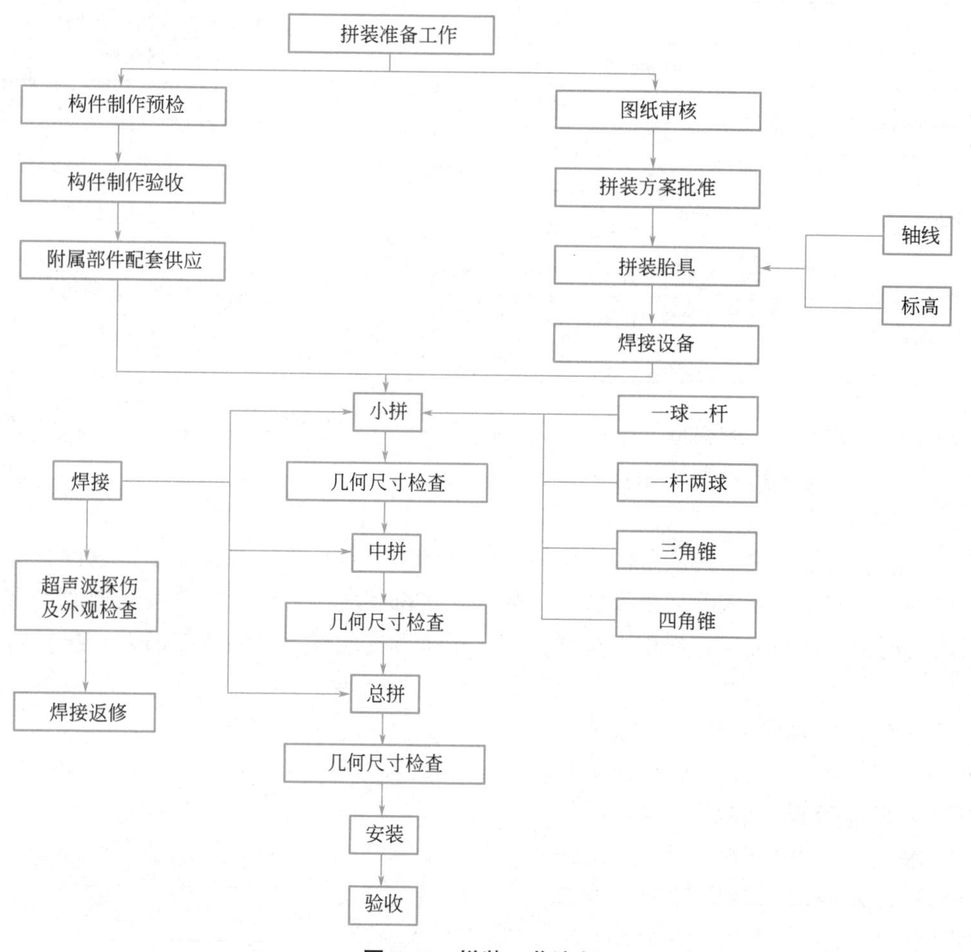

图 7-43　拼装工艺流程

7.3.3　网架结构安装

网架的安装是指用各种施工方法将拼装好的网架搁置在设计位置上。主要安装方法有：高空散装法、分条或分块安装法、高空滑移法、整体吊装法、整体提升法及整体顶升法，见表 7-3。

网架安装方法及适用范围　　表 7-3

安装方法	内容	适用范围
高空散装法	单杆件拼装	螺栓连接节点的各类型网架
	小拼单元拼装	
分条或分块安装法	条状单元组装	两向正交、正放四角锥、正放抽空四角锥等网架
	块状单元组装	

续表

安装方法	内容	适用范围
高空滑移法	单条滑移法	正放四角锥、正放抽空四角锥、两向正交正放等网架
	逐条积累滑移法	
整体吊装法	单机、多机吊装	各种类型网架
	单根、多根拔杆吊装	
整体提升法	利用拔杆提升	周边支承及多点支承网架
	利用结构提升	
整体顶升法	利用网架支撑柱作为顶升时的支撑结构	支点较少的多点支承网架
	在原支点处或其附近设置临时顶升支架	
备注	未注明连接节点构造的网架，指各类连接节点网架均适用	

网架的安装方法，应根据网架受力和构造特点，在满足质量、安全、进度和经济效果的要求下，结合施工技术条件综合确定。

1. 高空散装法

高空散装法是小拼单元或散件（单根杆件及单个节点）直接在设计位置进行总拼的方法。这种施工方法不需大型起重设备，在高空一次拼装完毕，但现场及高空作业量大，且需搭设大规模的拼装支架，耗用大量材料。适用于螺栓连接节点的各类网架，在我国应用较多。

高空散装法有全支架（即满堂脚手架）法和悬挑法两种，悬挑法是在长度方向端部搭设一段脚手架，安装一段网架后，以此段为基础，采用用具、绞车将在地面已装好局部条或成块网架吊起，与已装好的网架对接。

全支架法多用于散件拼装，而悬挑法则多用于小拼单元在高空总拼，可以少搭支架，见图 7-44 和表 7-4。

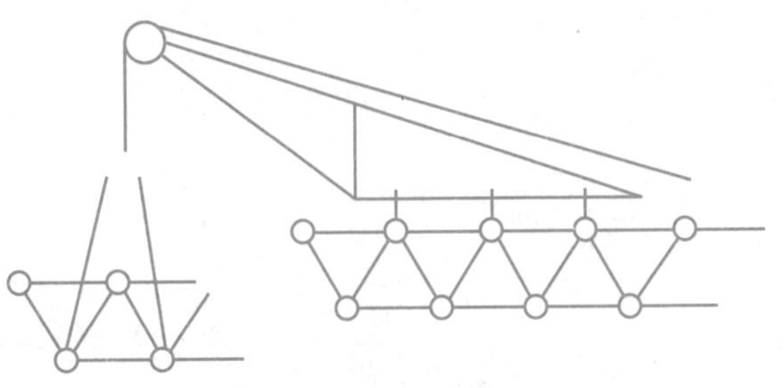

图 7-44　高空散装法——悬挑法示意

高空散装法——悬挑法网壳拼装施工过程　　表 7-4

序号	施工步骤	图示
1	第一步：安装人员根据网壳安装图纸在地面将网壳结构的球和杆件拼成一个个锥体，单元按照节点所在层和水平分布位置顺序排列，每个吊装单元包括 1 个球和 3～4 根杆件	

续表

序号	施工步骤	图示
2	第二步:吊装第 1 个锥体单元(为 1 颗上弦球、1 根上弦杆和 2 根腹杆),用汽车式起重机将锥体单元吊装到安装位置,工人在网壳结构上配合将其与相连的网格进行拼装	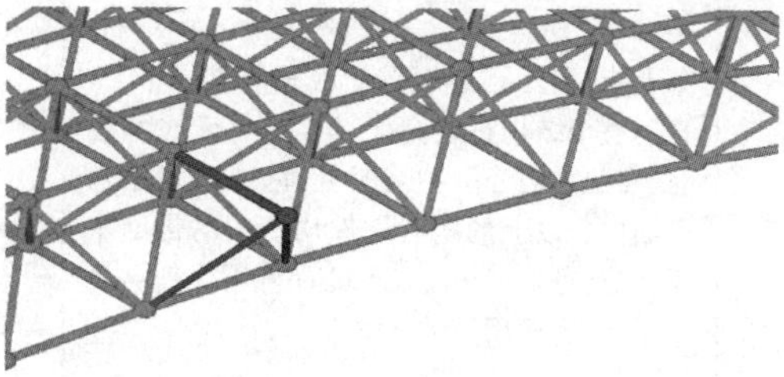
3	第三步:吊装第 2 个锥体单元(为 1 颗上弦球、2 根上弦杆和 2 根腹杆),同样用汽车式起重机吊装到安装位置,然后其与相连的网格进行拼装	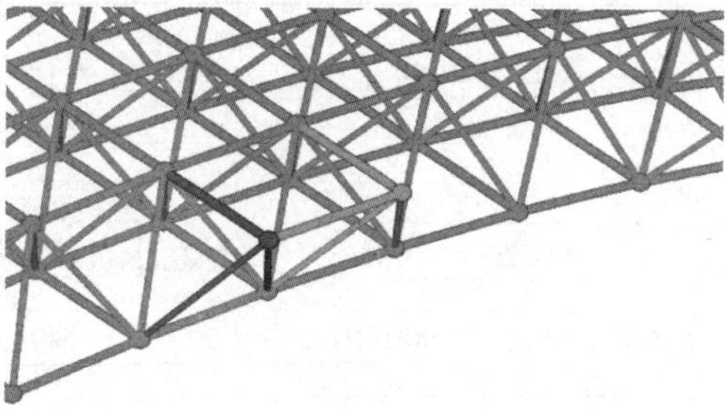
4	第四步:吊装第 3 个锥体单元(为 1 颗下弦球、1 根下弦杆和 2 根腹杆),吊装到安装位置其与相连的网格进行拼装	
5	第五步:吊装第 4 个锥体单元(为 1 颗下弦球、2 根下弦杆和 1 根腹杆),吊装到安装位置其与之相连的网格进行拼装	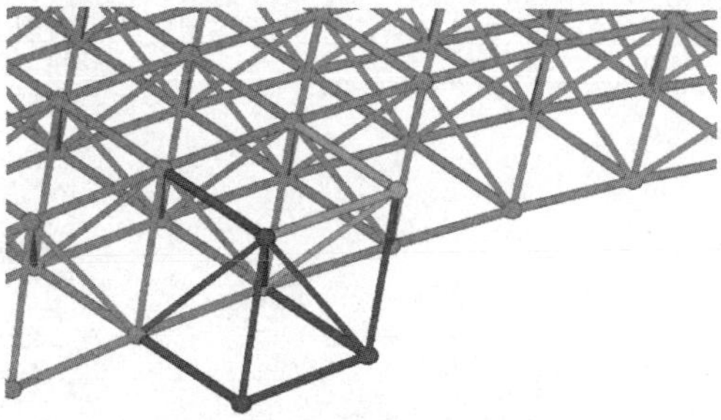
6	第六步:吊装第 5 个锥体单元(为 1 颗下弦球、2 根下弦杆和 1 根腹杆),吊装到安装位置其与之相连的网格进行拼装	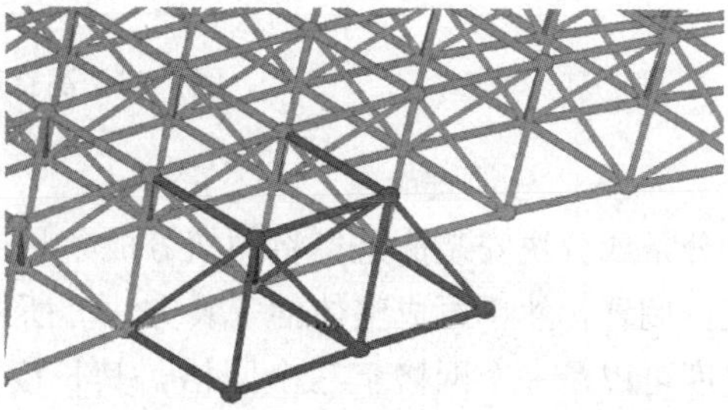

续表

序号	施工步骤	图示
7	第七步：重复上述步骤，继续吊装锥体单元，直到整个结构拼装完成。小拼单元在吊装时，在起吊初分两种情况处理，一是对于水平面(含)以上的所有杆件均要用吊带绑牢固，二是对于水平面以下的杆件与大地夹角小于45°也要用吊带绑牢固	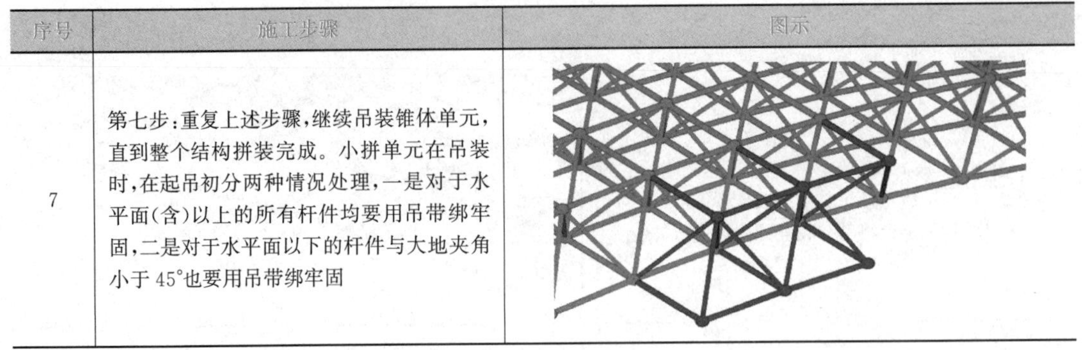

网架结构高空散装法工艺流程如图7-45所示。

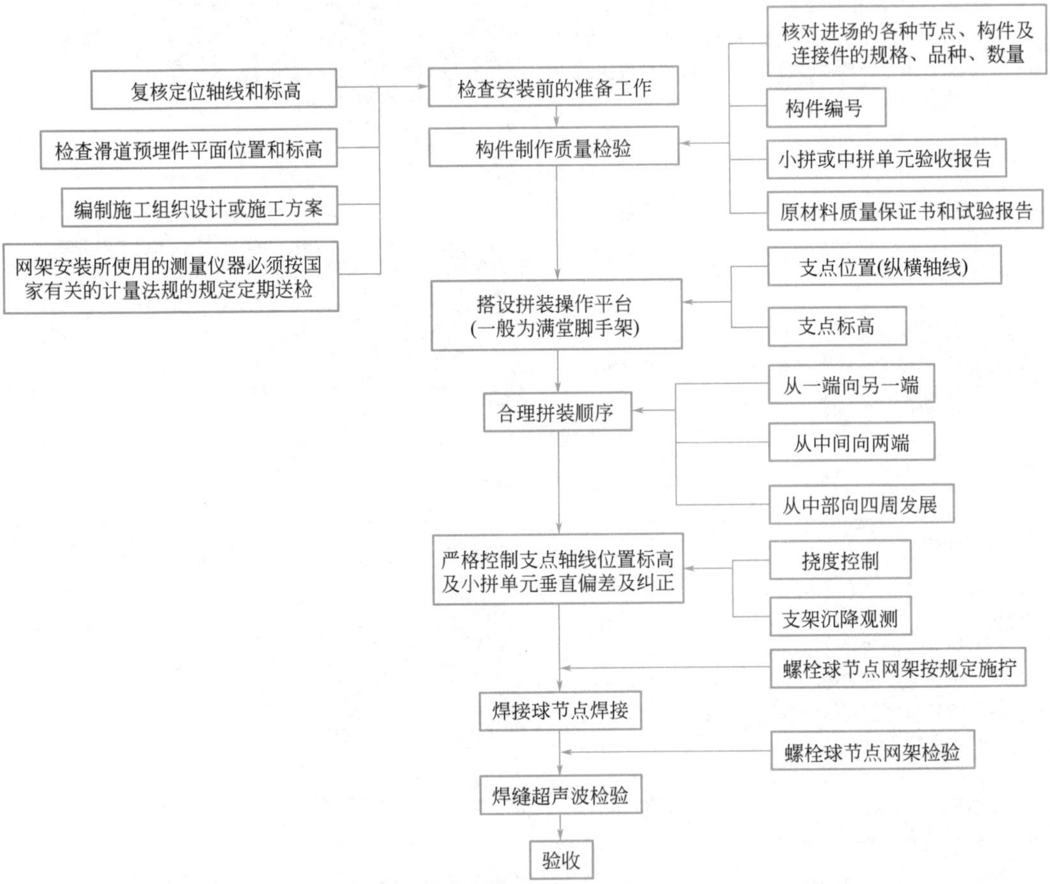

复核定位轴线和标高

检查滑道预埋件平面位置和标高

编制施工组织设计或施工方案

网架安装所使用的测量仪器必须按国家有关的计量法规的规定定期送检

检查安装前的准备工作

构件制作质量检验

核对进场的各种节点、构件及连接件的规格、品种、数量

构件编号

小拼或中拼单元验收报告

原材料质量保证书和试验报告

搭设拼装操作平台(一般为满堂脚手架)

支点位置(纵横轴线)

支点标高

合理拼装顺序

从一端向另一端

从中间向两端

从中部向四周发展

严格控制支点轴线位置标高及小拼单元垂直偏差及纠正

挠度控制

支架沉降观测

螺栓球节点网架按规定施拧

焊接球节点焊接

螺栓球节点网架检验

焊缝超声波检验

验收

图7-45 高空散装法工艺流程

2. 分条或分块安装法

分条或分块安装法是指将网架分成条状或块状单元分别由起重设备吊装至高空设计位置就位搁置，然后再成整体的安装方法。所谓条状是指沿网架长跨方向分割成几段，每段的宽度可以是一个网格至三个网格，其长度为网架短跨的跨度，图7-46为某网架分条示意。所谓块状是指沿网架纵横方向分割后的单元，形状为矩形或正方形。每个单元的重量

以现场现有起重设备的起重能力为准。

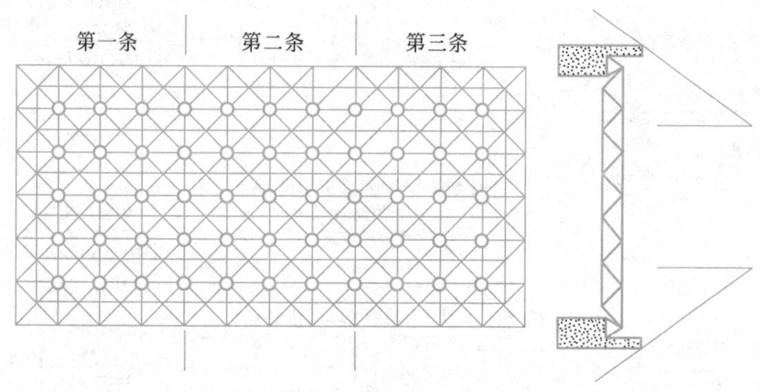

图 7-46　分条安装法示意

分条或分块安装法施工工艺流程如图 7-47 所示。

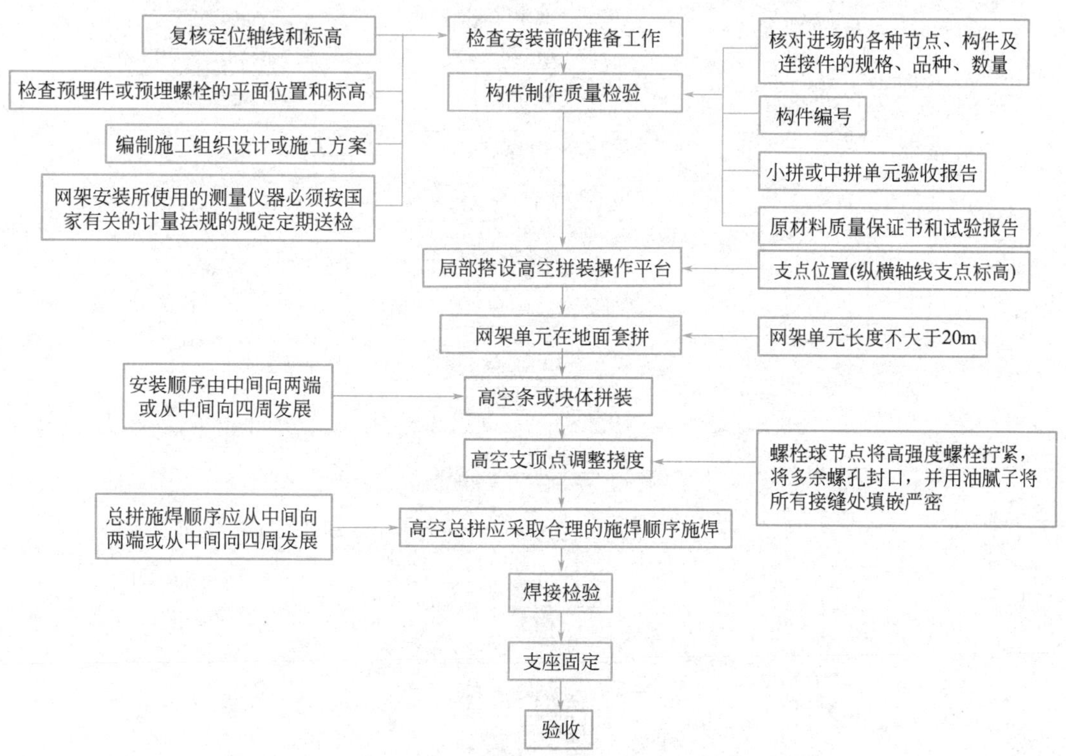

图 7-47　分条分块安装法施工工艺流程

3. 高空滑移法

高空滑移法是指分条的网架单元在事先设置的滑轨上单条滑移到设计位置拼接成整体的安装方法。此条状单元可以在地面拼成后用起重机吊至支架上，如受设备能力不足或其他因素制约，也可用小拼单元甚至散件在高空拼装平台上拼成条状单元。高空拼装平台一般设置在建筑物的一端，宽度约大于两个节间，如建筑物端部有平台利用可作为拼装平台，滑移时网架的条状单元由一端滑向另一端。

高空滑移法施工工艺流程如图 7-48 所示。

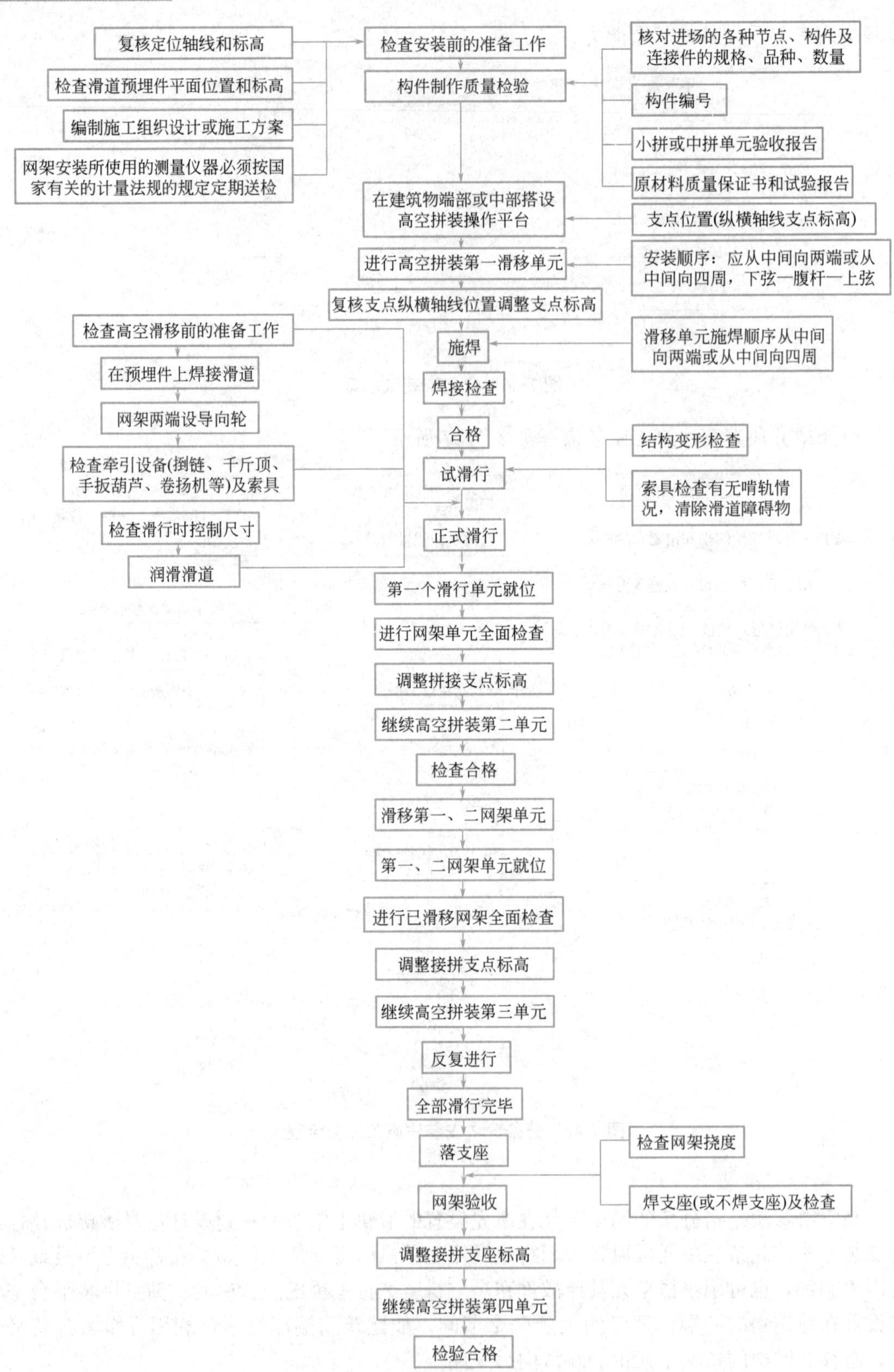

图 7-48　高空滑移法施工工艺流程

4. 整体吊装法

整体吊装法，是指网架在地面总拼后，采用单根或多根拔杆、一台或多台起重机进行吊装就位的施工方法。

整体吊装法具有如下特点：网架地面总拼时可以就地与柱错位或在场外进行。当就地与柱错位总拼时，网架起升后在空中需要平移或转动 1.0～2.0m 左右再下降就位，由于柱是穿在网架的网格中的，因此凡与柱相连接的梁均应断开，即在网架吊装完成后再施工框架梁。而且建筑物在地面以上的有些结构必须待网架安装完成后才能进行施工，不能平行施工。

当场地条件许可时，可在场外地面总拼网架，然后用起重机抬吊至建筑物上就位，这时虽解决了室内结构拖延工期的问题，但起重机必须负重行驶较长距离。

就地与柱错位总拼的方案适用于用拔杆吊装，场外总拼方案适用于履带式、塔式起重机吊装。

整体吊装法适用于各种重型的网架结构，吊装时可在高空平移或旋转就位。

整体吊装法施工工艺流程见图 7-49。

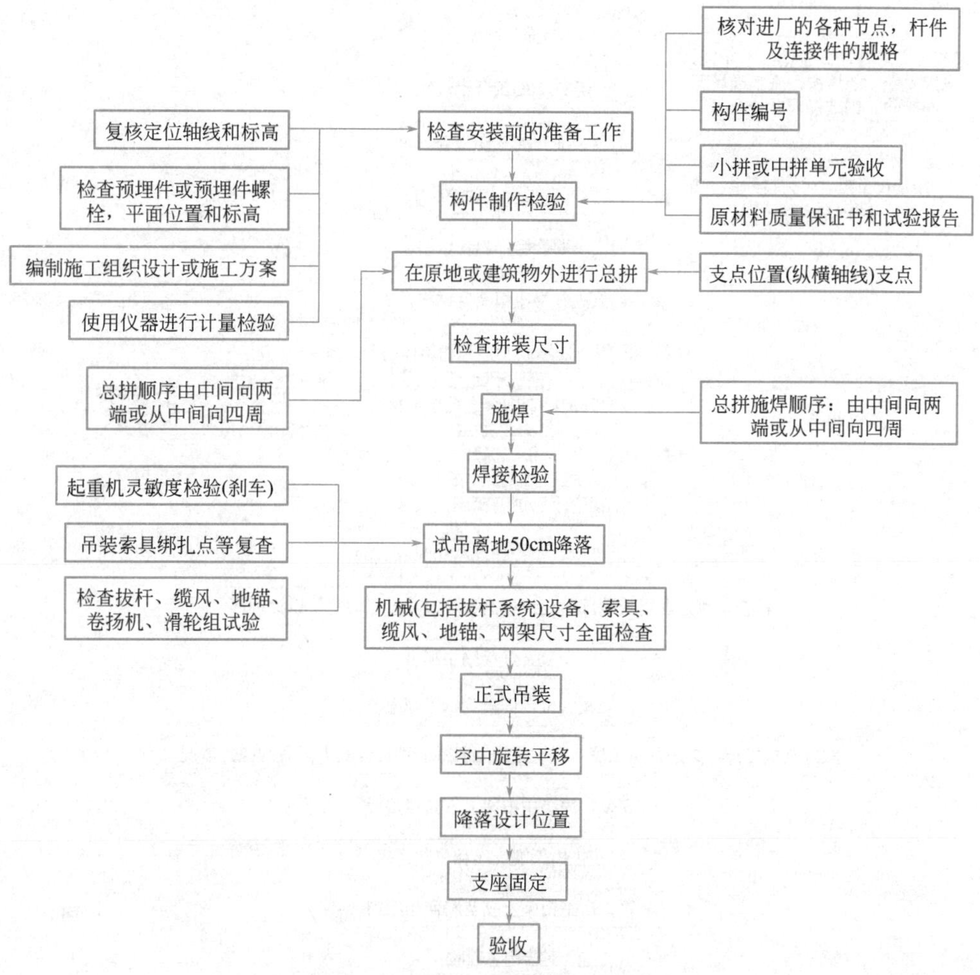

图 7-49　整体吊装法施工工艺流程

5. 整体提升法

整体提升法是指网架在设计位置就地总拼后，利用安装在结构柱上的提升设备提升网架或在提升网架的同时进行柱子滑模的安装方法。这种安装方法利用小型设备（如升板机、液压滑模千斤顶等）安装大型网架，同时可将屋面板、防水层、天棚、采暖通风及电气设备等全部在地面或最有利的高度施工，从而降低施工成本。但整体提升法只能在设计坐标垂直上升，不能将网架移动或转动。适用于大跨度网架的重型屋盖系统周边支承或点支承网架的安装。

整体提升法（以液压穿心式千斤顶放在柱顶上整体提升法为例）施工工艺流程如图7-50所示。

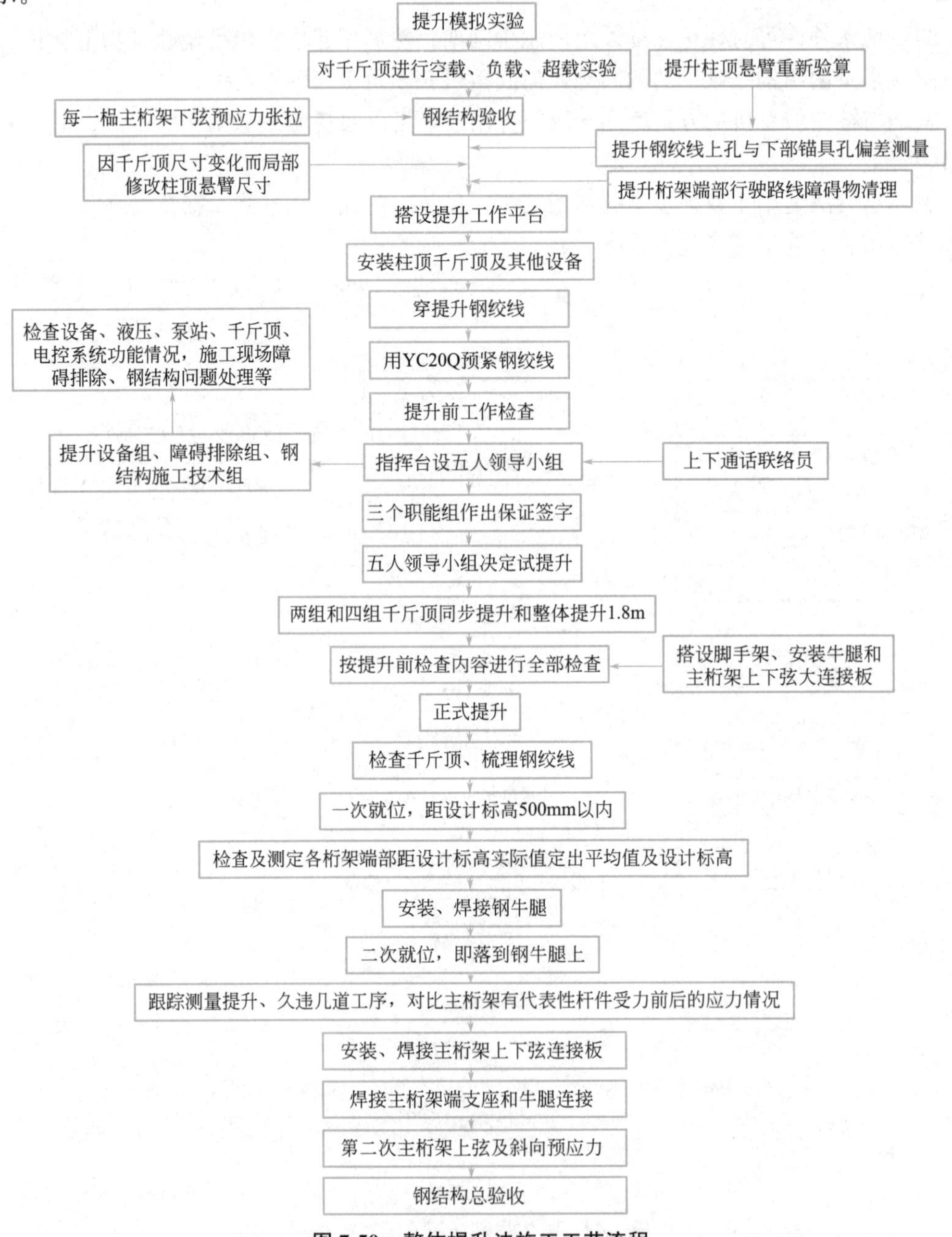

图7-50 整体提升法施工工艺流程

6. 整体顶升法

整体顶升法是指网架在设计位置就地拼装成整体后，利用网架支承柱作为顶升支架，也可在原有支点处或其附近设置临时顶升支架，用千斤顶将网架整体顶升到设计标高的安装方法。顶升法与前述的提升法具有相同的特点，只是顶升法的顶升设备安置在网架的下面，图 7-51 为某仓库正放抽空四角锥网架顶升示意。整体顶升法适用于大跨度网架的重型屋盖系统支点较少的点支承网架的安装。

整体顶升法施工工艺流程如图 7-52 所示。

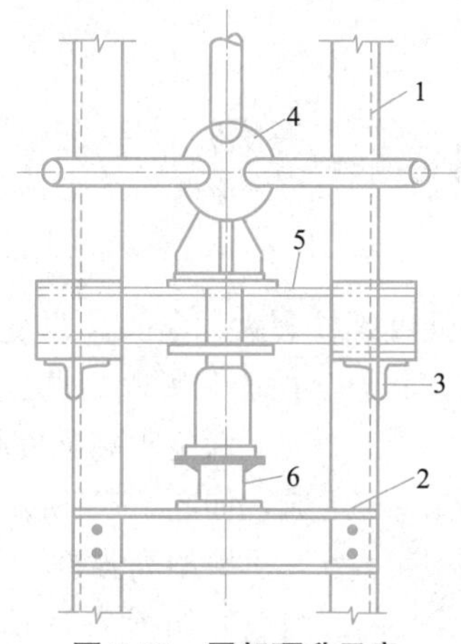

图 7-51　网架顶升示意

1—柱；2—下坠板；3—上缀板；
4—球支座；5—十字梁；6—横梁

- 顶升方案设计
- 施工准备（← 纵横轴线标高测量；顶升系统全面检查(千斤顶、油路、泵、缆风绳、顶升支架、导向滑道设置)；用结构柱做顶升支架进行稳定性计算）
- 网架就地拼装
- 整体拼装验收
- 提升设备安装
- 空载调试（← 控制室安装）
- 带载调试
- 网架整体正式顶升（← 顶升阶段监测；← 导向滑道检查）
- 安装钢牛腿或横梁
- 网架降落就位
- 安装固定
- 验收

图 7-52　整体顶升法施工工艺流程

7.4 紧固件连接施工

高强度螺栓有大六角头高强度螺栓和扭剪型高强度螺栓两种，区别仅是外形和施工方法不同，其力学性能和紧固后的连接性能完全一样。

高强度螺栓连接施工

大六角头高强度螺栓连接副由一个大六角头螺栓、一个螺母和两个垫圈组成，如图7-53所示。

扭剪型高强度螺栓连接副由一个扭剪型高强度螺栓、一个螺母和一个垫圈组成，如图7-54所示。

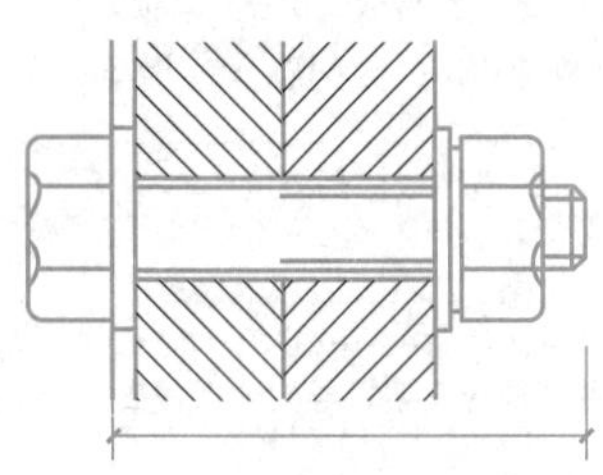

图7-53 大六角头高强度螺栓连接副

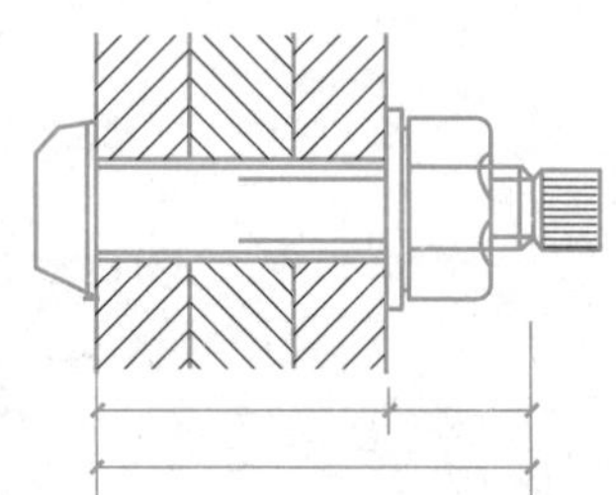

图7-54 扭剪型高强度螺栓连接副

7.4.1 高强度螺栓施工前准备

1. 材料要求

（1）高强度螺栓的规格数量应根据设计的直径要求，按长度分别进行统计，根据施工实际需要的数量多少、施工点位的分布情况、构件加工质量和运输损坏情况、现场的储运条件、工程难度等因素，考虑2%～5%的损耗，进行采购。

（2）高强度螺栓连接副必须经过以下试验符合规范要求时方可出厂：

1）材料的炉号、制作批号、化学性能与机械性能证明或试验。

2）螺栓的楔负载试验。

3）螺母的保证荷载试验。

4）螺母及垫圈的硬度试验。

5）连接件的扭矩系数试验（注明试验温度）。大六角头连接件的扭矩系数平均值和标准偏差；扭剪型连接件的紧固轴力平均值和变异系数。

6）紧固轴力系数试验。

7）产品规格、数量、出厂日期、装箱单。

2. 施工工具

高强度螺栓施工最主要的施工机具就是力矩扳手。为提高施工效率，我们一般还可以选用风动扳手进行初拧，根据风动扳手的标准扭矩调节空气压力即可初步设定扳手的输出扭矩，用于螺栓的初拧，可大大提高施工效率。

其他必备的工具有：检测合格的力矩扳手（其中至少一把应送有关部门进行校准，在施工中一般不用于直接施工，专用于其他施工工具的校准和施工检测）、手动棘轮扳手、橄榄冲子（俗称过眼冲钉，形似橄榄）、力矩倍增计、手锤、钢丝刷等。

3. 作业条件

（1）高强度螺栓长度的选用

高强度螺栓紧固后，以丝扣露出 2～3 扣为宜，一个工程的高强度螺栓，首先按直径分类，统计出钢板束厚度，根据钢板束厚度，按下列公式选择所需长度：

螺栓长度＝板束厚度＋附加长度（表 7-5）

螺栓长度取整为 5mm 的倍数，余数 2 舍 3 进，对于长度特别长的可以取为 10mm 的整倍数进行归类。

高强度螺栓的附加长度 Δl（mm）　　表 7-5

高强螺栓种类	M12	M16	M20	M22	M24	M27	M30
大六角头高强螺栓	23	30	35.5	39.5	43	46	50.5
扭剪型高强螺栓	—	26	31.5	34.5	38	41	45.5

（2）施工轴力与终拧力矩的换算

设计给出了轴力时按设计要求施工，如果设计没有给出高强度螺栓的轴力要求，可按表 7-6 选用，施工轴力比设计轴力一般要增加 5%。

大六角头高强度螺栓施工轴力（kN）　　表 7-6

螺栓种类	8.8 级		10.9 级	
	设计轴力	施工轴力	设计轴力	施工轴力
M12	45	45	55	60
M16	70	75	100	110
M20	110	120	155	170
M22	135	150	190	210
M24	155	170	225	250
M27	205	225	290	320
M30	250	275	355	390

对于大六角高强度螺栓，施工时必须把施工轴力换算为施工扭矩作为施工控制参数，大六角头高强度螺栓施工扭矩可由下式确定：

$$T_C = K \cdot P_C \cdot d$$

式中：T_C——施工扭矩（N · m）；

K——高强度螺栓连接副的扭矩系数平均值，该值由复验测得的合格的平均扭矩系数代入；

P_C——高强度螺栓施工预拉力（kN）；

d——高强度螺栓螺杆直径（mm）。

(3) 高强度螺栓安装前的试验

高强度螺栓安装前，应按《钢结构工程施工质量验收标准》GB 50205—2020 的有关规定对高强度螺栓及连接件至少进行以下几项检验：

1) 高强度螺栓连接副扭矩系数试验

大六角头高强度螺栓，施工前按每 3000 套螺栓为一批，不足 3000 套的按一批计，复验扭矩系数，每批复验 8 套。

2) 紧固轴力试验

扭剪型高强度螺栓施工前，按每 3000 套螺栓为一批，不足 3000 套的按一批计，每批复验 8 套高强度螺栓的紧固轴力，其平均值和变异系数应符合表 7-7 的规定。

扭剪型高强度螺栓紧固轴力及变异系数　　表 7-7

螺栓直径(mm)		16	20	22	24
每批紧固轴力平均值	公称	109	170	211	245
	最大	120	186	231	270
	最小	99	154	191	222
紧固轴力变异系数			≤10%		

3) 连接件的摩擦系数（又称抗滑移系数）试验及复验

采用与钢构件同材质、同样摩擦面处理方法、同批生产、同等条件堆放的试件，每批三组，由钢构件制作厂及安装现场分别作摩擦系数试验。试件数量以单项工程每 2000t 为一批，不足 2000t 者视作一批。试件的具体要求和检验方法按照《钢结构工程施工质量验收标准》GB 50205—2020 的有关要求。

4. 作业指导书的编制和技术交底

施工前应当根据本工艺标准的质量技术要求结合工程实际编制专项作业指导书，用书面的形式，根据工作范围、作业要求交底到每一个施工人员。针对不同的施工和施工管理人员，技术交底应明确其施工安全、技术责任，使之清楚地知道他的上道工序应达到什么质量要求，使用什么特别的施工方法，施工中发现问题按照什么途径寻求技术指导和援助，达到什么施工质量标准，如何交接给下一施工工序等，使整个施工进程良性有序。

7.4.2 高强度螺栓连接施工

高强度螺栓连接施工在钢结构安装中是一个必不可少的环节，通过高强度螺栓使构件连接成为整体承受结构荷载，因而，高强度螺栓连接施工质量对结构的安全性影响重大。高强度螺栓连接施工工艺流程见图 7-55。

1. 高强度螺栓工具管理

高强度螺栓扳手属于计量器具，在使用前按照规定进行校验，其扭矩相对误差不得大于±5%；校正用的扭矩扳手，其扭矩相对误差不得大于±3%；终拧完检测用扳手与校核扳手应为同一把扳手。

施工人员每天到现场库房领取扳手，并由领取专人负责，当天施工结束后退回库房，

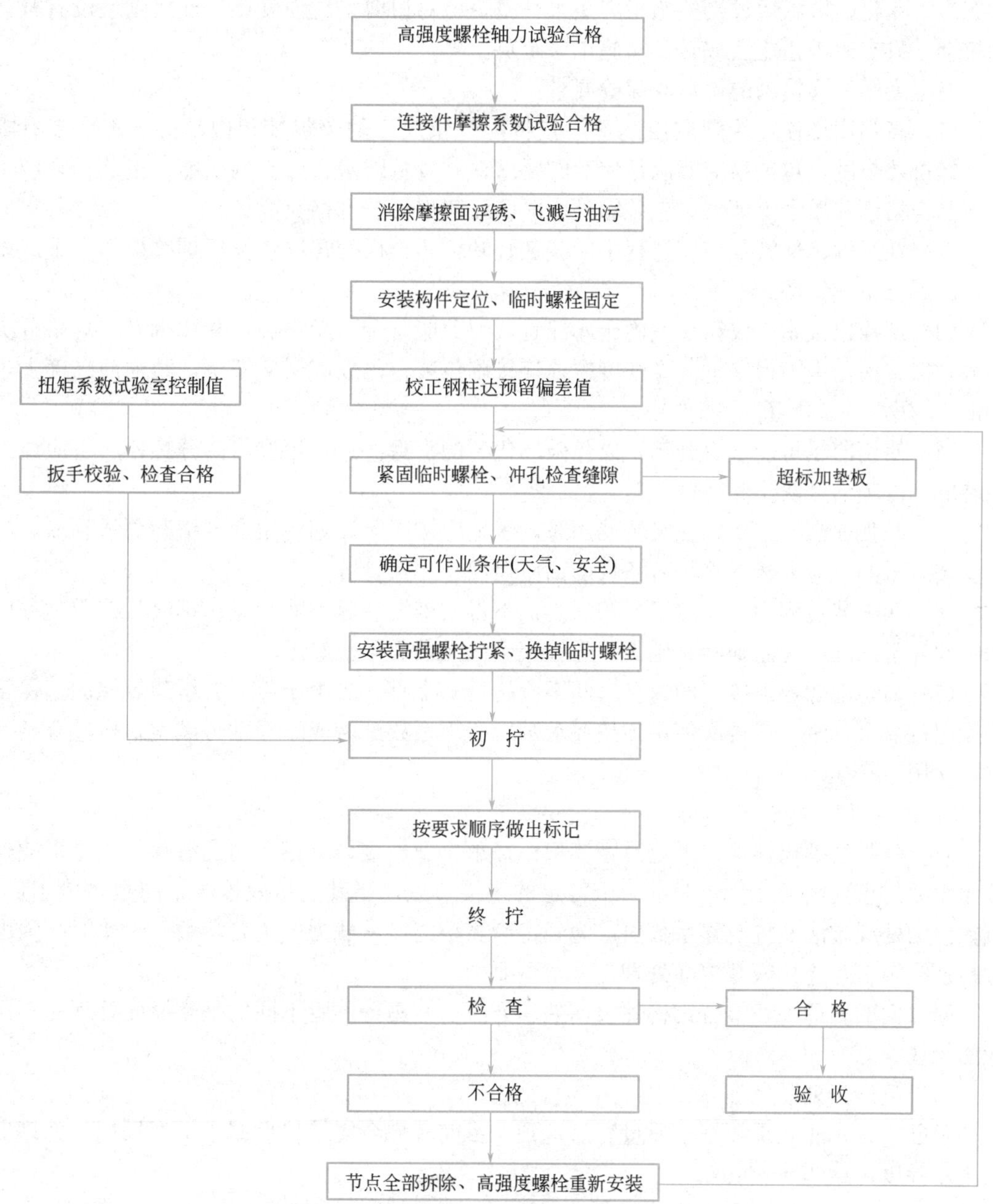

图 7-55　高强度螺栓连接施工工艺流程

注明扳手的状态，其误差不得超过 2%。

高强度螺栓的扭矩值由技术人员向施工人员交底。

2. 高强度螺栓管理

高强度螺栓不同于普通螺栓，它是一种具备强大紧固能力的紧固件，其储运与保管的要求比较高，根据其紧固原理，要求在出厂后至安装前的各个环节必须保持高强度螺栓连接副的出厂状态，也即保持同批大六角头高强度螺栓连接副的扭矩系数和标准偏差不变；保持扭剪型高强度螺栓连接副的轴力及标准偏差不变。对大六角头螺栓连接副来讲，假如状态发生变化，可以通过调整施工力矩来补救，但对扭剪型高强度螺栓连接副就没有补救的机会，只有改用扭矩法或转角法施工来解决。

高强度螺栓连接副的储运与保管要求：

（1）高强度螺栓连接副应由制造厂按批配套供应，每个包装箱内都必须配套装有螺栓、螺母及垫圈，包装箱应能满足储运的要求，并具备防水、密封的功能。包装箱内应带有产品合格证和质量保证书；包装箱外表面应注明批号、规格及数量。

（2）在运输、保管及使用过程中应轻装轻卸，防止损伤螺纹，发现螺纹损伤严重或雨淋过的螺栓不应使用。

（3）螺栓连接副应成箱在室内仓库保管，地面应符合防潮措施，并按批号、规格分类堆放，保管使用中不得混批。高强度螺栓连接副包装箱码放底层应架空，距地面高度大于30mm，码高一般不超过5～6层。

（4）使用前尽可能不要开箱，以免破坏包装的密封件。开箱取出部分螺栓后也应原封包装好，以免沾染灰尘和锈蚀。

（5）高强度螺栓连接副在安装使用时，工地应按当天计划使用的规格和数量领取，当天安装剩余的也应妥善保管，有条件的话应运回仓库保管。

（6）在安装过程中，应注意保护螺栓，不得沾染泥沙等脏物和碰伤螺纹。使用过程中如发现异常情况，应立即停止施工，经检查确认无误后再行施工。

（7）高强度螺栓连接副的保管时间不应超过6个月。当由于停工、缓建等原因，保管周期超过6个月时，若再次使用须按要求进行扭矩系数试验或紧固轴力试验，检验合格后方可使用。

3. 摩擦面的处理

对于高强度螺栓连接，无论是摩擦型还是承压型连接，摩擦面的抗滑移系数是影响连接承载力的重要因素之一，对某一个特定的连接节点，当其连接螺栓规格与数量确定后，摩擦面的处理方法及抗滑移系数值成为确定摩擦型连接承载力的主要参数，因此对高强度螺栓连接施工，连接板摩擦面处理是非常重要的一环。

摩擦面的处理一般结合钢构件表面处理方法一并进行，所不同的是摩擦面处理完不用涂防锈底漆。

（1）喷砂（丸）处理

喷砂（丸）法效果较好，质量容易达到，目前大型金属结构厂基本上都采用。处理完表面粗糙度可达45～50μm。

（2）喷砂（丸）后生赤锈处理

经过喷砂（丸）处理过的摩擦面，在露天生锈60～90d，安装前除掉浮锈，表面粗糙度可达到55μm，能够得到比较大的抗滑移系数值。

（3）手工打磨处理

对于小型工程或已有建筑物加固改造工程，常常采用手工方法进行摩擦面处理，砂轮打磨是最直接、最简便的方法。在用砂轮机打磨钢材表面时，砂轮打磨方向垂直于受力方向，打磨范围不小于4倍螺栓孔径。打磨时应注意钢材表面不能有明显的打磨凹坑。

（4）钢丝刷人工除锈

使用钢丝刷将钢材表面的氧化铁等污物清理干净，处理方法比较简便，但抗滑移系数较低，一般用于次要结构和构件。

按照现在国家标准《钢结构设计标准》GB 50017—2017，高强度螺栓连接节点设计时摩擦面的抗滑移系数可选取 0.3～0.5，从目前国内多数工程经验来看，摩擦面的抗滑移系数采用 0.45 最为合适，虽然摩擦面抗滑移系数 0.45 以上能够通过试验达到，但于大批量生产时，抗滑移系数大于 0.45 时候不容易达到，且离散性很大。

经表面处理后的高强度螺栓连接摩擦面应符合以下规定：

(1) 连接摩擦面保持干燥、清洁，不应有飞边、毛刺、焊接飞溅物、焊疤、氧化铁皮、污垢等；

(2) 经处理后的摩擦面采取保护措施，不得在摩擦面上作标记；

(3) 若摩擦面采用生锈处理方法时，安装前应以细钢丝刷垂直于构件受力方向刷除去摩擦面上的浮锈。

4. 连接节点接触面间隙处理

高强度螺栓连接面板间应紧密贴实，对因板厚公差、制造偏差或安装偏差等产生的接触面间隙按表 7-8 所示方法处理，处理前应事先准备好 3mm、4mm、5mm、6mm 厚摩擦面处理过的材质与构件相同的垫板。

节点处理方法　　表 7-8

序号	示意图	处理方法
1		t<1.0mm 时不予处理
2		t=1.0～3.0mm 时将原板一侧磨成 1∶10 缓坡，使间隙小于 1.0mm
3		t>3.0mm 时加垫板，垫板厚度不小于 3mm，最多不超过三层，垫板材质和摩擦面处理方法应与材件相同

5. 临时螺栓的安装

高强度螺栓安装前，构件将采用临时安装螺栓和冲钉进行临时固定，待高强度螺栓完成部分安装时，拆除临时安装螺栓，以高强度螺栓代替。每个节点上应穿入的临时螺栓和冲钉数量由安装时可能承担的荷载计算确定，并应符合下列规定：

(1) 不得少于安装总数的 1/3；

(2) 不得少于两个临时螺栓；

(3) 冲钉穿入数量不宜多于临时螺栓数量的 30%。

(4) 不得用高强度螺栓兼作临时螺栓，以防损伤螺纹引起扭矩系数的变化。

6. 高强度螺栓紧固

高强度螺栓紧固时，应分初拧和终拧。对于大型节点应分初拧、复拧和终拧。

初拧：由于钢结构的制作、安装等原因发生翘曲、板层间不密贴的现象。当连接点螺栓较多时，先紧固的螺栓就有一部分轴力消耗在克服钢板的变形上，先紧固的螺栓则由于其周围螺栓紧固以后，其轴力分摊而降低。所以，为了尽量缩小螺栓在紧固过程中由于钢板变形等产生的影响，规定高强度螺栓紧固时，至少分二次紧固。第一次紧固称之为初拧，初拧扭矩为终拧扭矩的 50%左右。

复拧：即对于大型节点高强度螺栓初拧完成后，在初拧的基础上，再重复紧固一次，故称之为复拧，复拧扭矩值等于初拧扭矩值。

终拧：对安装的高强度螺栓作最后的紧固，称之为终拧。终拧的轴力值以标准轴力为目标，并应符合设计要求。

紧固注意事项：

(1) 高强度螺栓连接副的初拧、复拧、终拧应在 24h 内完成；

(2) 当高强螺栓初拧完毕后，采用不同于构件验收的记号笔做好标记，终拧完毕后做红色标记，以避免漏拧和超拧等安全隐患；

(3) 螺纹丝扣外露应为 2～3 扣，其中允许有 10%的螺栓丝扣外露 1 扣或 4 扣；

(4) 已安装高强度螺栓严禁用火焰或电焊切割梅花头；

(5) 高强度螺栓超拧应更换并废弃换下来的螺栓，不得重复使用；

(6) 高空施工时严禁乱扔螺栓、螺母、垫圈及尾部梅花头，应严格回收，以免坠落伤人。

7. 高强度螺栓的安装顺序

一个接头上的高强螺栓，应从螺栓群中部开始安装，逐个拧紧。初拧、复拧、终拧都应从螺栓群中部开始向四周扩展逐个拧紧，每拧一遍均应用不同颜色的油漆做上标记，防止漏拧。

接头如有高强度螺栓连接又有电焊连接时，是先紧固还是先焊接应按设计要求规定的顺序进行，设计无规定时，按先紧固后焊接（即先栓后焊）的施工工艺顺序进行，先终拧完高强度螺栓再焊接焊缝。

高强度螺栓的紧固顺序从刚度大的部位向不受约束的自由端进行，同一节点内从中间向四周，以使板间密贴。

一般接头：应从螺栓群中间向外侧进行紧固，如图 7-56 所示；

箱形接头：螺栓群的 A 、B 、C 、D 紧固顺序，按图 7-57 箭头方向所示；

工字形接头：紧固顺序如图 7-58 所示。

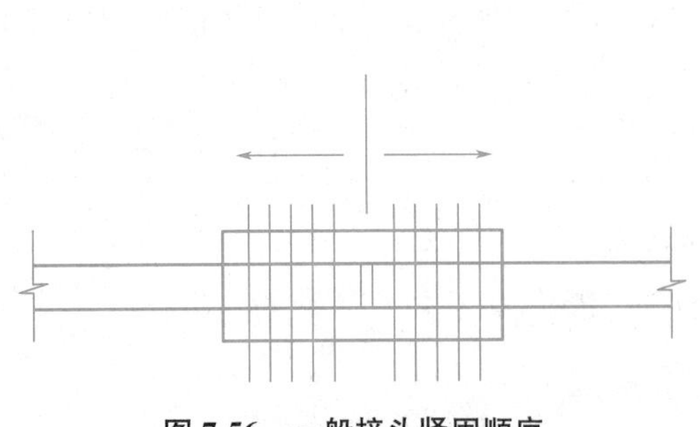

图 7-56　一般接头紧固顺序

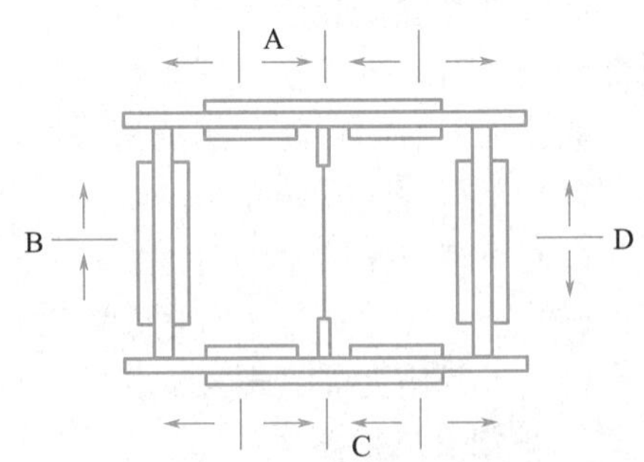

图 7-57　箱形接头紧固顺序

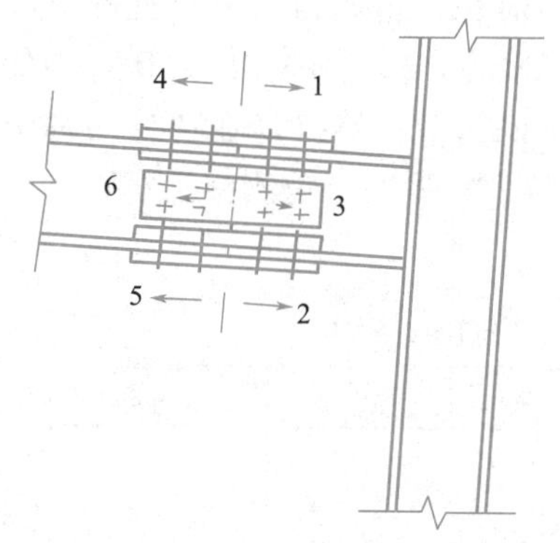

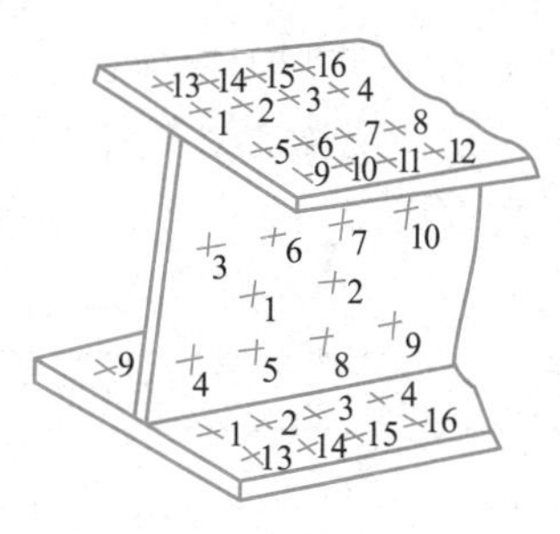

图 7-58　工字形接头紧固顺序

8. 高强度螺栓的紧固方法

高强度螺栓的紧固方法是用专门扳手拧紧螺母，使螺杆内产生要求的拉力。

高强度螺栓紧固

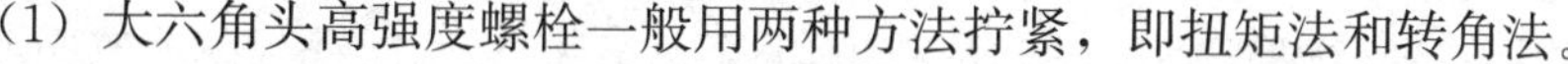

(1) 大六角头高强度螺栓一般用两种方法拧紧，即扭矩法和转角法。

扭矩法分初拧和终拧二次拧紧。初拧扭矩用终拧扭矩的 30%～50%，再用终拧扭矩把螺栓拧紧。如板层较厚，板叠较多，初拧的板层达不到充分密贴，还要在初拧和终拧之间增加复拧，复拧扭矩和初拧扭矩相同或略大。

转角法也分初拧和终拧二次进行。初拧用定扭矩扳子以终拧扭矩的 30%～50%进行，使接头各层钢板达到充分密贴，再在螺母和螺栓杆上面通过圆心画一条直线，然后用扭矩扳子转动螺母一个角度，使螺栓达到终拧要求。转动角度的大小在施工前由试验确定。

1) 扭矩法紧固

对大六角头高强度螺栓连接副来说，当扭矩系数 K 确定之后，由于螺栓的轴力（预拉力）P 是由设计给定，则螺栓应施加的扭矩值 M（$M=K\times D\times P$，D 为螺栓公称直径）就可以计算确定。

扭矩法分初拧和终拧二次拧紧。施拧时，应在螺母上施加扭矩。初拧扭矩取终拧扭矩的 50%，再用终拧扭矩把螺栓拧紧。如大型节点板层较厚，板叠较多，初拧的板层达不到充分密贴，还要在初拧和终拧之间增加复拧，复拧扭矩和初拧扭矩相同或略大。初拧的目的就是使连接接触面密贴，螺栓"吃上劲"，一般常用螺栓（M20、M22、M24）的初拧扭矩在 200～300N·m，在实际操作中，可以让一个操作工使用普通扳手用自己的手力拧紧即可。

2) 转角法紧固

转角法施工，即利用螺母旋转角度以控制螺杆弹性伸长量来控制螺栓轴向力的方法，见图 7-59。

高强度螺栓转角法施工分初拧和终拧两步进行（必要时需增加复拧），初拧的要求比扭矩法施工要严，因为起初受连接板间隙的影响，螺母的转角大都消耗于板缝，转角与螺栓轴力关系极不稳定，初拧的目的是为消除板缝影响，给终拧创造一个大体一致的基础。

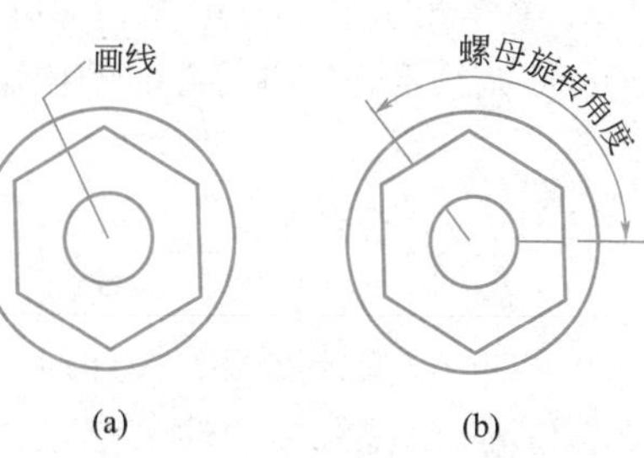

图 7-59　转角法施工示意

转角法施工在我国已有 30 多年的历史，但对初拧扭矩的大小没有标准，各个工程根据具体情况确定，一般地讲，对于常用螺栓（M20、M22、M24），初拧扭矩定在 200～300N·m 比较合适，原则上应该使连接板缝密贴为准。终拧是在初拧的基础上，再将螺母拧转一定的角度，使螺栓轴向力达到施工预拉力。采用转角法施工时，初拧（复拧）后连接副的终拧角度应满足表 7-9 的要求。

初拧（复拧）后连接副的终拧转角　　表 7-9

螺栓长度 L	螺母转角	连接状态
$L \geqslant 4d$	1/3 圈(120°)	连接形式为一层芯板加两层盖板
$4d < L \leqslant 8d$ 或 200mm 及以下	1/2 圈(180°)	
$8d < L \leqslant 12d$ 或 200mm 以上	2/3 圈(240°)	

注：1. d 为螺栓公称直径；
2. 螺母的转角为螺母与螺栓杆之间的相对转角；
3. 当 $L > 12d$ 时，螺母的终拧角度应由试验确定。

（2）扭剪型高强度螺栓紧固也分初拧和终拧二次进行。

初拧用定扭矩扳手，以终拧扭矩的 30%～50%进行，使接头各层钢板达到充分密贴，再用电动扭剪型扳子把梅花头拧掉，使螺栓杆达到设计要求的轴力（如图 7-60 所示）。对于板层较厚板叠较多，安装时发现连接部位有轻微翘曲的连接接头等原因使初拧的板层达不到充分密贴时应增加复拧，复拧扭矩和初拧扭矩相同或略大。

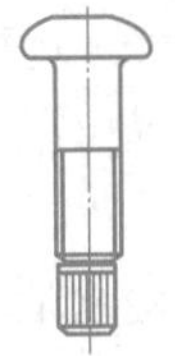
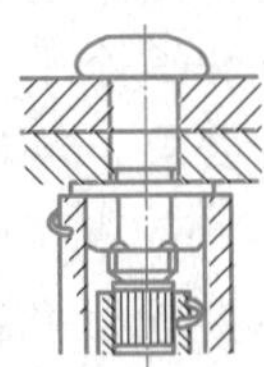
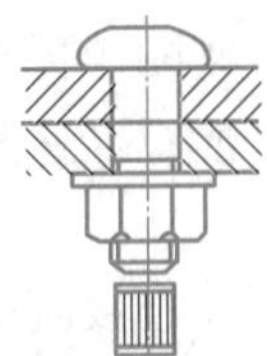

图 7-60　扭剪型高强度螺栓紧固示意

9. 紧固质量检验

（1）高强度大六角头螺栓连接扭矩法施工紧固应进行下列质量检查：

1）用约 0.3kg 小锤敲击螺母对高强度螺栓进行普查；

2）终拧扭矩按节点数 10%抽查，且不应少于 10 个节点；对每个被抽查节点按螺栓数的 10%抽查，且不应少于 2 个螺栓；

3）检查时先在螺杆端面和螺母上画一直线，然后将螺母拧松约 60°；再用扭矩扳手重新拧紧，使两线重合，测得此时的扭矩应在 $0.9T_{ch}$～$1.1T_{ch}$ 范围内，T_{ch} 按公式（7-2）计算。

$$T_{ch} = kPd \tag{7-2}$$

式中：T_{ch}——检查扭矩（N·m）；

k——高强度螺栓连接副的扭矩系数平均值，取 0.110～0.150；

P——高强度螺栓设计预拉力（kN）；

d——高强度螺栓公称直径（mm）；

4）若发现有不符合规定时，应再扩大 1 倍检查；若仍有不合格者，则整个节点的高强度螺栓应重新施拧；

5）扭矩检查宜在螺栓终拧 1h 以后、24h 之前完成，检查用的扭矩扳手，其相对误差不得大于±3%。

（2）大六角头高强度螺栓连接转角法施工紧固应进行下列质量检查：

1）终拧转角按节点数抽查 10%，且不应少于 10 个节点；对每个被抽查节点按螺栓数抽查 10%，且不应少于 2 个螺栓；

2）在螺杆端面和螺母相对位置画线，然后全部卸松螺母，在按规定的初拧扭矩和终拧角度重新拧紧螺栓，测量终止线与原终止线画线间的角度，应符合表 7-9 的要求，误差在±30°者为合格；

3）若发现有不符合规定的，应再扩大 1 倍检查；若仍有不合格者，则整个节点的高强度螺栓应重新施拧；

4）转角检查宜在螺栓终拧 1h 以后、24h 之前完成。

（3）扭剪型高强度螺栓终拧检查：

扭剪型高强度螺栓终拧检查，以目测尾部梅花头拧断为合格。对于不能用专用扳手拧紧的扭剪型高强度螺栓，应按大六角头高强螺栓的检验标准规定进行质量检查。

单元总结

本单元主要讲述了建筑钢结构三种典型的工程结构类型：单层钢结构，多、高层钢结构，网架结构，包括施工前期准备、基础复测与验收、地脚螺栓埋设施工、主体结构安装施工、围护结构安装施工、防火与防腐施工等。

思考及练习

1. 填空题

（1）吊装参数包括________、________和________。

（2）钢构件在结构安装现场就近堆放，并遵循________的原则。为了保证安全，堆垛高度一般不超过________和________。

（3）目前钢结构工程柱基地脚螺栓的预埋方法有________和________两种。

（4）钢柱安装前应设置________和________，同一工程的观测点和标志设置位置应一致。

（5）钢柱固定方法有两种：一种是________；另一种是________。

（6）钢屋架校正主要是________的校正。

（7）大六角头高强度螺栓一般用两种方法拧紧，即________和________。

（8）高强度螺栓紧固时，应分________、________。对于大型节点应分__________、__________、__________。

（9）多、高层钢结构安装，应按照建筑物平面形状、结构形式、安装机械数量、位置和吊装能力等划分流水段，流水段分为________和________。

（10）高空散装法有________和________两种。

2. 选择题

(1)(　　)是指将构件按其结构特点、几何形状及其相互联系分类，同类构件按照顺序一次吊完后，再进行另一类构件的吊装如起重机第一次开行中先吊装全部柱子，并进行校正和最后固定。

A. 分件安装法　　B. 节间安装法　　C. 综合安装法　　D. 以上答案都不正确

(2) 所有构件堆放场地均按现场实际情况进行安排，按规范规定进行平整和支垫，不得直接置于地上，要垫高(　　)以上，以便减少构件堆放变形。

A. 100　　B. 150　　C. 200　　D. 300

(3) 地脚螺栓应伸出螺母(　　)扣为宜。

A. 1～2　　B. 2～3　　C. 2～5　　D. 3～5

(4) 柱脚底板下部处的螺母调平精度可以达到(　　)mm。

A. 1　　B. 2　　C. 5　　D. 10

(5)(　　)适于截面很大、垫板高度较薄的杯底灌浆。

A. 赶浆法　　B. 压浆法　　C. 灌浆法　　D. 以上均可

(6) 当由于停工、缓建等原因，保管周期超过(　　)个月时，若再次使用须按要求进行扭矩系数试验或紧固轴力试验，检验合格后方可使用。

A. 3　　B. 6　　C. 9　　D. 12

(7) 对于大型节点高强度螺栓初拧完成后，在初拧的基础上，再重复紧固一次，故称之为(　　)。

A. 初拧　　B. 复拧　　C. 终拧　　D. 以上均可

(8) 高强度螺栓连接副的初拧、复拧、终拧应在(　　)h 内完成。

A. 12　　B. 20　　C. 24　　D. 36

(9) 标准柱是能控制框架平面轮廓的少数柱子，用它来控制框架结构安装的质量，一般选择平面(　　)为标准柱。

A. 转角柱　　B. 边柱　　C. 中柱　　D. 以上均可

(10)(　　)适用于螺栓连接节点的各类型网架。

A. 高空散装法　　B. 分条或分块安装法

C. 高空滑移法　　D. 整体吊装法

3. 简答题

(1) 钢结构安装用的起重机一般分哪几种?

(2) 钢结构安装方案主要有哪三种?

(3) 简述单层钢结构安装施工的吊装顺序。

(4) 简述钢柱吊装方法和特点。

(5) 钢柱安装校正要做的三件工作有哪些?

(6) 吊车梁的校正包括哪些内容?

(7) 简述中转堆场的作用。

(8) 多高层钢结构安装时，为什么需要划分流水段和按顺序安装?

(9) 什么叫"标准节框架"? 标准节框架安装方法有哪两种?

(10) 网架结构安装方法主要包括哪些?

附　录 Appendix

钢结构常用数据

钢材的设计用强度指标（N/mm^2）　附表 1

钢材牌号		钢材厚度或直径(mm)	强度设计值			屈服强度 f_y	抗拉强度 f_u
			抗拉、抗压和抗弯 f	抗剪 f_v	端面承压（刨平顶紧）f_{ce}		
碳素结构钢	Q235	≤16	215	125	320	235	370
		＞16,≤40	205	120		225	
		＞40,≤100	200	115		215	
低合金高强度结构钢	Q345	≤16	305	175	400	345	470
		＞16,≤40	295	170		335	
		＞40,≤63	290	165		325	
		＞63,≤80	280	160		315	
		＞80,≤100	270	155		305	
	Q390	≤16	345	200	415	390	490
		＞16,≤40	330	190		370	
		＞40,≤63	310	180		350	
		＞63,≤100	295	170		330	
	Q420	≤16	375	215	440	420	520
		＞16,≤40	355	205		400	
		＞40,≤63	320	185		380	
		＞63,≤100	305	175		360	
	Q460	≤16	410	235	470	460	550
		＞16,≤40	390	225		440	
		＞40,≤63	355	205		420	
		＞63,≤100	340	195		400	

注：1. 表中直径指实芯棒材直径，厚度系指计算点的钢材或钢管壁厚度，对轴心受拉和轴心受压构件系指截面中较厚板件的厚度。

2. 冷弯型材和冷弯钢管，其强度设计值应按现行有关国家标准的规定采用。

焊缝的强度指标（N/mm^2）　附表 2

焊接方法和焊条型号	构件钢材		对接焊缝强度设计值				角焊缝强度设计值	对接焊缝抗拉强度 f_u^w	角焊缝抗拉、抗压和抗剪强度 f_u^f
	牌号	厚度或直径(mm)	抗压 f_c^w	焊接质量为下列等级时，抗拉 f_t^w		抗剪 f_v^w	抗拉、抗压和抗剪 f_f^w		
				一级、二级	三级				
自动焊、半自动焊和E43型焊条的手工焊	Q235	≤16	215	215	185	125	160	415	240
		＞16,≤40	205	205	175	120			
		＞40,≤100	200	200	170	115			

续表

焊接方法和焊条型号	构件钢材		对接焊缝强度设计值				角焊缝强度设计值	对接焊缝抗拉强度 f_u^w	角焊缝抗拉、抗压和抗剪强度 f_u^f
	牌号	厚度或直径（mm）	抗压 f_c^w	焊接质量为下列等级时，抗拉 f_t^w		抗剪 f_v^w	抗拉、抗压和抗剪 f_f^w		
				一级、二级	三级				
自动焊、半自动焊和E50、E55型焊条的手工焊	Q345	≤16	305	305	260	175	200	480(E50) 540(E55)	280(E50) 315(E55)
		>16，≤40	295	295	250	170			
		>40，≤63	290	290	245	165			
		>63，≤80	280	280	240	160			
		>80，≤100	270	270	230	155			
	Q390	≤16	345	345	295	200	200(E50) 220(E55)		
		>16，≤40	330	330	280	190			
		>40，≤63	310	310	265	180			
		>63，≤100	295	295	250	170			
自动焊、半自动焊和E55、E60型焊条的手工焊	Q420	≤16	375	375	320	215	220(E55) 240(E60)	540(E55) 590(E60)	315(E55) 340(E60)
		>16，≤40	355	355	300	205			
		>40，≤63	320	320	270	185			
		>63，≤100	305	305	260	175			
	Q460	≤16	410	410	350	235	220(E55) 240(E60)	540(E55) 590(E60)	315(E55) 340(E60)
		>16，≤40	390	390	330	225			
		>40，≤63	355	355	300	205			
		>63，≤100	340	340	290	195			
自动焊、半自动焊和E50、E55型焊条的手工焊	Q345GJ	>16，≤35	310	310	265	180	200	480(E50) 540(E55)	280(E50) 315(E55)
		>35，≤50	290	290	245	170			
		>50，≤100	285	285	240	165			

注：附表中厚度系指计算点的钢材厚度，对轴心受拉和轴心受压构件系指截面中较厚板件的厚度。

螺栓连接的强度指标（N/mm²）

附表 3

螺栓的性能等级、锚栓和构件钢材的牌号		强度设计值										高强度螺栓的抗拉强度 f_u^b
		普通螺栓						锚栓	承压型连接高强度螺栓			
		C级螺栓			A级、B级螺栓							
		抗拉 f_t^b	抗剪 f_v^b	承压 f_c^b	抗拉 f_t^b	抗剪 f_v^b	承压 f_c^b	抗拉 f_t^a	抗拉 f_t^b	抗剪 f_v^b	承压 f_c^b	
普通螺栓	4.6级、4.8级	170	140	—	—	—	—	—	—	—	—	—
	5.6级	—	—	—	210	190	—	—	—	—	—	—
	8.8级	—	—	—	400	320	—	—	—	—	—	—

续表

螺栓的性能等级、锚栓和构件钢材的牌号		强度设计值										高强度螺栓的抗拉强度
		普通螺栓						锚栓	承压型连接高强度螺栓			
		C级螺栓			A级、B级螺栓							
		抗拉 f_t^b	抗剪 f_v^b	承压 f_c^b	抗拉 f_t^b	抗剪 f_v^b	承压 f_c^b	抗拉 f_t^a	抗拉 f_t^b	抗剪 f_v^b	承压 f_c^b	f_u^b
锚栓	Q235	—	—	—	—	—	—	140	—	—	—	—
	Q345	—	—	—	—	—	—	180	—	—	—	—
	Q390	—	—	—	—	—	—	185	—	—	—	—
承压型连接高强度螺栓	8.8级	—	—	—	—	—	—	—	400	250	—	830
	10.9级	—	—	—	—	—	—	—	500	310	—	1040
螺栓球节点用高强度螺栓	9.8级	—	—	—	—	—	—	—	385	—	—	—
	10.9级	—	—	—	—	—	—	—	430	—	—	—
构件钢材牌号	Q235	—	—	305	—	—	405	—	—	—	470	—
	Q345	—	—	385	—	—	510	—	—	—	590	—
	Q390	—	—	400	—	—	530	—	—	—	615	—
	Q420	—	—	425	—	—	560	—	—	—	655	—
	Q460	—	—	450	—	—	595	—	—	—	695	—
	Q345GJ	—	—	400	—	—	530	—	—	—	615	—

注：1. A级螺栓用于 $d \leqslant 24$mm 和 $L \leqslant 10d$ 或 $L \leqslant 150$mm（按较小值）的螺栓；B级螺栓用于 $d > 24$mm 和 $L > 10d$ 或 $L > 150$mm（按较小值）的螺栓。d 为公称直径，L 为螺杆公称长度。

2. A、B级螺栓孔的精度和孔壁表面粗糙度，C级螺栓孔的允许偏差和孔壁表面粗糙度，均应符合现行国家标准《钢结构工程施工质量验收标准》GB 50205 的要求。

3. 用于螺栓球节点网架的高强度螺栓，M12～M36 为 10.9 级，M39～M64 为 9.8 级。

螺栓螺纹处的有效截面面积 **附表 4**

螺栓直径	螺纹间距	螺栓有效直径	螺栓有效面积	螺栓直径	螺纹间距	螺栓有效直径	螺栓有效面积
d_e	p	d_e	A_e	d_e	p	d_e	A_e
10	1.5	8.59	58	45	4.5	40.78	1305
12	1.8	10.36	84	48	5.0	43.31	1472
14	2.0	12.12	115	52	5.0	47.31	1757
16	2.0	14.12	157	56	5.5	50.84	2029
18	2.5	15.65	192	60	5.5	54.84	2361
20	2.5	17.65	245	64	6.0	58.37	2675
22	2.5	19.65	303	68	6.0	62.37	3054
24	3.0	21.19	352	72	6.0	66.37	3458
27	3.0	24.19	459	76	6.0	70.37	3887
30	3.5	26.72	560	80	6.0	74.37	4342
33	3.5	29.72	693	85	6.0	79.37	4945
36	4.0	32.25	816	90	6.0	84.37	5588
39	4.0	35.25	975	95	6.0	89.37	6270
42	4.5	37.78	1120	100	6.0	94.37	6991

轴心受压构件的稳定系数 附表 5

a类截面轴心受压构件的稳定系数 φ 附表 5.1

$\lambda\sqrt{\frac{f_y}{235}}$	0	1	2	3	4	5	6	7	8	9
0	1.000	1.000	1.000	1.000	0.999	0.999	0.998	0.998	0.997	0.996
10	0.995	0.994	0.993	0.992	0.991	0.989	0.988	0.986	0.985	0.983
20	0.981	0.979	0.977	0.976	0.974	0.972	0.970	0.968	0.966	0.964
30	0.963	0.961	0.959	0.957	0.955	0.952	0.950	0.948	0.946	0.944
40	0.941	0.939	0.937	0.934	0.932	0.929	0.927	0.924	0.921	0.919
50	0.916	0.913	0.910	0.907	0.904	0.900	0.897	0.894	0.890	0.886
60	0.883	0.879	0.875	0.871	0.867	0.863	0.858	0.854	0.849	0.844
70	0.839	0.834	0.829	0.824	0.818	0.813	0.807	0.801	0.795	0.789
80	0.783	0.776	0.770	0.763	0.757	0.750	0.743	0.736	0.728	0.721
90	0.714	0.706	0.699	0.691	0.684	0.676	0.668	0.661	0.653	0.645
100	0.638	0.630	0.622	0.615	0.607	0.600	0.592	0.585	0.577	0.570
110	0.563	0.555	0.548	0.541	0.534	0.527	0.520	0.514	0.507	0.500
120	0.494	0.488	0.481	0.475	0.469	0.463	0.457	0.451	0.445	0.440
130	0.434	0.429	0.423	0.418	0.412	0.407	0.402	0.397	0.392	0.387
140	0.383	0.378	0.373	0.369	0.364	0.360	0.356	0.351	0.347	0.343
150	0.339	0.335	0.331	0.327	0.323	0.320	0.316	0.312	0.309	0.305
160	0.302	0.298	0.295	0.292	0.289	0.285	0.282	0.279	0.276	0.273
170	0.270	0.267	0.264	0.262	0.259	0.256	0.253	0.251	0.248	0.246
180	0.243	0.241	0.238	0.236	0.233	0.231	0.229	0.226	0.224	0.222
190	0.220	0.218	0.215	0.213	0.211	0.209	0.207	0.205	0.203	0.201
200	0.199	0.198	0.196	0.194	0.192	0.190	0.189	0.187	0.185	0.183
210	0.182	0.180	0.179	0.177	0.175	0.174	0.172	0.171	0.169	0.168
220	0.166	0.165	0.164	0.162	0.161	0.159	0.158	0.157	0.155	0.154
230	0.153	0.152	0.150	0.149	0.148	0.147	0.146	0.144	0.143	0.142
240	0.141	0.140	0.139	0.138	0.136	0.135	0.134	0.133	0.132	0.131

b类截面轴心受压构件的稳定系数 φ 附表 5.2

$\lambda\sqrt{\frac{f_y}{235}}$	0	1	2	3	4	5	6	7	8	9
0	1.000	1.000	1.000	0.999	0.999	0.998	0.997	0.996	0.995	0.994
10	0.992	0.991	0.989	0.987	0.985	0.983	0.981	0.978	0.976	0.973
20	0.970	0.967	0.963	0.960	0.957	0.953	0.950	0.946	0.943	0.939
30	0.936	0.932	0.929	0.925	0.922	0.918	0.914	0.910	0.906	0.903
40	0.899	0.895	0.891	0.887	0.882	0.878	0.874	0.870	0.865	0.861
50	0.856	0.852	0.847	0.842	0.838	0.833	0.828	0.823	0.818	0.813
60	0.807	0.802	0.797	0.791	0.786	0.780	0.774	0.769	0.763	0.757
70	0.751	0.745	0.739	0.732	0.726	0.720	0.714	0.707	0.701	0.694
80	0.688	0.681	0.675	0.668	0.661	0.655	0.648	0.641	0.635	0.628
90	0.621	0.614	0.608	0.601	0.594	0.588	0.581	0.575	0.568	0.561
100	0.555	0.549	0.542	0.536	0.529	0.523	0.517	0.511	0.505	0.499
110	0.493	0.487	0.481	0.475	0.470	0.464	0.458	0.453	0.447	0.442
120	0.437	0.432	0.426	0.421	0.416	0.411	0.406	0.402	0.397	0.392
130	0.387	0.383	0.378	0.374	0.370	0.365	0.361	0.357	0.353	0.349
140	0.345	0.341	0.337	0.333	0.329	0.326	0.322	0.318	0.315	0.311
150	0.308	0.304	0.301	0.298	0.295	0.291	0.288	0.285	0.282	0.279
160	0.276	0.273	0.270	0.267	0.265	0.262	0.259	0.256	0.254	0.251
170	0.249	0.246	0.244	0.241	0.239	0.236	0.234	0.232	0.229	0.227
180	0.225	0.223	0.220	0.218	0.216	0.214	0.212	0.21	0.208	0.206
190	0.204	0.202	0.200	0.198	0.197	0.195	0.193	0.191	0.190	0.188
200	0.186	0.184	0.183	0.181	0.180	0.178	0.176	0.175	0.173	0.172
210	0.170	0.169	0.167	0.166	0.165	0.163	0.162	0.160	0.159	0.158
220	0.156	0.155	0.154	0.153	0.151	0.150	0.149	0.148	0.146	0.145
230	0.144	0.143	0.142	0.141	0.140	0.138	0.137	0.136	0.135	0.134
240	0.133	0.132	0.131	0.130	0.129	0.128	0.127	0.126	0.125	0.124
250	0.123	—	—	—	—	—	—	—	—	—

c类截面轴心受压构件的稳定系数 φ　　附表 5.3

$\lambda\sqrt{\frac{f_y}{235}}$	0	1	2	3	4	5	6	7	8	9
0	1.000	1.000	1.000	0.999	0.999	0.998	0.997	0.996	0.995	0.993
10	0.992	0.990	0.988	0.986	0.983	0.981	0.978	0.976	0.973	0.970
20	0.966	0.959	0.953	0.947	0.940	0.934	0.928	0.921	0.915	0.909
30	0.902	0.896	0.890	0.884	0.877	0.871	0.865	0.858	0.852	0.846
40	0.839	0.833	0.826	0.820	0.814	0.807	0.801	0.794	0.788	0.781
50	0.775	0.768	0.762	0.755	0.748	0.742	0.735	0.729	0.722	0.715
60	0.709	0.702	0.695	0.689	0.682	0.676	0.669	0.662	0.656	0.649
70	0.643	0.636	0.629	0.623	0.616	0.610	0.604	0.597	0.591	0.584
80	0.578	0.572	0.566	0.559	0.553	0.547	0.541	0.535	0.529	0.523
90	0.517	0.511	0.505	0.500	0.494	0.488	0.483	0.477	0.472	0.467
100	0.463	0.458	0.454	0.449	0.445	0.441	0.436	0.432	0.428	0.423
110	0.419	0.415	0.411	0.407	0.403	0.399	0.395	0.391	0.387	0.383
120	0.379	0.375	0.371	0.367	0.364	0.360	0.356	0.353	0.349	0.346
130	0.342	0.339	0.335	0.332	0.328	0.325	0.322	0.319	0.315	0.312
140	0.309	0.306	0.303	0.300	0.297	0.249	0.291	0.288	0.285	0.282
150	0.280	0.277	0.274	0.271	0.269	0.266	0.264	0.261	0.258	0.256
160	0.254	0.251	0.249	0.246	0.244	0.242	0.239	0.237	0.235	0.233
170	0.230	0.228	0.226	0.224	0.222	0.220	0.218	0.216	0.214	0.212
180	0.210	0.208	0.206	0.205	0.203	0.201	0.199	0.197	0.196	0.194
190	0.192	0.190	0.189	0.187	0.186	0.184	0.182	0.181	0.179	0.178
200	0.176	0.175	0.173	0.172	0.170	0.169	0.168	0.166	0.165	0.163
210	0.162	0.161	0.159	0.158	0.157	0.156	0.154	0.153	0.152	0.151
220	0.150	0.148	0.147	0.146	0.145	0.144	0.143	0.142	0.140	0.139
230	0.138	0.137	0.136	0.135	0.134	0.133	0.132	0.131	0.130	0.129
240	0.128	0.127	0.126	0.125	0.124	0.124	0.123	0.122	0.121	0.120
250	0.119	—	—	—	—	—	—	—	—	—

d类截面轴心受压构件的稳定系数 φ 附表 5.4

$\lambda\sqrt{\frac{f_y}{235}}$	0	1	2	3	4	5	6	7	8	9
0	1.000	1.000	0.999	0.999	0.998	0.996	0.994	0.992	0.990	0.987
10	0.984	0.981	0.978	0.974	0.969	0.965	0.960	0.955	0.949	0.944
20	0.937	0.927	0.918	0.909	0.900	0.891	0.883	0.874	0.865	0.857
30	0.848	0.840	0.831	0.823	0.815	0.807	0.799	0.790	0.782	0.774
40	0.766	0.759	0.751	0.743	0.735	0.728	0.720	0.712	0.705	0.697
50	0.690	0.683	0.675	0.668	0.661	0.654	0.646	0.639	0.632	0.625
60	0.618	0.612	0.605	0.598	0.591	0.585	0.578	0.572	0.565	0.559
70	0.552	0.546	0.540	0.534	0.528	0.522	0.516	0.510	0.504	0.498
80	0.493	0.487	0.481	0.476	0.470	0.465	0.460	0.454	0.449	0.444
90	0.439	0.434	0.429	0.424	0.419	0.414	0.410	0.405	0.401	0.397
100	0.394	0.390	0.387	0.383	0.380	0.376	0.373	0.370	0.366	0.363
110	0.359	0.356	0.353	0.350	0.346	0.343	0.340	0.337	0.334	0.331
120	0.328	0.325	0.322	0.319	0.316	0.313	0.310	0.307	0.304	0.301
130	0.299	0.296	0.293	0.290	0.288	0.285	0.282	0.280	0.277	0.275
140	0.272	0.270	0.267	0.265	0.262	0.260	0.258	0.255	0.253	0.251
150	0.248	0.246	0.244	0.242	0.240	0.237	0.235	0.233	0.231	0.229
160	0.227	0.225	0.223	0.221	0.219	0.217	0.215	0.213	0.212	0.210
170	0.208	0.206	0.204	0.203	0.201	0.199	0.197	0.196	0.194	0.192
180	0.191	0.189	0.188	0.186	0.184	0.183	0.181	0.180	0.178	0.177
190	0.176	0.174	0.173	0.171	0.170	0.168	0.167	0.166	0.164	0.163
200	0.162	—	—	—	—	—	—	—	—	—

普通工字钢规格及截面特性 附表 6

符号：h—高度；
b—宽度；
t_w—腹板厚度；
t—翼缘平均厚度；
I—惯性矩；
W—截面模量
i—回转半径；
S_x—半截面的面积矩；
通常长度：
型号 10～18，长 5～19m；
型号 20～63，长 6～19m。

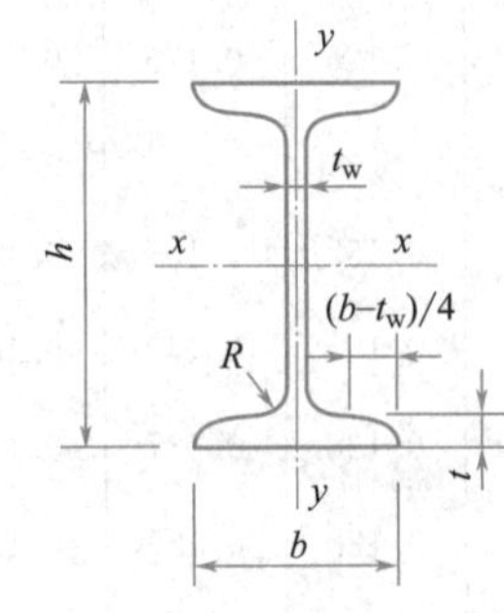

续表

型号		尺寸(mm)					截面面积 (cm²)	理论重量 (kg/m)	x-x 轴				y-y 轴		
		h (mm)	b (mm)	t_w (mm)	t (mm)	R (mm)			I_x (cm⁴)	W_x (cm³)	i_x (cm)	I_x/S_x (cm)	I_y (cm⁴)	W_y (cm³)	i_y (cm)
10		100	68	4.5	7.6	6.5	14.3	11.2	245	49	4.14	8.69	33	9.6	1.51
12.6		126	74	5	8.4	7	18.1	14.2	488	77	5.19	11	47	12.7	1.61
14		140	80	5.5	9.1	7.5	21.5	16.9	712	102	5.75	12.2	64	16.1	1.73
16		160	88	6	9.9	8	26.1	20.5	1127	141	6.57	13.9	93	21.1	1.89
18		180	94	6.5	10.7	8.5	30.7	24.1	1699	185	7.37	15.4	123	26.2	2.00
20	a	200	100	7	11.4	9	35.5	27.9	2369	237	8.16	17.4	158	31.6	2.11
	b		102	9			39.5	31.1	2502	250	7.95	17.1	169	33.1	2.07
22	a	220	110	7.5	12.3	9.5	42.1	33	3406	310	8.99	19.2	226	41.1	2.32
	b		112	9.5			46.5	36.5	3583	326	8.78	18.9	240	42.9	2.27
25	a	250	116	8	13	10	48.5	38.1	5017	401	10.2	21.7	280	48.4	2.4
	b		118	10			53.5	42	5278	422	9.93	21.4	297	50.4	2.36
28	a	280	122	8.5	13.7	10.5	55.4	43.5	7115	508	11.3	24.3	344	56.4	2.49
	b		124	10.5			61	47.9	7481	534	11.1	24	364	58.7	2.44
32	a	320	130	9.5	15	11.5	67.1	52.7	11080	692	12.8	27.7	459	70.6	2.62
	b		132	11.5			73.5	57.7	11626	727	12.6	27.3	484	73.3	2.57
	c		134	13.5			79.9	62.7	12173	761	12.3	26.9	510	76.1	2.53
36	a	360	136	10	15.8	12	76.4	60	15796	878	14.4	31	555	81.6	2.69
	b		138	12			83.6	65.6	16574	921	14.1	30.6	584	84.6	2.64
	c		140	14			90.8	71.3	17351	964	13.8	30.2	614	87.7	2.6
40	a	400	142	10.5	16.5	12.5	86.1	67.6	21714	1086	15.9	34.4	660	92.9	2.77
	b		144	12.5			94.1	73.8	22781	1139	15.6	33.9	693	96.2	2.71
	c		146	14.5			102	80.1	23847	1192	15.3	33.5	727	99.7	2.67
45	a	450	150	11.5	18	13.5	102	80.4	32241	1433	17.7	38.5	855	114	2.89
	b		152	13.5			111	87.4	33759	1500	17.4	38.1	895	118	2.84
	c		154	15.5			120	94.5	35278	1568	17.1	37.6	938	122	2.79
50	a	500	158	12	20	14	119	93.6	46472	1859	19.7	42.9	1122	142	3.07
	b		160	14			129	101	48556	1942	19.4	42.3	1171	146	3.01
	c		162	16			139	109	50639	2026	19.1	41.9	1224	151	2.96
56	a	560	166	12.5	21	14.5	135	106	65576	2342	22	47.9	1366	165	3.18
	b		168	14.5			147	115	68503	2447	21.6	47.3	1424	170	3.12
	c		170	16.5			158	124	71430	2551	21.3	46.8	1485	175	3.07
63	a	630	176	13	22	15	155	122	94004	2984	24.7	53.8	1702	194	3.32
	b		178	15			167	131	98171	3117	24.2	53.2	1771	199	3.25
	c		180	17			180	141	102339	3249	23.9	52.6	1842	205	3.2

H 型钢规格及截面特性　　附表 7

符号：h—高度；
b—宽度；
t_1—腹板厚度；
t_2—翼缘厚度；
I—惯性矩；
W—截面模量；
i—回转半径；
S_x—半截面的面积矩。

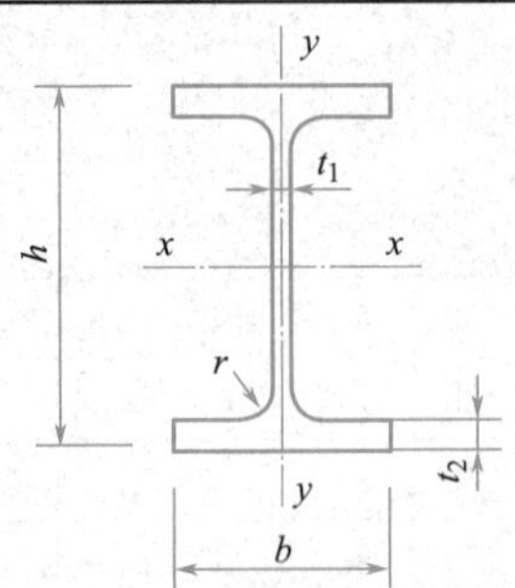

类别	H 型钢规格 ($h \times b \times t_1 \times t_2$)	截面积 A (cm^2)	质量 q (kg/m)	x-x 轴			y-y 轴		
				I_x (cm^4)	W_x (cm^3)	i_x (cm)	I_y (cm^4)	W_y (cm^3)	i_y (cm)
HW	100×100×6×8	21.9	17.2 2	383	76.5	4.18	134	26.7	2.47
	125×125×6.5×9	30.31	23.8	847	136	5.29	294	47	3.11
	150×150×7×10	40.55	31.9	1660	221	6.39	564	75.1	3.73
	175×175×7.5×11	51.43	40.3	2900	331	7.5	984	112	4.37
	200×200×8×12	64.28	50.5	4770	477	8.61	1600	160	4.99
	#200×204×12×12	72.28	56.7	5030	503	8.35	1700	167	4.85
	250×250×9×14	92.18	72.4	10800	867	10.8	3650	292	6.29
	#250×255×14×14	104.7	82.2	11500	919	10.5	3880	304	6.09
	#294×302×12×12	108.3	85	17000	1160	12.5	5520	365	7.14
	300×300×10×15	120.4	94.5	20500	1370	13.1	6760	450	7.49
	300×305×15×15	135.4	106	21600	1440	12.6	7100	466	7.24
	#344×348×10×16	146	115	33300	1940	15.1	11200	646	8.78
	350×350×12×19	173.9	137	40300	2300	15.2	13600	776	8.84
	#388×402×15×15	179.2	141	49200	2540	16.6	16300	809	9.52
	#394×398×11×18	187.6	147	56400	2860	17.3	18900	951	10
	400×400×13×21	219.5	172	66900	3340	17.5	22400	1120	10.1
	#400×408×21×21	251.5	197	71100	3560	16.8	23800	1170	9.73
	#414×405×18×28	296.2	233	93000	4490	17.7	31000	1530	10.2
	#428×407×20×35	361.4	284	119000	5580	18.2	39400	1930	10.4
HM	148×100×6×9	27.25	21.4	1040	140	6.17	151	30.2	2.35
	194×150×6×9	39.76	31.2	2740	283	8.3	508	67.7	3.57
	244×175×7×11	56.24	44.1	6120	502	10.4	985	113	4.18
	294×200×8×12	73.03	57.3	11400	779	12.5	1600	160	4.69
	340×250×9×14	101.5	79.7	21700	1280	14.6	3650	292	6
	390×300×10×16	136.7	107	38900	2000	16.9	7210	481	7.26
	440×300×11×18	157.4	124	56100	2550	18.9	8110	541	7.18
	482×300×11×15	146.4	115	60800	2520	20.4	6770	451	6.8
	488×300×11×18	164.4	129	71400	2930	20.8	8120	541	7.03
	582×300×12×17	174.5	137	103000	3530	24.3	7670	511	6.63
	588×300×12×20	192.5	151	118000	4020	24.8	9020	601	6.85
	#594×302×14×23	222.4	175	137000	4620	24.9	10600	701	6.9

续表

类别	H型钢规格 ($h\times b\times t_1\times t_2$)	截面积 A (cm^2)	质量 q (kg/m)	x-x 轴			y-y 轴		
				I_x (cm^4)	W_x (cm^3)	i_x (cm)	I_y (cm^4)	W_y (cm^3)	i_y (cm)
HN	100×50×5×7	12.16	9.54	192	38.5	3.98	14.9	5.96	1.11
	125×60×6×8	17.01	13.3	417	66.8	4.95	29.3	9.75	1.31
	150×75×5×7	18.16	14.3	679	90.6	6.12	49.6	13.2	1.65
	175×90×5×8	23.21	18.2	1220	140	7.26	97.6	21.7	2.05
	198×99×4.5×7	23.59	18.5	1610	163	8.27	114	23	2.2
	200×100×5.5×8	27.57	21.7	1880	188	8.25	134	26.8	2.21
	248×124×5×8	32.89	25.8	3560	287	10.4	255	41.1	2.78
	250×125×6×9	37.87	29.7	4080	326	10.4	294	47	2.79
	298×149×5.5×8	41.55	32.6	6460	433	12.4	443	59.4	3.26
	300×150×6.5×9	47.53	37.3	7350	490	12.4	508	67.7	3.27
	346×174×6×9	53.19	41.8	11200	649	14.5	792	91	3.86
	350×175×7×11	63.66	50	13700	782	14.7	985	113	3.93
	#400×150×8×13	71.12	55.8	18800	942	16.3	734	97.9	3.21
	396×199×7×11	72.16	56.7	20000	1010	16.7	1450	145	4.48
	400×200×8×13	84.12	66	23700	1190	16.8	1740	174	4.54
	#450×150×9×14	83.41	65.5	27100	1200	18	793	106	3.08
	446×199×8×12	84.95	66.7	29000	1300	18.5	1580	159	4.31
	450×200×9×14	97.41	76.5	33700	1500	18.6	1870	187	4.38
	#500×150×10×16	98.23	77.1	38500	1540	19.8	907	121	3.04
	496×199×9×14	101.3	79.5	41900	1690	20.3	1840	185	4.27
	500×200×10×16	114.2	89.6	47800	1910	20.5	2140	214	4.33
	#506×201×11×19	131.3	103	56500	2230	20.8	2580	257	4.43
	596×199×10×15	121.2	95.1	69300	2330	23.9	1980	199	4.04
	600×200×11×17	135.2	106	78200	2610	24.1	2280	228	4.11
	#606×201×12×20	153.3	120	91000	3000	24.4	2720	271	4.21
	#692×300×13×20	211.5	166	172000	4980	28.6	9020	602	6.53
	700×300×13×24	235.5	185	201000	5760	29.3	10800	722	6.78

注："#"表示的规格为非常用规格。

参考文献

［1］中华人民共和国住房和城乡建设部．钢结构设计标准：GB 50017—2017［S］．北京：中国建筑工业出版社，2018.

［2］中华人民共和国住房和城乡建设部．钢结构工程施工质量验收标准：GB 50205—2020［S］．北京：中国计划出版社，2020.

［3］中华人民共和国住房和城乡建设部．钢结构焊接规范：GB 50661—2011［S］．北京：中国建筑工业出版社，2012.

［4］张广峻，负英伟．建筑钢结构施工［M］．北京：电子工业出版社，2011.

［5］张立国．钢结构工程识图与施工技巧［M］．北京：机械工业出版社，2014.